新理念教育译丛

培养下一代革新者

——提升全面思维能力的开放性活动

Nurturing Next-Generation Innovators

Open-Ended Activities to Support Global Thinking

[美] 埃伦·布思·丘奇（Ellen Booth Church） 著
杨靖 蒋春梅 译

江蘇鳳凰教育出版社
Phoenix Education Publishing, Ltd

图书在版编目（CIP）数据

培养下一代革新者 / (美) 埃伦·布思·丘奇著 ; 杨靖, 蒋春梅译. -- 南京 : 江苏凤凰教育出版社, 2019.6
ISBN 978-7-5499-8150-2

Ⅰ. ①培… Ⅱ. ①埃… ②杨… ③蒋… Ⅲ. ①想象力-能力培养-少儿读物②创造能力-能力培养-少儿读物 Ⅳ. ①B842.4-49②G305-49

中国版本图书馆CIP数据核字(2019)第132508号

书　　名	培养下一代革新者——提升全面思维能力的开放性活动
作　　者	[美]埃伦·布思·丘奇
译　　者	杨　靖　蒋春梅
责任编辑	韩宇新
装帧设计	张金风
出版发行	江苏凤凰教育出版社(南京市湖南路1号A楼　邮编210009)
苏教网址	http://www.1088.com.cn
照　　排	南京凯建图文制作有限公司
印　　刷	江苏凤凰新华印务有限公司(电话:025-68037410)
厂　　址	江苏省南京市新港经济技术开发区尧新大道399号(邮编:210038)
开　　本	787mm×1092mm　1/16
印　　张	11.25
字　　数	200千字
版　　次	2019年8月第1版
	2019年8月第1次印刷
书　　号	ISBN 978-7-5499-8150-2
定　　价	48.00元
网店地址	http://jsfhjycbs.tmall.com
公 众 号	江苏凤凰教育出版社(微信号:jsfhjycbs)
邮购电话	025-85406265, 025-85400774, 短信 02585420909
盗版举报	025-83658579

苏教版图书若有印装错误可向承印厂调换
提供盗版线索者给予重奖

献　辞

献给我的祖母，弗朗西斯卡・埃斯特利・科恩(Francesca Esterly Korn)，以及很多具有创造和革新思维的祖先。感谢您们教导我一切皆有可能。

同时，献给我富有创造力的丈夫——杰里・勒维尼(Jerry Levine)，他把一切变得可能。

目录表

前 言

从1971年开始，我一直从事与幼儿相关的工作。无论是作为一名学前教育者或者幼儿园教师，还是作为一名未来教师的学院导师，我的整个身心都集中在帮助儿童去热爱学习、去生活，并在未来茁壮成长。这项工作很有挑战性，因为我们通常并不清楚儿童的前方是什么。在巡回世界演讲中，我时常要求听众停顿片刻，想一想未来的情景，那会儿他们当下正在教育的幼儿已届成年，甚至到了我现在的年龄。我们讨论过很多观点，往往与科技和社会有关。我们通常的结论是，唯一永恒不变的就是变化。

一切都在改变，似乎对每一代人而言，变化都是飞快的。我的父亲出生于1896年，在他的童年时代，大家乘坐有篷四轮马车旅行；在他九十岁去世之前，人类已经登陆月球。这是翻天覆地的变化。回顾你自己的生活，以及迄今发生过的变化。在1983年，我撰写了第一本书，采用了普通手写的方法，那时我不知道如何打字；现在，我一边看着窗外小鸟啄食，一边坐在电脑前给你写信，我甚至不需要看着自己的双手和屏幕。对我而言，这是一个巨大的变化。

我请你此刻也稍作停顿，放下这本书，眺望窗外，为你教育的儿童做一番畅想。某一天，当他们到了你现在的年龄，世界是什么模样？他们需要什么样的技能？他们要应对什么样的挑战和机遇？你如何让他们为变化的未来作好准备？

请加入我的探索之旅，穿越这些精挑细选的创新主题，支持儿童全方位的视野和共识；享受这些精心设计的活动的乐趣，支持儿童发展成为统揽全局的思考者、沟通者和合作者。我向你保证，旅程将一路欢歌笑语。

——埃伦·布思·丘奇(Ellen Booth Church)

简　介

平庸的老师，说教；良好的老师，解说；优秀的老师，示范；伟大的老师，启发。

——威廉·阿瑟·沃德(William Arthur Ward)，作家

准备应对工作和教育的儿童需要具有开阔的视野。这句话意味着什么？它意味着能够看到多种观点和视角；也意味着能够倾听别人的心声，同时分享自己的想法和感受。

提到视角与感受，有两条非常有趣而又重要的途径，可以用来指引儿童开始为广阔的未来作好准备。首先，我们向儿童呈现各种活动，要求他们采用不同的视角；然后，从这些视角出发，鼓励他们去关注自我的感受。此书的主题意在要求儿童拓宽眼界，关注事物之间的关系，研究事物之间的共性和差异，利用感知进行归纳总结或者演绎推理，以及对过程和思考做评估。对幼儿而言，这一切听起来像是一个庞大的工程，但是当它呈现为欢乐的歌曲、游戏和活动时，却再自然不过了。

这本书的设计不同于传统的活动课本，章节不是根据技能或者课程范围来划分。在实际生活中，我们没有孤立各种技能；相反，为了成功和相互理解，我们要综合使用各种技能。本书分为四个重要的主题，让儿童在轻松愉快的氛围中，对他们在未来广阔世界所要扮演的角色不断加深理解。识字、数学、科学、运动和社交的技能是每个主题中翻卷的浪花，因此儿童的体验是全方位的，既有社交体验，又有智力练习。

这本书的目的是向教师提供有创意的可以亲手操作的讨论和活动，培养儿童成为思考者、沟通者和合作者。正如我们要求儿童成为具有创造和批判思维的思考者一样，这本书也要求你们敢于创新和批判。每一个活动

都饱含着各种观点和启迪，可以付诸儿童教育实践。把此书视为美味餐厅的菜单，现在挑选出适合你自己课堂风味的美食。今后，你也可以不断地重新翻阅菜单，尝试新的佳肴。

在永恒变化的地球村，我们如何让儿童作好茁壮成长的准备？我们要教会他们：

- 观察和关注
- 让自己的需求与他人的需求相一致
- 与他人和睦共处
- 认可甚至喜欢变化
- 在变化的世界里茁壮成长

对于猝不及防的人生变化，我们如何让儿童准备好应对之策？

- 我们利用现实材料向他们提供实践经验
- 我们支持他们运用解决问题和思考的技能
- 我们鼓励他们与他人分享自己的思想
- 我们倾听他们的想法并通过问询使之深入
- 我们打造一个平等的相互支持的班集体

主题一：我如何看世界——观察与比较的艺术

这个主题聚焦于铺设思考的路径，它需要作比较、作观察、作辨别、进行分类，并陈述我们看到的身边事物。我们究竟是相同还是不同？在我们的周围，我们注意到了什么——色彩、形状、大小和五官感觉？儿童将利用这些认知去进行集批判与创造于一体的革新。

主题二：我如何和世界共处——理解自己与他人的需求和情感

这个主题关注儿童的内心世界和外部世界，以及走向成功所需要的认知能力和情商。我需要什么？他人需要什么？植物和动物需要什么？我感觉如何？我如何帮助他人？儿童开始学习识别身边各种生物的需求和情感。为了交流和建立联系，他们将创造革新。

主题三:我如何生活?——兼顾玩乐和工作

这个主题着重探讨儿童与他人如何对待工作和娱乐,以及如何把获得的认知付诸外部世界。事物如何运作?我们使用什么工具?我的家人如何工作与娱乐?我的工作是什么?儿童将探究工作与娱乐,工具与机器,研究能源、光和影子。他们将思考如何迎接挑战和自主学习。

主题四:我如何亲历这个世界——一切都在改变

这个主题致力于探索和认知儿童自身与身边事物的生命过程。我怎样成长和变化?关于身边的变化,我察觉到了什么?什么是短期和长期的变化?我如何使得变化发生?儿童将从多个视角去观察,并开始培养自我控制力和集中注意力。

我从不教导学生,我只是试图提供他们能够学习的条件。

——阿尔伯特·爱因斯坦(Albert Einstein),物理学家

如何使用这本书

我们期望儿童带着视角和认知去展望未来。这本书的设计有一部分是为了邀请你以新的眼光去检验惯常的课程主题。为全球共同体作好准备意味着有能力从不同的视角看待事物。当你开始进行看似非常熟悉的活动时，请时刻准备着以具有包容性和创造性的全新视角重新审视它们。

每个主题被划分为十个话题。每个话题包含足够的圆圈时间（circle-time）、探索时间（exploration-time）和延续多天的拓展时间（extension-time）的活动。你对你们团队的了解超越任何人，所以请你跟随自己的喜好，自由挑选、组合以及搭配各种活动。这本书为你提供了超过五十周的实践活动，然而，没有限定开展活动的方法。以下是需要牢记的简单流程。

- **介绍活动：**不要直接向儿童灌输活动的内容，仅仅向他们提供解决问题和进行思考的线索。唱一首歌，玩一场游戏——做任何一件事情，引发他们对话题的好奇心。最好以歌曲开头，选一首熟悉的旋律，儿童可以跟着歌唱。
- **展示资料并作讲解：**关于你正在介绍的资料和概念，思考如何向儿童提问，开展头脑风暴，请对他们的奇思妙想给予足够的包容。
- **邀请儿童加入小组进行深入探讨：**大多数活动最适合五六个儿童组成的小组。这些活动可以在你的中心时间（center time）里完成，因此，当你与某个小组互动时，其余的孩子很快就会在其他区域忙碌起来。
- **启发儿童，然后退出：**一旦某个小组高高兴兴地忙着做方案了，你就可以离开，在教室里来回走动，留意其他小组在做什么，提出问题，开展交流，并帮助他们思考。
- **鼓励儿童对最初的活动提出更改和拓展的建议：**通常他们的主意都非常的棒！

如果我们展望未来，这也许是我们看到的情景：以新的眼光看世界的儿童，以关怀和承诺与世界和谐相处，以怜悯和自信生活于世，以技能和理解亲历发展和变化的世界。

小窍门：通过图像把大千世界带进课堂

图片是把外部世界带入课堂的最好媒介。你会发现很多活动建议你为儿童提供杂志，用于裁剪图片。尽可能搜罗各种千奇百怪的杂志。科学和自然杂志非常管用，工具类的目录和杂志也有帮助。图书馆经常会处理一些陈旧的杂志，你也可以邀请父母分享他们的旧杂志。你还可以考虑在线搜寻图片向儿童展示。你一定能找到契合你研究话题的精美图片（当然，你要遵守所有适用的版权法）。

一种开放式的学习方法

每个人都是天才。但是，如果以爬树的能力去评价一条鱼，它将一辈子认为自己愚蠢。

——阿尔伯特·爱因斯坦

全面教育不是一刀切的教育，它是与儿童互动的一种方式，在互动中识别他们个体的勇气、兴趣和能力。开展主题活动，方法上没有正确和错误的区分，可能会有建议性的步骤指导他们怎么去做，但是儿童必须以自己的方式，凭借他们的独立思考去研究话题。

在你参阅本书的活动时，你会发现老师发起的活动与儿童发起的活动有机地结合在一起。两种形式的活动都具有教育功能。最佳的安排是建立平衡，提供教师主导的引导活动——本书称为“让我们获得启发”——这将激发儿童把话题带进他们自己的领地。在开始你的引导之前，你必须清楚儿童已经具备了独立处理问题的必要知识和基本技能。当然，你的开场白越是开放，就会有越多的儿童在活动中产生自主意识，萌发进一步探讨的热情。

老师发起的活动——被称为“让我们出发吧”——简述一个概念、一种材料或者一道工序。但是，即便在这种类型的活动中，也总有退至幕后让儿童独立处理的时机。儿童发起的活动，则鼓励儿童从自己的兴趣出发，思考处理事物的方法，并把它们运用到实践当中去。希望书中这两种相互穿插的活动能带给你乐趣。无论你和儿童做什么活动，总要寻找一种方法兼顾这两种因素。你将在书本的内容和具体实践之间建立一个动态平衡，而这正是个性化幼儿教育的核心。

让儿童感到自己的天赋被认可，这一点非常重要。要做到这一点，我们开设的开放性活动要与儿童的认知水平相匹配，并以此为出发点。并不是每个人的想法都相同，这其实是一件好事。我们应该接纳儿童所有的观点，不偏不倚。那些看似疯狂的主意，可能会被事实证明是极其高明的想法。我永远不会忘记那一节学前班的课堂，那是让我茅塞顿开的一节课。我要求儿童猜想参观消防站会看到什么。我把他们的想法逐个记录在图表纸上，不带任何偏见，直到小朱利安说我们在消防站会看到一个游泳池。很多成人也许一开始就告诉他错了，但是像记录其他观点一样，我也记下了游泳池。参观归来，我重新翻阅记录图表，确实，我们看到了很多儿童事先猜想到的事物，除了游泳池。我询问朱利安，当他提出在消防站会看到游泳池的建议时，那一刻他想到了什么？他响亮而又清晰地说道："他们必须从某个地方取水，难道不是吗？"回答看似荒谬却绝非错误。事实上，他的回答使我们展开了"水从哪里来？"的讨论。

> 没有大胆的猜想，就没有伟大的发明。
>
> ——艾萨克·牛顿(Sir Isaac Newton)，英国数学家和物理学家

父母和老师感到忧心忡忡，为儿童和他们在不断扩张的全球经济中的竞争力而焦虑。我们大家都对重要的问题提出了疑问，这些疑问坚定了我们的宗旨——培养儿童创新品质的工程：在如此快速发展和变化的世界里，如何让儿童为将来做好准备？成功需要什么样的技能？不允许揠苗助长，我们如何按自然规律培育这些技能？

这些重大问题是以孩子为中心、以活动为基础的幼儿教育的核心。我们可能认为让学前班和幼儿园的孩子去思考如此遥远而又宏大的未来还为时尚早。可是，我们也知道我们在幼年提供的机遇是儿童应对未来和社会的基础。

作为老师，我们知道培养兼有创造和批判思维的儿童尤为重要。它的本质是一种能力，面对挑战进行改革并解决问题的能力。儿童如何学到这些技能？

- 提供亲身参与的开放性实践活动，既有启发，又有挑战
- 提供分享观点或者视角的机会，不必担心出错

- 营造赞美差异和创新的环境氛围

未来的大千世界不会出现在工作手册的页面里。它是由真实的物体和实际的困难共同组成的。儿童没有必要像过去一样死记硬背。现在,信息唾手可得,重点要让他们知道信息有何用。

丹尼尔·平克(Daniel Pink)是《全新思维:为什么右脑发达的人将统治未来》(*A Whole New Mind: Why Right-Brainers Will Rule the Future*)一书的作者,他认为我们的教育体制产生于十九世纪的工业时代,那个时代迫切需要记忆力和学习能力。他说我们已经度过二十世纪的信息时代(Information Age),当下正处于概念时代(Conceptual Age),亟需创造人才、革新人才和意义缔造者(meaning makers)去应对这个时代的挑战。成功的关键是同情心和合作解决问题的能力。他指出,“简而言之,我们从农耕社会发展到工业社会,再进入知识社会。现在我们又一次进步——跨入创新和共情的社会,跨入识别模式和缔造意义的社会”。

全球指南和主要宗旨

才智是适应变化的能力。

——史蒂芬·霍金(Stephen Hawking),物理学家

“国际儿童教育协会”已经意识到编制幼儿教育全球指南的重用性。指南体现了培养具有团队合作精神的创新和改革人才的重要性。《二十一世纪全球幼儿教育和保育指南》(*Global Guidelines for Early Childhood Education and Care in the 21st Century*)是由八十多位来自二十七个国家的幼儿保育和教育专家共同商讨编制而成。它为创设有品质的全球幼儿保育和教育环境提出了必要的基础因素,包括以下几点:

- 儿童是每个国家的现在也是国家的未来。他们有需求、人权以及必须获得认可和支持的内在价值。
- 每个儿童必须有机会在这样的环境里成长——被重视的环境,有安全和保障的环境,尊重个体差异的环境
- 关于人类发展的知识,当今比以往任何时期都丰富。本世纪正是巩固

新成果、迎接未来挑战的大好时机。

- 儿童必须从出生起就接受来自家庭内外的合理培养和教育，这样才能成为优秀的人才。
- 从小开始注重幼儿的健康、营养、教育和心理成长是今后国家富强和全球一体化的根本。

国际儿童教育协会也编制了实用的《全球指导性评估量表》(*Global Guidelines Assessment*)，工具书作为他们全球指南的一个组成部分。这个工具书可以从网站下载。

在开拓性的著作《制造思维》(*Minds in Making*)中，艾伦·加林斯基(Ellen Galinsky)声明成功需要七种技能，它们把社交、情感和智力交会在一起，在学前阶段开始崭露头角。研究七个技能如何充分代表优良的幼儿教育将会充满乐趣。跨越社交范围和学习的认知领域，加林斯基所提倡的技能都扎根于本书的活动和主题中。

- 建立联系
- 交流
- 集中注意力和自我控制
- 批判思维
- 自主学习
- 换位思考
- 接受挑战

这七个技能都蕴含在以游戏为基础的学习之中，是培养适应社会、均衡发展和有才能的儿童的基础。随着你对书中活动的深入探索，你将发现培养这些技能的同时也培养了识字、科学、数学等传统的技能。

游戏的变化

大卫·埃尔金德(David Elkind)，《游戏的力量：自然而然地学习》(*The Power of Play：Learning What comes naturally*)一书的作者，想知道游戏是否正随着世界的变迁而改变。他的一篇文章“我们可以游戏吗?”发表在加州大学伯克利分校网站的一个栏目上，栏目名为：“至善：有意义的人生科学”(Greater good：The Science of a Meaningful life)。他指出：

> 日新月异的科技、飞快的社会变化和经济全球化犹如一场地动天摇的风暴最终驱散了儿童的自由和自创的游戏。
>
> 科技创新导致电视、计算机在社会上基本普及，尤其在家庭的普及。这种侵入却意外导致儿童成为宅人。
>
> 高科技市场的扩大加剧了父母对儿童前景的担忧。
>
> 许多中产阶层的父母认为教育是一种竞赛，而且儿童越早踏进学术越好。
>
> 我们冒着风险把毫无准备的儿童推入特定的活动中可能抑制了重要的智力、社交和情感的发展。
>
> 如果我们成人在生活中能统筹好游戏、爱好和工作，我们就给儿童树立了一个可以追随的榜样。这也许是把游戏带进儿童生活的最好方法——构建更加轻松愉快的文化氛围。

你在探索书中的主题和活动时，请记住你的角色不仅是老师还是同伴。你自己的快乐学习法是一种示范也是一个启发。任何活动都不是一成不变的。也许某个活动会使你联想到另一个更适合你和儿童的衍生品，或许，你想调整活动去适应现有的条件和小组成员。请按自己的意愿去做。这不是一本美食食谱，没有必须遵循的秘诀。它的主旨是给你启发和鼓励创新教育。只有灵活应变，我们才能建立一个被未来所接受的教育平台。

作为幼儿教育者，一直以来，我们都清楚坚实的幼年学习计划的价值。最近的研究进一步证明了这些计划的重要性。在 2011 年的国家教育峰会上，研究员帕特里夏·库尔(Patricia Kuhl)和安德鲁·梅尔佐夫(Andrew Meltzoff)与参会者分享了儿童大脑图像，通过图像阐述了儿童出生后的第一个 2000 天非常重要，在此期间与生俱来的数亿个脑细胞将建立突触连接。在幼儿早期，脑部细胞之间形成运行网络。在这个关键时期，我们有绝好的机会与他们的思维打交道。为了在数亿个脑细胞之间建立神经高速公路，我们提供了高品质的主题、开放性的活动以及真实的体验。可以说，我们属于建筑团队的一分子。

在第一个2000天里，北卡罗来纳州幼儿基金会的网站上，哈佛儿科医生杰克·肖恩科夫(Jack Shonkoff)提到多项研究表明，大脑是少数几个出生时还没有完全发育的器官之一，他强调："大脑是后天发育的，不是天生的。"肖恩科夫指出脑细胞虽然存在，但是还没有形成脑部的网络结构。网络之间的连接通过游戏和社交互动而得以完善。他宣称，"经历和环境决定了那些连接被频繁使用，因而得以强化，而那些较少使用的连接则逐渐衰弱。一个儿童与社会的互动将决定这些连接的形成，请为将来的健康和学习准备一块基石，无论坚实或者薄弱"。

亲身实践的重要性

儿童正走进数字时代(digital world)，让儿童处理他们可以接触的、触摸的、操控的甚至破坏的物料可能比以往更加重要。在儿童弄明白数字设备的屏幕上显示的究竟是什么之前，他们必须通过一种看得见、摸得着的方法去认识图像代表的事物。触摸屏幕上的小猫，把它与柔软的毛茸茸的他物联系起来，这个过程没有提供感觉运动信息，而这个信息是培养真正理解所必须的。只有亲手触摸小猫，才知道它是毛茸茸的；只有亲自铲挖、填埋和倾倒才知道沙子有多种倾泻方式；经历过出发前的旅行规划、场景预测和实地游览，然后再把所见的和所想的作比较，我们才明白消防站里有什么。

书中活动以利用真实的物体和儿童反复探索的真切体验为基础。真切的体验是儿童在未来生活中不可或缺的经验。阅读工作手册不能产生这个效果。

通过绘画，制表和作图记载儿童具体的体验。

本书还包含一些建议，目的是为了帮助儿童在具体的体验和抽象的描写之间搭建桥梁——通常被称为记录。就像科学家一样，为了形象化地展示思想，儿童要能够记录他们的疑惑、体验和发现。这一点非常重要，因为儿童有看着自己的想法被记录下来的需求。当你这样做了，就向儿童表明你尊重他们的想法，也表明他们的观点可以用文字和图像去代表。这是一座通往阅读和理解的桥梁，证实了他们不仅是思考者也是作者。

有很多种不同的方式可以帮助儿童把他们学到的概念转化为抽象的和

艺术的描写。这是一项非常重要的技能，因为它允许儿童运用学到的知识去阐述他们的理解，同时把他们带入更深层次的思考。在让-皮亚杰(Jean Piager)定义的前运算阶段(preoperational stage)(通常是2～6岁)，儿童处于描写的探索阶段，他们的主要任务是掌握符号和象征的功能。

本书中要求儿童在活动中记录发现的事例比比皆是。这里是一些建议，主要针对艺术和抽象的描写：

- 田野绘画。在活动期间或者室外进行观察时，请儿童以绘画的方式记录他们的观察，至于图画是否像其中看到的任一物体并不重要，把图画放在科学区(science area)。请带着画板外出游玩！你永远不清楚哪一刻会有惊奇的发现。
- 制作预测/结果对比表。在验证一个概念之前，诸如光和影子，要求儿童对将要发生的事情作预测。当我用手电筒照着一张纸时，会发生什么？光线能穿透什么物体？用文字和图画记录这些预测。活动最后，在图表上填写结果，讨论新的发现。
- 生成图表。用实物或者图画制作简明的图表。这些是阐释抽象信息的基本方法。比如：你可以要求儿童将分拣出的物品排列在柱状图上。
- 拍摄数字化的田野照片。一旦教会儿童正确的操作和使用方法，他们使用相机的熟练程度将令你惊奇。让儿童使用数字化的相机去记录他们的观察和实践。
- 录制音频的田野记录。当然，录制不是纸上谈兵，教儿童如何使用操作简易的磁带录音机、数字写字板，或者智能手机。在散步的时候或者课堂上，用它们去记录观察。
- 绘制测量图表。观察往往涉及测量。当儿童测量绿豆芽的成长或者面包团的发酵时，使用绘图纸、线、冰淇淋棒或者加法器(adding-machine)的色带去记录他们的测量，在记录表上把它们粘成一排。翻开图像，儿童对自己的发现就会一目了然。

犯错的必要性——培养成长的心态

一个从不犯错误的人，一定从来没有尝试过新鲜事物。

——阿尔伯特·爱因斯坦

我们都会犯错，也都能从中受益。但是，有时候儿童不敢尝试新事物，因为他们担忧会做错。曾经，我教的孩子只有三岁，我发觉他们竟然不敢在小组里提出观点或者论证想法，这使我非常震惊。也许上学之前，他们被问过若干是非明确的问题，诸如"这是什么颜色？"或者"这头母牛说什么？"，这些问题很容易答错。久而久之，儿童停止了尝试。

但是，我们知道非常重要的一点是让儿童自由地提出一个观点、一种解题思路，或者一个新的想法，不必害怕出错。最要紧的是与儿童分享谁都会犯错误，然后展示你如何从中受益。如果你轻松地面对错误，他们也会如此。当你犯错的时候，儿童喜欢帮助你。在我的主旨演讲中，我询问老师和父母是否在儿童面前装过傻。很多人举手，有人窃笑，还有些人感到惊骇！当你出了错，寻求儿童帮助的时候，表示你重视他们的帮助和思考。

在无拘无束的头脑风暴会上，你可以让他们觉得你真的不知道答案，但是你非常愿意与他们一起开展头脑风暴。这使得游戏场上人人平等，同时也体会到共同思考的乐趣。关于这些主题，很多针对圆圈时间的建议是组织儿童开展头脑风暴。从开场开始，让儿童意识到你正在寻找很多答案而不是唯一的正确答案，这一点也非常重要。

斯坦福大学的心理学家卡尔·德威克（Carol Dweck）有一篇关于"成长的心态"的文章，为犯错和学习提供了非常有益的视角。她的研究证明：智力不是僵化的，实际是动态的，是能够通过学习得以发展的。她的著作《心态：成功的新心理学》（*Mindset: The New Psychology of Success*）鼓励人们冒险思维、参与挑战，从错误中学习。这些都是供大脑成长的食粮。她觉得儿童驾驭未来的成功在于一直愿意承认经历挑战和错误后会滋生潜力。她指出："有些学生开始以为他们的智力僵化得像石头上的雕刻。他们担忧，'我有足够的能力吗？''难道我有足够的能力吗？'其他的学生认为智力是可以终身发展的。你可以学习，你可以拓展，你可以不断掌握新的事物。”她觉得相信智力终身成长的儿童拥有成长的心态，也是学业和人生都将成功的儿童。我们支持这样的观点就要帮助儿童感受到在充满挫折和失败的道路上坚持学习的快乐。也许，那些错误会转变成伟大的发明、一种新的做事方法，或者一件美丽的艺术品。

洞察是见人所不可见的的艺术。

——乔纳森·斯威夫特(Jonathan Swift)，爱尔兰作家和讽刺文学家

解决问题的艺术和智慧

创造就是允许犯错，艺术就是知道取舍。

——史考特·亚当斯(Scott Adams)，漫画家，《呆伯特》的作者

幼儿时期，儿童正处于社交和情感能力的发育阶段，这是应对挑战、进行自控，而且能够锲而不舍的能力。在揭开解决问题的艺术和智慧时，一个关键的能力是能够容忍挫败和挑战。你可以仔细观察儿童一整年，看着他们如何从一位因沮丧而放弃或者砸东西的儿童，成长为坚持某事直到弄清缘由的儿童。解决问题的活动将帮助儿童学习如何识别问题，如何思考解决方法，以及如何化解它。有趣的是，那些乐意解决问题的儿童将发展成为注意力持续时间更长的人，最终成为有较强的自主意识的人。这些综合的技能提供了安全感，使得他们敢于尝试和承担适当的冒险。随着儿童抽象思维能力的发展，对于没有身临其境的问题或者形势，他们也能做出思考。这就是我们的问题——“如果……，将发生什么?”真正起作用的时刻，同时帮助儿童考虑多种选择和结果。

也许最好的是，在儿童学习解决问题的技能过程中，他们日益清晰地意识到这不仅是自己的问题也是他人的问题。他们能够领会那些影响地球和全人类的重大争议。到了这个阶段，儿童可以讨论这些争端，诸如污染、濒危动物和旱灾。利用儿童的书籍和杂志引入话题，不要因害羞而远离这些重大争议。幼儿有自己的主见，而且时常引人入胜。

探索学习性主题的技巧

你做什么也许并不重要，但重要的是你去做了。

——圣雄甘地(Mohandas K. Gandhi)，印度独立运动领导人

多年之前，我把我采用的教育主题的探索方法称为"水桶中的落石"理论。我的想法是儿童认知的拓展犹如一桶水里的落石激起的水波，不断拓展的认知犹如一圈圈水波，开始于自己，衍射到最熟悉的(家和家人)，再波及越来越生疏的(邻居，甚至无法抵达的世界)。这里列出了一些技能，以及如何在这本书的主题活动中运用这些技能，儿童正是使用这些技能把认知从自我扩展到了世界。

- 我如何看世界：观察和比较

  幼儿正：

  - 检查和比较身边的事物
  - 开始用五官探索世界
  - 关注自己和他人之间的相似和差异
  - 完善自我形象和社会身份
  - 识别自己和他人之间的生理差异
  - 探索团队中成员的个性
  - 建立在团队中的自我意识和自信
  - 分享个人的感情和他们自己的故事，同时
  - 在游戏和语言中使用空间和介词的概念

- 我如何与世界相处：需求和情感

  幼儿正：

  - 意识到自己的需求和他人的需求
  - 有兴致调查他们的体能并应对挑战
  - 了解身体护理的重要性
  - 称呼家庭成员和他们的亲戚
  - 倾听家人和朋友的感受

- 使用积木和戏剧表演的道具去探索家的概念
- 逐步明白日常家庭活动的次序
- 乐意成为家务活和日常事务的帮手
- 参与制定家规
- 分享有关家庭事件和变化的信息
- 用各种艺术道具建造家园
- 在戏剧表演中扮演家庭成员
- 关注不同类型的动物窝巢
- 关注动物和植物的需求
- 探索庇护所需求的概念
- 学习如何照看教室里的动物,同时
- 发展对生物的需求的敏锐性

• 我如何生活:玩乐和工作

幼儿正:

- 讨论家庭成员所扮演的角色
- 分享家人经历的故事
- 与同学建立友谊
- 参与制定班级规则
- 监督执行规则的公正性
- 培养解决问题的社交技能
- 学会与他人分享
- 探索社区里人们的工作和工具
- 注意并阅读周边的标语
- 讨论家庭和社区成员所做的工作
- 获取适合工作和场所的工具
- 比较学校和周围人群的多样性,同时
- 培养活动中的安全意识和危险意识

• 我如何经历这个世界:变化

幼儿正:

- 观察自己和他人的成长与改变

- 观察周边的动物和植物
- 比较动物与植物的相似和差异
- 识别动物不同的生活习性
- 察看动物不同的生长和变化方式
- 比较自己的特征(重量、身高、头发等)和动物的这些特征
- 制作实验和田野探索的观察记录
- 探索课堂实践中的科学和数学工具
- 选择和尝试使用工具去解决给定的难题
- 理解操作工具时安全的重要性
- 观察身边的变化(天气、季节、人和植物)
- 通过作表、制图和绘画记录观察
- 根据观察去预测变化,比如天气或者生长
- 用图像和可以识别的次序标识时间的推移
- 培养对“昨天、今天和明天”的时间概念的理解,同时
- 探索“很久以前”和“现在”的时间概念

与家长交流

家长经常询问老师,为了支持学校的教育,他们在家中应该做些什么。他们要让自己觉得他们正在帮助儿童为广阔的未来作准备。通常,他们认为帮助就意味着需要购买强化技能的练习册。我们有责任帮助父母弄清楚,让儿童有所准备的最佳方案就是帮助他们明白阅读、书写、数学和科学是他们生活中不可或缺的一部分。这些技能不仅在学校起作用,也是生活和学习必不可少的技能。

你可以在数周的课程中与父母分享这些简单而又实用的小建议。这些建议都是有目的地陪伴儿童专心阅读。这是因为家长可能不太愿意在家中与孩子一起做有关科学或者艺术的规划,但是他们很有可能一起读书。一次只挑选几本用于分享的书,让儿童带回家。如果你喜欢,你可以在这些建议的基础上拓展,把书本与你在学校进行的事情结合起来。也邀请家长分享他们正在做的事情,我们大家一起学习!

家长做什么才能促进儿童的学习

我在接触未来,因为我在教书。

——克里斯塔·麦考利夫(Chris McAuliffe),美国教师和宇航员

读书,读书,再读书!提供各种各样的书籍是支持儿童学习的最好方法之一。幼儿喜欢真实的事物,比如人、学校、科学、自然和工具。但是他们也喜欢伪装、恶作剧、开玩笑和耍淘气。

阅读展现多种文化与风俗的图画书,这将帮助儿童培养归属感。以下是一些适用于儿童的建议。

- 带着特定的目的去参观图书馆,比如寻找与儿童的兴趣或者课堂主题一致的书籍。
- 寻找关注家庭与工作、玩乐之间关系的书籍。
- 挑选书籍,这些书籍不仅分享故事而且传授概念,诸如气候、过去和未来、水、家园和庇护所,以及动物。
- 请儿童把他自己和书中的人物性格做比较,通过提问:"你是怎样的人,性格相同吗?你有何不同?你会如何处理故事中的局面?"
- 提问儿童发现了人物的哪些需求、情感和行为。
- 请儿童讲述故事发展过程:故事的开头、中间和结尾都发生了什么。
- 要求儿童用自己的语言复述故事。
- 鼓励儿童根据封面的插图推测书中的故事。
- 利用书本开启共同的交流。一起谈一谈你们阅读过的故事,问一问由故事引发了什么联想。
- 养成每天在特定时段阅读的习惯,上学前或者刚到家可能是与父母一起读书的特殊私人时间,这将强化学校的教育。
- 提供一个特定的空间作为儿童的图书室,它可以简陋得像一只放在房间里的来自美元店(dollar store)的篮子。
- 与老师确认每月的主题。选择与主题有关的书籍,把它们放置于儿童的图书室里。

- 每隔一周去参观一次公共图书馆或者学校图书馆。
- 表扬儿童如何记住了一则故事——这是阅读必不可少的第一步。
- 要求孩子向家庭成员阅读书籍，但并不要求逐字阅读。
- 鼓励孩子玩幽默、开玩笑、讲故事和背童谣。幽默有助于建立脑中的突触连接。
- 故意要滑稽，比如倒拿书本，或者从书本的背面开始阅读。纠正成年人的时刻正是儿童行使自主权和建立自尊的时刻。
- 故意说错话或者指向错误的插图。儿童将乐于纠正你的错误。
- 提问开放性的问题，比如：“如果……，将发生什么？”
- 书写，书写，再书写！
- 请儿童用图画描述从书本或者话题中获得的灵感。
- 提供纸或者水彩笔让儿童绘画或者书写他们自己的故事。
- 记录儿童对图画的口述。
- 携带文件卡片和水彩笔，时刻准备着记录儿童关于任何事物的口述，无论是图画还是讨论。
- 指导儿童如何在物品上书写自己的姓名，不要期望他们书写漂亮，仅仅把它作为游戏而不是任务！
- 与孩子一起自制手册，例如，用数字化的相机拍摄家庭活动的照片，并制成手册。
- 用照片展示家庭活动的过程，或者展示弟弟或妹妹的成长过程。
- 演示并分享各种书写形式，比如，列出清单、写留言条和感谢卡片。
- 在家里开辟一块书写场地，备有纸、杂志、钢笔和蜡笔，儿童在那里可以不由自主地写写画画。

请记住，开放性的讨论和探索将帮助所有的儿童成为世界共同体中有贡献的成员。当我们尊重儿童的思想、情感和发声时，我们也在称赞他们的文化、他们的世界地位，以及他们本人。

主题一:我如何看世界——观察与比较的艺术

要获取知识则必须学习,而要获得智慧则必须观察。

——玛丽莲·沃斯·莎凡特(Marilyn vos Savant),美国作家

感知是认识身边世界的第一步。我们通过观察和比较去认识世界上的相似和差异,不管在家里还是在家外。儿童非常善于观察和比较,他们经常关注并询问细微的差别。他们的好奇心和诚实的疑问帮助他们意识到身边是怎样一个不断扩展的世界。通过关注感知和视角,本章的活动将帮助儿童带着天生的好奇心度过在家庭和学校的每一天。活动中要求儿童观察再观察、聆听再聆听。每一个活动都提供了数次机会,让儿童从多个视角和多种途径去观察和比较一个话题。这将帮助儿童准备成为博学众采的一员。儿童面临一个变化的不可预测的未来,对相同和差异的认识将至关重要。

这个章节,在同一时刻,无论从个人的角度还是全球的角度,都将以新的眼光和更开阔的视角去看传统的主题。让我们以新颖的目光审视以下话题:

- 字母,姓名和首字母
- 线条和书写
- 声音
- 对立物
- 面容
- 身体
- 肌肉和运动
- 视觉
- 用五官观察

用姓名做游戏

对幼儿而言,没有什么东西比他的姓名更具有个人属性。儿童用它来定义和确定自己身份。通过探索姓名,儿童能够获得更多的相互了解。儿童将开始比较各自姓名的外形和发音。姓名也是体验世界多样性的好方法。当儿童学着去认识和呼喊他们班级朋友的姓名时,他们也正在了解世界的声音。

学习技能

观察和比较

听和说

姓名辨识

印刷的功能

自尊

材料

图表纸或者白板

5“×8”卡片和橡树标签

儿童的照片(可选的)

透明的塑料鞋袋或者自封口袋

纯白贴纸

白色图画纸

水彩笔,蜡笔

拼贴画材料,诸如:纱线、便签纸、圆形闪光片、工艺羽毛等等

橡树书签或者其他厚纸

胶水和胶棒

透明不干胶纸

提前预备

- 为儿童的姓名制作一个考勤板,利用带有小口袋的透明塑料鞋袋,或者

用办公用品店里的粘贴袋自制签到板。

- 给每位儿童制作姓名卡，卡片上可以配带或者不配带照片。不要忘了给自己做姓名卡。

让我们获得启发

- 你的圆圈时间是开启姓名讨论的最好场合。有了考勤表，工作表和姓名歌，你可以赞美每个人的姓名。开始先谈一谈你自己的姓名，你可以选择谈论名，也可以是姓，或者两者。你可能想要分享一点故事，关于名字的由来，以及它对你的特殊性。展示你的姓名卡，让儿童把你说出来的姓名和它的书写联系起来。“这是我的名字，可以和我一起念它吗？艾伦，E－L－L－E－N，艾伦，我的祖母也叫艾伦，让我们一起看看你的名字”。
- 从你收集的卡片中抽出一张姓名卡，看一看是否有人认出姓名或者照片。提问：“你认识这个名字吗？对，是夏尔马！夏尔马就是这个样子。S－H－A－R－M－A，夏尔马。”请这名儿童分享名字的故事。把卡片交给那个孩子，然后继续下一张卡片。
- 一旦儿童都有了自己的姓名卡，你们可以围圈玩姓名游戏，哼唱“走向远方的一片木瓜地”的曲调。把姓名卡片放在圆圈的中心并打乱卡片的次序，让儿童围着它们边走边唱：

  在哪里，哎，我们的朋友夏尔马在哪里？
  在哪里，哎，我们的朋友夏尔马在哪里？
  在哪里，哎，我们的朋友夏尔马在哪里？
  在这里，她在一片木瓜田地里！

- 在另一次的圆圈时间，介绍考勤板，要求儿童在考勤板上找出与他们的姓名匹配的口袋，并向他们解释姓名卡放入口袋表示他们在学校。作为日常管理，每次把每个姓名展示一遍，要求儿童识别并放入正确的口袋里。这将使得儿童了解印刷和字母的功能以及声音的鉴别。
- 一段时间后，你也许想继续圆圈时间的姓名探讨，可以邀请家庭成员做客圆圈，分享有关他们姓名的点点滴滴。这是非常好的方法，可以在班级大家庭里分享多种姓名文化。

让我们出发吧

姓名里有什么？对儿童而言，它有一切！在你的活动中心，举办丰富多彩的活动来赞扬和关注姓名的美，参与这些活动，你的孩子们会觉得“我的名字无处不在”。

- 为点心或者午餐制作个性化的餐具垫和姓名卡。儿童不仅要学会认识自己的姓名，而且也要很快学会他人的姓名。提供厚的白色图画纸、水彩笔和蜡笔，用于制作餐具垫。儿童可以在纸的正反两面随意作画，制作他们自己设计的独一无二的餐具垫。用白色标签纸制作姓名牌，贴在餐具垫的两面。儿童将很快学会其他人的姓名，因为他们试图确保他们的朋友就坐在他们旁边用餐（如果你们把餐具垫塑封或者用透明的聚乙烯塑料贴纸做封面，餐具垫可以持续使用一年）。
- 座位卡是非常好的变通，也是这个活动的补充。给儿童提供按长度对折的 5“×8”的纸卡，用来制作他们的座位卡。鼓励他们装饰卡片，在卡片上正确书写自己的姓名。吃饭时间，儿童把他们的座位卡与餐具垫配对。这个活动的目的在于鼓励视觉分辨和姓名识别。
- 在某一次活动中，让儿童在考勤板上研究姓名卡。把卡片摊放在桌子上，要求儿童观察相似点和不同点。“你能找到长度一样的姓名吗？”“你能找到开头字母类似的姓名吗？”“你能找到末尾字母类似的姓名吗？”儿童可以根据不同属性把姓名分组。
- 在教室周围举行姓名寻宝游戏。把儿童的姓名写在简易的贴纸上，把姓名藏在教室周围。不要把贴纸压得太紧，以便儿童发现它时易于将它撕开。给儿童提供一张纸，收集他们在教室周边寻找到的姓名宝藏。“你找到了多少？”
- 共同书写班级姓名册！每个儿童占据一张纸的两个页面，一面画他的像，另一面书写他的名字。翻阅班级手册的页面，看到他们的朋友出现在那里，儿童会非常开心。为了经久耐用，可以塑封手册，也可以把纸插入磁性的（自黏的）影集里。

拓展理解

在一个美好的日子里，去户外玩姓名游戏——姓名啦啦队。让儿童面对面坐成两排。用欢呼声拼读儿童的姓名，再为他们喝彩。当儿童听到他们的姓名被完整地拼出时，他们可以跑向另一边坐下来。你可以用姓名卡片帮助儿童回想字母。

给我一个 C！
给我一个 a！
给我一个 r！
给我一个 l！
给我一个 o！
给我一个 s！
它拼写成什么？
Carlos（卡洛斯）！
为卡洛斯喝彩！他是我们的朋友！

- 在课堂上，介绍一个充填的动物玩具或者洋娃娃，请儿童为它起一个名字。制作一张姓名表，要求他们为最喜爱的名字投票。
- 深入到家庭。让儿童带着小手册回家，让家长在上面添加姓名，如果他们喜欢也可以添加图画或者照片。儿童可以探索概念——爸爸或者妈妈也有一个名字。

用姓名中的字母做游戏

儿童最先认识的字母是他们姓名中的字母。他们对朋友的姓名也非常感兴趣，所以其中的字母也令他们着迷。当你在营造一个自始至终关注姓名的课堂环境时，你也在培养基本的观察和视觉分辨技能，以及自我意识。儿童开始识别他们和朋友姓名中的字母。这个技能迅速转移到身边更广阔的世界里，因此，从他们看到的社区标语中，他们开始识别出现在他们姓名中的字母。

学习技能

视觉分辨

匹配

观察和比较

自我意识

材料

字母带或者字母卡

画纸

橡树标签(尺寸 5"×8"文件卡)

水彩笔、蜡笔或者绘画颜料

信封

剪刀

玩具泥或者橡皮泥

每个孩子的照片(可选)

布满方格的绘图纸

提前准备

- 为每个儿童姓名中的首字母制作独立的字母卡。用橡树标签或者其他硬纸制作,以便儿童可以反复使用。如果有可能,在每张卡片上放置儿童的照片和大写的姓名首字母。低龄幼儿可以只有他们的照片和首字母,大一点的幼儿可以有大写的首字母和姓名后面的小写字母。
- 从橡树标签或者资料卡上剪下大的字母用于拼图游戏。
- 在圆圈时间的活动场所旁边,悬挂字母带,以便儿童在活动期间作参考。

让我们获得启发

- 在圆圈时间利用姓名首字母卡开展活动。以介绍卡片开启游戏。把卡片放置在圆圈中心,请儿童观察它们的相似点和不同点,提问:"你看到了什么?你认识其中的字母吗?"对年长一点的幼儿提问:"你认识其中的名字吗?”儿童看到自己和他人的姓名以字母的形式描画在卡片上,可能会非常激动。

- 调动他们的热情,请儿童轮流去寻找他们自己的卡片和字母。询问:“你的名字以什么字母开头?你发现以相同字母开头的其他卡片了吗?让我们一起来看一看、找一找。”
- 名字以相同字母开头的儿童请过来,依次站成队。提问,比如:“谁的姓名以 A 开头?请过来,和我一起站在前面!哇,我们有三个孩子的姓名以 A 开头:艾莉森(Alison),艾哈玛尔(Ahmal)和安迪(Andy)。我们一起呼喊这些名字。”如此,把所有的姓名过一遍。
- 为每个字母唱一首歌,按照“划,划,划小船”的曲调。

A,A,它是 A

A 是我的第一个字母

艾莉森,艾哈玛尔,安迪,A!(注意:如果只有一个孩子,只要重复这个名字)

他们都是以 A 开头。

- 在另一次的圆圈时间,你可以使用字母带,字母带的位置与儿童的视线平齐,方便儿童与它交流。要求儿童从字母带里找出姓名的第一个字母。每次只允许一个人。他们可以指出那个字母并且与卡片对比。提问:“多少同学的姓名以 R 开头?我们大家数数看。”

让我们出发吧

- 利用一周时间,让儿童把玩首字母卡,学习他们姓名中的字母。提供画纸、颜料,或者水彩笔让儿童图画他们的首字母,鼓励他们用粗线条制作大写字母。提问:“你能用你的首字母填满这页纸吗?”你可以用多少种方法图画字母 N?(注意:重点是开始字母要写得很大,这样,字母的形状才能引发自由联想。)
- 请儿童在房间的四周进行首字母的搜寻活动。要求他们随身带着卡片,在环境中寻找有首字母的单词,它不必是单词的第一个字母。目的是识别出环境中的那个首字母。

- 另一天，带领儿童围绕建筑走一圈，寻找出更多对应的字母。
- 通过制作个人首字母的拼图，儿童将会对首字母有更多的了解。给每个孩子提供一个大写的首字母，用蜡笔和水彩笔去装饰它。帮助儿童把他们的字母剪成三大块，变成智力拼图。提供一个存放拼图的信封，让儿童用字母或者姓名去装饰它。把首字母拼图存放在识字区，方便儿童随时取用。
- 提供玩具泥或者橡皮泥，鼓励儿童去制作他们的首字母。雕刻字母的形状有助于儿童领会字母的构造，同时给双手传递了必要的触觉反射。

拓展理解

- 给你的首字母绘图。在一张布满方格的绘图纸上制作简单的纵向字母表。儿童可以用蜡笔在他们的首字母旁边的方格里涂颜色。图表完成之后，提问："大多数孩子共用的首字母是哪一个？哪一个字母我们用的最少？有字母不在首字母里吗？为什么？"
- 跳一支首字母舞蹈。使用"山谷里住着农夫"的儿歌和游戏。儿童一边拿着他们的首字母卡，一边围着圆圈跳舞。当农夫叫喊他们的字母时，他们就移到圆圈中心。

农夫拿着一个A！
农夫拿着一个A！
嗨-呵，我的首字母！
农夫拿着一个A！

- 在点心时间(snack time)，提供扁平的脆饼和"挤压的奶酪"，让儿童轮流在点心上画他们的首字母，也可以用扁平的饼干和镶饰管去做。

用线条做游戏

线条是书写字母的一个主要内容。竖线条、横线条、斜线条是书写很多字母的基础。让我们一起来观察它们的相似和差异，探索线条的特征。儿童将理解线条以及线条的多种写法。与那些同我们共享世界的人合作，交流能力是合作的基础。

学习技能

书写

绘画

眼和手的配合

观察和比较

材料

图表纸或者白板

水彩笔、蜡笔和大的铅笔

纱线

图画纸或者手指画纸

手指颜料

粉笔

白乳胶

索引卡

彩蛋颜料和画笔

提前准备

准备好各种纸张，每张纸上有一条有趣的直线或者曲线。确保它们都不相同。

让我们获得启发

- 在圆圈时间开启线条的探索，然后延伸到教室里的所有区域。以游戏开始，召集儿童围成一圈，把他们的注意力吸引到图表纸或者白板上。在纸上画一条简单的水平线条。提问："我在做什么？我画出了什么？"儿童可以回答"一条线"，也可以不回答。如果"我在画一条线。"这样的答案没有人说出来，那就对所有的回答一视同仁。

- 请儿童看一看圆圈和教室的周围，找寻线条的其他实例。也许条纹衫上有小的线条，天花板上有大的线条。目的是要求儿童观察身边不同的线条。
- 提问："线条的相同之处在哪里？"耐心地听他们的回答，然后再向他们提问："它们的不同之处又在哪里？"确保分开这两个提问。这个探索游戏可以持续数天，仅仅启动思维，作好反复进行的准备。
- 现在，在你最初画的线条上增添另一条线。比如：你可以画一条线，垂直于第一条线，继而开始绘画长方形，当你继续画的时候，不停地向儿童提问："你从线条里看到什么？""你觉得这个看起来像什么？""下一步，我应该添加什么线条？"
- 最后完成长方形，并请儿童运用创造性思维去想象这一形状代表什么。"这些线条让你想到了什么？"答案可能是一个鸟窝，一台电视或者一个壁炉。在图表纸上记录儿童的想法。
- 告诉儿童他们将成为线条的探索者，去发现各种各样的线条。

让我们出发吧

- 圆圈时间之后，邀一小组儿童随同你进入艺术区。提醒他们关于线条的讨论，然后向他们展示事先准备好的纸张，上面画有不同的线条。举起纸张，请儿童讲述每一根线条让他们想到什么，提问："如果你在上面添加更多的线条，它会变成什么？"
- 请儿童选择一张纸，用蜡笔和水彩笔继续添加线条绘制一幅图画。让他们放心作画，画法没有对错之分。鼓励他们去创新，让思绪飞越线条。
- 绘画完成之后，鼓励儿童讲述他们的图画。在索引卡上记录他们的话语，以便和线条画一起在布告牌上展示。
- 借助多种不同的媒介，拓展探索线条的学习范围。
  - ◇ 一段时间以后，发放手指颜料和纸张，用它们来画线条。
  - ◇ 提供玩具泥和橡皮泥，用它们雕刻线条，制作图像。
  - ◇ 提供大量的壁画纸、彩蛋颜料和画笔，用它们去制作巨大的线条图像。

◇ 挤压瓶中的白乳胶可以用来粘各种长度的纱线以制作新的线条。

- 最后，把线条制作引向字母制作。在识字中心，通过各种强化概念的活动，持续关注线条和字母。把儿童集中在一起，演示如何把线条变成字母。画一条垂直线，然后在中间添加一条水平线。提问："这个看上去像你认识的一个字母吗？要变成字母，我应该添加什么线条？"
- 浏览字母表寻找直线条。
- 提问："你姓名中有直线条吗？有多少条？"
- 把含有直线条的字母列成表，张贴在墙上。

拓展理解

- 把线条带到室外。提供粉笔让儿童在人行道或者游乐场的走道上画各种各样的线条。他们画线条的那一刻，俨然是人行道上的艺术家。
- 后半周，拓展活动。在走道上画圆点，要求儿童在圆点之间画连接的线条，提问："我们共同制作什么呢？"
- 在学习中，通过各种排队游戏去体验线条。比如：一段时间后，你可以让儿童根据不同的生理特征排队，如：男孩、女孩；头发的颜色；鞋子的款式；或者衣着。通过排队游戏，练习用身体去制作线条。号召儿童根据他们身上衣服的颜色排队，从红色开始，然后是橙色，黄色，依次排下去，最后你可能拥有一道彩虹！
- 尝试唱一首排队歌，按照儿歌"伦敦桥要倒塌了"曲调。

> 认真听，孩子们，认真听，孩子们
> 现在排排队，排成一条线
> 认真听，孩子们，排成一条线
> 大家来排队

- 编一段线条舞，比如"花生酱和果酱"或者"谁偷了饼干盒里的饼干"。
- 邀请父母参加。要求他们和儿童在家里寻找线条，找出多种线条的实例。
- 鼓励儿童探索所有家人的姓名，瞧一瞧每个姓名中有多少字母含有直线条。让儿童收集信息带到学校去分享。

用声音做游戏

儿童将尝试制造声音和辨听声音，开始分辨声音的差异。到处都有声音，有些是熟悉的，有些是新奇有趣的。分辨和模仿声音的能力有助于儿童欣赏世界上各种美妙的声音。

学习技能

听觉辨别

聆听

观察和比较声音

发声和配音

材料

用手机、平板电脑或者计算机预先录制外部环境中的各种声音

各种落地会发出不同声音的小物体

袋子或者枕套

小的卡片盒

纸巾筒

油漆工胶带或者装饰胶带

沙子、鹅卵石、铃铛、硬币以及其他制造声音的小物件

录音设备

各种音乐风格的 CD

水彩笔、钢笔和蜡笔

壁画纸

码尺

提前准备

- 预录一段背景声音，你家附近、户外，或者公园里、商场内等场所的声音。你可以利用手机、平板电脑或者计算机的录音功能。有些网站有

录制好的声音,你可以拿来使用。

- 收集各种落地可以发出声音的小物件,比如一只铃铛、一本书、一只球、一只拨浪鼓,等等,把它们藏在袋子里或者枕套里。

让我们获得启发

声音围绕着我们,但是有时我们需要集中注意力才能明白它们的来源和它们的目的。下面是一些圆圈时间的活动,学习听和发声的概念。

- 以一段有趣的听力游戏开始。播放一系列事先录制好的简单的声音让儿童鉴别。你也许想播放一段声音,然后提问:"你听到了什么?什么东西发出的声音?它是一只动物、一个人,还是一件物品?"如果你想进一步交流,你也可以提问:"你觉得这发生在哪里?是城市还是乡村?你怎么知道的?"
- 声音具有目的性。聆听各种各样的声音,谈一谈声音如何帮助我们。例如,救护车的声音告诉司机要让路。门铃声告诉我们有人在门口。婴儿哭泣告诉我们什么?狗嚎叫的声音预示什么?
- 停顿片刻,要求学生聆听教室里和周围的声音。这些声音告诉我们什么?也许我们听到前方有剪草机的声音、路过的火车声,也许我们听到空调的声音。这些都是声音信息,它们告诉我们环境中正在发生的事情。
- 唱一首声音的歌,按照"你有没有看到一位小姑娘?"的旋律。在几段歌词的后面,请儿童为这首歌加上新的配音。

你有没有听过击鼓声,击鼓声,击鼓声?
你有没有听到击鼓声,哒、哒、哒?
你有没有听过小猫叫,小猫叫,小猫叫?
你有没有听到小猫叫,喵、喵、喵?
你有没有听过关门声,关门声,关门声?
你有没有听到关门声,砰,嘣、嘣、嘣?

让我们出发吧

听觉帮助我们在身边的世界里航行。在接下来的活动中,儿童可以观察和比较他们听到的声音与他们发出的声音。

- 玩游戏——“什么落地了?”要求儿童戴上他们的耳机。在儿童面前丢落一块积木,演示物体在你丢落的时候如何发出“砰”的声音。请儿童闭上眼睛,竖起耳朵,因为你要丢落某种东西让他们猜测。提问:“它是什么?什么落地了?”除了听觉体验,你也可以增加视觉体验。比如,在你丢落东西之前,你可以向儿童展示你收集的小物品。这将有助于儿童猜出丢落的物体。但是,接下来用意外的、他们没有看到的物品去尝试。经过几轮体验之后,给儿童一只袋子,让他们在教室周围收集一些可以丢落的东西,让其他人猜一猜。
- 玩“鹦鹉学舌”的游戏。这是一种非常好的方法,锻炼听力和发音。发出一种声音,然后,要求儿童重复它;发出另一种声音,然后,也让他们模仿它。他们很快就会抓住这个游戏相互配合的本质。改变声音的形态:长音,短音,突兀的声音和美妙的声音。还要改变声音的旋律和节拍。你正在培养学习字母和单词所需要的发音技能。
- 录制声音。很多儿童听到他们的声音的录音感到非常惊奇。如果有可能,让儿童说说他们的名字,发出最喜欢的声音,唱成简单的歌曲,并录制下来。你也可以录制一段讨论,关于他们最喜爱的电视节目或者活动的讨论。回放给他们听,提问:“你如何发音?声音像你自己的吗?”你也可以让每位儿童录制一句相同的短句,比如:“我去彩虹幼儿园,”或者“今天要下雨。”在圆圈时间,回放录制的句子,请儿童猜一猜是谁的声音。
- 给儿童提供回收的材料去制作发声的机器。你可以用小盒子或者小筒装一些摇动时会发出声音的小物品,用胶带封好这些容器。除了像铃铛和小石头这类声音响亮的物品外,也要尝试使用沙子和其他安静无声的物体。请儿童聆听不同的声音,以不同的方式把声音分组,比如:轻柔对响亮,或者金属类的声音对纸张的声音。

拓展理解

- 我们需要声音进行对话和交流。请儿童用声音而不是话语与朋友交流。你有过一次声音的交流吗?

- 对儿童而言，一个传统的令人着迷的声音活动是听音乐画图画。跟随不同的音乐风格，挥动蜡笔和水彩笔，这是多么容易，也值得去做。用胶带在地板上贴一张巨大的壁画纸，请儿童躺下来，趴在纸上，跟随音乐绘画。挑选世界上各种各样的声音。为儿童录制的"普图马约世界音乐集"(The Putumayo collection of recorded world music)里有很多动听的音乐旋律。
- 在游乐场或者校园里来一趟听之旅。当儿童聆听身边声音的时候，要求他们不能喧闹。回到课堂，让儿童谈一谈听到了什么，声音如何。

用对立物做游戏

认识对立物，给儿童提供一个可行的方法，让他们观察身边的相似点和不同点。这个能力不仅是语言能力的关键；而且，在进行或者理解数学和科学的比较中，它也是一个必不可少的要素。除了他们自己的身体，儿童也可以利用熟悉的物品体验对立物的相似点和不同点。

学习技能

言语交流能力

对比词汇

观察和比较对立物

匹配

从已知到未知去推算对立物

材料

多套对立的物体，比如大的和小的积木、书本、蜡笔和信封

一系列尺寸、颜色、形状和质地不同的石头

纱线

手工纸

杂志和包装纸

安全剪刀

胶棒或者胶水

托盘天平(选择性的)

让我们获得启发

你的圆圈时间是最佳场所,在这里启发儿童对有趣的对立物进行思考和体验。当儿童动用肢体时,他们把这个概念融入了他们的肌肉记忆和大脑中。让我们来玩对立物游戏吧。

- 以滑稽表演开始。寻找有趣的方式让儿童联想到对立物。你可以小心地倒着走进圆圈时间;或者反过来拿着书本,从书的结尾处开始阅读;你可以尝试用圆圈时间结束的歌曲向大家问候,而不是你的问好歌;或者告诉他们该回家了。他们立刻就会明白你说的正好相反。
- 尝试一个对立物的游戏,让儿童沉浸在快乐之中。请大家起立,然后,做相反的动作。要求他们向后靠,然而,事实上却是向前倾。你可以体验向前、向后移动,或者向左、向右移动。你可以大声叫喊和轻言细语,或者走近和走远。邀请一个孩子做一个动作,让其他人思考相反的动作。
- 在另一次的圆圈时间,玩一个"西蒙说"的对立游戏。这是个机灵的游戏,所以保留到后期的探索活动中。领头人对每个人说伸向高处,然而每个人做相反的动作——伸向低处。没有人被赶出游戏,仅仅大笑一场,然后继续。

让我们出发吧

在活动中,你可以体验运用数学、科学、语言和艺术意识进行观察和比较。玩一场对立物的配对游戏。把你收集的小物品放在活动桌的中心。请儿童观察物品,并作比较。提问:"它们哪里是相同的?""它们哪里是不同的?""你能找出以特殊的方式配对成双的物体吗?"儿童可以把对立的物体组合在一起,并讨论他们发现的不同点。

- 深入学习。要求儿童在教室里寻找成双的对立物,加入收藏品。他们可能找出长的、短的铅笔,空的、满的浆糊罐,大的、小的课本,等等。
- 介绍维恩图(Venn diagrams)。用两根系在一起的纱线做维恩图的圆圈，做成大的圆圈，以便儿童将正在使用的物品都能被放进去。儿童将分别给大和小、黑和亮，或者粗糙和光滑做维恩图。如果你想关注特殊的材料，可以试用石头或者岩石。这些物品可以从尺寸，形状、颜色和质感上作比较。

- 制作一面反义词的墙壁。儿童喜欢用新的词汇做游戏。单词墙是展示单词的最好方式。利用招贴板或者白纸板列出单词和它们的反义词。从一个单词开始，要求儿童说出反义词。请儿童绘画或者裁剪图片来解释墙上的单词。发一张单词墙的照片回家交给父母，让他们看一看儿童在课堂上做了些什么。
- 制作一幅对立物的拼贴画。让儿童利用他们的观察能力，在杂志上搜集对立物的事例。这个不像听起来那么容易。你可能要列出一套参数，为他们的搜集提供帮助。例如，他们可以寻找软的和硬的、重的和轻的，或者空的和满的对立物。把这些图片组合在一起，制成一本厚厚的对立物课堂手册。

拓展理解

- 把概念转化为儿童眼前的现实，最好的方法就是把概念付诸实践。把儿童召集起来，为了了解对立物，在校园或者周边走一走。寻找红灯和绿灯、大汽车和小汽车、高大的建筑和低矮的建筑、敞开着和关闭着的窗户及门、低矮的树和高大的树，等等。他们还发现了什么？如果有可能，携带一个文件夹记录他们的发现。把获得的信息带回课堂讨论。
- 过颠倒的一天。给家长发便条，解释你从事的一项研究以及你对这一天的安排。儿童到达时，跟他们说“再见”。颠倒日常次序。从吃点心或者活动时间开始，向早晨的圆圈时间过渡。你也可以从室外活动开始。只是打乱日常的次序，反向进行。在放学前的圆圈时间里，要求儿童分享这一天的体验。
- 延伸维恩图。搬出你的托盘天平，让儿童从轻重的角度研究不同的石头。
- “高贵的约克公爵”是一首最好的关于对立物的儿歌。跟着每段歌词，儿童可以利用他们的身体去体验上和下。

啊，高贵的约克公爵
他带领着一万人
他带领他们上山顶，(起立)
然后，又带领他们下山脚(蹲下)
啊，当你在山顶，在山顶(起立)
当你在山脚，在山脚(蹲下)
当你在山腰(保持半蹲状态)
你既不在山顶也不在山脚(起立，蹲下)

我的脸，你的脸

让儿童具备全面的视野，也许最好的一种方法就是帮助他们欣赏一张张美丽的笑脸，笑脸是社会的一部分。人们都有基本相同的组成：眼睛、鼻子、嘴和耳朵。但是也有很多奇妙的差异。这些活动首先请儿童研究他们自己的面容，然后再仔细观察他们周围人的脸。儿童将开始关注人们面容上的相似性和差异。

学习技能

观察和比较视觉上的差异与相似
自我意识
社交
共情

材料

招贴板或者白板
水彩笔
很多大头照
安全的镜子
纸和颜料
手工纸和胶棒

杂志
剪刀
拼贴画材料
灯或者电筒

提前准备

- 从杂志上收集各种大头照,或者在网上进行图像搜索。这些照片将被用于各种活动,贯穿整个探索过程。
- 用底色是棕色、蓝色、绿色和浅褐色的纸张剪出眼睛的形状。这些图像将被用在一张关于眼睛的图表上。

让我们得到启发

在圆圈时间,你可以通过各种小组活动或者游戏开启你的概念探索。这将帮助儿童对你接下来几天或一周要探索的概念有同步的认识。

- 扮一副滑稽的鬼脸,开始你的游戏。你做的任何一件事情都会引起儿童的注意,他们一定正在看着你的脸,也请儿童做呆萌的表情。你可以示范一个表情,请他们模仿。然后,他们也可以做一个表情让你模仿。
- 所有这些有趣的表情将归结为一场精彩的人脸讨论。当你做表情时,请儿童注意你脸上各个不同的部位。你可以狡黠地笑一笑,做斗鸡眼,皱鼻子。关注每个人的脸部特征,一次关注一个特征,重点关注不同之处。
- 来一段简单的说唱,帮助儿童观察教室里每张脸的相似点和差异。重复说唱几遍,请他们看一看圆圈中不同的人脸。

我的脸,(指着自己的脸)
你的脸,(指向其他人的脸)
他的脸,她的脸(指向另一个人的脸)
我们都有一张脸,
它们都是不同的,
但是每张脸上有两只眼睛,(指向眼睛)

一只鼻子,(指向鼻子)
一张嘴,(指向嘴)
和两只耳朵,(指向耳朵)
为脸喝彩!(微笑)

让我们出发吧

请儿童探究眼睛、耳朵、鼻子和嘴这四个基本特征。重要的是先让他们观察自己的脸,然后再去观察他人脸上的相似之处与不同之处。

- 制作一张人脸的图表。从某一天开始,持续制作,贯穿整个学习过程。召集一小组儿童围着活动桌,帮你绘制人脸图表。从人脸的上端开始,首先谈谈眼睛。在图表的上端写上单词“眼睛”,接着在旁边画两只眼睛。请儿童开展头脑风暴,想一想眼睛的各种用途。你可以用句子“眼睛是用来……”开启儿童的思考。跟儿童谈一谈如何用眼睛交流,连言语也不准用。提问:“你的眼睛可以‘说’什么?”鼓励他们用眼神去表达生气、害怕、快乐,或者困倦。把儿童的想法记录在图表上。
- 制作一张眼睛的图表。鼓励儿童相互观察眼睛,提问:“我们有相同颜色的眼睛吗?”“眼睛哪儿是相同的?”“眼睛哪儿是不同的?”把裁剪下来的纸眼睛放在一张纸卡上,制作一张简单的眼睛颜色柱状图。让儿童把他们的眼睛颜色添加到图表中正确的柱状图形上。提问:“哪一种颜色的眼睛最多?”
- 继续绘制脸的图表:利用一周的时间去研究耳朵、鼻子和嘴巴。每天关注脸部一个特征,并向儿童提问:“你用耳朵(鼻子,嘴巴)做什么?”最后,你会收集到很多丰富的想法,把它们记录在图表上。在课堂上赞美这些千姿百态的脸庞。
- 绘制“我的脸-你的脸”肖像画。这是一个非常棒的活动,可以在画布上作画,也可以在艺术桌上完成。请儿童画出自己的肖像,如果可能,提供一面安全的大镜子,供儿童绘画时研究自己的特征。然后再请儿童绘制一张朋友的肖像画。当他们的艺术家朋友给他们绘画时,教儿童如何摆坐姿当模特。在“我的脸-你的脸”布告牌上,展示儿童的肖像画,也可以在展览中加入儿童的照片。

- 探索人脸的对称性。利用你收集的多张不同的人脸照片，与儿童一起探索人脸的相似和差异。指明人脸通常是对称的，据此帮助儿童弄懂人脸的相似之处。你可以用一张纸遮挡照片，只显露半边脸；然后，移动这张纸，露出脸的另一半；拿走纸卡，看一看人脸的两边如何相似；再看看整张脸。给儿童纸卡，用这种方法研究不同的人脸。在活动的最后，鼓励儿童把他们实验用的很多人脸图制成拼贴画。

拓展理解

- 谈一谈儿童在人脸上发现的许多不同之处。我们所有人看上去都不同，然而，我们都有四个相同的主要特征。可是，有些面孔与众不同，有点怪异，甚至吓人。鼓励儿童分享他们遇见新面孔或者不同面孔时的感受。我们能否永远铭记这些面孔，他们也许和我们的面孔不同，但是在相同的部位却是相似的？
- 儿童也许有兴致去研究动物脸上的对称性。提供相关书本和照片，让儿童以类似的方法，通过遮挡动物的半边脸，研究两边的对称性。
- 你可以利用杂志上动物的脸部照片来制作拼图。儿童可以把脸的照片粘贴在纸卡上，然后沿中心剪开，一分为二，变成两块拼图卡。混合卡片，做系列拼图。当你把狮子的半张脸和熊猫的半张脸拼在一起时，会发生什么？
- 制作脸部剪影的拼贴画。利用光源，比如一盏光亮的灯或者电筒，让光线照射在一张白色的图画纸上。要求一位儿童坐在光线里，这样一来，脸部的剪影就出现了，仔细勾画脸的轮廓，把图像交给儿童裁剪。鼓励每一位儿童给拼贴画增添内容，可以是杂志上的图片，或者任何想要表达的内容：这就是我！

我的身体，你的身体

在幼儿时期，儿童对自己和他人的身体越来越关注。有时，他们对人与人之间不同点的关注多于相同点。这提供了一个很好的机会，借此，说明我们在某些方面是多么相同，但是，在更多的方面，我们又是多么地不同的。

我们每个人都有一个值得赞美的身姿，我们接纳每一个人，能够尊重世界的多样性。

学习技能

观察和比较身体上的差异和相似

自我意识

身体知觉

社交

共情

材料

图表和手工纸

水彩笔，蜡笔

安全剪刀

胶棒

三个大的图形，3 英尺宽的（圆形，正方形，三角形）

胶带

测量带

纱线或者色带

彩蛋颜料

大海绵

印台（选择性的）

每个孩子的照片

提前准备

给家长发一封信，请他们与班级分享全家福照片。每位儿童带来一张照片，用于展览和分享。如果家庭没有可以分享的照片，在家长来接孩子的时候，尝试给家长和孩子拍合影。也不要忘记带一张你孩提时代的全家福。如果家长有他们孩子出生时的脚印，请问一问他们，你能否借用。

让我们获得启发

我们个体的特征都是彼此不同的,但是我们有着相同的基本构造。探究身体的学习过程很大程度上与探索人脸一样。我们将关注我们都拥有的头发、手臂、腿和脚。在这些特征中存在很多差异。正因为这些差异才使得我们与众不同。鼓励儿童积极对待看到的差异,这一点非常重要。记住,差异值得赞美!

- 赞美我们的独特性。一开始,先展示一张你儿时的全家福照片或者一张你现在的家庭合影。儿童将被你的全家福照片迷住。鼓励他们观察家庭成员之间的相似点与差异。然后,请儿童轮流展示他们的全家福照片。鼓励儿童说出照片中的人名。每个人长得像吗?他们哪儿不同?儿童也许首先注意到成人比儿童高大。他们也可能注意到发色和眼睛颜色的区别。赞美所有这些相似和差异。圆圈时间之后,儿童一定还想再看一看这些照片,你可以把照片粘贴到布告牌上或者收集在一个小的影集里,让他们自由翻阅。(注意:如果你担心照片被损坏,就做复印件让儿童观赏。)
- 玩一场运动游戏,赞美团队之间的差异。这个效果很好,如果你有一个很大的圆圈场所,或者你可以把游戏带到室外或者体育馆。这是将身体进行组合和分类的好方法。用胶带在地板上贴三个大的图形:圆形、正方形和三角形。你喊出某一特征,并告诉儿童走上、蹦上、或是跳上某一种图形。从衣着特征开始,例如说:“所有穿红衣服的孩子走到圆圈里。”“所有穿蓝色衣服的孩子,蹦上正方形。”“所有穿白色衣服的孩子,跳上三角形。”让儿童数一数图形上的人数。哪一组人数最多?现在把特征细化到眼睛和头发的颜色、头发的长短,等等。数一数人数,看一看同组成员,表扬每一个小组。当一位儿童发现他与其他人拥有同一个特征时,会产生一种归属感。
- 选择身体的一个部位,例如双手,请儿童轮流讲述用这个部位可以做什么。把他们的建议记录在体验表上,并标注他们的姓名。如果有可能,拍摄儿童讲述时的照片,添加到图表上。让儿童探索有多少种使用双手的方法?一段时间以后,以同样的方法探索身体的其他部位。问问儿童有多少种使用双脚、双腿、手臂和头的方法?有无限的可能性!

让我们出发吧

在活动中学习，给儿童提供多种不同的机会去探索他们自己的身体，看一看其他人身上的相似和差异。

- 没有东西比手印、脚印和指纹更具独特性了。通常，出生以后，儿童至少会有一张脚印的照片。如果有可能，请儿童在课堂上分享这些照片。婴儿的脚印和儿童现在的脚印有何不同？请儿童留下脚印。用一只大海绵充当印台，在印台上注入液体彩蛋颜料，直至浸透，不至于打滑。向儿童演示，如何把一只脚轻轻地压在海绵上，然后再踩在一张纸上。鼓励儿童研究不同形态的双脚。提问："当你踮起脚尖的时候，你的脚看起来怎样？当你蹲下来的时候，它看起来又如何？当你站起来的时候，又怎样？"尝试这些动作，观察区别。
- 你的头围是多长？头围大小不一，有各种尺寸。给每位儿童一根纱线或者色带作为非标准的测量工具，教他们如何在脑袋最宽处绕一圈，就像束发带一样，然后帮助儿童按测量的长度剪断，拎起带子，让儿童看看他的头围有多少。请儿童拿着他们的"束发带"在教室里寻找尺寸相同的其他物品。然后让儿童把带子粘附到图表上，展示组员头围的不同尺寸。不要忘记，也测一测你的头围。请校长、餐厅员工、父亲或者母亲，以及一些其他相关人员也测一测头围。我们头围的尺寸各不相同。
- 没有两个指纹是一样的。儿童发现他们的指纹与他人完全不同，这让他们感到惊奇。你可以在制作手模和脚模的基础上，进一步研究指纹和拇指印。在网上进行图像搜索，你将发现实际上有四种不同的指纹种类：螺旋形、环形、弓形和混合形。儿童可能喜欢利用印台和四种指纹的图像来研究自己的指纹。提供放大镜让儿童近距离地去研究手指、拇指以及指纹。为深入调查提出问题："你每根手指的指纹相同吗？""你两只手的拇指印一样吗？""你的拇指印和朋友的拇指印如何不同？"在课堂上制作一个图表展示所有指纹。
- 利用测量带测量每位儿童的身高并记录在图表上。时不时地重复这个活动，观察和评述儿童在一段时间里的成长。

拓展理解

- 利用儿歌“玛丽穿着红裙子”的曲调来探究身体上的相似和差异，根据游戏改编歌词。

    还有谁长着棕色头发，棕色头发，棕色头发。
    还有谁长着棕色头发，现在站起来。
    转一圈，转一圈，摸摸地，
    还有谁长着棕色头发，现在笑一笑。

- 每次你唱一段，要求站着的儿童配合做动作。他们可以转圈圈或者上、下跳。帮助儿童观察，尽管发色是如此相同，但是发型却不同。有人是长发，有人是短发。有人是鬈发，有人是直发。为这些差异喝彩！
- 你可以用天然滑石粉在人行道上做印记。把粉末放入低矮的盆中或者平底锅里，儿童可以轻轻地把一只脚踏入滑石粉中，然后绕着人行道开心地奔跑，留下脚印。也试着做手印。如果允许他们在墙壁上留下手印，鼓励他们如法炮制手印。在下一次探索中，尝试新方法，让儿童把一只脚或者一只手沾水做脚印或手印。此刻，印记看起来像什么？
- 绘制图表“我的身体能做什么”，在图表中罗列出各种行为，从手指打榧子到用脚蹦跳。请儿童猜一猜他们能持续蹦跳或者打榧子多少次。然后检验他们的猜测。利用计数符号记录他们单足跳，双脚轮流跳或者同时上下蹦跳的次数。

我的身体如何工作

幼儿处于探秘的好奇时期，因此他们想了解身体所有独特的组成、功能和行为。当儿童发展精巧和强劲的运动技能时，也正是他们利用观察和比较能力的重要时刻。这些技能将伴随他们的一生。这也是从更广的视角去认识人体和功能多面性的重要时刻。在这些活动中，儿童开始探索人体的很多组成和它们特殊的功能。

学习技能

观察和比较

服从指挥

协调

计数和统计

运动的动作

材料

招贴板或者白纸板

水彩笔

壁画纸

蜡笔和大铅笔

安全剪刀

不易碎的穿衣镜(选择性的)

小鸟和动物的照片或者卡片

手电筒

粉笔

绳子

包装盒

圆箍

提前预备

如果有可能,请家庭成员带一只安全的动物或者小鸟进课堂,让大家做比较。不同的日子安排不同的动物,以便儿童集中注意力观察某一种小动物。

让我们获得启发

- 关于身体如何运转,儿童常常感到好奇。幼小的时候,他们想学单足跳、双脚交替跳、用手打榧子、投掷以及拿取。如何才能完成这些动作?让我们共同探索身体的构造、肌肉和运动。

- 以一首快乐的歌曲让大家动起来。根据儿歌“穿越山岭的小熊”的曲调和以下的歌词。

　　我的手指在扭动,(扭动手指)
　　我的手指在扭动,
　　我的手指在扭动,
　　转一转,转一转,转一转

- 提问,“你会用其他的方式运动手指吗?”他们可能尝试打榧子、敲打、触摸或者拍拍手。把建议的每个动作加入歌曲。唱完以后,一起讨论运动手指的各种不同方法。
- 制作一张图表,标题是“我的手指能……”。用歌曲研究过动作之后,再让儿童开展头脑风暴,穷尽能想到的所有运用手指的方法。把他们的想法记录在图表纸上,当他们看到这些文字时,会感到他们的想法得到了认可。你也许想在图表上画一只很大的手,有着长长的手指,然后在手指上填满儿童的想法。提问:“你为什么用手指?”“当你早晨起床的时候,手指如何帮助你?”“当你吃饭的时候,做游戏的时候,工作的时候,说话的时候,穿衣服的时候,手指如何帮助你?”保留图表,以便儿童经过一段时间的思考后添加新的想法。
- 这一周的后半周,对双脚做类似的探讨。“你使用双脚的方式有多少种?”“一整天,它们是如何帮助你的?”制作类似的图表,要求儿童比较用手和用脚的不同之处。有相似的动作吗?
- 继续你的游戏,把熟悉的与身体有关的儿歌加进圆圈时间。首选的是一首传统歌曲“如果你感到你是快乐的”,因为在歌中,你可以动用身体所有不同的部位。尝试歌词,比如“点点头,咯咯叫,揉肚子,舔嘴唇”等等。请儿童去添加自己的动作和歌词。
- 你可以利用整整一周时间持续讨论人体的组成和运动。你用头脑能做什么?你的肚子能做什么?你们的舌头能做什么?尝试所有这些话题。
- 我们都在用肢体语言交流。一个点头传达了某种含义,一个眼神,或者扭动的手指也是如此。做一个动作让儿童猜测你想表达什么，以此作为开头，讨论肢体的表达方式。作好笑场的准备。

让我们出发吧

在中心学习时间，儿童可以从科学、数学和识字意识的角度来探索他们的身体，把活动延伸到观察动物身体，来拓宽儿童看世界的视角，并帮助他们认识到人和动物更多的是相似而不是差异。

- 在幼儿阶段，儿童喜爱数数，尤其热衷于向你展示他们有几根手指。你可以使用壁画纸和蜡笔开始探讨身体的外形。不必关注形体的艺术性，重点是各部位相吻合。让儿童舒展地躺在壁画纸上，你小心翼翼地画出身体的轮廓。然后，要求他们数一数不同的部位，在画上标注数字。“你一只手上有几根手指？另一只手上有几根？”帮助儿童关注大、小不同部位。问儿童：“你有几只眼睛、几只耳朵、几只脚、几个肚子、几个后背？”在活动的最后，要求儿童观察他们身体的哪个部位数量最多。
- 通过对他们身体的观察和比较，儿童会把他们的认识延伸到动物的身体上。如果有可能，真实的动物是最好的参照物，不过，动物照片或者卡片也可以。一开始，挑选一种特定类型的动物，让儿童去观察和比较。最好是一只猫或者一只狗，因为很多儿童都熟悉它们。制作一张图表，划分为两个部分，记录儿童的发现。一边记录他们自己的身体信息，另一边记录动物的身体信息。你一边询问，一边记录他们的想法。要求儿童观察那些可能相似和不同的特征。“你们两个都有毛发吗？毛发长得一样还是不同？”“你们两个都有手和脚吗？它们相同还是不同？”“你们两个都有鼻子吗？它们有何不同？”“动物如何使用鼻子？你如何使用你的鼻子？”这样的探讨你可以持续数周，从哺乳动物到鸟类，再到鱼类。这是一个运用推理能力的好机会，他们开始在所有生命体上看到具有相似和不同功能的身体部位。
- “我的手和脚能做什么，不能做什么。”这是一个有趣的需要思考和解决问题的挑战。把儿童召集在活动桌周围，向他们提出容易完成的挑战。例如：要求他们用手捡起纸片；然后向他们提出，捡起纸片但不准用手。下面是一些其他的方法：

  - 指着某个物体。现在不准用手去指。
  - 用脚发出声响。现在不准用脚发出声响。
  - 用脚去跳舞。现在不准用脚跳舞。
- 儿童看到他们手和脚的骨架将会欣喜若狂。你需要的仅仅是暗室里的一束强的电筒光。儿童可以用手电筒照耀身体的部位,检查手和脚上的肌肉以及筋脉。提供艺术画材,让儿童把看到的东西画出来。

拓展理解

- 单足跳、双脚交替跳和上下跳跃。这是一个非常好的主题,适合在室外体验大肌肉运动。在人行道开展跳房子游戏,让儿童跳一跳、数一数。搬出盒子和圆箍,让儿童跳进跳出。大一点的孩子喜欢跳绳游戏。最初,他们也许只能跃过静止的绳子,但是他们喜欢新的挑战。
- 保持平衡是运动中最重要的,儿童喜欢这样的挑战。把粉笔和绳索作为平衡梁。鼓励他们平稳地滚圆箍。你能把圆箍滚多远?
- 和儿童一道举办一场有音乐伴奏的奥林匹克运动会,在其中加入所有你喜爱的运动歌曲和游戏。利用歌曲,诸如:“蹦蹦跳跳找伙伴”“变戏法”“头、肩膀、膝盖和脚趾”。

我的视觉

幼儿生活在一个强烈的多感官冲击的世界。有时,站在幕后观赏是一件愉快的事情。让儿童每次都把注意力集中于一个感官。随着观察和探索的深入,他们可以加入其他感官来拓展他们的体验和理解。如果,儿童同时用科学家和艺术家的眼光看待事物,情形会怎样?会产生什么不同的认识?让我们用新的眼光体验视觉感受。

儿童在体验视觉和其他感官时,总是以不同的视角从身边的世界开始。

学习技能

观察和比较

收集和分类

预测
感觉运动技能
推理
解决问题

材料

各种大小不一、形状相异、质地不同的有趣物品，比如：铅笔、计数立方体、木块、岩石、海绵等等。

美物，比如：孔雀的羽毛、有生命的植物或者花朵、贝壳
图画纸
蜡笔、水彩笔、粉笔
水彩
放大镜
电筒
小的棕色午餐袋
布片或者围巾
测量带

提前准备

为每个孩子准备一只棕色的“惊喜”袋，在每只袋子里放入一个物品，诸如铅笔、计数立方体、木块、岩石、海绵等等。封紧袋口，让儿童无法看到里面。

让我们得到启发

- 采用新视角。以一个有趣的视觉游戏引入主题。带一片美丽的羽毛、一朵美丽的花、一棵美丽的小植物，或者一只漂亮的贝壳去你的圆圈，让儿童从不同的视角观察。首先，儿童会冠以物体名称或者特定的称号。请他们反复观察。“你还观察到了什么？讲一讲你看到的细节。”他们可能描述物体的颜色、形状，或者大小。要求儿童从不同的角度再观察。“从侧面看，它像什么？从上面看呢？从下看呢？你观察到了什

么?”向他们讲解他们正在使用艺术家的眼光进行观察。艺术家可以看到物体上很多不同的品质和维度。请他们深入研究，要求他们猜一猜物体摸起来像什么。“如果你触摸这个物体，你认为手感会怎样?”在真正用触摸验证设想之前，让儿童分享他们的想法。大约每天介绍一个新物体。儿童将获得机会在多种事物上运用这些技能。

- 唱一首“看”的歌。在圆圈活动中增加一首歌总是愉快的事情。你可以使用“唱一首六便士之歌”的熟悉曲调和新歌词。

  唱一首看的歌
  我上看下看，
  我看见这里有很多东西，红的，蓝的和褐色的。
  当我指着一件东西，
  请告诉我，你看见了什么。
  这不是很快乐吗
  和我一起看一看，瞧一瞧?

- 一边唱着歌，一边指着一件物体。提问：“你看到了什么？你将如何描述它?”然后再唱一遍，要求第一个孩子指着某件物体，让下一个孩子观察和描述。以这种方式持续下去，让所有的孩子都参加。

让我们出发吧

- 儿童希望在圆圈时间获得一次机会看一看特殊的物体。让它出现在一张活动桌上，以便他们可以用不同的方式察看。“你能用艺术家的眼光审视它吗？如果你是一位艺术家，你会用笔或者颜料画出来吗?”提供图画纸和艺术材料，让儿童画出他们眼中呈现的物体。
- 一旦儿童已经像艺术家一样观察物体；接下来，他们也能够像科学家一样观看同样的物体。提供放大镜，电筒和测量带，用科学家的眼光探究同样的物体。提问：“关于这个物体，你想知道什么？当闪亮的电筒光穿透它的时候，你看到了什么？穿过的光线会闪亮吗？透过放大镜，你看到了哪些之前没有发现的东西?”儿童会讲述他们的发现，你把它记录在图表纸上。对你展示的每一件物体,尝试这两步观察——艺术角度和科学角度。

- 袋子里有什么? 不准看,玩一个猜谜游戏。儿童喜爱动脑筋做猜测。在一个小组里,给每个孩子发放一只袋子,讲明袋里装有一个秘密的物体。请他们各自看一看自己袋子里面,再用手摸一摸,研究一下摸到的物体,不允许向他人展示。然后,其他孩子用提问的方式猜测袋中的物体,不允许看,也不允许摸。你需要帮助他们启动游戏。引导孩子问:"它摸起来像什么?""它是什么形状?""它是什么颜色?""你如何使用它?"经过几次试问之后,儿童将学会如何提问,享受猜谜的乐趣:不准看,或者不准摸,猜猜里面是什么。和其他小组的孩子继续做这个游戏,直到每一个孩子有一轮猜测和提问的机会。

拓展理解

- 出去走一走,静静地观察。我们时常和儿童一边行走一边交谈。如果我们在行走中,不许说话,只准观望——真正的观望,将会发生什么?解释这是一次安静的行走,要求儿童使用眼睛。请他们去寻找惊喜,以及他们想要分享的点点滴滴。沿着路边停下来,只是坐着观望,或者平躺在草地上,仰望天空。返回教室后,谈一谈,在安静的行走中,你看到了哪些你以前从未注意过的东西。
- 玩"客体永久性"(object permanence)猜谜游戏。客体永久性概念是儿童利用视觉去建立推理能力的重要方法之一,它是对"一个客体依然存在,尽管我们不能看见它"的阐释。用一块布或者围巾遮挡物体的一部分,要求儿童仅仅根据露出的可见的一小部分对它进行猜测。如果他们有难度,移动围巾,展露多一点。最后,揭开物体,验证他们的猜测。尝试各种越来越难以辨识的物体。

用我所有的感官去观看

我们只能用眼睛观看吗? 实际上,儿童非常擅于利用所有的感官去认识身边的世界。拓展视野之时,我们要求儿童越过两个最常用的听觉和视觉去观看。

学习技能

观察和比较

组合和分类

标识

预测

感觉运动技能

推理

解决问题

材料

招贴板或者白板

水彩笔

枕套或者布袋

各种形状、质地、大小不一的有趣物品

图画纸

带有擦纸的大蜡笔

一只不常见的水果，比如：芒果或者石榴

各种不同质地的材料，比如：粗麻布、棉布、气泡膜、瓦楞纸、砂纸、羽毛、天鹅绒

芳香怡人的物品

几只带螺旋盖的小塑料容器

棉球

香料，比如：香草味、柠檬味、杏仁味、薄荷味、巧克力味、薰衣草味等等

胶棒和胶水

安全剪刀

纸杯

不同温度的水：热水（但是不太烫），温水，凉水，冷水

各种视线可以穿透的物体，比如：不易碎的望远镜、护目镜、纸筒、万花

筒，以及颜料刮片

各种用苹果制成的食品，比如：果汁、苹果酱，苹果酒，苹果醋和苹果干

有洞眼的菲利包装盒或者鞋盒

提前准备

在棉球上滴几滴香料，制作散发香味的材料。你也可以使用不同的肥皂和香水。

让我们得到启发

- 唱一首感官歌。一首把感官与身体相应部位联系起来的歌曲将有助于这个话题的开启。你可以使用“山谷里住着农夫”的曲调和以下的新歌词：

  我用我的眼睛观看。（指着眼睛）
  我用我的眼睛观看。
  当我看了一圈，
  我看见（说出一个从圆圈中可以看得见的物体）。
  我用我的眼睛观看。

- 当你把这首歌唱了几遍以后，转移到不熟悉的感官。例如：

  我用我的手指触摸。（扭动手指）
  我用我的手指触摸。
  当我摸了一圈，
  我摸到了（说出一个从圆圈中摸得着的物体）。
  我用我的手指触摸。

- 儿童会伸出手，触摸身边的东西，并描述他们的感受。
- 玩“摸和说”的语言表达游戏。语言是我们体验感官的另一种方式。分别利用触觉、嗅觉和味觉尝试这个游戏。在你拓展儿童的体验时，你也

在构建词汇表。从触觉开始。带来各种材质、各种纺织品和各种物料,让儿童摸一摸并谈一谈。在圆圈中传递第一件东西,要求儿童谈一谈他们触摸的感觉。在图表纸或者白板上记录他们的语言。继续传递其它材质。在其他的日子里,尝试令嗅觉和味觉愉悦的东西。

- 探究美食。你的圆圈时间可能像点心一样变得美味起来。你如何找出某样东西,即使你不知道它叫什么?用你的感官去寻找。带来不常见的食品或者水果,诸如芒果、石榴,与儿童分享。一开始,要求儿童描述外观。它看起来像你认识的另一种水果或者食品吗?请儿童看一看、闻一闻、摸一摸,最后再尝一尝。

让我们出发吧

在我们利用观察和比较技能探究感官的时候,让我们成为艺术家和科学家。利用一周的时间,重复举行这些活动。当一个探究活动重复几次以后,儿童将获得越来越多的知识。

- 制作拓片的工艺技术是艺术与科学的完美结合。通常我们关注摩擦的过程,把一张纸覆盖在带有纹理图案的物体上,用蜡笔在纸上摩擦生成纹理的印迹。你在发放蜡笔和纸张之前,试着首先关注物体。先鼓励儿童先将物体进行组合和分类,再去探究手感不同的纹理。然后,发放蜡笔和纸张,利用这种方法把纹理的探索转化为艺术的刻录。
- 探究温度是体验触觉的一个有趣方式。你可以使用几杯不同温度的水。试探几杯水,它们分别代表热水(不能太烫),温水,冷水和冰水。让儿童闭上眼睛,把手伸进杯子里触摸,提问:"哪一杯最热?""哪一杯最冷?""你能按照从热到冷的顺序排列杯子吗?"
- 这个气味让你感觉如何?利用收集的几种香水,让儿童探究气味对情绪和心情的刺激。柠檬味可能使他们感到快乐和阳光,然而薄荷味可能使他们感到安宁和平静。这里没有错误的答案,只有他们新奇的想法。在图表纸上记录他们的观点,便于参考和建立词汇表。
- 做一个简单的气味配对游戏。在小的带有螺旋盖的塑料容器里,把各种散发着气味的物体藏在棉球的下面。每种气味有两个容器,用水彩笔在容器底部画上彩色编码。让儿童去寻找匹配的气味。他们可以查看彩色编码来验证对与错。

- 很多食品看起来相似，但是味道截然不同。请儿童观察食品的相似点和不同点，比如：糖和盐、水和白醋、花生酱和杏仁酱、柠檬和西柚，以及粉末状的白糖和面粉。利用干净的勺子，细细地品尝每一种味道。

拓展理解

- 把儿童的注意力集中在视觉上，提供各种各样他们的视线可以穿透的物品。如不易碎的望远镜、护目镜、纸筒、万花筒，甚至颜料刮片，所有这些都映入儿童的视线里。提供纸张，让儿童画出看见的东西。
- 用苹果制作的各种食品，品尝苹果的味道，比如：苹果汁、苹果酱、苹果酒、苹果醋和苹果干。制作一张大的图表，让儿童用笑脸或者哭脸给品尝过的每个食品投票。哪一种是最喜爱的苹果食品？哪一种得票最少？
- 带一盒用来触摸的物品进课堂。这将强化儿童的触觉体验。每天更换物品。在小组讨论时间，提出一个难题让儿童去解决，“今天，不准观看，你能猜出盒子里是什么吗？你怎么知道的？”

主题二：我如何和世界共处——理解自己与他人的需求和情感

世界上最好最美的东西，看不见甚至也摸不着，但是它们一定可以用心去感受。

——海伦·凯勒（Helen Keller），美国作家，演讲家

幼儿正处于发育阶段，在这个时期，他们有能力去观察世界，也懂得他人也有需求和情感。这是一个巨大的飞跃，因为这意味着，儿童不仅在观察他人身上的相似和差异，而且正在感同身受。随着儿童语言能力的提高，他们更加擅于表达他们的情感和需求，而且能够对其他人的情感做出反应。这些技能是发展全面意识的基础，因为只有当我们与他人共情的时候，我们才能真正成为全球共同体中的一名成员。所有生物都有需求，从最基本的——食物、衣服和住所的需求——到情感上——自主、被认可和独立的需求。

在这一章节中，我们将从语言的、社会的和科学的视角去关注这些需求。

活动时，从关注一个孩子开始，然后拓展到关注其他人的需求和情感。当我们彼此关心的时候，我们便建立了一个相互支持的全球共同体，充满着人们需要的友善和共情。

让我们看一看这些话题：

- 角色
- 言语交流
- 非语言交流
- 帮助
- 水

- 一个居所
- 安全与健康
- 食品
- 动物的需求

我是，你是

戏剧表演是肥沃的土壤，适宜培养表达情感和需求的语言能力。当儿童扮演很多不同角色的时候，他们渐渐意识到了语言（口语和书面语）的社交功能。在儿童学习这些交流方式时，他们也学习如何与更广阔的世界联系。在这个活动中，儿童开始发展交流和对话的语言能力。

学习技能

表达性语言
社交
角色扮演
聆听
标记和书写

材料

招贴板或者白板
硬纸板或者制卡片纸
图画纸、蜡笔和水彩笔
安全剪刀
胶棒或者胶水
杂志
橡皮泥或者黏土
工艺棒（可选的）
儿童的照片或者他们家人的照片（可选的）
数字相机或者带照相功能的智能手机

盒子

戏剧道具和服装

与戏剧相关的打印资料

提前准备

- 邀请儿童的家长分享他们家庭成员的照片。这些家长必须是那些不介意照片被剪裁和张贴的人。你也可以利用你的智能手机或者数字相机拍摄儿童和家长的照片，然后打印出来。
- 从杂志上裁剪人物照片。
- 制作道具箱，用来盛放儿童扮演戏剧角色使用的道具和服装。主题可能包括餐馆、兽医诊所、杂货店。确保每只箱子里有打印资料，它将鼓舞大家预习和写作。

让我们获得启发

在圆圈时间集合的时候，儿童盼望得到认可。无论是作为个体，还是作为组员，认可让他们感到赢得了尊重。在这些围圈互动的活动中，我们要表扬所有不同的角色和他们的姓名。

- 一开始，用很多不同的名字以及代表我们的称呼玩游戏。做示范，说出你的名字："我是艾伦女士。"为了开启活动，要求儿童用"我是……"的句式说出他们的名字。向儿童提问："你有另一个名字吗？"儿童可能喜欢与小组成员分享他们的姓或者在家里的昵称。也分享你的昵称："我是艾伦，穷光蛋！"
- 现在，请儿童思考另一个可以描述他们的名字或者称呼。比如：他们可能说："我是一个女孩，我是一个妹妹/姐姐，我只有四岁，我是苏西的表妹。我是罗摩的朋友。"在图表纸上为每个孩子或者一个班级制作列表，这样的回答就可能成为一张列表，在调研期间，每天添加新内容。很快，你将拥有一张可供参考的丰富多彩的"我是……"列表！
- 制作一张"我喜欢，我们喜欢"的图表。讨论过我们的名字之后，合理的下一步是讨论我们喜欢什么和不喜欢什么。用你的白板或者纸卡制作有两个版块的图表。在左边的版块，列出儿童喜欢的所有东西。在右边的版块,列出他们不喜欢的东西。以具体的事物开头,会有鼓动性,比如:他们喜欢和讨厌的食品。一定要把孩子的姓名和描述他的喜爱与讨厌的文字记录下来。如果有可能,画一个简明的画谜图案当作文字的插图。儿童会喜爱根据他们的姓名和图像查阅图表。

- 谈一谈爱好,使之贯穿整个学习过程。每一天,引入一个新的话题,讨论儿童的思想和感受。记住,没有错误的回答。这将鼓励儿童无所顾忌地表达他们的兴趣、需求和感受。话题可以包括课堂活动:"你觉得故事课如何?点心时间怎样?积木玩得如何?图画课怎样?室外活动如何?"你甚至可以问:"(活动的名称)如何能够做得更好?你将改变什么?"

让我们出发吧

- 制作相片娃娃或者木偶。这是体现人们在团队中承担不同角色的重要方法。提供来自杂志或者网络的人物照片。教孩子们如何裁剪图像,并用胶水把它们粘贴到硬纸卡上。他们可以使纸卡娃娃站立在一小块橡皮泥或者黏土上。儿童可以利用工艺棒把照片变成木偶。
- 利用玩具娃娃或者木偶创作小人物戏剧。请儿童选择一个玩具娃娃并为它配音。"它想对别人说什么?"儿童可能喜欢给玩具娃娃虚构一段他们自己的故事。
- 介绍主题性的道具箱(themed prop boxes)。在体验不同的戏剧主题和戏剧角色时,儿童也在了解社会角色。向儿童展示箱子里的道具,请他们猜测这些道具用来做什么。然后让儿童去戏剧表演区虚构他们自己的角色。让儿童自己策划,这一点非常重要。如果你站在幕后,用鼓励的目光观察,你会发现谁是领导者以及谁是随从。如果有可能,利用相片记录一些互动的场景。
- 制作"我是……"手册。儿童可能想要根据他们圆圈时间提供的"我是……"列表制作个人手册。他们可以用每句都包含"我是……"的短语和插图做个人手册,或者他们可能把所有资料集中在班级大手册里。

拓展理解

- 在运动游戏中体验角色扮演。去室外游乐场或者在一个大而开放的室内场所，举行下面的活动，一定很好玩。例如你可以组织表演：脚上鞋子的式样如何影响他们的运动方式。当儿童假扮穿着式样不同的鞋子在运动时，播放一些背景音乐：工作靴、溜冰鞋、拖鞋、芭蕾舞鞋、高跟鞋以及滑雪板。间歇性地关闭音乐，表示更换鞋子和运动方式。下一次，用工人佩戴的不同式样的工作帽做游戏。

- 打电话！这个昔日最受欢迎的游戏依然可以打动孩子。你可以挑选一个简单的单词，悄悄地口耳相传，沿着圆圈把单词传回到开头。然后，传递短语或者句子。传到了另一端，它变成了什么？
- 利用儿童制作的人物相片，玩新式的红、绿灯游戏。让儿童在你对面站成一排。当你说绿灯的时候，展示一张相片，他们必须像照片中的人一样运动；当你说红灯的时候，他们停下来，等待一下张相片去模仿。

如此多的信息

在辅导儿童学习如何传递信息和表达情感与观点时，发掘各种可能的交流方式，这一点很关键。在全球共同体中，要达成和平而又富有成效的互动，交流能力是必要的基础。在读写能力发展的旺盛期，幼儿需要看到他们的口头信息转化为印制品，这将使得他们对至关重要的阅读和写作有所准备，而这正是他们将来上学或者踏入社会所面临的任务。儿童对情感、需求和观点的很多交流方法逐步有了认识。

学习技能

表达性语言

口述

口语与书面语的相互关系

绘画

预习

构思

材料

图画纸

胶带
水彩笔、蜡笔
图表纸或者白板
信封
橡皮图章和印台(可选)
杂货店通告
安全剪刀
胶棒
小衬垫
铅笔
来自街道标语杂志的图片
图书袋或者信封
篮球(可选)

提前准备

- 把图画纸裁剪为8英寸的正方形
- 使用一块低矮的布告牌或者室内屏风为班级打造一个信息中心,装配上为每个孩子准备的图书袋或者信封。

让我们获得启发

儿童喜欢看到他们的话语被记录下来。这是证实他们的情感和想法的一种重要方法。在圆圈时间,利用歌曲或者游戏,你可以讲述发送和接收信息的概念。这将引导孩子进入这个话题,并对它产生兴趣。

- 以一首歌曲开始。古老的儿歌"丢纸片,丢纸片"的曲调非常契合这一主题。

丢纸片,丢纸片
一只黄黄绿绿的花篮子
给我的朋友写了一封信(假装拿着信封)
我去邮寄它(假装丢进邮箱)

我邮寄它,我邮寄它,
我去邮寄它。
一个小男孩捡起了它,
放到了他的口袋里。(假装把信封放入口袋)

- 与班级同学分享一条信息。谈论各种信息的最好方法就是与孩子分享一条真实的信息或者编造一条信息。你可以带来一张家人写给你的便条或者收到的一封邮件。这样一来,儿童会迫不及待地要了解你的事情。接下来,向他们展示你为他们书写的便条。这个可以是关于未来某天或者某周的简讯。每天早晨利用一部分你的集合时间,发布一条你的信息。
- 听写练习。幼儿正处于发现听写艺术和快乐的最佳时期。经历下面这个简单的过程,儿童将在他们的口语和书面语之间建立联系。从简单的、滑稽的事情开始,要求孩子说出他们感到最喜爱的(或者最滑稽、最快乐、最有趣的)单词。每当一个孩子说出一个单词时,请在图表纸上或者白板上慢慢书写。边书写边拼读单词,把孩子的姓名添加在单词旁边,以示所有权的荣耀。大家一起朗读单词。

让我们出发吧

当儿童已经被领进了传递信息的快乐之中后,你可以把这一概念带进你所有的学习中。

- 让我们制作采购清单。把你的采购清单和杂货店通告带过来,教儿童如何书写他们自己的采购清单。他们可能要把他们想要的物品裁剪下来,粘贴到他们的清单上。你可以写出这些物品的文字;然后,他们可以照此复制或者依葫芦画瓢,添写在他们的清单上。把这些材料放在戏剧表演区,与小的印台、铅笔、信封和贴纸(作为邮票)放在一起。给儿童提供继续书写采购清单和信件的机会。
- 在积木区添加标语。标语是另一种传递信息的方式。一条标语可以表达“停止”“小心”或者“远离”。向儿童展示不同路标的图片,帮助他们为他们的积木房子做标语。

- 在书写区建立信息中心。你可以引领儿童进入信息板的制作,要求他们在袋子上写自己的姓名。在这个区摆放一些小纸片和水彩笔,以便儿童在任何时刻都可以书写或者绘画信息。整个这一天,儿童可以自由地在信息袋里互相留信息。
- 在艺术区,教儿童如何制作自己的信封。做这个信封,你需要 8 英寸的正方形纸。教儿童如何把纸的三个角折向中心做成袋子形状。用胶带固定角的位置,用第四个角做信封的舌头。你想传递什么信息?
- 当班级秘书!在自由活动时间,准备好家当,让儿童到你身边来对一封信、一个想法,或是一种感受做口述。用电脑做这份工作,这样,在你打字的时候,儿童可以看着他们的话语出现在屏幕上。把信息打印出来,用于讲解和传递。

拓展理解

- 做圆圈游戏。在游戏中使用儿歌“丢纸片,丢纸片”,类似于“鸭子、鸭子,鹅”。要求儿童围坐成一圈。让一个孩子拎着一只里面装有信封的篮子,绕着圆圈的外面跳跃或者行走,在丢信封的那一刻,那个孩子把信件丢在一个孩子的身后,然后他们两个人立刻绕着圆圈赛跑,看谁第一个回到信封的位置。
- 写书评。关于你正在阅读的书本,请分享儿童的想法和感受。要求他们口述对当前这本书的看法。你可以在图表纸上记录他们的想法,然后让儿童签名。
- 发一张便条回家。儿童喜欢炫耀他们书写便条的技能,每周写一张便条带回家给家人。这是与家人保持联系的重要方法。收到手写的便条,他们的脑中会留下印象。

木偶说话

全世界的各种文化都可以利用形形色色的木偶人物以讲故事的方式进行交流。儿童假以木偶的声音,而不是他们自己的声音来表达思想、情感或者需求,通常会感到更为舒服自在。凭借一个木偶的舞台,儿童可以表达虚幻和真实的两种交流。让木偶开口说话。当儿童设计角色以及与木偶对话时，他们将开始使用表达性的语言。

学习技能

表达性语言

角色扮演

社交

空间关系

聆听

服从指挥

故事的发展次序

材料

制作木偶的回收材料，比如：袜子、纸筒和盘子、工艺棒，以及装饰物

胶带和胶棒

硬纸板或者纸卡

故事中的人物图像，比如金发姑娘、三只小熊、三只小猪或者三只坏脾气的公山羊

水溶性的水彩笔

蜡笔

无毒的、可冲洗的唇膏和眉笔

杂志

大的硬纸箱

安全剪刀

提前准备

从熟悉的故事中的角色，比如：金发姑娘、三只小熊、三只小猪，或者三只坏脾气的公山羊，设计木偶人物。你可以下载图像或者从破旧的平装书里裁剪。用胶水把图像粘在硬纸卡上，然后附着在工艺棒上，以便儿童用它们来讲述的故事。

让我们获得启发

木偶散发着神奇的魅力。无论是一只填充的动物、一个纸袋，还是一只向儿童说话的手，他们都会被这种互动所吸引。在这一章节，我们将探索很多方法，利用木偶鼓励儿童口头表达和交流。

- 圆圈时间之前，利用唇膏或者眼线笔在你的手掌上悄悄地画一张脸。在你开启圈圈活动时，藏起你的手，然后宣布："我有一位新朋友，这个早晨，它想加入我们圆圈与大家一起唱歌，你们想见见它吗?"慢慢地伸出你的手，上下移动大拇指的关节，让木偶看起来像是正在说话。不许讨论，立刻开始唱歌。唱完以后，谈一谈你的新木偶朋友。请儿童向它提问题，欢迎它加入圆圈。
- 分享一个最受欢迎的故事。如"金发姑娘"和"三只小熊"，利用故事介绍木偶人物。每次展示一个木偶，然后让儿童决定人物角色。请他们想一想是什么故事。你添加木偶时，儿童会顺理成章地猜测。借助木偶，要求他们帮你讲故事："最先发生了什么?""金发姑娘做了什么?""接下来发生了什么?""关于麦片粥，金发姑娘说了什么?"不要介意故事是否完美，只管享受他们给木偶编造的故事。

让我们出发吧

- 让儿童制作属于自己的手工木偶。教他们如何小心地利用无毒的可冲洗的唇膏和眼线笔在一只手上画脸。然后，请他们选择一位伙伴进行面对面的对话。他们可以互相提问或者讲述他们自己的事情。进行下一个活动之前洗洗手。
- 设立一个故事时间——木偶剧场。在教室的语言区或者文字区，请儿童帮助你裁剪和装饰一个大的硬纸箱，用它来充当木偶剧场。一段时间以后，提供不同系列的木偶，让儿童借以复述他们自己的故事。
- 制作家庭木偶。儿童喜欢翻阅杂志，让他们在里面寻找人物照片去制作棒头木偶。他们也可能喜欢寻找妈妈、爸爸，姐妹、兄弟或者其他家庭成员的照片。教他们如何用硬纸板撑起照片，如何用胶水把图像粘贴在木棒上。在剧场，儿童能够借用木偶讲述他们自己的故事。如果有可能，录制他们的表演与他们的家庭分享。

拓展理解

- 玩游戏——“木偶我可以吗?”。在室外游乐场,利用教室里的一个木偶朋友玩改版的“妈妈我可以吗?”游戏。一个孩子拿着木偶站着,距离其他儿童约三十厘米远。参加的人越多这个游戏就越好玩。木偶向每一个孩子下达特殊指令,目的是让孩子靠近这个木偶。木偶可能说:“杰西你往侧面跨三步。”然后这个孩子询问:“木偶我可以吗?”木偶回答“可以”或者“不可以”。如果一个孩子忘记询问,他就得等下一轮。用来训练听指令和服从指挥,这是一个非常好的游戏。
- 在家制作家庭木偶。给每个家庭发放一套制作木偶的材料,拓展这个活动。家长可以利用他们的老照片或者拍摄新照片。儿童会很高兴地把他们的家庭木偶带回学校,进行展示和讲解。鼓励他们利用自己的木偶家庭讲述故事。

非语言交流

儿童是伟大的传播者。他们从婴儿时期就学着表达他们的需求和情感。早期,儿童通常不用语言表达他们当时的感受或者需要。他们很快就会找到方法,利用动作、声音和表情去告诉你是怎么一回事。这种天生的对交流的悟性是神奇的,值得赞赏的;就像我们探索我们对世界的感受,然后与他人交流这些情感和需求。此外,当与说不同种语言的人建立联系的时候,非语言的交流能力可能起着突出的作用。

学习技能

非语言交流
阅读符号和图片
看图讲故事
有创意的动作

材料

杂志

标语图像
安全剪刀
胶棒或者糨糊
图表纸或者白板
纸张
水彩笔和蜡笔
招贴板或者橡树标签
非文字书的样本

提前准备

收集标语图片与儿童分享。这些图片可以在网上下载或者在杂志、图书上寻找。如果有可能,寻找来自不同国家的标语。

让我们获得启发

你的圆圈时间可以是热闹的,也可以是安静的,或者介于两者之间。让我们利用各种非语言的方法进行小组交流。

- 利用欢迎手势。用欢迎手势而不是用语言邀请儿童加入圆圈时间,可以激发儿童交流的兴趣。你可以招招手并指着去圆圈时间的路。一旦他们到了那里,你可以用微笑、握手、微微地挥挥手——任何你喜欢的有趣手势——表示欢迎,儿童通常会因为语言的缺失而感到奇怪,并且很好地服从你的指引。
- 谈谈它。儿童达到之后,问一问他们对你手势的意义有何想法:"我没有说任何话,你怎么知道我在表达什么?"帮助儿童明白不说话也可以表达某种意思。
- 给儿童列出一些短语用来练习。要求他们表演如何交流一个短语,不允许说话。例如,试着表演"我爱你""请安静",或者"做得好"。
- 利用"山谷里住着农夫"的曲调,唱一首"你好"歌。开始让他们用手,然后要求他们想一想用其他的动作或者身体的其他部位去表达"你好"。

我的手说你好。(挥挥手)

我的手说你好。
每次我看到朋友,
我的手说你好。

- 你也可以邀请儿童用一个动作表达某种意图,要求其他人去猜测他们正在交流什么。
- 在另一次的圆圈时间,用声音与儿童说话,而不是用文字。他们将非常惊奇地发现,即使没有他们认识的文字,他们也知道你在表达什么。你可以利用夸张的脸部表情和动作去"说话"。例如,当你指着你将要阅读的故事时,你可以发出类似"勃拉克""毕克""嘭、嘭"的声音。

让我们出发吧

幼儿早在他们阅读文字之前就学会了阅读图画故事。请儿童讲述没有文字的故事,以此培养他们的识字能力。

- 开展非文字书籍的展览。广泛收集各种各样的非文字书籍,让儿童查看并阅读。把这些书籍放置在你的识字区,加上一条标语——"每一幅图画叙说着一个故事"。鼓励儿童经常光顾这个区域,自己翻阅这些书籍。儿童也可以轮流作为朗读者,向其他孩子讲述其中的故事。
- 通过一个简单的艺术活动,儿童可以探究图画的概念,讲述一个故事。给儿童提供纸和绘画材料,让他们画一幅画来讲述在家里或者旅行中发生的故事。鼓励他们尽可能多地添加细节。当故事的图画完成之后,要求儿童看着图画给你讲述故事。把他们的话语记录在单独的纸张或者纸卡上,以便把它们和图画一起展示。
- 标语是另一种不说话的交流方式。向儿童展示各种标语,让他们向你讲述他们认为标语表达了什么。探究来自不同国家的标语。标语可能含有另一种语言的文字,但是儿童会发觉他们能够根据图像读懂这些文字。
- 让儿童根据学到的知识来制作他们自己的标语,儿童可能会从中获得启发。提供招贴板、水彩笔、杂志图片和胶棒,让他们为教室以及表演区和积木区制作标语。

- 利用招贴画制作一本非文字的手册。幼儿可能发现剪裁图画比自己绘画来得更便捷更有趣。例如，儿童可能喜欢用动物杂志编造一个关于一只动物的故事。提供一大张图画纸，对折变成四页的手册。儿童可以再折叠一张纸来增加页码。在圆圈时间阅读手册。

拓展理解

- 为室外游戏设计运动标语。非文字性的线条通常用于表述要去的场所或者一种运动方式。儿童可以帮助你制作在游乐场使用的卡片。每一张卡片代表一种运动类型。哪种线条表示单足跳、双脚交替跳跃、奔跑或者垫脚尖？
- 试着讲一则故事，要求儿童闭上眼睛认真听。这将允许他们按照自己的方式去设想画面。你可以根据栩栩如生的图像编造一则故事或者讲述一个熟悉的故事。故事之后，请儿童分享他们脑中“看到”的景象。
- 悄悄地说一个短语，让一个孩子演示，让其他人猜测。体验各种动作，比如挖一个洞、钉一个钉子、剪裁、梳理、吃饭和画画。

谁需要我，我如何帮忙？

幼儿天生乐于助人。实际上，在幼儿早期，儿童喜爱帮着做些简单的厨房事务和家务活。提供帮助意味着儿童感觉到自己的重要性和自信心，因为他们知道做什么。但是儿童不能够依靠自己实现他们的所有愿望。简而言之，儿童正开始意识到他们需要他人的帮助，尤其是家人和朋友的帮助。鼓励儿童探索自己的需求以及他们身边人的需求。这是与全世界共情的第一步。

学习技能

社交

表达性语言

自我约束

识字

材料

图画纸

水彩笔和蜡笔

胶纸

剪刀

相册

数字相机(可选)

提前准备

从胶带纸上裁剪一英寸宽的纸条用于制作纸链。

让我们获得启发

你的圆圈时间是对他人的需求和情感建立意识的最好时刻。这个最基础的共享时间给儿童提供了机会去探索如何互相帮助。一起唱歌,一起游戏,一起讨论,你的圆圈是班集体的心脏。

- 以"标题新闻"开启彼此关注的一天。用整整一堂课来分享个人新闻占据的时间可能太长,儿童没有耐心听下去。尝试着请儿童分享新闻的标题而不是完整的故事。讲解一个标题是一个怎样简短的句子或者陈述:"今天早晨,我在上学的路上看到一只鹿。"或者"艾伦女士在上学的路上看到了鹿"。
- 歌唱一首朋友之间互相帮助的歌。把"山谷里住着农夫"改编成一首帮助歌。用胶带把一张纸贴在地板上。寻找一名自愿者站在圆圈中央,紧靠在这张纸的旁边,递给她一支蜡笔。鼓励这个孩子在纸上画一幅她选择的简单的图画。开始唱歌。站在中央的孩子挑选某个人过来帮助她,然后来帮助的孩子可以再选其他人,依次下去,每个孩子帮着在画上添上自己的一笔。

朋友在中央
朋友在中央
嗨-嗬,于是我们来帮你

朋友在中央
朋友帮朋友
朋友帮朋友
嗨-唷，于是我们来帮你
朋友帮朋友

- 谈谈帮助。询问儿童他们可以帮助他人的方法。“在家里，你帮着做了什么?”“你在学校做了什么?”记住，也要谈一谈你需要获得的帮助。你可以举一个事例：你可能需要怎样的帮助以及谁可以帮你。询问儿童他们可能需要什么样的帮助，以及谁愿意提供这个帮助。

让我们出发吧

在教室里不同的中心，探讨彼此帮助的概念。你可以持续数周把互相帮助的主题作为焦点。

- 编写一部通过合作完成的课堂手册。询问儿童：“交朋友是为了什么?”以此作为手册的关注点。提供绘画材料和纸张，让他们把对“交朋友是为了什么”的思考设计成自己的页面。如果有可能，在手册中添加朋友的相片，把所有页面集中放入一个大的影集里，在故事时间使用。
- 制作一件艺术性的小组作品。你可以通过制作一条长长的纸链条来赞扬相互帮助。利用胶带纸上的纸条，纸条之间轻轻地压一下就会连接起来。提问：“我们怎样互相帮助来做一根像地毯一样长的纸链条?”“我们怎样才能做成一根像大厅一样长的？让我们一起来做一做，看一看。”以小组的名义决定悬挂链条的地点，然后一起动手操作。
- 积木区也是了解互相帮助这一概念的好地方。你可以进行实践，要求每位孩子每次在建筑工程上添加一块积木。他们可能存在需要共同解决的问题，比如框架倒塌，这正需要用到相互帮助这一概念，需要儿童去学习。如果有可能，拍摄建筑工程的进度照，来说明建筑是如何经过努力合作而建成的。
- 我的家庭需要我。提问儿童：“在家庭中，谁需要你？你的妈妈或者爸爸如何需要你？你的姐妹、兄弟或者祖父母如何需要你?”请儿童想一想他们家中的每个人为什么需要他们——任何一件事，从一个拥抱、一个吻，到擦桌子。儿童可能要花费很多天去制作名为“我的家庭需要我”的个人手册。每一页可以展示他们的图画或者口述，关于父母、兄妹、祖父母和宠物如何需要他们。父母们收到这些作为礼物的手册会非常开心。

拓展理解

- 儿童喜欢在互相帮助中学习新技能。例如：单足跳跃或者打个响指，或者玩悠悠球。每天固定一个时间，让儿童分享一个他们想要帮助他人学习的技能。过后，确保在游乐场或者自由活动时间提供实践机会。
- 制作一本关于帮助的赠送手册。讨论完他们如何帮助家人解决问题之后，儿童可以制作一本赠送手册给家人，里面填满了帮助他人的点子和方法，也许有关于准时起床或者打扫他们房间的计策。
- 去室外体验帮助。玩一个圆圈游戏，叫做“你看到我的朋友了吗？”。它类似“鸭子、鸭子、鹅”。一个孩子站在圆圈的中央，悄悄地从圆圈中挑选一个人作为朋友，然后在中央转一圈，指着圆圈中的某个人并描述：“你看见我的朋友了吗？我的朋友穿着红衣服。”从圆圈中站出来的孩子有一次猜测的机会。如果他的猜测是错误的，站在中央的孩子继续转圈。如果他的猜测是正确的，他就作为游戏者绕着圆圈追赶这位朋友，直到朋友跑回到他原来的位置。如果没有追赶上，找朋友的人换一个新朋友重新开始。

每一个生命体都需要水

要帮助儿童认识到所有生命体都有相似的需求和生理功能，关注水的需求的普遍性是一个重要的方法。通过研究人类、动物和植物对水的需求，纷繁复杂的外部世界变得越来越可以理解，甚至可以操控。让我们从水这一元素开始，看一看我们多么需要它。

学习技能

观察

光合作用

实验

记录研究成果

材料

小瓶矿泉水(注意:在美元店可以找到)

陶土

种子,例如万寿菊种子和绿豆种

聚乙烯泡沫鸡蛋包装盒或者塑料杯

自然杂志

图表纸或者白板

水彩笔

沙桌,或者装满沙子的盆

挖掘玩具

不易碎的大水罐

浓缩的橙汁

奶粉

果干或者新鲜水果,例如葡萄干和葡萄

数字相机(可选)

让我们得到启发

大多数儿童没有察觉到他们对水的需求,或者他们把水的供给认为理所当然。设计以下的活动帮助儿童发现所有生命体是多么地需要水,正如他们一样。

- 以一首关于水的歌曲,如“三条小鱼”,启动水的讨论。给每一段歌词做修改,把单词“游泳”变为与水相关的不同单词。尝试这样的单词:喝水,泼水,冲洗,漂浮。
- 谈一谈水。唱完歌曲,你可以启动一段关于水的对话。“你用水可以做什么？你游泳、饮用、泼洒、冲洗也用水吗？”在白板或者图表纸上记录儿童的想法，紧接着想法标注儿童的名字。

- 开启关于水需求的对话。提问：“你口渴过吗？它是什么样的感觉？”“你曾见过一只动物从室外玩耍回来直接走向水碗吗？”“如果你忘记给植物浇水，会发生什么？”目的是帮助儿童发现我们如何需要水以及其它生命体也是如此。在白板或者图表纸上记录儿童的想法。这可以成为一张需要水的生命体的列表；在整个学习过程中，不断给列表做添加。
- 做一个口渴的实验。请儿童在圆圈时间做一些剧烈的运动。他们可以开合跳，举着手臂保持这个姿势，做圆圈游戏——任何一件让他们感到口渴的运动。运动之后，请他们关注自己的感受。他们可能关注心跳以及嘴巴和喉咙的感受。询问：“你需要什么？什么会让你感觉好一点？为什么？”给每个孩子一小瓶矿泉水解渴。让他们谈一谈，喝水之后感觉有何不同。提问：“狗也会这样口渴吗？还有谁会感到口渴？”

让我们出发吧

水的话题天生契合科学和数学的探索。但是也不要忘记利用故事去赞美水。

- 水创造了变化。用沙盒或者桶里的干沙开始这一活动。儿童可以尝试倾倒、铲挖或者堆积干沙。提问：“用干沙可以筑一座沙堡吗？你需要什么？”要求他们慢慢地加水混合，讨论沙子如何变化。提问：“用潮湿的沙子可以完成哪些干沙不能做的事情吗？”儿童可能喜欢在沙堆里围起小河或者池塘。在图表纸上记录儿童的研究成果，分成两个条目——干沙和湿沙。
- 当儿童发现他们吃、喝的许多食品中含有水时，常常感到惊奇。做一个实验证明这个结论。讲解我们吃、喝的很多食品是用水做的。让儿童帮助你用浓缩物加水制作橙汁，或者用奶粉加水做牛奶。提问：“你知道当你喝牛奶的时候，你也正在喝水吗？”比较脱水的水果和新鲜的水果。葡萄干和葡萄就是很好的例子。解释唯一的区别就是取走了葡萄里的水分。让儿童关注水果外观的差异和口味的不同。儿童可能喜欢做脱水实验把葡萄变成葡萄干。

- 做一个万寿菊的实验。让儿童用种子或者幼苗做实验。给一些种子浇过量的水,给另一些种子浇少量的水,同时给一些种子浇适量的水。浇水太多或者太少的种子将发生什么?当儿童对幼苗经过一段时间的观察,他们可以对劳动进行田野绘画。植物需要水,但是不能过量。
- 编写水的故事。儿童喜欢翻阅自然杂志寻找图片,鼓励他们制作拼贴画来讲述水的故事。他们可以挑选图片,编造一个他们看到的故事;或者他们利用图片,编一个为什么我们需要水的故事。

拓展理解

- 来一次水之旅。让儿童看一看,在身边的环境中,水是如何被利用和发现的,这很重要。在校园内走一圈,寻找哪里有水,水是怎样被利用的。"在浴室,我们如何使用水?在厨房呢?"然后到校外,去寻找水自然聚集的地方或者使用水的场所。如果有可能,利用数字相机拍摄照片,记录他们的发现,以便今后做图表或者手册。
- 制作一张水的时刻表。让儿童想一想,他们在一天的不同时间里如何用水?画一个大大的圆圈,加上伸出来的轮辐,这些轮辐标志着一天中不同的时段(整幅画看起来有点像太阳)。从顶部开始,让儿童开展头脑风暴,想一想第一次起床时他们如何使用水,把这个写在某根轮辐上,整个一天都在持续这个活动,看一看水的用途,直到上床时间。
- 把复制的水的时刻表发回家。父母将乐于制作一个家庭版。要求父母根据家庭作息时间与孩子一起填写水的时刻表,并交给学校。

我们都需要居所

居所是人类共同的需求。孩子和家庭、动物和鸟类——他们都需要一个去处。儿童将逐步理解对庇护所的需求和制造它的很多方法。

学习技能

观察

比较
建筑
解决问题
绘画
书写
自我反省

材料
记事贴
彩蛋颜料
油画刷
一只大的组装盒
回收材料，比如纸筒、盘子、毛线、布等等
小的牛皮纸午餐袋
胶水和胶棒
安全剪刀
图画纸
水彩笔
图表纸或者白板
杂志
黏土或者沙子
床单或者围巾

让我们得到启发

在圆圈时间安排一些交流和活动，请儿童想一想他们自己的需求以及他人的需求。基于这个主题，让我们大家一起谈一谈庇护所和家。

- 用一则个人的事故引入庇护所的概念。你可以分享一次被雨淋的遭遇或者在家感到舒适的小故事。你开头可以这样说："我要告诉你们，曾经有一次，我感到很开心，有一处居所可以回家。有一天……"讲完故事，请儿童分享他们的关于家的特别故事。故事可以是谁居住在哪里，或者家看起来像什么。注意：对那些没有故事可分享的儿童要特别留意。你要全面了解你的组员，根据需要采用这个活动。

- 制作一张家的图表。每个人的家都不相同。有些是很大的建筑，有许多家庭居住在里面；有些是小的建筑，只有一家人居住。建筑里面的人把寓所变成了家。制作一组图表，显示孩子的数量，孩子分别居住在只有一个家庭的家里，有两个家庭的家里，或者有三个家庭甚至更多家庭的家里。横跨图表纸或者白板的上部，写下：一个家庭、两个家庭、三个或者更多的家庭。儿童可以用记事贴为他们居住的家的类型投票。大多数人居住在哪一种类型的家里？
- 跟随熟悉的“宾果”曲调，唱一首关于家的歌曲。这将帮助儿童开始思考房子、家和庇护所。你可以增加与动物有关的段落。小鸟居住在哪里？奶牛又居住在哪里？把它们编入歌曲中。

有一个小孩，他有一个家
居住在一所房子里
H-O-U-S-E, H-O-U-S-E, H-O-U-S-E
房子就是他们生活的地方
有一个小孩，他有一个家
居住在一间公寓里
H-O-M-E, H-O-M-E, H-O-M-E
公寓就是他们生活的地方
有一头奶牛，它有一个家
居住在牛棚里
B-A-R-N, B-A-R-N, B-A-R-N
牛棚就是他们生活的地方

- 谈谈动物如何寻找庇护所。动物与人类一样需要庇护所躲避气候变化。提问：“下雨或者下雪的时候，你去哪里？”“你想一想，下雨的时候，昆虫、小鸟和蝴蝶去哪里？”即使他们胡思乱想、没有逻辑性，也要包容儿童的想法。把想法记录下来用于以后研究。

- 谈谈天气。谈论庇护所和房子的时候，自然就会谈到天气。在研究这个主题的期间，你可以注重对天气的观察，去发现人类和动物何时需要得到庇护。如果有可能，展示不同天气类型的照片。你可以展示一个炙热的晴天，一个下雪天，一个有暴风雨的天。请儿童开展头脑风暴，想一想各种不同的天气需要何种不同的庇护所。

让我们出发吧

让我们探索建造庇护所的多种方法。

- 用颜料画出你的房子。儿童可能喜欢去艺术区画一个大大的房子代表他们的家。请他们想一想，家是什么颜色，利用什么材料建成的。在一个题为“一座房子，是一座我的房子！”的布告牌上展示这些图画（参照玛丽·安·霍伯曼的书）。
- 家有很多类型。儿童喜欢翻阅自然或者旅游杂志寻找世界上不同类型的家的照片。他们可以拼贴这些照片做成课堂手册。帮助儿童发现那些建造得别具一格的家，而不是他们平时见到的家。
- 搭建积木房子。利用世界各地一些家的图片启发儿童搭建积木。儿童可以用胶水把图片粘在贴画板上，悬挂在积木区，用于创新探索。试着拍摄它们的构造，紧挨着启发性的图片，一起展示。
- 用这些盒子你可以做什么？儿童喜欢各种尺寸的盒子。带来各种各样的盒子，让儿童练习搭建庇护所和家。利用盒子搭建一间庇护所，你有几种方法？
- 用床单你可以做什么？不是所有的家都像盒子一样结实。有些家是敞开的，用布料做的。给儿童提供各种床单和围巾在教室里或者室外搭建庇护所。如何让你的庇护所立起来？
- 如何用黏土和沙子来搭建？儿童也可能喜欢用黏土和沙子在沙桌上体验庇护所的搭建。

拓展理解

- 举行一次周边游。如果有可能，沿着学校周边走一圈，观察那里有哪些不同类型的庇护所。儿童可以发现有些是木头造的，有些是砖头造的，有些是灰泥和石头造的。指出不同类型的建筑，从寓所到商店和写字楼。它们如何提供保护？

- “油漆”学校。一个传统的室外游戏是用水和大画笔“油漆”。在室外游乐场，让学校穿上“颜色”。那会儿，儿童渴望看到水怎样改变了建筑的颜色。
- 布置家庭作业。在牛皮纸午餐袋里装入各种回收材料，如：纸筒、小盒子、纸盘子等等。这些可以用来建房子。出一道难题，让家庭去解决。你如何利用这些材料建一个庇护所？谁可以居住在那里？

我们都需要感到安全和健康

保持健康和安全是所有人的重要需求和感受。这个普遍性的主题要求儿童关注他们自己的需求，以及我们用来保护每个人的安全和健康所使用的工具和规则。

学习技能

观察

比较

预测

编剧

组合和分类

大肌肉运动技能

解决问题

材料

图画纸

水彩笔

胶棒

安全剪刀

各种健康工具，如：牙刷和牙膏、梳子和刷子、太阳帽、汤匙、茶杯等等。

杂志
图表纸或者白板
大的塑料圆箍
平衡木
球
桶

提前准备

- 收集各种健康用具，供儿童用来分类和组合。
- 利用各种材料，比如：大的塑料圆箍、一根横梁和一个桶，开设室外障碍物训练课程。

让我们获得启发

对有些儿童而言，健康和安全的话题似乎枯燥无味；但是，在圆圈时间，利用有趣的讨论和活动，你可以激发儿童参与的热情。

- 如何保证安全？要求儿童开展头脑风暴，想一想他们保证安全的方法。以此开启安全的讨论。你可能需要给他们设定讨论的背景。比如，你可以提问："上学的路上，如何保证安全？在学校呢？放学以后呢？"在图表上记录他们的想法，活动期间可以加插图。
- 唱一首安全歌。你可以利用"这就是方法"的曲调，利用儿童关于安全的头脑风暴中的内容创作一首安全歌。

> 这就是我们过马路的方法。（看看右边，再看看左边）
> 这就是我们过马路的方法，
> 过马路，过马路，过马路，
> 这是我们过马路的方法，
> 这样我们能够保持健康。

其他段落：

这就是我们系安全带的方法。(假装系上安全带)
这就是我们刷牙齿的方法。(假装刷牙齿)
这就是我们求救的方法。(拍拍另一个人的肩膀)

- 在紧急情况下,我们做什么?谈一谈紧急情况下要做的不同事情。例如:在消防演练中,排队与老师一起向外走。遇到真正的紧急情况,拨打 911。如果有陌生人接近你,永远不要和他说话,也不要跟着他走,告诉一位你认识的成年人。
- 邀请一位健康客人。在圆圈时间让儿童会见来客总是有帮助的。也许学校有安全员或者医生,牙医或者护士,他们将愿意来做客。提前要求儿童开展头脑风暴,想一想,他们要向客人提哪些问题,并将这些问题记录在图表纸上。
- 唱一首"保持健康"的歌。我们知道洗手是远离细菌和疾病的一种最好的方法。诀窍是用肥皂洗手的时间要足够长才能起到效果——大约 20 秒。按"蹦蹦跳跳找伙伴"的曲调唱如下歌词,重复两遍。

洗,洗,洗我的手,(假装去洗手)
洗,洗,洗我的手,
洗,洗,洗我的手,
用肥皂和水洗洗手。

让我们出发吧

这个主题将时不时跳进你的学习中心,它还涉及教室里的戏剧表演区、积木区、艺术区和识字区。

- 婴儿的安全。儿童对婴儿、婴儿的护理及他们的安全常常很感兴趣。教儿童如何做常规的家庭测试,针对那些因为太小而危害婴儿安全的物品。把一个纸巾筒切割为两半,用它做窒息测试筒。给每个孩子提供一个测试筒,以及用来测试的不同尺寸的物品。儿童可以按照对婴儿"安全"和"不安全"的标准把物品进行分组。
- 安全共享。有些东西与他人分享是安全的,有些东西我们不能去分享。

提供收集的物品，让儿童分成两个不同的类目。例如：梳子、刷子、帽子、牙刷、调羹、茶杯、叉子、纸巾和口哨等是不可以被共享的物品。书本、玩具、蜡笔、铅笔、货车、鼓，洋娃娃和椅子等是可以被共享的物品。在图表上记录儿童的研究成果，把物品罗列在纵向的两列里。提问儿童："我们拥有的哪一种物品更多一点？"

- 设立一个旅行安全检查点。旅行期间是人们需要注意安全的一个主要时段。你可以把戏剧区改装为机场，有检票口、安全检查点、登机口和飞机上的座位。
- 制作绷带艺术品。一个好玩的节目就是把各种形状和不同尺寸的绷带贴在一张纸上，利用彩蛋颜料在绷带上涂颜色。拿掉绷带，一个有趣的图案就诞生了。询问儿童："当你解开伤口上的绷带时，会发生什么？"
- 在洗漱台里洗澡。利用洋娃娃、肥皂、牙刷和毛巾等扮演洗澡。
- 编写课堂安全手册。儿童可能喜欢翻阅杂志，寻找安全的和不安全的活动照片以及物体照片。与他们谈一谈各种活动或者物体属于哪一类，以及为什么。请他们制成图片拼贴画，展示每类产品的页面。
- 我们的安全规则：如果他们一起参与制订，儿童将对班级规则有更多的认识，要求儿童用绘画给一些班级规则做插图。这些规则可以成为教室和建筑周围的安全标语。

拓展理解

- 巡视游乐场做安全检查。儿童被牵扯入这个过程，就使得健康与安全互相产出了影响。围绕游乐场进行一次安全走访，讨论潜在的危险和处理方法。请儿童集思广益制订游乐场的安全规则。
- 在室外上一节运动课。运动是培养健康和安全意识的一种重要方法。在操场上设置障碍物跑道，用需要穿行的呼啦圈、一根需要跨越的横梁，需要把球投进去的桶等等。鼓励儿童检查室外游乐器材，为运动课提出建议。
- 玩红灯、绿灯游戏。不要遗忘传统的红、绿灯游戏。儿童可以给纸盘子涂上颜色作为信号灯，然后利用它们做游戏——甚至用骑行玩具。
- 喝水。儿童不知不觉就热过了头。提醒他们在室外要喝水。你可以在阴凉处供应冰水(瓶子上有姓名贴纸),开辟自助取水区。

- 来一场幻想的田园旅行。有时家长无法像他们期望的那样脱开身。在你们自己的游乐场,你可以请儿童利用具有创意的动作和戏剧进行幻想之旅。在教室里,询问儿童,如果他们可以去任何一个地方,他们想要去哪里。记录他们的想法,要求他们选择一个目的地。然后,开展头脑风暴,想一想,他们可以做什么来扮演去海边或者动物园的旅行——任意一个地方。例如,如果他们想去野营,提问:“我们需要什么道具?”“什么样的动作可以表达在营地旅行,在搭建帐篷,在那里游玩?”当一切就绪时,出发去旅行。这一戏剧表演活动可以持续数天,对儿童创造性的剧情添加和更改要包容接纳。

每个人都需要吃饭

儿童对吃的需求有很清晰的意识,但是,他们知道吃某些食品要比其他食品更能满足身体需要吗?在这个主题中,探索全人类对优质食品和营养的需求。儿童将对吃健康食品的需要逐步产生认识。

学习技能

头脑风暴和讨论
组合和分类
书写
创造性的表达

材料

图表纸和白板
水彩笔
烹饪或者与食品相关的杂志
纸盘子和餐巾
胶棒或者胶水
各种小麦食品,如:面包,甜点,麦片,皮塔饼,犹太薄饼和麦粉

各种蔬菜，如：胡萝卜，药芹，莴苣，菠菜，小萝卜和西兰花
奶油色拉酱
葡萄干和葡萄
向日葵种子
杏仁或者腰果
苹果片
自封口储物袋（每个孩子一只）

让我们获得启发

在你的圆圈时间，请儿童想一想他们的需求和他人的需求，来开启通常的讨论和活动。

- 唱一首歌，欢迎儿童加入你开启的关于人类需求的讨论。利用“雅各兄弟”的曲调和以下歌词。

> 我需要你，（指一指自己，再指一指另一个人）
> 我需要你，
> 为了一个微笑，（笑一笑）
> 为了一个微笑。
> 每个人都需要你，（张开双臂）
> 每个人都需要你，
> 为了一个微笑，（笑一笑）
> 为了一个微笑。

- 用儿童说出的有关人们需求的其他单词替代“微笑”，如：拥抱、朋友等等。你也可以更换单词来满足特别的需求。如，需要大家坐下来或者认真听讲。以“欢迎你的光临，我们需要你！”来结尾。
- 以常识性的问题，让儿童想一想并谈一谈他们的需求。如：“早晨你需要什么？”“中午你需要什么？”“晚上你需要什么？”在图表或者白板上分为三列，以每天的三个时间做标题，在儿童开展头脑风暴思考早晨、中午、晚上的第一需求时，记录他们的想法。有趣的是，大多数儿童可能

第一个想到的是维持生存的需求：食物、水、衣服和安全。

- 关注食品。每个人都需要吃饭。你喜欢吃什么？你应该吃什么？引入随时可吃和偶尔可吃的食品概念。请儿童猜测什么食品是可以随时吃的，并记录在图表纸上。然后询问，什么食品只适合偶尔吃——有时吃。你会惊奇地发现儿童早已了如指掌，经常吃的是香甜的水果、蔬菜、糖果和蛋糕，而冰淇淋只在特殊场合吃。

让我们出发吧

当然，烹饪和吃饭是这个主题必不可少的部分，还有许多涉及数学记录、创意写作和艺术的衍生品。让我们一起来摆弄食品。

- 依据食品是适合随时吃还是只适合偶尔吃，可以将食品进行简单的分类。这种分类方法可以帮助儿童了解如何健康饮食。提供食品照片，让儿童进行分类组合。请儿童解释为什么他们认为某些食品只适合偶尔吃。
- 制作一本随时可吃的食品的字母手册。儿童可能喜欢收集健康的随时可吃的食品图片，把它们粘贴起来变成简单的字母手册。寻找与特定字母对应的食品，他们可能需要帮助，但是你可以鼓励他们也可以张贴餐具图片。
- 尝一尝小麦的味道。儿童时常感到好奇，想弄明白他们最爱吃的食品中含有什么成分。带来各种含有小麦成分的食品，让儿童品尝并做比较。食品样品固定在招贴板上，分为两列：贴纸为喜欢（笑脸）和不喜欢（哭脸）。注意：实验之前，确保你的学生对小麦不过敏。
- 举办一场素食自助餐。请儿童帮你做点心时间的蔬菜色拉。他们可以帮助你清洗和准备蔬菜，排列蘸酱用的各种奶油色拉小罐。向他们提问："你最喜欢哪一种素食？为什么？"
- 做一顿健康的徒步旅行快餐。围绕游乐场或者周边做一次徒步旅行，但是，要做一顿快餐带在身边。把葡萄干、瓜子仁，杏仁或者腰果（如果没有人对坚果过敏）与新鲜的葡萄和苹果片混在一起。用一本图片食谱指导准备工作。要求儿童把混合的食品放入各自的自封口袋里，随身旅行。

- 制作图片食谱。食谱是最好的读本,可用来练习初始的阅读技能:从左往右读、按发展次序读、图-文搭配读、以及浏览词汇表。强化烹饪对识字的影响,最好的方法就是制作图片食谱。利用图表纸制作与招贴画一般大小的食谱。同时用文字和图片列出食品的成分,或者利用食品上的标签。当儿童翻阅食谱时,他们能够把文字符号与实际成分进行配对。给食谱注明步骤的次序,尽可能多地画出制作过程。例如,画出一把切香蕉的刀。最终,儿童能够看食谱图做快餐,并能独立制作。
- 我曾经最喜欢的一顿饭:给儿童提供纸盘、杂志图片和胶棒,用图片做一顿饭。提问,"你曾经最喜欢的一顿饭里有什么食品?"让他们分享他们喜爱吃的食品。
- 做一本仿制的班级烹饪手册。你曾经询问过儿童如何烹饪某种食品吗？回答可能五花八门但也会令人眼前一亮。请儿童为最喜爱的食品口述食谱,如:土豆泥,或者玉米棒。逐字记录他们的口述,汇编在一起做成班级手册。儿童也可以给他们的食谱加上插图。把手册的复制本带回家给父母欣赏。

拓展理解

- 制作成套的家用餐具垫。家长喜欢在桌子上摆放这些自制的餐具垫。给每个家庭成员发一份操作指南、一张纸和一张保护膜,同时夹带便条:建议这是全家的活动。家庭成员可以在纸上绘画,然后把纸片平整地插入塑料保护膜里。
- 邀请家长。让家庭成员来学校的一种最好方法就是向他们提供食品。当儿童有了一些准备食品的经验之后,邀请父母来参加素食自助餐或者色拉餐吧。儿童可以装扮成厨师和服务员,给家长提供服务——一起嗨起来!
- 做一次徒步旅行。谈一谈适当的营养对消耗体能的运动的重要性。帮助儿童发现吃饭和饮足量的水对维持肌肉是多么的重要。计划一次在游乐场或者周边的徒步旅行,并且携带着快餐袋。你甚至想在游乐场开辟一块营地,生一堆模拟的篝火,再唱唱歌。

动物也有需求

当儿童看到动物和宠物的需求时，往往会令他们更容易理解他人的需求。也许这是因为他们认为动物只是具有与他们自己不同的需求而已，或者因为动物的需求并没有对他们构成挑战，而其他孩子的需求则会构成威胁。让我们看一看动物的需求，并以此反思地球上每个人的需求。

学习技能

头脑风暴和讨论
观察
比较
创新思考和表达
角色扮演和编剧

材料

图表纸和白板
水彩笔
许多不同种类的动物和宠物的图片
图画纸
复合纸
杂志
安全剪刀
胶棒
塑料的动物玩具
枕套和购物袋
戏剧表演中兽医用的物资，如：听诊器、绷带和宠物的饭碗
充填的动物玩具（可选）
包装盒和篮子
一只新的班级宠物以及需要的护理物品（可选）

让我们获得启发

让儿童的视线离开他们自己的需求以及家长和朋友的需求，进一步开阔眼界，这是非常重要的。动物和宠物只是给儿童提供了一个视角去比较人类和动物在需求上的相似和差异。

- 动物需要什么？如果有可能，在动物图片的帮助下激发交流的热情。展示一张照片，询问儿童，它是什么动物。请他们猜测它可能需要什么。提问："它会像你一样需要食物、水、居所或者保护吗？""它哪些方面与你一样？""它哪些方面与你不同？"在实验记录表上记录儿童头脑风暴的想法，供今后参考。你甚至可以延伸话题，要求儿童推测动物如何获得它们需要的东西。
- 动物如何交流？作为人类，我们拥有的一项天赋就是可以说话和提要求。尽管动物不能说话，但它们确实也在交流自己的需要。提问："一只猫如何索要东西？""一只狗如何进行交流？一只鸟呢？你怎么知道的？"收集儿童的想法，展示在布告牌上。
- 邀请兽医来做客。对儿童而言，没有什么事情比见到照看动物的兽医更令他们难忘了。如果有可能，邀请一位兽医来做客，甚至可以携带一只动物供大家观察和讨论。鼓励儿童针对动物对食物、水、居所和朋友的需求提问。就像人类一样，有些动物与它们的同类呆在一起的时候，会更加快乐。
- 你有宠物吗？请儿童分享他们的宠物故事，可以是真实的，也可以是虚构的。允许有虚构的宠物，这是个好主意，不会让那些没有实际宠物的儿童感觉到被忽视。
- 唱一首宠物歌。使用"我是一只小茶壶"的曲调。你可以歌唱小猫、小狗、鱼、蛇——任何一种宠物。仅仅要求儿童帮助你描述宠物，把他们的词语填进歌曲里。例如：

    我是一只小狗，
    温柔的，圆圆的，
    这是我的前爪，
    这是我的尾巴。

当我高兴的时候
听我歌唱
汪，汪，汪，汪，汪，汪，汪！

- 我们应该有班级宠物吗？如果你愿意充当班级宠物的责任人，你才能提出这个问题。但是，宠物的护理是一种很好的方法，它可以让儿童了解需求、情感和关爱，关注到这一点非常重要。讨论他们希望得到哪种宠物，提一提不可以充当宠物的动物（如一只熊），并向儿童提问为什么那个动物不可以充当宠物。

让我们出发吧

有很多探究动物的需求的方法。设计这些活动的初衷是为了让儿童从多个不同的视角去比较动物的需求和他们的需求。

- 动物躲藏是为了安全。动物与人类一样需要安全和保护。为什么一只动物需要躲藏？它如何做到这些？与儿童谈一谈保护色。提供动物玩具，在整个教室里，让儿童把它们藏在与动物的颜色或者纹理相似的地方。让其他儿童去寻找藏起来的动物。
- 讲述一只动物的故事。儿童将非常享受这一激动人心的时刻。把收集到的塑料或者填塞的动物放入枕套或者柔软的购物袋中，解释它们将帮助你讲述一个故事，一个关于动物和它们的需求的故事。把手伸进口袋，取出一只动物，开始讲故事：从前，一只小狮子正在热带丛林中穿行，但是它感到非常口渴，它走着走着，直到突然……把袋子递给一个孩子，让他取出另一只动物，并根据添加的这个动物的特征继续讲故事。把袋子再传递给另一个孩子，取出另一只动物，继续讲故事，如果有可能，给故事做录音，让儿童反复听。
- 如果动物受伤了该怎么办？提供物资，让儿童在戏剧区开设一个兽医诊所。你可以用包装盒当动物的笼子和家。鼓励儿童在他们新开的兽医诊所里照看动物。提问：“教室里的填塞动物生病了、受伤了，你如何提供帮助？”
- 如果动物会说话，将会怎样？他们会说什么？向儿童提供各种妙趣横生的动物情景照。要求儿童挑选一张照片粘贴在图画纸上；然后，要么口述，要么“写”出，他们认为照片中动物正在说的话。在班级布告牌上展示这些内容，然后转移至大的班级手册中。

拓展理解

- 如果有可能，去宠物店或者宠物动物园游览。这将是一次极佳的学习延伸活动。要求儿童预测在那里他们将看到什么，把想法制作成图表，以便在回班级的路上，你可以参考他们的预测。
- 仿制水族馆。有时候，仿制的与真实的一样棒。如果你不能拥有班级宠物，尝试建立一个仿制的水族馆。一开始，要求儿童开展头脑风暴，想一想，真实的水族馆里有什么？利用一大张复合纸，从杂志中剪下水中生物的图像、真正的贝壳和回收材料，去制作一个独一无二的栖息地。

主题三：我如何生活——兼顾玩乐和工作

创造力就是有乐趣的智慧。

——阿尔伯特·爱因斯坦

当幼儿对身边的世界有了认识之后，他们开始在玩乐和学习中建立社交。正如弗雷德·罗杰斯(Fred Rogers)说的："玩乐就是童年的工作。"当你要求儿童"在工作中游戏"和"在游戏中工作"时，这个道理就更加显而易见了。

这个主题的设计是为了帮助儿童去观察玩乐和工作之间的外在联系，去研究这种联系如何影响他们内心对自己和他人的认识。

就拿儿童玩乐时使用的技能来说。当他们玩游戏的时候，他们学习遵守规则，并制定规则。他们穿上戏装扮演人物时，他们正在对他们自己以及将来扮演的社会角色获取更多的了解。当他们在室外积极地与他人游戏时，他们不仅锻炼了体能，而且迎接了团队合作的挑战。游戏给儿童提供了实践的机会，让他们向着一个目标奋斗、应对挑战、相互倾听，为小组贡献自己的努力。

最重要的是，我们希望儿童从这一切中寻找到乐趣。当我们要求儿童以创新的视角去探究工作和玩乐时，我们要展示技能，在今后广阔的学习世界里，这些技能将支撑他们成为创造性的思考者和问题的解决者。如果，儿童能够以富有创造性的玩乐态度去认识工作的乐趣，难道不是很棒吗？

根据我们的社会经验，以下这些主题意在激发玩乐和探究的热情。

- 儿童的玩乐和工作
- 在团队中工作和玩乐

- 我们一家人一起工作和玩乐
- 在工作和玩乐中解决问题
- 在工作和玩乐中服从指挥
- 在工作和玩乐中探索幽默
- 我们使用的器具
- 带有激情去工作
- 利用器具和能源去做餐
- 利用光和影去玩乐和工作

这是所有儿童的玩乐和工作

儿童是玩乐大师。在幼儿时期,他们正在品尝独自玩乐和与他人一起玩乐的快乐。有没有东西,他们都可以玩。他们可以把任何一件东西变成玩具。全世界的人都在玩——甚至一些动物也在玩。让我们关注玩乐的许多方法。这将多么有趣!

学习技能

社交

观察和比较

解决问题

化解矛盾

材料

图表纸或者白板

水彩笔

桌游,如此:糖果世界

纸牌游戏,比如:钓鱼

粉笔

球

垫子

招贴板
有孩子照片的杂志
安全剪刀
胶棒
带夹子的书写板
带轮子的小玩具
可以冲洗的木块
拼图
乐高积木
复印纸
彩蛋颜料
沙盒或者装在深盘子里的沙子

提前准备

为玩具的搜寻准备记录单。为每个孩子做一个简单的图表,标题是“玩具的分类”,分为如下几类:有轮子的玩具,卡片类玩具,木头玩具,塑料玩具。儿童将把他们的玩具进行归类。

让我们获得启发

在圆圈时间集合时,让我们与朋友一起为玩乐庆贺。我们可以唱歌、跳舞和讨论玩的乐趣。

- 按照“我们绕着桑树林”的曲调,唱一首简单的歌曲,开启你对玩乐和朋友的关注。

> 朋友,我要和你一起玩,
> 和你一起唱歌,和你一起分享。
> 这样度过一天又一天,
> 我依然是你的朋友。

- 与儿童一起唱第一段。你可以考虑,用它作为临时的欢迎歌。它在赞美孩子和他们共同做的事情。提问儿童："在课堂上，我们一起玩乐的方法有哪些？""哪些东西是我们在学校玩的？"在一张列表上记录他们的想法，标题为：我们玩的东西。你甚至可以把列表分为室内玩具和室外玩具。这可能成为今后数天里一直被添加的一张列表。

- 谈一谈游戏中可能发生的问题。再唱一首歌，但是这一次增加第二段，关于游戏可能引发的争端。

> 朋友，我可能和你打架，
> 与你一起哭，与你和好，
> 这样度过一天又一天，
> 我依然是你的朋友。

- 谈一谈游戏中疑难问题的化解。请儿童分享，在玩玩具或者相互玩耍的时候可能发生的问题。儿童可能分享争议或者被忽视的感受。讨论事情发生的那一刻，感觉如何。提问："如果游戏中遇到疑难问题，你该做什么？"
- 谈一谈游戏。无论是在室内还是在室外，学校可能是学习做游戏的最佳场所。有些游戏只需要和几个人一起玩，另一些游戏需要和全班同学一起玩。要求儿童开展头脑风暴，想一想游戏的清单——"我们玩的游戏"。这些游戏可能是卡片游戏、桌游或者竞技游戏。这个清单可以分为室内和室外两类。如果有一个明显受大家喜爱的游戏在清单里，一定要一起玩一下。
- 教教我。有些被推荐出来的游戏是其他人不会玩的。这是一个很好的机会，请儿童帮助你教会其他人做游戏。
- 重新浏览清单。仔细研究之后，你可以要求儿童以新的眼光去审视清单。比如：他们可能想要浏览清单，对一个人玩的游戏和需要与他人一起玩的游戏做标记。

让我们出发吧

经过以上一番对玩乐和游戏的谈论，让我们行动起来。在体验类似的游戏和编排新游戏的时候，要关注游戏的乐趣。

- 去做一次玩具评价的调查。给每个孩子发一张玩具搜寻图表和一个带夹子的书写板。就像建筑工地的技术顾问，他们的工作就是寻找玩具，在适当的条目下记录。鼓励他们寻找有轮子的玩具、卡片玩具、木制玩具和塑料玩具。在活动结束时，要求儿童与他人分享他们的图表。看看大家的图表有什么相同或者不同。
- 建立玩具分享中心。请儿童从家里把他们愿意与他人一起分享的玩具带过来，放置在中心。每天只挑选一个孩子在中心分享一件玩具。在活动时间，那个孩子带着玩具待在中心，教其他人怎么玩它。在写给家长的便条里，强调需要的是安全和不容易破碎的玩具。
- 探索玩具的艺术。从玩具中汲取滋养创造力的果汁。给儿童提供颜料和纸张，但是不提供画笔和海绵。儿童可以用小的而且可以冲洗的带轮子的玩具、球、积木和拼图来体验绘画。在玩具-艺术的布告牌上展示他们的探索成果以及儿童的口述。
- 设立桌游中心。卡片游戏（如钓鱼）和桌游（如糖果世界）给儿童提供了很好的机会，让儿童从中学习如何轮流操作、共同分享和服从指挥。设立一个特殊的中心去赞美游戏，在那里每天或者每周只把目光聚焦在一个特别的游戏上。
- 举行一次玩具的考古挖掘活动。把一部分建筑玩具或者拼图的碎片藏在沙盒里。鼓励儿童挖掘寻找这些碎片，然后，与其他部分拼接在一起变成某样东西。
- 发明一个游戏。儿童喜欢桌游。何不为班级设计一个？他们可以把糖果世界作为模板，在招贴板上开辟一条路径，有起点和终点，玩家要在这条路上运输什么？会遇到什么样的障碍？

拓展理解

- 创立玩具馆。儿童通常在玩具破损之前就已经长大。可以考虑请家长把他们想要丢弃的品质完好的玩具送到学校来创立玩具图书馆或者玩具馆。儿童对那些将要借给同班或者其他班级孩子的玩具会依依不舍。这是一个让儿童学会分享和传承的很好的方法。

- 父母玩乐吗？请家庭成员来课堂做客，分享他们喜欢的玩乐。也许他们喜欢做体育运动、玩游戏、摆弄园艺，或者缝纫。如果有可能，请家庭成员向儿童传授一点他们最喜爱的玩乐方法。
- 好好地庆祝一番。探索完所有这些不同的玩乐方式之后，让儿童和家长痛快地庆贺一番。开辟一个场地，分享各种不同的游戏并提供简餐。

在团队中工作和玩乐

在团队合作中，人们集玩乐与工作于一体，在我们探究很多人既工作又玩乐的场所和方法时，让我们成为我们工作和玩乐的设计师。对团队的观察是了解社会上他人工作和玩乐的第一步。通过探索人们在生活中履行的多个角色，幼儿逐渐对他们自己所处的社会地位有了意识。为了强调把工作视为玩乐和把玩乐当做工作，在我们庆贺合作愉快时，我们要特别重视音乐和运动。

学习技能

社交
角色扮演
交流
倾听
测绘
有创意的表演

材料

招贴板或者白板
水彩笔
图表纸
蜡笔
杂志
安全剪刀

胶棒

数字相机(可选)

提前准备

为你钟爱的关于工作和玩乐的歌曲,制作一张歌曲图表。在图表纸上写下文字,并预留空白让儿童做插图。你可以选择"我一直在铁道上工作""公共汽车的车轮子"或者"嗨,嘀!我们出发去上班!"

让我们获得启发

唱歌永远是开启话题的好方法。在圆圈时间的活动中,唱歌不仅让儿童投入其中,而且受到鼓舞。

- 当儿童正坐着准备圆圈活动时,直接跳转到唱歌曲"公共汽车的车轮子",儿童会不由自主地加入。尽可能按照他们的想象增加段落。然后谈一谈歌曲。提问:"谁正在汽车上工作?"儿童会提到汽车司机,"但是,还有谁也在工作?"有些孩子可能提到妈妈。"谁正在汽车上玩乐?"请儿童说出其他可能乘车的工人。如果汽车上有木匠,他可以做什么?面包师、教师或者医生又会怎样?请儿童想一想有哪些不同职业的工人,为每个行业的工人编一段歌词(和动作)!
- 利用一首工作歌,把儿童召回到圆圈。歌曲"嗨,嘀!我们出发去上班!"可以被修改为圆圈时间的工作歌。尝试下面的歌词和动作。儿童也可以把圆圈时间做的事情加入歌词。

> 嗨-嘀,我们出发去上班,
> 带着微笑,挥挥手,大踏步,
> 我们出发去上班。

- 谁工作?让儿童谈一谈他们知道的不同工作。他们可能喜欢先谈一谈他们家人所做的或者他们看到的校园职工所做的工作。按照他们对工作类型的提议,制作一张职业图表。提问:"当你生病的时候,谁帮助了你?""当你饥饿的时候,谁帮助了你?"保持这一列表为开放状态,在接下来的数日，持续开展头脑风暴。

- 谁是我们班级的工人？我们在班级都有分工。如果你还没有分工的图表，这是一个极好的时机，在儿童的帮助下制作一张。请他们想一想班级有哪些事务。儿童可能喜欢轮流做带头人或者门卫。有些儿童可能喜欢浇灌植物或者饲养班级宠物。

让我们出发吧

- 给儿童提供杂志。鼓励他们裁剪人们工作和玩乐的照片。制作一张大的图表记录他们的发现。把图表划分为几个部分，各部分都有标题，如："与人打交道的工人""与动物打交道的工人""制造业的工人""服务业的工人""特殊行业的工人"等等。当儿童找到了照片，让他们对照片进行分类。
- 展开圈圈时间制作的歌曲图表，鼓励儿童添加绘画，给歌中提到的工作和玩乐做插图。
- 组建一条流水线。流水线要求大家合作。儿童可以用几种方式体验这个过程。例如：他们可以一起制作简易的奶酪夹心饼干，当做点心共同分享。洗过手之后，第一组儿童在饼干上涂奶酪，下一组在上面加上一片黄瓜，再下一组在上面放一块饼干，最后一组将夹心饼干摆放到盘子里。让我们一起品尝！也可以让他们用同样的方法在一个简单重复的艺术节目上进行合作。
- 调查学校工人。学校工人做什么？各个小组可以拜访一个学校的工人，请他谈一谈，他做什么工作。但也要问一问他玩什么。如果有可能，拍摄工人的照片，带回班级，制作一期学校工人的布告牌。
- 我们需要什么？儿童喜欢尝试不同的角色和任务。不要给儿童提供他们完成一项任务所需要的所有东西，而是询问，他们认为他们将需要什么来完成任务，这有助于他们对分工进行思考和规划。例如：如果儿童想开一间面包店或者小餐馆，你可以提问："你们需要什么道具？""你们将穿什么衣服？""你在面包店里发现了什么？"

拓展理解

- 利用"来来来，我们一起去"的曲调，创作一首工作和玩乐的歌曲。要求儿童围成圈一起合唱。儿童可以一边唱歌，一边转圈。唱到第二段的时候，他们可以停下来，表演不同工作的动作。请儿童扮演其他种类的工人角色并增加工具。

来来来，我们一起去，
来来来，我们一起去，
来来来，我们一起去，
在一个星期六的晚上。
你拿起你的小锤子，(假扮捡起锤子)
你拿起你的小锤子。
你抡起小锤子，嘭，嘭，嘭，(假扮锤钉子)
然后你转一圈。

- 当地的交易市场一般会对班级的田野考察开放。田野考察的一个重要方面是事前的讨论。要求儿童预测，他们在这次行程中将看到什么。在图表纸上列出来。参观结束之后，回来做比较。提出问题，引导儿童思考："我们见到所有我们想见的东西了吗？""什么是一个惊喜？""为什么你认为我们会看到它？"
- 玩工作哑剧。开始表演一项工作，让儿童猜测。然后请一名儿童表演工作，让其他人猜测。你可能不得不悄悄地告诉孩子一项工作，让他们尽快开始表演。

我们一家人一起工作和玩乐

当我们探究工作和玩乐这一领域时，把家庭纳入进来是非常重要的。不仅能够让儿童了解其他家长的工作，而且也能让他们开阔视野。了解他人有助于培养儿童相互联系的意识，这个意识是在社会上获得成功的基础。

学习技能

排序

社交情感发展
观察
比较
社交语言互动
口述和书写
绘画作品

材料

图表纸或者白板
水彩笔
家庭照片
胶棒
安全剪刀
美术纸
绘画纸
彩蛋颜料
复写纸
画架(可选)
家庭杂志
壁画纸
家用工具,如铲子、锤子、刷子、泥刀等
你自己的关于一次家庭活动的影集

提前准备

- 请家长发送他们可以分享的家庭活动照片(或者照片的复印件)。向家长解释这些照片将用于某个节目,所以照片必须能够被张贴或按儿童的创意去剪裁。
- 收集具有代表性的家用工具,供儿童使用和探究。

让我们获得启发

工作和玩乐之间的区别是什么? 也许完全在于你如何看待它。对儿童而言，任何一件事情都可能是玩乐，如果它呈现为有创意的开放性活动。让我们把视线聚焦于我们的家庭和我们共同做的一切。

- 分享你们一家人在一起工作和玩乐照片。儿童会被你的家庭所吸引。它也许是你的一次旅行，也许是一次家庭聚会。你可以讲故事：为了作准备、出发和归来，你们所有人需要做什么。帮助儿童了解工作和玩乐的融合是家庭活动必不可少的。
- 请儿童讲一讲他们的家庭故事。儿童可以带来影集、照片或者家庭活动的明信片，每天让一两个儿童来和大家分享。鼓励他们讲述他们在活动之前、活动期间以及活动之后所做的努力。什么是快乐？什么是工作？什么既是工作又是快乐？
- 介绍一首家庭歌。利用“唱一首六便士之歌”的曲调和新的歌词。把歌词打印出来发回家。儿童可能喜欢教他们的家长唱这首歌。

唱一首家庭歌，
尽情地欢乐。
我们大家在一起，
快乐地工作。
当我们一起分享的时候，
歌唱，玩乐，欢笑，
我们有万千的微笑，
与每个人分享！

- 制作家庭工作和玩乐的图表。在圆圈时间开展头脑风暴。制作一张两列的图表：工作和玩乐。请儿童说一说他们一家人一起玩乐的方法和他们一家人一起工作的方法。保留图表一段时间，以便添加内容。随着主题的推进，儿童可能产生新的想法。拍摄一张图表的照片，与家长分享，他们会喜爱它的。

让我们出发吧

在学习中心，对家庭和工作进行调查时，你可以把识字、数学和科学技能结合起来。

- 制作一张家庭工作的壁画。儿童在合作完成一件艺术品的体验中会获得很多社交技能。提供一张大的壁画纸，让儿童创作一幅画，表现一个家庭里不同房间的情景。利用水彩笔勾画出房子的轮廓，把它分为不同的空间——客厅、厨房、卧室及浴室。与儿童谈一谈，这座房子里每个房间发生的事情。然后拿出水彩笔，让儿童画出不同房间里发生的事情。儿童也可以从杂志上裁剪照片，在壁画纸上做拼贴画。找一天时间，重复这个活动，制作一张家庭玩乐的壁画。家人在家里的每个房间如何玩乐？壁画有何相似，有何不同？
- 给家用器具分类。儿童一向对器具感兴趣！摆放出安全器具，让儿童在数学领地探索。提问："这个用来做什么？""如何使用？""你在哪里使用它们？"儿童可以用很多方法对器具进行分类：根据用途分类、根据尺寸分类、根据材料组成分类或者根据所属的房间分类。
- 制作一幅模拟餐的三联画。在进行模拟的烹饪活动时，请关注长长的三联壁画纸的前后次序。用餐是家人一起工作和玩乐的一个重要方式。给儿童提供家庭杂志，用来裁剪和拼贴，做成拼贴画显示一起做餐的过程。在"之前"这个片段，要求儿童展现餐前发生了什么。"准备一顿饭，你需要做的第一件事是什么？"去采购！"接下来是什么？""然后呢？"在"期间"这个片段，他们可以展现家人正在吃饭、品尝的食物，以及他们可能使用的餐具等等。在"之后"这个片段，儿童可以展现餐后的工作和玩乐场景。帮助儿童观察从采购、准备和烹饪食品、布置餐桌到上餐和进餐的发展次序。不要忘记，餐后要清理餐桌和冲洗餐具。要求儿童从左到右阅读三联画。
- 把它做成一本手册。儿童可以利用他们从家里带来的照片，简述一个关于他们家庭或者他们一起做的某件事情。给儿童发放艺术材料，让他们用画纸做手册，然后装订成册。和儿童一对一接触，引发他们讲述，并在他们的手册里记录下来。家人一定喜欢这个手册。

拓展理解

- 把它编成一首歌。很多儿童熟悉歌曲"约翰尼干活用一把锤子"，请他们利用创新思维为歌曲编写新段落，利用主题活动中你一直使用的工具。

约翰尼干活用一把刷子，
一把刷子，一把刷子。
约翰尼干活用一把刷子，
他干活用这样东西！

- 在室外做圆圈游戏。儿童喜欢利用“山里住着一位农夫”的曲调去玩有趣的过家家游戏。他们玩的过家家游戏里最好能有两位妈妈和两位爸爸，以及他们想要的任何人。让儿童站成一个圆圈，选出一个孩子站在中央，由他挑选一位家庭成员加入圆圈，继续增加家庭成员，直到每个人都进入了圆圈。歌唱新的歌词并表演。

我们都有一个家，
我们都有一个家，
嗨-嘀，再见，我们都有一个家。
（孩子的姓名）带着一个（家庭成员），
（孩子的姓名）带着一个（家庭成员），
嗨-嘀，我们都有一个家。

通过工作和玩乐来解决问题

在工作和玩乐的过程中，儿童经常需要花费精力去解决问题和做出决定。有如此多的场合需要儿童一起工作和玩乐，从公园到学校，再到家里。在他们成长的过程中，他们会遭遇社会和生理上的问题，让我们一起探讨解决这些问题的多种方法。这些技能自然而然地转化为全球视野下解决问题和做出决断的能力。

学习技能

社会交际

问题解决
矛盾化解
自我表达
创新思考
头脑风暴
体验

材料

泡沫溶液
洗碟盆
各种吹泡泡的玩具
各种不同尺寸和质地的球
图表纸和白板
水彩笔
美术纸
卫生纸
包装纸
纸卡
胶棒
积木套装
回收材料，如：纸筒，包装盒和布料
不同游乐场的照片或者录像
处于困境中的孩子和成人照片
数字相机（可选）

提前准备

- 收集具有挑战情景的照片。它们可以是一个孩子打碎了东西的图片，把东西散落一地的图片，弄得一团糟的图片。也可以是两个孩子争抢玩具的图片，或者是依次等待滑滑梯或荡秋千的图片。把这些图片粘贴在纸卡上，用于班级讨论。

- 寻找不同类型的游乐场照片或者录像，启发儿童搭建积木。
- 收集多种吹泡泡的玩具。尝试用筒、筛子、漏勺、袜子、调色刀、搅拌器和气泡棒。

让我们获得启发

这是你们小组一起庆祝圆圈时间的好时机。这是一切开始的地方，这是你们一起解决问题的场所——尽管面临挑战性的阻碍。当我们着手处理各式各样的问题时，让我们认同彼此，认同团结的力量。

- 用一首歌赞美圆圈时间。如果要赞美一个理念或者一个活动，没有哪一种方法会比歌唱它更好。这是一首非常棒的歌曲，可以加入圆圈时间的节目里。根据“我一直在铁路上工作”的曲调去歌唱。

  圆圈是友谊的形状。
  它没有起点和终点。
  每个人都被倾听和尊重，
  像一个平等的朋友。
  圆圈把我们聚在一起，
  没有一个人被遗忘。
  它给予我们友谊和力量
  是一个经常光顾的避风港。

- 歌中唱到“每个人都被倾听和尊重”。为何这一点如此重要？我们怎样做才能互相帮助，感受到支持和平等？举例说明相互支持的方法也许是必要的。或许你可以提醒孩子，我们如何在圆圈活动中轮流分享。或者你可以回忆某个时刻，某人在圆圈时间帮助了一位朋友。通过提问拓展对话：“当我们有了困难，会发生什么？当一个人陷入沮丧或者害怕的心情而不能自拔时，我们如何帮助他？”鼓励儿童开展头脑风暴，让他们想一想互相帮助去解决问题的所有方法，把这些方法记录在图表纸上或者白板上。
- 提供一个讨论的案例，拓展关于解决问题的对话。可以举这些事例：太过吵闹的课堂、一本撕坏的课本，或者被击倒的积木建筑。介绍解决问题的五个步骤。在白板上，一次书写其中的一个步骤，通过选择的事例，让儿童按步骤走一遍。

1. 识别问题。
2. 头脑风暴解决方案。
3. 选择一个解决方案去尝试。
4. 验证解决方案。
5. 评价。

让我们出发吧

- 向儿童展示你收集的儿童和成人处于挑战情景的照片。讨论照片中正在发生的事情。“似乎出了什么问题？”“要解决这个问题，他们可以做什么？”“接下来会发生什么？”要求儿童选择一张照片去研究。发给儿童一张图画纸，纸已经用线条分为上下两个部分。要求他们用胶水把照片贴在纸的上半部，然后在下半部画出接下来可能发生的事情。把这些图画带进圆圈时间，讲述解决问题的故事。
- 禁用剪刀。请儿童加入你们在艺术桌上进行的拼贴画活动。向他们展示供应的各种类型的美术纸、卫生纸和包装纸，但是稍等一下——没有剪刀。没有剪刀，你如何制作拼贴画？请儿童开展头脑风暴，想出不同的办法，通过撕、扯和折叠来制作拼贴画。在题为“禁用剪刀”的布告牌上，展览解决难题的案例。
- 有多少种方法制作泡泡？关于儿童和泡泡有很多奇妙的事情。制作泡泡是合作解决问题的另一种好方法。给儿童提供各种可以用来制作泡泡的东西。展示一根魔棒式的吹泡泡玩具，演示它如何吹出泡泡。然后向孩子展示其他物品，要求他们猜测哪些物品可以变成很好的吹泡泡玩具。提问：“你发现鼓风机与这些物体有什么相似的地方吗？”“制作泡泡需要什么？”在图表纸上记录儿童的发现。
- 设计完美的游乐场。“好玩的游乐场里有什么？为什么？”这些都是非常好的问题，让儿童合作解决。向儿童展示优秀的设计奇妙的游乐场的照片或者录像。给他们提供可以利用的回收材料，与积木套装配合，去设计他们理想中的游乐园。如果有可能，把它拍摄成照片，制作一张布告牌或者一本手册。

拓展理解

- 改善我们的游乐场。也许我们没有完美的游乐场，但是怎样可以改善它？带领儿童做调研，转一转游乐场，看看哪些地方需要加固或者改善。他们可能喜欢干一天大扫除，或者在小的花床里种植。你可以邀请父母过来帮忙。
- 带来不同尺寸和质地的球。以不同的方式扔球或者滚球。在游乐场，召集儿童开展头脑风暴。展示不同种类的球，要求儿童说出玩球的不同方法。除了滚、扔、拍打，他们还知道哪些玩球的方法？在图表纸上记录儿童的想法，然后在接下来的几天里逐个尝试一遍。他们最喜欢哪一种游戏？

我们能够服从指挥

听和服从指令是学会如何一起工作和玩乐的关键能力。讲完解决问题的概念之后，重点要培养儿童在工作中使用支持共同努力和相互理解的基本语言和识字能力。

学习技能

可接受性语言
表达性语言
倾听
空间关系
交流
身体意识

材料

各种硬纸盒

各种球
图表纸或者白板
水彩笔
图画纸
胶棒
安全剪刀
一只充填玩具
跳绳
大号的衣服
圆箍
椅子
儿童在游乐场玩乐的照片
豆包

让我们获得启发

你的圆圈时间既可以活跃思维，也可以活跃体力。这一周我们将在活泼的歌曲和游戏中探索空间关系和服从指挥。传统的游戏像“西蒙说”和手指游戏都要求儿童服从指挥。

- 请跟我去圆圈时间。用一首歌开启你对空间关系和服从指挥的关注。利用儿歌“玛丽有一只小羊羔”的曲调和以下这些歌词。

> 请跟我去圆圈时间，
> 圆圈时间，圆圈时间。
> 请跟我去圆圈时间。
> 我们将做游戏！

- 在教室里，当你要求儿童跟着你去你的圆圈时间活动区时，请变换单词“跟”，尝试新的单词如：爬、单足跳、摇摇摆摆地走和滑。
- 从胯下和头顶传递豆包。这个游戏很好，适合在圆圈时间开始的时候玩。要求儿童站成一个圆圈，所有人面朝右边。展示一个豆包，要求儿童一个接着一个从头顶上传递，直到豆包回到你这里。然后，要求他们转身面朝左，从胯下把豆包传递给下一个人，直到豆包回到你这里。提问："传递豆包还有其他方法吗?"他们可以一上一下地传递，或者从胯下滚。尝试一些他们提出的玩法。

- 重温歌曲"这个老头"，利用这首大家喜爱的歌曲，仅仅变换代表空间不同位置的歌词。例如，除了击打鼓身，这个老头还可以从下面(放下手)或者从上面(举起手)击鼓。请儿童增加新的动作，再现新的歌词。

这个老头，玩了一个把戏。
拍了拍我的鼓，玩了个小把戏。
小把戏，拍拍手，赏狗一根小骨头。
然后，这个老头一摇一晃往家走。

- 只聆听。相比语音指令，儿童更趋向于跟从视觉指令。重点是给儿童提供认真听从指令的机会。在这个主题的圆圈游戏里，可以让儿童做违背你指令的动作。这有挑战性，但这也能带来快乐。你可以说，比如"摸你的鼻子"，然而，实际上是摸你的耳朵。一开始，儿童只能跟着你的动作去做，当他们听的越多，越能更好地适应游戏。

让我们出发吧

很多关于这个话题的活动都是十分生动活泼的。你可能需要为这个探索活动指定场所，避免干扰他人。尝试利用积木区域做运动游戏。

- 我们在哪里？拍摄儿童在室外游乐设施上玩乐的照片。把照片张贴在图表纸上，供大家一起讨论。儿童喜欢浏览自己的照片，边欣赏边讨论。在图表纸上，标注单词：上面、高处、下面、前面、后面、里面和外面。与儿童一起朗读单词。这些都是儿童早期需要学着认识的常用单词。要求儿童查看照片，从中找出处于所有这些方位的孩子。谁在上面？谁在里面？有人所在不止一个的方位吗？可以既在高处又在前面吗？
- 服从和引导。在简单的跳绳游戏中，儿童能同时学着发出指令和听从指令。在这个游戏中，两个孩子在积木区域拉开绳子。他们是指挥者，他们向其他人发出指令。例如，他们可以说："穿过绳子。"然后他们可能高高举起绳子，让其他人从绳子下面走。他们也可以说出其他的动作，比如：芭蕾舞步、单足跳，或者拖着脚走。调换位置，邀请新的指挥者。

- 我们的朋友在哪里？儿童喜欢与充填玩具玩捉迷藏游戏。在教室指定的区域里，一个孩子把玩具藏在某处，此时其他的孩子闭上眼睛。然后，藏玩具的孩子提供一些有助于其他孩子寻找的暗示。暗示可以是"它在某物的上方""它在某物的后面"。如果有必要，你可以表演几轮，以便他们明白游戏的规则。
- 我的位置手册。儿童可以在杂志里找到代表不同空间方位的图像。让他们寻找代表上面、远处、下面、旁边、中间、上方、顶部等等的图像。儿童可以把它们粘贴到图画纸上，折叠纸张做成个人手册。要求儿童讲述他们手册中正在发生的故事。

拓展理解

- 儿童可以在室外体验空间概念和服从指挥。带着收集的球、包装盒和圆箍去室外玩乐，训练肌肉运动知觉和体验空间概念。要求儿童轮流把球扔或者滚到包装盒里面、旁边、中间或者顶部。要求一个孩子充当口令员，宣布球落在哪里（利用位置单词）。再找一天，让儿童尝试用圆箍玩球，哪一种更容易——包装盒还是圆箍？在所有这些活动里，儿童将运用解决问题的能力和体验空间关系。
- 紧跟衣服接力赛的流水线。这是一个很好的方法，用于体验服从指挥、按照次序和空间位置的概念。在一个大的空间或者游乐场组织衣服接力赛。把几张椅子排成一排，椅子上堆放着衣服。请儿童在椅子对面排成队。当他们听到"出发"口令时，他们跑向椅子，穿上一件衣服，然后往回跑。队里排在他后面的孩子接着跑，穿上另一件衣服。当每个人都穿上了衣服，他们可以反过来再玩一次，直到所有的衣服重新回到椅子上。
- 有很多好玩的玩球游戏。让儿童在一个有着各种指令的游戏里体验拍球、扔球、拿球。站在儿童的对面，向儿童扔球。当你发出号令，例如

"滚球",拿到球的孩子只好把球回滚给你。尝试多种动作,例如拍或者滑,尝试各种方位,比如高和低。最后,儿童可以轮流成为指挥者去发号施令。

那是快乐!

大多数人都认同:要在社会中健康成长,是需要有幽默感的。幽默将使你度过困惑迷茫的紧张时刻。随着语言运用的拓展,幼儿很自然地玩起了幽默。实际上,语言游戏是幼儿学习单词、次序、节奏、韵律的主要方法之一。关注幽默的语言以及与他人分享幽默的模式,儿童将培养对语言和交流的兴趣,语言和交流将在隔阂之间搭建桥梁,从而跨越边界。

学习技能

交流
押韵
头韵
表达性语言
口述和书写
聆听

材料

壁画纸
水彩笔或者蜡笔
图画纸
杂志
纸袋
小玩具或者物体
小的塑料或者充填动物
彩色的布衬套或者购物袋
图表纸或者白板

跳绳

提前准备

为了"看和说"的猜谜活动，请准备好纸袋，发回家给家长。在纸袋上写明或者粘贴活动指南。告诉他们去找一件家用物品放入纸袋里。要求他们提供一个简单的线索去帮助儿童猜测袋子里装的是什么。你可以向他们举一个例子，比如："这是你用在头发上的某种东西，它有牙齿。"

让我们获得启发

当你关注幽默和语言时，你的圆圈时间将充满开心的话语和起伏的笑声。当话语非常风趣的时候，大家会一下子激动起来。

- 以搞笑的"出勤歌"开场。当你欢迎儿童进入圆圈时，利用一首歌请他们做各种滑稽的动作，表明他们今天在这里。利用"如果你是快乐的，你就知道它"的曲调和下面这些歌词。

> 如果你在这里，你也知道它，
> 扭扭你的眉毛。
> 如果你在这里，你也知道它，
> 扭扭你的眉毛。
> 如果你在这里，你也知道它，
> 你真的想要展示它。
> 如果你在这里，你也知道它，
> 扭扭你的眉毛。

- 第一段之后，你可以为每个孩子添加一段。请儿童设计他们自己的滑稽动作让他人去表演。
- 看和说的谜语！请儿童找出一件家用物品带到学校来。要求他们把物品放入纸袋，以免别人看见，还要求他们动脑筋想一条线索（在父母的帮助下）去帮助其他孩子猜测袋子里是什么。你也可以帮助他们。举一个例子："它是蓝色的、圆的，你可以拍打它。"整个小组可以一起猜测——这是一个非常好的合作思维的事例。

- 创作新的滑稽歌词。让儿童跟随节奏和音乐用熟悉的歌曲和童谣做文字游戏。这可能就像变换一个单词和让儿童想出一个新主意一样简单。让儿童在体验荒诞的乐趣时，探索韵律。例如，你可以利用下面的歌曲达到滑稽的效果。

> 一只可爱的蜘蛛，
> 爬上了樱桃树。
> 下雨了，
> 它滚了下来，跪倒在地上。

- 或者利用儿歌"公共汽车的车轮子"，添加意外的元素。如果有一只狗、一架钢琴，或者一只恐龙在汽车上会怎样？编写一段新歌词。
- 做记录。延伸学习的一个有趣的方法，就是把儿童提议的段落记录在图表纸上作为参考。他们可以利用新的歌词重复朗诵与唱歌。

让我们出发吧

在语言、幽默和识字之间存在着美妙的联系。在学习中心，为有趣的语言活动，上演你的滑稽。

- 谁在汽车上？在圆圈时间，我们用"公共汽车的车轮子"这首歌做游戏。让我们把它变为艺术表演。提供一张壁画纸，纸上画着空荡荡的大汽车的轮廓线。让儿童沿线裁剪，并在汽车里画出他们唱到的所有异想天开的事物。他们可能喜欢添加不可思议的物体：如果汽车里有比萨饼会怎样？有大象会怎样？新的一段歌词是什么？壁画完成之后，把它带进圆圈时间，以便儿童可以歌唱新的汽车乘客。
- 和我一起猜谜语。在儿童编谜语之前，他们需要练习答谜。把很多有趣的小玩具和物品堆放在识字区域，用它们编谜语。在你玩游戏之前，让儿童检查物品将有助于他们猜测。提供隐藏物品的彩色布枕套或者购物袋。在里面藏一个物品并编一条谜语，比如："这是某样东西，它是圆的、空的，还可以发出声音。它是什么？"（回答：鼓）。邀请儿童选择一个物品，尝试编成谜语让他人猜测。在此之前，示范几个。一段时间后，加深游戏的难度，请儿童找一些其他人从未见过的神秘物品。

- 讲一个滑稽的故事。你可以利用猜谜活动中的相同物品去讲述一个滑稽的故事。增加一些填充玩具或者塑料动物，作为故事中的人物。在购物袋中把它们混合在一起，请儿童伸手进去摸，不管取出的是什么，请他讲述一段关于它的滑稽故事。你可以起头，把手伸进口袋抓出一个人物做介绍，给它起一个滑稽的名字，再做一个搞笑的动作。于是故事就有了个好的开头。如果有可能，记录讲述的故事，事后让儿童做插图，做成手册。
- 绕口令游戏。幼儿正在学习生僻的单词，他们喜爱这些单词，尤其喜爱发音和口腔里的感觉。在图表纸上记录一些简单的绕口令里的单词和短语，让儿童练习。它可以是一个长长的单词，例如：难以置信的，或者单词组合，例如：臭鼬、树桩，背包、背带，玩具船、水果漂浮。建议儿童自己编绕口令。越搞笑越好。儿童可能喜欢给这些单词做插图，制作绕口令的手册，带回家和家人一起玩。

拓展理解

- 咚，咚（敲门）。幼儿喜爱“咚，咚”（敲门）的玩笑，越是荒诞，越是好玩。你可以和一位爱开“咚，咚”（敲门）玩笑的人一起结束每一天。这很好玩，非常棒，一定会让儿童带着笑容回家。儿童很快就能学会这个模式，最好玩的是，玩笑不需要合理！

> 咚，咚，
> 谁在那里？
> 猫。
> 哪只猫？
> 在桌子下面的！

- “跳绳响叮当”很好玩。风趣的吟唱伴随着跳绳的节拍一定非常快乐，让儿童学习并让它更加丰富多彩。如果他们不会跳绳，也不要担心。

可以把绳子摊放在地上,让他们从绳子的一边跳到另一边,让他们试着唱下面的歌词:

泰迪熊,泰迪熊,转一圈。(转一圈)
泰迪熊,泰迪熊,摸摸地。(蹲下来,摸地)
泰迪熊,泰迪熊,秀秀你的鞋。(单足跳)
泰迪熊,泰迪熊,就这样吧。

- 重述类似的故事。在识字区让几个孩子围在你身边,讨论一个熟悉的故事,比如:"三只小猪""金发姑娘"和"三只小熊"。请儿童在故事里添加滑稽的情节。例如,请他们思考,如果有五只小猪或者小熊而不是三只将发生什么?故事将有何不同?它们将做什么?用同样的方法给故事开头,请儿童按照你的思路补充新的情节。

工具帮助我们工作和玩乐

你见过儿童对工具的着迷吗?他们喜欢体验每样东西,从厨房用具到建筑工具。在体验中,他们锻炼了重要的解决问题能力和动手能力。让我们看一看身边的工具。

学习技能
解决问题
精细动作
观察
分类
体验

材料
图表纸或者白板
橡皮章和印台

新闻纸

各种器具,如:计算机、照相机、调色刀、搅拌器、尺、量杯、订书机、安全剪刀、钟、沙漏、放大镜、锤子、扳手、泥刀、沙铲、饼干切割机、擀面杖、钢笔和铅笔。

书目和杂志

安全剪刀

胶棒

图画纸

水彩笔

画架

彩蛋颜料

回收材料,如纸筒、海绵、绕线管

不易碎的镜子

电筒

毛毡方块

干豆

强力白胶水

沙桌或者水桌

提前准备

收集多种安全工具,让儿童使用和探索。

让我们获得启发

器具的话题可以持续数周。社会上有很多不同类型的工具,探索的机会层出不穷。从关注工具的功能开始,探索各种类型,伴以歌曲、讨论和活动。

- 从一两个问题开始。不要展示或者具体描述一种工具,向儿童提问,关于工具他们知道些什么。“工具用来做什么?”“你用工具做什么?”“你知道哪些工具?”这是纯粹的头脑风暴,耐心倾听,一定会有风趣的回答。

- 开始调查。把你收集到的工具放在圆圈中央。要求儿童按他们喜欢的任何方式分类。“你认为哪几个属于一类？为什么？”挑选两个截然不同的工具做比较。请儿童观察它们有何异同。他们可能首先注意到外表的差别。引导他们思考用途上的差异和相似。例如，量杯和尺看起来完全不同，但是它们都可以用于测量。
- 检验一个物品。展示一件不寻常的物品或者道具可能是开启询问的最好手段。你也可以利用熟悉的东西，诸如钥匙、绳子或者橡皮圈，请儿童思考使用它们的不寻常的方法。“你有几种方法使用一把钥匙？”“如果在钥匙上穿上绳子会怎样？你如何同时使用它们？”允许儿童动手操作去发现更多的可能性。你也可以使用陌生的物品，诸如来自不同文化的工具。例如，你可以向儿童展示薄饼机，然后提问：“你认为这可能是什么？你如何使用它？”
- 以头脑风暴开始。在图表纸或者白板上方写上标题“工具”，在标题下方列出，分别代表使用特种工具场所的栏目。栏目可以包含家庭、教室、办公室、建筑场地等等。提问：“你能想出多少种工具？”
- 以一首歌开头。经典歌曲“这就是方法”是一首优秀的赞美工具及其用途的歌曲。选择一件你使用的工具，编进歌词里。

> 这是我推压订书机的方法，
> 推压订书机，推压订书机，
> 这是我推压订书机的方法，
> 把东西装订在一起。

让我们出发吧

从艺术到科学，儿童将在学习中心一边探索工具的用途，一边参与动手解决问题的实践活动。

- 利用镜子和电筒，你可以做什么？让我们一起去传播光线。要求一个孩子抓住镜子，另一个孩子将电筒光照向镜子。鼓励他们共同研究，看一看如何让光线在教室里移动。提问：“你能够使光线在角落里转动吗？能照向椅子下面吗？”“光线可以穿过什么？一片叶子？一块石头？

一本书?”让儿童猜测并观察。注意：确保儿童知道不能用光投射他人的眼睛。

- 流水线是我们利用工具工作的一种方式。我们可以建一条流水线去制作装饰用纸。要求儿童在艺术桌的一边排成队，给他们发放不同的印章和不同颜色的墨水。在流水线上传递一张纸。在传递纸的过程中，每个孩子在纸上做一个印记，然后传递给下一个孩子。确保制作足够的张数，让小组里的每个孩子都能带一张回家。
- 组建一个画架工具中心。拿出各种回收的材料和工具，而不是通常用于画架的画笔。请儿童开展头脑风暴，想一想利用材料和工具作画的方法。鼓励他们观察每件物品留下的不同印记。在标题为“我们开创性的绘画工具”的布告牌上，展示儿童的探索成果。你甚至可以把作画工具挂在图画旁边。
- 鼓励儿童在水桌或者沙桌上使用部分收集的工具。提问：“利用梳子在沙子里可以做什么？”“你也可以在水中使用吗？”
- 设计一个魔幻的工具！请儿童画出他们想象中的魔幻工具。请他们讲述它的故事。这个工具用来做什么？它如何工作？它的魔力怎样？把他们的想法记录在卡片上，与他们的绘画张贴在一起。

拓展理解

- 我的身体工具。这是一个有趣的室外活动。儿童可以观察他们如何把肢体当作工具。比如提问：“你利用身体的哪个部位作为打球的工具？”“你利用身体的哪个部位作为攀爬的工具？摘花呢？梳头呢？”鼓励儿童表演他们的身体能做什么。
- 流水线上的工作和游戏：通过流水线的方式，让大家一起制作和装填毛毡豆袋。这个过程分为两个阶段。第一天，你可以请儿童操作第一阶段——制作袋子；第二天，要求他们去装填、封口，以及给袋子做装饰。制作分步图表，展示推进步骤和每个人的工作。问问儿童可以制作多少个豆袋？
- 注意：如果有较多孩子对这个活动感兴趣，那么你可以组建多条而不是一条流水线。

如何制作豆袋

- 第一个孩子给一块毛毡的三条边涂胶水。
- 第二个孩子把第二块毛毡覆盖在第一块毛毡上,用力压。
- 第三个孩子把毛毡拿去烘干。

如何装填、封口以及装饰豆袋

- 第一个孩子装填豆子。
- 第二个孩子用胶水涂第四条边,闭合袋子。
- 第三个孩子装饰豆袋。
- 第四个孩子检查。
- 第五个孩子把豆袋拿去烘干。
- 准备一个家庭活动,让幼儿与一位家人合作完成。制作一张简单的表格,这位家人在表格上填写儿童在家里做的一项家务的名称。在家务名称的下方,这位家人罗列出孩子完成这件家务所使用的工具。儿童可以在圆圈时间分享他们的表格。

能量有助于我们工作和玩乐

在幼儿的思维里,能量是一个高深的话题,但是你可以简化它,介绍能量是促使事件发生的动力。通过亲身实践,儿童开始利用推理能力去帮助他们发现,玩具汽车移动是因为他们手上肌肉的推动,或者木偶摔倒是因为重力的牵引。此外,能量无处不在。这个话题将充满乐趣。

学习技能

观察

比较

推理

预测

实验

材料

塑料吸管

油漆工胶带
大的纽扣
粗线
安全剪刀
带轮子的小玩具
球
积木
带轮子的交通工具的照片
小手推车
毯子或者被子
图表纸或者白板
水彩笔
彩蛋颜料

提前准备

- 收集简易的车轮玩具用于探索活动。确保你有一些没有动力能源的玩具。其他可以是电池驱动的玩具。
- 为每个孩子剪一截 2 英尺长的粗线。

让我们获得启发

你的圆圈时间可以成为能量工场，让儿童开始观察、预测并推断驱动事件发生的能源。

- 能量促使物体移动。带来一些小型的、带车轮的玩具用于共同探索。请儿童检查不同的交通工具，并讨论什么促使它们移动。协助儿童观察不同的能源。制作一张关于交通工具和它们的动力能源图表。帮助儿童去发现，一些交通工具的动力来自他们手部的肌肉。
- 谈一谈车轮。什么样的玩具有车轮？查看图片或者实际物体，诸如轮滑、自行车、三轮车、小手推车以及滑板车。让一个孩子坐在地板上的被单上，要求另一个孩子试着拉动被单。然后，让那个孩子坐在小手推车里。拉动被单上的孩子和手推车里的哪一个更容易？为什么？

- 介绍风能。在圆圈时间，假装天气非常燥热，制作一把简单的折叠扇，扇起微风。请儿童讨论扇子做了什么？在圆圈中传递扇子，让儿童感受风的效果。它给你皮肤带来什么感觉？它会让你的头发怎样？你正在用扇子吹动空气，就像风吹动树叶。你见过风吹动树叶吗？在圆圈中传递纸风车，让儿童查看。讲解风可以作为能源使用。巨大的风车类似于纸风车，可以用来给城市和城镇提供动力。
- 唱一首风的歌曲。你不能看见风，但是你能看到它吹动物体。利用“安静，小宝贝”的曲调唱这首简单的歌曲。

我们看到了风，
在树叶翻飞的时候。
我们看到了风，
在雪花飞舞的时候。
我们看到了风，
在风筝高高飘扬的时候。
我们感觉到了风，
当我们挥手再见的时候。

让我们出发吧

感受“测试能量-开动”的乐趣。带着车轮玩具从圆圈时间走进科学区。谈论驱使它们运动的能量。请儿童预测哪个玩具走得最快，记在图表纸上，写下交通工具的型号、走的最快的和最远的交通工具。记录交通工具的型号（红色-手动、绿色-手动、红色-电动等等）。在儿童关于哪一种工具走得最快和最远的预测旁边做检验标识。利用胶带，做起始线的标记，让儿童开始他们的试运行。记录他们的发现，为推理讨论作准备。提问：“为什么你认为这个玩具会走得最远？”“你认为哪个玩具是最快的？”

车轮有助于物体行走。收集有车轮的交通工具的图片和模型。要求儿童从图片中分辨出独轮车、拖挂卡车或者超过四个车轮的其他交通工具。提问：“哪一种车轮最多？想一想为什么它需要这些车轮？”

- 移动中的艺术：儿童将喜欢利用各种有车轮的玩具进行艺术探究。拿出装有彩蛋颜料的平面盘子，让儿童驱动玩具经过盘子，让车轮滚过艺术纸。提问："当你增加肌肉的力量，用力压车轮时，你的设计会发生什么变化？"

- 展出各种不同重量的物品和纸张，让儿童尝试吹动它们。首先，让儿童感受物品上的风力，然后用纸扇扇风和塑料吸管吹风，提问："哪一个最好？为什么？有没有你不能吹动的物品？"
- 制作一个能量玩具。这是证明能量的一种最简单的方法。给每个孩子发放一只大的纽扣和一根粗线。演示如何把线穿进纽扣的一个洞眼，再从另一个洞眼穿出来。帮助他们把两端扎起来，变成一个圈。教儿童如何用两只手拉紧线，让纽扣位于中间。提问："当我旋转纽扣时会发生什么？"旋转纽扣直到线完全拧紧。然后松开手，观察发生的现象。纽扣将自转！帮助儿童理解他们的肌肉提供能量去拧紧线条，然后绞紧的线条使得纽扣自转！

拓展理解

- 有些时候，儿童有多余的精力，需要被发散和加以利用。请儿童留意，在他们忙碌而兴奋的那一天，他们感觉如何。向儿童解释他们可以在钢丝游戏中消耗能量。在室内或者室外制作一个假想的钢丝。你可以画一条粉笔线或者用胶带在地板上做线条。请儿童想象它横跨在高空的一个圆圈上，当他们垫着脚尖穿越时，只有小心翼翼，才不至于摔落。走钢丝的人通常都有陪伴。请儿童选择一个同伴一起走钢丝。提问："你可以用多少种不同的方法移动而没有摔倒？"添加一首歌曲，你可以按"雅各兄弟"的曲调歌唱。

走钢丝的人，
走钢丝的人，
不要摔下来。
不要摔下来。
垫着脚尖慢慢走，
垫着脚尖慢慢走。

转一圈。
转一圈。

- 玩推-拉游戏。儿童可以寻找同伴尝试这个运动游戏。请儿童面对面坐着,双手掌心对着掌心靠在一起。首先,让他们尝试互相推,会发生什么?然后,让他们尝试相互拉,又会发生什么?此刻,只让其中的一个孩子去推或者拉,会发生什么?你可以拓展活动,让儿童推拉一块大的积木,问问儿童哪一种方式最好?

用餐具和能源烹饪

烹饪是一项芬芳美味而又具有教育意义的活动,与儿童一起享受其中的乐趣。这是了解食物在世界上的重要性的好方法。在共享的烹饪活动中,你帮助儿童利用数学、识字、科学和自助技能。烹饪要求儿童计数、测量、"阅读"食谱、观察变化、倾倒、搅拌,以及摆放。大体上探究过能量之后,看一看能量和工具在烹饪上的特殊运用。

学习技能

观察
比较
实验
预测
推理
测量
命名和贴纸

材料

各种烹饪器具
食物样品,例如:玉米、豆荚、胡萝卜、苹果、香蕉、梨子、塑料汤匙、刀和叉

纸餐盘
小的砧板
水壶
两杯多脂奶油
有密封盖的透明塑料罐
糖
盐
两只干净的弹珠
5～6只甜土豆
手动压碎机或者薯泥加工器
水
香草茶袋

提前准备

收集生的和熟的食品，它们看起来相似，既可以生吃也可以熟吃。例如，你可以尝试准备蔬菜：像玉米、豆荚和胡萝卜，或者水果：像苹果、香蕉和梨子。

煮一些甜土豆，让儿童品尝。你可以在学校食堂做这些事情，然后把它们带进课堂，端上凉的甜土豆；再端上没有煮的甜土豆，做比较。

让我们获得启发

引入烹饪与能源的最好方法是让儿童参与食物讨论——通常这是大多数孩子最喜爱的话题。

- 谈一谈食物！请儿童谈一谈他们最喜爱的食物。把他们的谈话做成一张带插图的清单。询问他们是否会做其中的一种食物："谁能告诉我如何烹调当中的一种食物？做这道食物你需要什么？你要做什么？"引导儿童思考准备食物所需要的工具。帮助他们关注这些食物是需要烹调还是生吃。
- 这用来做什么？儿童可能熟悉最常用的餐具，但是其他餐具可能没有见过。针对你带来用于展示和分享的餐具，举行一场快乐而甜美的圆圈讨论。请儿童开展头脑风暴,想一想,它们是什么餐具以及如何使用。在图表纸上记录儿童的想法。有他们不认识的餐具吗?他们能想象出使用它们的方法吗?

让我们出发吧

有很多种方法可以用来共同探究烹饪中的科学。尝试这些活动,帮助儿童把烹饪中使用的餐具和能量与最终的美味佳肴联系起来。

- 品尝生食和熟食。帮助儿童去发现有些食品既可以生吃也可以煮熟吃。带来多种食品进行比较和品尝。要求儿童像美食家一样,对不同的食品进行观察和比较。生的食物与煮熟的食物外观有什么不同?味道有什么区别?在图表纸上,记录食品的名称,在每个名称下面记录儿童的发现。当活动和记录完成之后,和儿童谈一谈他们的发现,请他们猜猜食品烹饪时会发生怎样的变化。
- 发泡的奶油有多么像黄油?儿童将感到惊奇,他们居然可以自己制作这种食品。让儿童分别往两只有密封盖的容器里装入多脂奶油和一颗干净的弹珠。要求他们观察奶油并提问:“如果我们摇动罐子,你认为将会发生什么?往一只奶油罐里加入少量食盐;这罐将成为黄油。当他们轮流摇动罐子时,请他们仔细观察。两分钟后,停止摇动发泡奶油罐,打开罐子,观察奶油发生了怎样的变化。添加一点点糖,让儿童品尝发泡的奶油。请摇动黄油罐子的儿童继续摇动,他们将发现奶油的结构正在发生变化,分离成为软化黄油。继续摇动三四分钟,打开罐子,观察罐子里面,奶油发生了怎样的变化?品尝黄油的味道,向儿童指出发泡奶油与黄油都是由多脂奶油制造而成——只是摇动的时间不同。
- 有多少种方法捣碎甜土豆?向儿童展示一只生的甜土豆,询问他们是否吃过土豆泥或者甜土豆,它像这只土豆一样坚硬吗?使用预先煮好、已经冷却、被切成两半的甜土豆,向儿童展示手动压碎机和薯泥加工器。提问:“我们如何才能将甜土豆变成软软的糊状物?”让儿童尝试不同的碾压土豆的方法——甚至用他们干净的手——然后品尝成果。你可以利用你们自制的黄油。

- 玩开餐厅的游戏。烹饪有如此多的乐趣,有必要取出道具,让儿童开一间模拟的餐厅厨房和用餐服务区。提供好玩的和安全的餐具让他们去体验。不要忘记使用围裙和厨师帽。一段时间以后(由你定),这个游戏可以从餐厅厨房发展为带有用餐服务区的完整餐厅。观察儿童的游戏,看一看他们是否注重细节。

拓展理解

- 我们如何才能在室外烹饪?利用太阳的能量!提问:“如果我们把冰放在阳光下的纸盘子里,会发生什么?”儿童可以利用能够软化或者熔化的任何事物做实验,从冰淇淋到巧克力以及奶酪。同时准备一些不能融化的物品,比如:一片苹果,它不会融化,但是它确实会改变。会发生什么?
- 泡制香草阳光茶。儿童将会惊奇地发现,他们泡制可口的水果味冰茶利用的唯一能量就是阳光。让他们把香草茶袋放入一只大的干净的透明水壶里,把水壶置于室外的阳光下或者靠近有阳光的窗户,放置几小时。请儿童观察一段时间,看看水如何变化。你甚至可以要求儿童拍摄过程照片以记录他们的发现。当茶泡好后,让儿童品一品。

用光和影来做游戏和工作

儿童玩乐时,他们时常会发现光与影的奇妙世界。让儿童制造影子和亮光的体验将充满无限乐趣。在整个科学研究与揭秘的过程中,这个基础过程很重要。

学习技能

观察

比较

预测

推理

艺术性表达

创新运动
讲故事

材料

录制的音乐和播放器
晾衣绳
白色床单
结实的衣夹
光亮的 LED 灯或者电灯
电筒
图画纸
黑色的彩蛋颜料
挤压瓶
皮影戏的道具，比如玩具娃娃、充填玩具等等
自然物品，比如叶枝、嫩枝，以及干花
数字相机（可选）

提前准备

在干净的塑料挤压瓶里装填厚厚的黑色彩蛋颜料。如果颜料太稀薄，加几滴优质的液体洗涤剂。

让我们获得启发

影子的魅力究竟是什么？也许正是影子的瞬时性使得探索趣味横生。我们将在圆圈时间开启讨论和游戏。

- 在教室里观察光和影子。要求儿童在教室里寻找亮的光。“你在哪里看到了光束？光来自哪里？”然后要求他们寻找影子。“你在房间的哪里看到了影子？”“你认为什么东西产生了影子？”“如果我们移动物体，影子也会移动吗？”
- 玩一圈影子游戏。在圆圈时间的活动场所，召集儿童玩影子的游戏。请一个孩子慢慢地做手臂和手的动作，你跟着模仿。演示你多么像影

子，你正以和孩子同样的方式移动。要求儿童转向同伴，一起移动。挑选一个孩子做动作，另一个孩子像影子一样模仿。提醒扮影子的儿童要完全像他们的同伴一样移动。让儿童交换角色游戏。

- 很多文化都利用皮影戏讲述故事。在圆圈时间的活动区，撑开一床白色的床单，在它后面放置一些玩具娃娃、木偶和其他物品。在床单后面放置一盏点亮的灯。在幕布的后面和灯光的前面举起物体，演示如何制造影子。利用物体讲述一个故事。你可能想用最喜爱的木偶或者玩具娃娃开启你的故事。另外找一天，当你讲述故事的时候，让儿童在床单背后制造影子。最终，他们也能够讲述故事。
- 玩影子的演示和辨识的游戏。请儿童把用来演示和辨识的物品藏在袋子里。轮到他们去演示的时候，他们来到背光屏幕的后面展示物品的影子。让其他孩子去猜测是什么物品。提问："你能根据影子的形状辨别吗？"

让我们出发吧

儿童喜欢在跨越科学、艺术和文学领域的活动中探索光和影子。我们如何成为光和影子的科学家、艺术家和文学家？让我们瞧一瞧。

- 用光和影子做游戏。拿出一些非常有趣的物品让儿童用来制造影子。允许他们用电筒做实验，看一看产生影子的光需要从哪里照过来。有些儿童也可能喜欢通过手势制造影子。
- 让我们使影子鲜活起来。在靠近背景幕布的地方支撑起多叶枝条、多杈树枝、各种花和棱角分明的人物形象或者其他有趣的形体，利用强烈的电筒光从各个角度和不同的距离照射来制造影子。利用白纸代替背景幕布，让儿童从几个照射角度来追踪某一物品的影子。影子可以投射在连续的页面上或者不同颜色的页面上。
- 影子的测量。选用长的毛线或者带子进行影子的测量。利用一整天的时间，让儿童周期性地测量教室里的影子。根据影子的长度剪断毛线，再把毛线粘贴在布告板上。一小时以后，利用新的毛线再次测量，并把它粘贴在最初的那根毛线旁边，哪一根更长？每隔一小时重复一次测量，提问："我们的影子正发生什么变化？"

- 编造一则影子的故事。利用墨迹技术来创造有趣的影子。给每个孩子发放一张图画纸,要求他们对折。然后让他们朝上打开纸张,利用黑色彩蛋颜料的挤压瓶在半张纸上进行创作设计,合上纸张,轻轻地压,再重新打开。提问:“你制造了哪种影子? 它让你想到了什么?”记录儿童对影子故事的讲述,并张贴在布告板上或者让他们编制成班级的影子故事册。

拓展理解

- 一个晴天,在游乐场,这是调查光和影子如何在室外一起工作和游戏的最好时光。鼓励儿童在场地走一圈寻找哪儿有阳光照耀,哪儿可以反射光线,同时寻找哪儿有建筑投下的影子。光和影子的区别是什么? 如果有可能,利用数字相机记录光和影子,用于编手册或者讨论。
- 选一个晴天,把床单晾晒在绳子上。鼓励儿童在床单前利用千姿百态的肢体动作形成独具创意的影子。你如何才能让你的影子变大或者变小? 靠近或者远离床单。
- 在室外玩一场影子凝固的游戏。找一个晴天,带着录制好的音乐来到室外,与影子一起舞动。你可以播放一些音乐,随着音乐声响起,儿童在周围尽情舞蹈——但是有一点需要遵守,不要故意踩踏其他人的影子! 当音乐停止的时候,他们必须停止,定格在原地像僵化的影子雕像。然后,当音乐响起的时候,再次舞动。

主题四：我如何亲历这个世界——一切都在改变

没有改变就不可能有进步，不能改变思想的人也不能改变任何事情。

——乔治·萧伯纳(George Bernard Shaw)，剧作家

对幼儿而言，改变是一个饶有兴趣的话题。一方面，他们对自身成长中发生的变化和身边的人和事的短期变化有着清晰的认识；另一方面，他们对关乎过去与将来或者时间跨度长久的更大的长期变化没有意识。这些活动的设计是为了请儿童观察他们自身、他们家庭和他们社团的改变，还有关于气候、季节、植物，甚至时间的较大改变。这些都是大概念，在这个年龄，儿童不可能完全掌握。然而，重要的是鼓励儿童从整体上观察变化，让他们为今后人生中遭遇的若干变化作好准备。

在活动中，当你关注变化中的社交情绪、科学、语言和文学因素时，你也正在要求儿童培养欣然面对变化的意识。体验变化是赋予孩子力量。这将帮助他们明白他们能够让改变发生，能够对身边的世界产生影响。让儿童从小开始对人生中的这一自然因素有所认识并感到安全。

最终，面对变化的坦然和觉悟可能是我们能够给予孩子的最好的礼物之一。设置下面的话题是为了帮助儿童观察并介入改变。

- 什么是改变？
- 气候的改变
- 季节
- 现在是几点？
- 种子成长为植物
- 改变和烹调食品

- 动物的成长和改变
- 我可以制造变化
- 成长
- 过去、现在、未来

什么是变化?

制造变化是理解变化的最佳方式。当儿童积极地引发了变化,他们就会理解变化是事物如何变得不同的过程。让我们欣然面对它。

学习技能

实践
观察
预测
记录
口述和书写

材料

图画纸
水
围巾
图表纸或者白板
水彩笔
不同质地和大小的海绵
彩蛋颜料
沙盒
水罐
积木
小塑料瓶或者带有密封盖的罐子
植物油

食物色素
塑料盘子
棉签
牛奶
玻璃罐
小物品，如：塑料积木、玩具或者塑料计数器

提前准备

把图画纸沿着长边裁剪成三英寸宽的长纸条。

让我们获得启发

在圆圈时间，通过讨论和制造改变的实践引入改变的概念。

- 唱一首关于改变的歌曲。利用“划，划，划小船”这首儿歌的曲调和下面的歌词，让儿童一边歌唱一边表演。要求儿童添加章节，改变动作和面部表情。

  变、变、我在变，
  把你变小。（蹲下来或者蜷缩在一个球里）
  变、变、我在变，
  把你变高。（尽力举手）
  变、变、我在变，
  把你变哭。（假装哭）
  变、变、我在变，
  把你变笑。（微笑）

- 什么是变化？在图表纸上或者白板上写下单词“变化”。告诉儿童：“我们刚刚改变了动作和表情。改变意味着什么？”“还有其它改变吗？”如果儿童不知道如何定义这个单词，请不要担心。要求他们表演一个变化做替代。“你能改变什么？你能向我展示一个变化吗？”
- 改变一张纸。向每个孩子发一张图画纸。提问，“你怎样才能改变你的

这张纸?""你改变它的方法有几种?""有谁能够教我一种方法?"在图表纸上,书写单词"纸",然后罗列出儿童提议的所有改变纸张的方法。

- 改变一条围巾。让儿童用不同的材料去体验变化非常重要。带来一条大的围巾,请儿童说出能够改变它的不同方法。你可以通过折叠演示一种方法。提问:"你有其他改变它的方法吗?"记得把围巾放在戏剧表演区,让儿童继续他们的探索。

让我们出发吧

制造变化是理解变化的最佳方式。让儿童意识到他们能够让变化真实地发生,这是一种奇妙的操控感。让我们在教室的所有区域中探索变化。

- 成长和改变的艺术:当你加了水,海绵似乎长大而且变化了。给儿童发放用于涂颜料的长纸条。提供大量不同种类的海绵,干燥的或者潮湿的,让儿童用来涂颜料。鼓励他们先用干燥的海绵做尝试,然后越来越潮湿。用潮湿的海绵与干燥的海绵创作的艺术有何不同?干燥的海绵被颜料润湿以后,发生了什么?
- 在海滩上,当潮水漫过你的沙城堡时,会发生什么?在沙盒里试验这一过程,并观察。鼓励儿童筑起一个大的沙城堡或者其他建筑,不要遗忘贝壳和石头。然后倾倒水,变成一片"海洋"。比较干沙和湿沙。提问:"它们有何相同?""它们有何不同?"
- 成为一位变化科学家!要求你的小科学家们利用水和油不相容的原理分离色素。给他们提供几个装有大约等量的油和水的小塑料瓶(或者带有盖子的试管,如果你能获得它们)。让儿童往每个容器中添加少量的食用色素,盖紧,振荡,然后观察。发生了什么?什么改变了?什么没有改变?
- 用肥皂和牛奶混合色素:这通常令儿童十分惊奇。在盘子里放一些牛奶,往牛奶中滴加少量的食用色素,会发生什么?把一只棉签浸入液体肥皂中,让儿童猜想会发生什么,把浸有肥皂的棉签插入色素中间,会发生什么?
- 改变视角。让儿童看一看,水如何担当放大镜的作用。给儿童一些小的物品,比如:塑料积木、小玩具,或者塑料筹码。让儿童把其中的一些物品放入空的罐子里,提问:“当我们往罐子里加水会发生什么?”儿童会惊奇地发现,从装有水的罐子侧面观看,物品看似变大了。正是水把它们放大了。儿童可能也喜欢把物品放在水罐的前面和后面,物品如何变化?

- 搭建它,并改变它。在你的积木区,组织三四个孩子尝试这种合作性的变化游戏。每个孩子都搭建一栋建筑。听到信号后,每个孩子转移到下一个建筑,添加积木或者改变它。当他们再次听到信号后,再转移到下一个建筑,持续进行,直到孩子们回归到他们最初的建筑。提问:“它如何变化了?”“你是如何改变其他建筑的?”如果有可能,给最初和最终的积木拍照。

拓展理解

- 通过混合红色、黄色和蓝色橡皮泥来体验变化。大多数色彩的混合行为发生得非常迅速,儿童几乎看不到变化的过程。用橡皮泥进行色彩混合是一个缓慢的过程。选择两种颜料混合。开始,颜色将保持分离状态,但是,随着儿童把橡皮泥揉捏在一起,它们将慢慢地开始混合,然后变成一种颜色!
- 举行一场变化狂欢节!家长们可能想来学校观赏科学展览会,这个展览会是根据一些你的变化实验举办的。儿童会为父母挑选一些他们想要分享的并能演示的实验。要求父母携带他们自己儿时的照片,以照片说明他们发生了哪些变化。

气候变化

气候可能是向儿童演示变化的最具体的方式。气候经常在变化。如果你在一个四季分明的地方从事教育,气候变化会非常明确。设计这些活动,要求儿童去观察、比较、推测,以及量化气候的变化。对气候变化的理解有助于儿童领会和掌握全球的气候。

学习技能

观察

比较

推测

量化

语言和视觉表达

材料

带有盖子的小塑料瓶

水

甘油

代表气候的小物件，比如塑料的闪光雪花片代表雪、蓝色的闪光片代表雨滴、黄色的绒球代表太阳等等

图画纸

水彩笔

果酱罐

工艺棒或者竹签

天然或者人造海绵

橡胶的日期印章和印台

铝箔

塑料吸管

国家地图

气候符号

模拟电话机

纸温度计

节奏乐器

天气声音的录音（可选）

提前准备

- 制作不易破碎的气象罐。寻找有密封盖的小塑料瓶，在里面注入配比为 75％的水和 25％的甘油的混合物。从你的工艺品中，选择物品加进去代表不同的气候模式。例如：塑料的闪光雪花片代表雪，蓝色的闪光

片代表雨滴，黄色的绒球代表太阳等等。儿童喜爱一边摇动它们，一边谈论天气。

- 利用图画纸制作折叠式的或者装订式的气候杂志。

让我们获得启发

天气已然成为圆圈时间的典型话题，但是偶尔它会令人厌倦，变得啰嗦。这里有一些快乐元素，可以添加到你圆圈时间的天气讨论中。

- 唱一首天气歌。以歌曲起头总是很好。为恶劣的天气配上“哦，我亲爱的克莱门坦”曲调和如下歌词：

  是什么样的天气？
  是什么样的天气？
  今天是什么样的天气？
  谁能告诉我。
  是什么样的天气？
  今天是什么样的天气？
  雨天还是晴天？
  今天会下雪吗？
  今天会刮风吗？会有寒流吗？
  今天是什么样的天气？

- 在圆圈活动区建立气象站。儿童轮流充当预报员，悬挂一张大的国家地图，提供天气图标、指挥棒、模拟话机，以及纸温度计，询问预报员：“今天天气如何？”“明天天气怎样？”“会有暴风雨吗？”这种角色扮演使得儿童在快乐中思考和讨论天气变化。
- 要求儿童想一想、谈一谈，我们做哪些事情来应对天气的变化。天气变化如何改变我们的行为？例如：如果预报说今天会下雨，我们需要做什么？有敞开的窗户吗？有需要拿进屋里的东西吗？如果我们要穿防雨的衣服，我们要怎么做？在图表纸上记录儿童头脑风暴的想法。持续讨论一段时间，分别为热天、晴天和雪天，并列出清单。

- 弹奏天气的声音。你可以利用打击乐器尝试弹奏天气的声音,比如打雷或者闪电,下雪、下雨或者刮风。分发乐器,刮起一场风暴!如果有可能,找到暴风雨的录音,让儿童精心策划一番。
- 利用你事先制作的天气罐来讨论不同的天气类型。展示一只罐子,让儿童猜测它代表哪一种类型的天气。圆圈时间结束之后,把天气罐放置在科学区,让儿童作深入的探讨。

让我们出发吧

你可以组建一个气象中心,便于儿童开展一些嬉戏而又有教育意义的活动。

- 制作雨水测量器。选用任意一种透明的、侧面笔直的容器——10 盎司的果酱罐就是很好的选择。利用一根胶带把竹签或者工艺棒绑在罐子的每一侧。在胶带上每隔一英寸做一个记号。把罐子放置到室外开阔的地方,每次你出去玩的时候,观看一下雨水测量器。如果里面有一定量的雨水,利用水彩笔标记水量的多少。
- 探讨云朵。当云中的水滴聚集的时候,它们变得越来越大、越来越重,最终降落成为雨水。把收集的一批大的天然或者人造海绵带来,让儿童体验人工造雨。往海绵里注水,让水滴落在沙桌里的洋娃娃和玩具上。假装有一场风暴。小心!
- 继续水的游戏,让儿童折叠一些铝箔船,使之漂浮在室外的水桌或者容器里。给儿童发放塑料吸管,提问:"你如何让小船移动?""你能成为风吗?"儿童会利用装有苏打水的吸管驱动小船。如果刮起大风,会发生什么?你如何掀起波浪?大浪会掀翻所有的小船!
- 创办一份天气日志。提供一份简易的折叠式日记本,让儿童每天绘画天气。利用橡胶的日期印章在每一页的顶部印上日期。把日记本摆放在写字区或者窗户旁边。提醒儿童每天为看到的室外情景添加一幅图画。

拓展理解

- 回看每天的天气日志。你发现了哪些有趣的事情?哪一周晴天最多?哪一周多云天气最多?哪一周天气最舒适?

- 雨中漫步——室内！模拟一场雨中漫步，踩着水坑跳舞！当然，如果运气足够好，遇到真正的雨天，去室外，尽情享受一番。注意：如果打雷或者闪电，请待在室内。
- 探索风。制作一个风标，佩戴在身上去室外游乐场。可以利用旧的领带或者布条作为基础。协助儿童沿着基础的长边系上不同长度的纸蒸笼。儿童用双手在身后抓着风标，在风中奔跑，它像一个风标，跑得越多，他们就能发现更多的风。提问："当你顺着风向跑的时候，会发生什么？""当你逆着风向跑的时候，会发生什么？"

每个季节里有什么？

在探索变化的进程中，自然而然地我们会触碰季节这个话题。在之前的活动中，儿童已经对天气有所了解，这是理解季节必要的准备。现在我们特别要关注四季，通过讨论不仅要构建科学观，还要构建语言技能。不是所有的地方都有四季之分，但是对四季基本特征的理解将有助于儿童看到全球的天气与季节，这是一幅更为广阔的画面。

学习技能

观察

比较

推理

比较性语言

描述性语言

问题解决

材料

图表纸或者白板

水彩笔

表现四季的照片

描述不同季节里室外活动的照片

招贴板
安全剪刀
胶棒
图画纸
标签
大的白色纸盘
拼贴画的材料，比如：织物、棉球、布花

提前准备

预备一些落叶树木在一年四季中的照片或者图画。展示在招贴板上，用于圆圈时间的讨论。

让我们获得启发

把识别四季的方法作为关注点，启动你的圆圈时间的讨论和活动。比如：一棵花朵盛开的树、一棵枝叶茂盛的树、一棵结满苹果的树，以及一棵光秃秃的树。

- 以一首歌开启你的圆圈时间总是有益无害的。利用“这个老人”的曲调唱四季的歌词。在图表纸上或者白板上书写描述季节的单词。

冬天、春天、夏天、秋天
有不同的季节，一共四个。
天气变化——晴天、雨天和雪天。
树叶凋零，花朵盛开。
冬天、春天、夏天、秋天
有不同的季节，一共四个。
看看外面，你会明白
正是什么季节！

- 一棵每年落叶的树木是用来识别季节的最好方法之一。随着季节的更替，它发生着戏剧性的变化。展示一棵树的图片，请儿童猜测是哪个季节(从容易识别的季节开始,比如冬天)。“你认为这个照片显示的是什么季节? 你为什么这么想? 什么东西给了你提醒?”写下这个季节的单词,与图片放在一起。展示另一张图片,与第一张作比较。“树有何不同? 你认为这个照片显示的是哪个季节?”

- 用季节性的单词做游戏。把描写当前季节的诗词作为描述性语言的起点。首先,讨论单词,讲解所有的新单词,比如:绿树成荫意味着“绿色和枝叶茂盛”。然后,要求儿童展开思考,想一想其他的描述性单词,添加到每个季节的表述中。他们能够想到多少单词?

> 春天阴晴不定,百花盛开,绿树成荫。
> 夏天热情奔放,烈日炎炎,歌声飞扬。
> 秋天潮湿易滑,雨水绵绵,凉风阵阵。
> 冬天冷风飕飕,喷嚏连连,积水成冰。

让我们出发吧

把所有的学习中心都当作探索四季的场所,体验季节里的数学、科学、文学和社会因素。

- 要求儿童根据正确的季节特征把自然和室外活动的图片进行分类。提问:“哪个季节的图片最多?”儿童可以从中挑选图片,粘贴到班级四季手册中。要求儿童用他们最喜爱的词汇口头描述每一个季节,并把这些单词添加到手册中,在圆圈时间一起分享。
- 举行一场季节的民意测评! 利用四季中每个季节的图片制作条形图。同时要求儿童利用笑脸贴纸、图片或者印章为他们最喜爱的季节投票。数一数每一列的得票数,选出获胜的季节。
- 制作一座季节钟。这是季节分类和季节手册的延伸。给每位孩子发放一个被划分为四等分的大纸盘。鼓励他们从杂志中裁剪显示不同季节的图片。他们可以把这些图片粘贴在一个四分之一的区域里来阐明季节的轮回变化。他们也可以用具有特殊意义的色彩给表示季节的区域贴标签或者涂色,比如:黄色代表夏天,橙色代表秋天,蓝色代表冬天,绿色代表春天。

- 在圆圈时间，我们一起讨论了树木；现在，让我们转向艺术。利用图画纸或者美术纸，教儿童如何在四页纸上画一副简单的没有枝桠的树干。提供招贴画的材料，比如织物、棉球、布花以及贴纸，去装饰分别代表一个季节的四棵树木。这棵树在春天是什么样子？在冬天又是什么样子？
- 你的生日在哪个季节？制作一张图表，悬挂在圆圈时间的活动区。把图表分为四个季节，利用图像来标识季节。询问儿童他们的生日是在哪个季节。提问这样的问题，比如："在你生日的那一天，室外很冷吗？"或者"天气很热吗？""天气如何？"（对这些信息，你要心中有数，以免儿童自己忘记。）把儿童的姓名写在图表中代表生日季节的区域里。
- 继续举行季节单词的游戏。要求儿童抄写在圆圈时间学到的部分单词，在他们的季节杂志里做插图。要求他们思考与季节有关的其他单词，比如：冰冻、寒冷、潮湿、下雪、火热、干燥以及阳光灿烂。

拓展理解

- 天气有多么潮湿？季节是引入比较性语言的最佳跳板。根据湿度或者温度来讨论季节。哪个季节是暖和的？哪个季节是温暖的？哪个季节最热？哪个季节有点潮湿？哪个季节比较潮湿？哪个季节最潮湿？
- 从天空的云朵里，你看到了什么？在每个季节，我们都看到云朵。去室外看看云彩。请儿童在云朵中寻找形状。他们讲故事了吗？当他们返回教室后，儿童可以在蓝色的纸上用白色的墨迹画出云的形态。他们可以看云讲故事。提问："在你眼里，那朵云看起来像什么？"
- 颜料雨：穿上围裙或者工作服，把复合纸贴在人行道上，儿童可以把大画笔上的水性彩蛋颜料洒落在上面，或者把复合纸贴在围墙上，来一场真正的大雨。

现在是几点钟？

对幼儿来说，时间不是一个容易理解的概念。现实中，他们经常混淆昨天和明天。但是，你可以向他们提供具体的经历，讲述时间的流逝，从白天到夜晚，以及逝去的一周中每一天。当你把他们的学习时间与他们的亲身经历联系起来，你就把时间的概念变得栩栩如生了。对时间推移的理解给儿童提供了一块基石，最终将帮助他们把握人生中的时间转折点。

学习技能

排序

时间关系

表达性词汇和理解性词汇

创新思维和表达

整理和归类

材料

图表纸或者白板

水彩笔

图画纸

蜡笔

深蓝彩蛋颜料

水

黑色彩蛋颜料

优质的液态杯碟清洗剂

画笔

纸夹

白色的纸餐盘

床单或者毯子

电筒

招贴板

线轴

适合放在线轴里的铅笔

白色胶水

12 英寸的方块纸

杂志
汤匙
工艺棒
安全剪刀
胶棒
复合纸
数字相机
铝薄
深蓝色或者黑色美术纸

提前准备

制作一个简易装置来讲解昨天、今天和明天。利用招贴板剪出两个大圆(直径大约为 11 英寸)。沿着一个圆的外边标注一周中的七天，沿着另一个圆的外边剪开三个窗户，窗口的大小要能显露表示星期几的单词，把它们排列好，让窗户刚好遮盖着单词。给窗户贴上标签:昨天曾是(was)，今天正是(is)，明天将是(will be)。把两个车轮样的圆放在一起，在中心用一根铜钉把它们固定在一块儿。

让我们获得启发

你的圆圈讨论是一个美妙的时光，儿童借此对时间的流逝开始逐渐理解。因为圆圈时间的活动通常包含日程表，你可以试着引入昨天、今天和明天的概念。

- 昨天、今天和明天可能是儿童最难掌握的时间概念，因为它们总是在改变。在星期二的当天，星期二是今天;但是，到了星期三，它就成了昨天。向儿童讲解你制作的时序车轮。谈一谈今天，“今天是星期几？是的，星期二！让我们望一眼车轮，看看明天会是星期几？对，明天是星期三！你能猜一猜昨天是星期几吗?”帮助儿童观察车轮的每一次旋转如何展示了时间的顺序。每天利用这个装置配合你的日程安排。
- 对儿童而言，白天和夜晚是区分时段的最佳方式。在这个话题的讨论中，重点讨论白天。在图表纸或者白板上书写单词“白天”，提问:“你如何知道现在是白天?你通过什么线索知道的?"儿童可能提到太阳,教室里时钟显示的时间,以及他们正处在圆圈时间的现实。记下他们想到的所有关于白天的线索。另一天,要求儿童列出他们在白天所做的所有事情。过一段时间,把这些想法添加到图表纸上。

- 谈一谈夜晚。研究过白天之后,把讨论转移到夜晚。提问相似的问题,引发儿童的思考。你可以一开始问一问昨晚他们做了什么。讨论,在天空变暗的傍晚,他们做了什么事情;然后,再谈一谈,月亮出来的夜晚,发生了什么。制作一张夜晚的图表。提问:"夜晚看上去像什么?它与白天有什么不同?天空发生了什么变化?""你在傍晚做了什么?你在夜晚做了什么?"持续几天从事这一概念的探讨,完整地记录儿童关于夜晚的想法。
- 这是圆圈时间——我们必须唱起来。下面是简单的歌词,搭配儿歌"雅各兄弟"的曲调。

> 每一周
> 每一周
> 有七天。
> 有七天。
> 星期天,星期一,星期二,
> 星期三,星期四,星期五,
> 星期六。
> 今天是星期几?

让我们出发吧

你可以把你的学习中心作为场地,深入地探索时间的顺序。在探索中,儿童将发挥科学、艺术和文学技能。

- 制作一台日晷。日晷几乎是第一代时钟,讲述着时间的流转。儿童可以利用线轴和铅笔制作他们自己的日晷。演示如何把少量胶水涂在一张硬纸卡的中心,把空的线轴固定在胶水上,往线轴的空心插入铅笔。你就有了一台日晷。

- 要求儿童把他们的日晷放在室内有光照的地方。提问:“从铅笔的投影,你看到了什么?”要求他们在硬质卡上画出投影的顶点。要求儿童在整个白天反复观看他们的日晷,每隔几小时查看一次,标注投影的顶点位置。提问:“什么发生了改变?”儿童也会兴高采烈地把他们的日晷带到室外游乐场。
- 制作白天/夜晚的图片。被称为弹性蜡笔的艺术技巧,用于体验白天和夜晚将非常完美。给儿童发放图画纸和蜡笔,去描绘他们在白天喜欢做的某件事情的场景。鼓励他们按压蜡笔时用点力,制作一副清晰的图画。谈一谈他们的图画。“白天发生了什么?”提问:“太阳落山后会发生什么?”发放用水稀释过的深蓝色彩蛋颜料(它必须是水溶性的)。鼓励儿童用画笔把颜料涂在他们的画面上。他们可能认为颜料会完全覆盖他们的画面,但是蜡笔与颜料相克,颜料仅仅将纸张变暗。瞧,这就是夜晚!
- 制作魔幻的夜晚图画。提出激发创新思维的问题,让脑筋动起来。“夜晚来自哪里?什么创造了夜晚?”要求儿童以创新的方式思考这些问题。没有正确的答案——只有一个想象的机会!利用版画艺术给讨论做插图。给儿童发放一块小的正方形的招贴板,用蜡笔的痕迹布满整块板。关照他们将蜡笔用力地在招贴板上画出实线或者轮廓。然后,要求他们用加了液态洗涤剂变得浓稠的黑色彩蛋颜料覆盖蜡笔画。当颜料依然有点潮湿的时候,让他们用汤匙或者工艺棒刮去颜料里面的图案,露出底部的颜色。神奇的一幕就会出现!
- 时钟不需要数字。他们可以利用图片来显示时间的流逝。给儿童发放白色纸盘,帮助他们在纸盘上画出一条水平线和竖直线,把盘子分为四个等分,分别代表一天中的四个时段:早晨、中午、傍晚和深夜。要求他们画出每个时段他们做活动的场景。“早上,你们做什么?深夜,你们做什么?请画出来!”

拓展理解

- 夜晚,在天空里,你会看到什么?对,星星!在教室里制作你自己的小小夜晚。要求儿童把铝箔裁剪成他们心中的星星的模样,并粘贴在黑色的美术纸上。挑选一张桌子充当帐篷的架子，教儿童如何用胶带把星星粘在桌面的下方。用一张毯子覆盖桌面，拿上手电筒，钻到里面享受夜晚的乐趣。

- 制作白天/夜晚壁画。看一看，人们在白天和夜晚所做的事情。谈一谈，医生、护士、消防员、卡车司机和其他人在白天或者夜晚所做的工作。指明你白天上班的时间就是你在学校讲课的时间。商店通常在白天开业，但是有些商店整晚营业。将一张大的壁画纸分成两半，分别用白天和夜晚做标题。给儿童提供杂志，裁剪代表一天中这两个时段的活动和场所。这是一个大的长期项目，预留空间便于儿童添加。
- 儿童可能喜欢用课堂上的照片区分星期几。利用数字相机为一周中的每一天拍照。请儿童帮你粘贴图片，并给图片加上标签，在圆圈时间的活动区，靠近昨天、今天和明天的时间车轮，举行一次“我们的一周图片展”。

种子成长为植物

种植是探索变化这一概念的最好方法。种子的培育尤其有意义，而且是儿童体验变化的一种快捷的方法，把科学、数学和艺术渗透到他们探索植物世界的各种实验中。

学习技能

观察
比较
预测
实验
图画作品
组合和分类
表达性语言

材料

种子目录和杂志

种植的种子，比如：蚕豆、向日葵、万寿菊、玉米等等
分段的树桩
绿色的布或者围巾
干燥的利马豆
不易破碎的放大镜
盆栽土
透明的塑料鞋盒或者养鱼缸
带有盖子的收纳盒
草种
水果和蔬菜，比如：蚕豆、胡萝卜、西红柿、橙子、梨子、西瓜和苹果
计数器的色带或者纱线

提前准备

- 为观察准备一块土壤。在室外，切割一块6英寸的立方体土块。如果有可能，寻找一些看似处于休眠，实际潜伏着小昆虫、蠕虫、根茎或者种子的土壤。如果你不方便切割土壤，考虑请求一名团队成员与你分享一些营养土或者花园土。
- 把干燥的利马豆浸泡在水中过一夜，它们就可以供你调查种子里面是什么了。
- 向一位邻居、一位当地的锯木工、一位园艺师，或者一位树艺家索要几段切割成圆柱状的树桩。

让我们获得启发

通过开创性的运动、歌曲和讨论，在你的圆圈时间探索种子和它的成长。

- 唱一首种子的歌曲。利用“老麦克唐纳”的曲调和这些风趣的歌词，你一边唱，儿童一边表演。

> 我要给花园种下一片绿色，
> 我要看着它成长。

我要在这片土地上挖一些小洞,(模仿挖的动作)
排成漂亮的笔直的一排。
在这里挖呀挖,
在那里挖呀挖,
这里挖一挖,那里挖一挖,
到处挖一挖。
我要给花园种下一片绿色,
我要看着它成长。

我要给花园种下一片绿色,
我要看着它成长。
在洞里种下一粒种子,(模仿播种的动作)
我要种下每一粒种子。
这里种一种,
那里种一种,
这里种一粒,那里种一粒,
到处种一种。
我要给花园种下一片绿色,
我要看着它成长。

我要给花园种下一片绿色,
我要看着它成长。
我要一棵一棵地浇水,(模仿浇水的动作)
它们将冒出一排排的绿芽。
这里喷喷水,
那里喷喷水,
这里喷一喷,那里喷一喷,
到处喷喷水。
我要给花园种下一片绿色,
我要看着它成长。

- 谈一谈种子和它的生长。请儿童分享他们在种植中获得的经验，也许在家里，或者在学校。提问："当种子发育时会发生什么？它怎样改变？"告诉他们，你将组织很多有趣的活动来探索这个过程。
- 扮演一棵植物！儿童可以借助绿色的布或者围巾来帮助他们扮演一粒种子或一棵植物。让他们卷曲在地上，用布罩着。然后，向他们讲述成长过程。"开始像土壤里一粒浑身温暖的种子，安全地蜷缩在土地里。太阳的温暖促使你想要长大。你最初像一个微小的绿芽，偷偷地从土壤里探头张望，慢慢地成长为一棵植物，开出了花朵。欢迎来到这个世界，小植物！"

让我们出发吧

你可以把教室变成种子或者植物的探索之地，利用这些有趣的活动，帮助儿童观察变化和成长。

- 编写成长日志。给儿童发放折叠式的纸册子，他们可以用它记录探索中的新发现。他们也许想画出或者写下他们所看到的。他们也可能把种子或者小的植物粘在日志本上作为他们的工作成果。
- 种子来自哪里？开辟一个场所让儿童做实验寻找水果和蔬菜里面的种子。提供水果和蔬菜。为每个孩子切开几片，鼓励他们看一看究竟什么在里面。提问："你发现许多种子了吗？你怎么知道它们是种子？"要求儿童比较不同的种子。"它们都一样吗？它们有何不同？把它画在你的日记本上！"
- 看一看种子里面。问儿童："你认为种子里面是什么？让我们打开一粒种子看一看。"儿童将非常兴奋，想要观看里面的植物宝宝。要展示这一切，利马豆是最佳选择。把利马豆浸泡在水里过一夜，帮助儿童小心地掰开利马豆，分为两半，这样他们就可以看到里面。利用放大镜去观察微小的绿芽。种植一些完整的蚕豆，观察从里面的小绿芽发育成外部一棵植物的过程。儿童可以把蚕豆放置在湿纸巾的夹层里，观察它们发芽，然后再把它们植入土壤里生长。
- 用花卉做图案。园丁们喜欢把花卉种成漂亮的排列，根据目录或者杂志上的花卉图案来做排列或者数学模型。挑选一些不同的花卉，尝试各种图案，比如：ABAB，AABB，ABCABC 等等。

- 土地里有什么？这是一个充满好奇的长期项目，为了研究成长和变化。上课之前，准备一块 6 英寸的立方体土壤，用于观察。从土地里切割立方土块，并放入塑料鞋盒或者养鱼缸里。检验土壤，并描述它的外观，有没有虫子或者蠕虫在这份取样中？植物的根外观如何？有没有小石头在取样里？（植物将生长，昆虫将开始蠕动！）
- 种一块草坪。在一个透明的塑料收纳盒里填装半盒潮湿的泥土，播撒草种，然后在表面撒上少量的泥土，重新盖上盒子。把盒子放在光亮而且温暖的地方。每天打开观察。鼓励儿童把他们观察到的变化书写在日记里。
- 大多数植物有根、茎和叶子。儿童可以用植物的各个部位来做植物的印迹。把潮湿的海绵或者涂抹着颜料的衣服作为印台，这样可以保证植物制作印迹前不至于一团糟。向儿童演示如何在海绵上轻轻地按压植物，然后利用浸有颜料的植物做印迹。鼓励他们利用不同的部位制作他们自己的植物图案。
- 一些植物需要保护在温房里才能生长。鼓励儿童在积木区搭建供植物生长的温房和其他建筑物。提供一些仿真的花朵和植物，便于儿童用它们。在积木上铺塑料膜作为顶棚与墙壁。儿童可能喜欢用浇水壶和铲子装扮自己。

拓展理解

- 养护一棵野草！要求儿童在室外挑选一棵小的野草（一棵蒲公英就很好），请他们跟踪它的生长。每隔几天，儿童可以用加法器的色带或者纱线条测量它。色带被装饰或者粘贴在招贴板的条纹上，从左到右排列。野草生长得多快？如果你没有野草，你可以尝试培育一颗生长迅速的块茎植物，比如水养的水仙花。观察它的生长并作测量。
- 当一株植物没有了光照会发生什么？给生长在塑料盒里的草罩上盖子或者碗，隔离光线。提问儿童："你认为会发生什么？"每隔几天打开一次，观察发生了什么。提问："在草坪上，你们曾经看到过类似的事情发生吗？"

- 一棵树的年龄有多大？带来一些横切的树段。每一圈代表树的一个年轮！看一看某些圆圈比其他的宽多少。这意味着当年雨水充足。从树干的圆圈中我们还能看到什么？我们能数出它们的数目吗？

烹饪与改变食物

从培育种子和植物，自然过渡到烹饪与美食的探索。烹饪与准备食物的过程创造了很多变化——很多美味！重点观察我们对食物的改变。食物与营养是儿童成长岁月里的重大问题。

学习技能

观察
比较
预测
实验
表达性语言
创新性表达

材料

生胡萝卜和熟胡萝卜，药芹和西兰花
不同大小和颜色的土豆
鸡蛋
胶水
水粉颜料
图表纸或者白板
水彩笔
图画纸
苹果和苹果产品，比如：苹果汁、苹果干
生玉米和未煮熟的玉米花
苹果挖核器

干净的食品级麻绳
回收材料与容器

让我们获得启发

在他们探索改变食物的多种方法的进程中,儿童的观察力和解决问题的能力都有所改善。

- 唱一首蔬菜歌。这些歌词与“你认识卖松饼的人吗?”的曲调配合得非常完美。

  你们吃蔬菜、吃蔬菜、吃蔬菜吗?
  每一天每一日,你们都吃蔬菜吗?
  是的,我们吃蔬菜,吃蔬菜,吃蔬菜。
  是的,每一天每一日,我们都吃蔬菜。

- 询问孩子他们喜欢吃什么蔬菜,并添加到歌曲中。为每个孩子唱一段。

  玛尼吃她的西兰花,西兰花,西兰花
  每一天每一日,玛尼都吃她的西兰花

- 请儿童讲述他们喜欢吃的蔬菜,以及喜欢的程度。根据儿童的姓名和喜爱的蔬菜制作图表。
- 你吃种子吗?研究了种子之后,儿童可能意识不到,除了培育种子,他们也可以吃种子。儿童吃的最普遍的种子可能就是爆玉米花。把没有煮熟的玉米带过来,让儿童查看,把它与生的玉米作比较。它们看起来有何异同?在图表纸上记录儿童的观察。询问他们曾经是否和家人一起做过爆玉米花。提问:“做爆玉米花你们需要哪些东西?是什么改变了它?”
- “我是一只小茶壶”这首歌可以改编成为讲述爆玉米花的过程。让儿童表演变化过程会很好玩,因为他们让每一句歌词变得更形象了。

我是罐中的一粒小玉米花。
给我加热，看我爆开花。
当我变得又白又胖，我就成功了。
爆玉米充满了快乐，嘣！

- 一只土豆，两只土豆！收集一些土豆让儿童查看。提问："关于这些土豆，你发现了哪些相同点和不同点？你可以按照由小到大的顺序把土豆排成一行吗——从最小到最大？"然后，玩游戏——一只土豆，两只土豆，再多一点是几只？

让我们出发吧

我们从蔬菜开始，也要看一看神奇的鸡蛋，以此展露我们通过烹煮和调配来改变食物的方法。

- 生的还是熟的？儿童通常不去考虑他们的食物是生的还是熟的。在此探索中，儿童将注意生蔬菜和熟蔬菜在视觉上和味觉上的区别。为一顿用来比较和对照的快餐，提供两种蔬菜，既有熟的，也有生的。可以品尝胡萝卜，药芹或者西兰花。谈一谈他们更喜欢哪一种口味，不同的蔬菜是不同的口味吗？
- 带来一些不同颜色和大小的生鲜苹果，让儿童作比较。然后共同品尝一些苹果制成的食品，比如：苹果酱、苹果汁，以及苹果干。提问："这些苹果食品哪里是相同的，哪里又不同？你认为是什么让苹果发生了变化？"通过制作苹果干，讲解改变苹果的一种方法。利用苹果去核器小心地去除苹果核，把苹果切成厚厚的圆圈，发给儿童。将干净的食品级麻绳穿过圆圈中心，就做成了苹果晾衣绳。把绳子悬挂在干净通风的地方晾干。定期察看苹果的变化。
- 你有多少种改变鸡蛋的方法？有无数种可能。请儿童思考一只煮熟的鸡蛋是怎样从易碎变得不易碎的？把鸡蛋煮熟，吃点心的时候一起分享。另一天，如果你有进入厨房的机会，可以练习搅拌鸡蛋。我们利用什么工具搅拌鸡蛋？谈一谈鸡蛋是怎样从生的形态变成熟的形态的？
- 制作一幅蛋壳拼贴画。蛋壳是熟鸡蛋的副产品。有了这些鸡蛋，你一定会有很多蛋壳碎片。请儿童把蛋壳压成小碎片，并把它们粘贴在硬纸板上。把水粉颜料涂在蛋壳上制作一副镶嵌图画。

- 也不要忘记做土豆泥。儿童观察完各种土豆以后，你可以把它们煮熟，再带来简易的捣碎器或者压碎器，让儿童一边捣碎土豆、一边玩乐。谈一谈煮熟的土豆与生土豆有何不同。

拓展理解

- 去室外扔一只鸡蛋。不，这不是汤，这是一个伟大的科学游戏。请儿童思考缓冲和保护方法，防止一只被扔下的生鸡蛋破碎。提供各种回收材料和容器让他们做实验。到室外，尝试从几英尺高的地方丢落一只鸡蛋。你能够扔下一只鸡蛋却没有打碎它吗？
- 玩一场鸡蛋游戏。你有多少种搬运鸡蛋的方法？这取决于你的勇气，无论在室内还是在室外。你可以要求儿童练习搬运生鸡蛋或者熟鸡蛋，从一个地方搬运到另一个地方，却没有打碎它。让儿童尝试用他们的手、篮子、调羹、玩具卡车或者他们想到的其他工具。
- 邀请一位厨师来做客。有一个很大的可能性，就是有一位孩子的家长喜欢烹饪。如果你有机会进入厨房，邀请一名厨师来做客，并与儿童分享简单的烹饪节目。
- 让一些种子爆开花。请儿童比较爆玉米花开爆前后的变化，它是如何改变的？点心时间品尝爆玉米花。

动物也会成长变化！

动物宝宝是幼儿的宠物。可能因为他们都很小。无论原因是什么，去观察成长与变化，动物是最佳观察对象，它也是全世界关爱的一个话题。

学习技能

观察

比较

作图表和记录

表达性语言
解决问题

材料

图表纸和白板
水彩笔
填充的动物娃娃
枕套或者购物布袋
参观动物园(提前参观)
动物宝宝和成年动物的照片
动物成长的系列照片或者图画
招贴板
硬纸卡
剪刀
动物谜语
3"×5"纸卡
胶棒
毛毛虫-蝴蝶套件或者虾籽-虾套件(可选的)
数字相机(可选的)
塑料动物
彩蛋颜料
海绵
水

提前准备

- 你也许没有课堂宠物,但是你可以借用一只。联系家长,看看他们是否愿意提供一只小动物来课堂做客。饲养在笼子里的动物,比如天竺鼠、老鼠、沙鼠和蜥蜴,可以待一周或者更久。这将给儿童长久观察的机会。试着联系当地的收容所,看看它们是否有一只动物出租或者他们是否愿意带几只动物来做客。

- 打印或者裁剪动物照片，编一些生命周期序列的谜语。寻找代表动物不同生长阶段的图片，比如青蛙、马、鸡、猫或者狗。

让我们获得启发

当你利用歌曲、运动或者游戏探索动物、成长和变化时，你的圆圈时间一定是生动活泼的。儿童喜爱谈动物！

- 唱一首成长的歌。引入动物成长和变化的话题。你可以选用“燕麦、豌豆、黄豆和大麦在生长”的曲调以及以下这些有趣的动物歌词：

  小狗、小鱼、小鸟和小鸡都在成长。
  马驹、青蛙、小鹿和熊猫都在成长。
  你知道，你知道，你知道吗？
  小动物们都在成长，在成长！

- 儿童学会这首歌以后，请他们说说其他动物，添加到歌词中。在图表纸或者白板上列出他们提到的动物。
- 谈一谈动物宝宝。这是一个滔滔不绝的话题！请儿童分享他们与动物宝宝的故事。也许它是一只宠物或者是他们在动物园里看到的一只动物。接下来的几天里，圆圈时间为这些故事开放，让每个孩子都有一次机会讲述他的故事。
- 把儿童的姓名以及他们讲述的动物宝宝列成一张清单。尽可能多地收集动物宝宝的词汇。猫宝宝叫什么名字？小牛犊叫什么名字？
- 拓展对话。提问儿童，他们发现动物宝宝与成年动物之间有什么区别。从清单里挑选一些熟悉的动物提问：“有谁曾经看过一头小牛犊？一只幼鸟？它们现在与长大后有什么区别？”
- 玩猜谜游戏。在这个游戏中，儿童唯一可以利用的就是他们的触觉和关于描述性单词的知识。把一只填充的动物宝宝放入枕套或者购物袋里，在圆圈里传递袋子，请儿童用一个单词描述他们触摸的感觉。它可能是柔软的或者光滑的。在图表上记录这个单词。提醒儿童，不要去猜测袋子里有什么，仅仅去描述触摸的感觉。当每个孩子都有了一次触摸和建议一个单词的机会后，回顾单词列表，提问："你认为它是什么？它是软软的潮湿的，有尖尖的鼻子和脚蹼，让你想起了哪一种动物宝宝？是的，它是一只丑小鸭。"

让我们出发吧

即使你不能把动物带进教室，你仍然可以利用这些实践活动探索成长和变化。

- 采购一套动物生命周期的投影片。这是一项值得花费的活动。例如，你可以购买几套，用来观察毛毛虫蜕变为蝴蝶；或者观察咸水虾籽，它孵化得非常快。看到现实生活中的成长和变化呈现在眼前，那份激动是无可比拟的。鼓励儿童记录他们看到的场景，同时也拍摄照片。
- 借用一只课堂宠物。借一只小的宠物来教室做客一周，要求儿童照看它。在这一周，请儿童观察宠物，并把他们的观察画在田野手册上。"你发现宠物需要什么?""它喜欢什么?""它做什么?""这一周它变化了吗?"
- 画动物的脚印。你可以利用教室里的玩具动物（不是填塞的那种）来做动物脚印的图画。把彩蛋颜料放在潮湿的海棉上充当印台，请儿童轻轻地把动物的脚压进海绵里，然后再压在纸上。提问："你认为动物将去哪里？讲一讲关于它的故事!"记录他们的故事，并给故事贴上动物的脚印。
- 展示代表不同生长时期的动物照片，比如青蛙、马、鸡、猫或者狗。提供招贴板或者硬纸卡，让儿童自己制作成长拼图：刚出生，几周大，幼年和成年。请他们分享他们的拼图并邀请朋友一起参与制作。
- 制作动物宝宝和成年动物的卡片。儿童可以利用动物以及动物宝宝的图片制作一套卡片，玩集合或者钓鱼游戏。提供检索卡，让儿童粘贴图像，为每一类型的动物制作一套卡片，然后做游戏!

拓展理解

- 从儿童充当一只小鸡蛋或者动物宝宝开始，指导他们完成动作的表演。然后，一边讲述它们如何成长，一边让儿童表演这些动作：学习如何行走、游泳、滑行，最后完全长大。

- 我是谁？玩扮演动物的游戏，作为动物动作表演的自然拓展。儿童假扮成一只动物宝宝，慢慢地成长，其他人能够猜出是什么动物吗？

我能制造变化

既然儿童已经探索了身边世界里的变化，回过头来，让我们关注他们自身制造变化的能力。随着视野的拓展，儿童可能会思考他们想要对世界做一些大大小小的改变。

学习技能

创造性思考和头脑风暴
解决问题
观察
实验
表达性写作
记录信息
构建词汇

材料

图表纸或者白板
复合纸
图画纸
水彩笔和蜡笔
房屋或者家庭杂志
安全剪刀
胶棒
大水罐
水
冰块

织物和墙纸废料

糖

糖果温度计

茶杯和碗

小玩具

布片

世界上有关水的议题的图片，比如，干旱、海洋变暖、水污染、洪水等等

提前准备

收集描述水灾的照片，比如干旱、海洋变暖、水污染以及洪水。陈列在招贴板上供大家讨论。

让我们获得启发

当儿童开始看到他们实际影响变化的能力时，你圆圈时间的讨论才会越来越深入。

- 玩“什么变了？”的游戏。这是一个非常好的热身游戏，用来锻炼儿童的观察能力。在你面前的地板上或者托盘里，放一些小玩具。请儿童观看每一件物品并说出它们的名称。然后用一块布遮盖起来，悄悄地拿走一件，揭开布，提问：“有变化吗？你能猜出有什么不同吗？”这样重复几次，有时拿走某样东西，有时添加某样东西。你也可以重新排列物品来增加难度。
- 时不时地改变一下教室里不起眼的地方，这也很好。研究表明这些变化将在大脑里建立突触连接！组织儿童开展头脑风暴，他们想要如何改变教室里的某一区域，比如积木区或者戏剧表演区。“如何把中心布置更好？你想在中心添加什么？什么东西已经用完了，可以拿走？”在图表纸上记录儿童的想法，以供后续参考。
- 改变身边世界。帮助儿童挑选一个团队合作的项目。把他们的想法记录在图表纸上，然后投票选出一个执行项目。他们可能想参加为周边制作“严禁乱扔”标语的项目，或者他们可能决定为慈善筹款。提问：“我们怎样提供帮助才能把身边的世界变得更好？”

- 我们所有人都需要水。在世界的某些地方，水资源缺乏，或者遭到了污染。请儿童分享他们知道的全世界发生的水灾。有时，仅仅一张照片就会引发一场讨论；例如，展示一张河床干枯的照片。如果有可能，展示一些世界上水灾的图像。让儿童着重讨论从图像里看到了什么。网站，比如网址 http://www.kidsgoglobal.net 提供了谈论水的观点以及与儿童关于水的对话。
- 成为调解员。讲述单词"调解员"。提问："你认为调解员做哪些工作？"收集儿童的观点，记录在图表纸上。谈一谈调解员的身份和事务。这是最佳时机，用于丰富他们描述期待的社会变化的词汇。"如果你对他人友善，将会发生什么？世界将有何不同？还有哪些词汇，可以用来描述我如何为他人做好事？"
- 唱一首歌。在欢乐的歌声和表演中，儿童会很高兴地把自己想象为调解员。你可以按照"我是一只小茶壶"的曲调歌唱。

> 我是一名调解员。（指着自己）
> 看看我的笑脸。（微笑）
> 我要和你做朋友，一起玩一会儿。
> 我愿意帮助你，成为你的朋友。（与邻近的人握手）
> 我们一起出去做游戏。

让我们出发吧

这些活动涉及各种主题和背景，它们对身边大大小小的变化都有关注。

- 玩"什么被改变了？"的游戏。搬出你们在圆圈时间做游戏使用的所有物品，但是，这一次让一个孩子充当制造变化的人，一小组孩子充当观察者。儿童情感上喜欢主宰变化。
- 改变教室！提醒儿童你曾说过要改变教室的某个部分。挑选一个中心，去改变它。把儿童一系列的想法带到中心来，请儿童建议如何挪动东西，让中心变得更好——最好是团队合作。
- 重建理想卧室！如果儿童在家里可以改变他们的房间，将会怎样？他们的房间会是什么模样？提供图画纸和艺术材料，让他们规划他们理想的房间。把儿童关于变化以及他们为什么要做变化的口述记录下来。

- 我作为调解员对世界的愿望。经过圆圈时间的讨论，儿童可能想制作一张布告牌，主题是“他们对世界的愿望”。给儿童一张纸，分为三个部分。如果你对世界有三个愿望，它们分别是什么？在纸的三个部位，儿童可以画出和口述他们的心愿。
- 讨论过世界上的水灾之后，我们需要体验水发生变化的多种方式。其中之一就是水的吸收。在非常干燥的地方，水很快就挥发了。在土壤坚硬的地方，水会流淌。给儿童提供一些布料、胶片、墙纸去体验水的吸收。儿童可以往每种材质上倒水或者刷水，看一看会发生什么。哪一种材料吸收水？哪一种不能吸收？

拓展理解

- 用糖和水做糖果！作为一个特殊的表演，我们一起做糖果。这是一个很好的方法，可以看到水如何从液体变成固体，不需要冰冻。溶液太烫，不能让孩子操作。在一杯水里溶解两杯半的糖，放在热的盘子里加热(不要搅拌)，直到糖果温度计显示 250 度。把溶液倒入派热克斯(Pyrex)玻璃容器或者其他耐热容器里，在溶液中垂吊一根干净的底部有重量的线。溶液冷却之后，晶体就会出现。完成这个过程需要几天或者一周时间，但是让儿童观察这种长久的变化非常重要。
- 水既可以是液体，也可以是固体。要求儿童探索冰块和液体水的区别。在碗里放一些冰块。当你加入水时，会发生什么？如果你加入温水或者热水，会发生什么？这就是北冰洋里正在发生的事情。

成　长

成长是考察我们自身和周围变化的一种有力方式。为了看到成长的进程，儿童可以为文字、数学和科学排列发展次序。让我们把自己当作成长和变化的关注点，此外，以发展的眼光看待未来，理解达到那里的过程。

学习技能

观察

比较

头脑风暴

创新表达

讲故事

从左到右的进程

顺序排列

排列次序

材料

图画纸

家庭杂志

安全剪刀

胶棒

5～6 根弹性的细绳,每根剪成 2 英尺长

从婴儿期到现在的照片(提前准备)

艺术材料,比如拼贴画材料、水彩笔和蜡笔

晾衣绳

晾衣夹

招贴画板

图表纸或者白板

健身器材,比如平衡木、跳绳、大的起跳板

如何使用健身器材的图片

提前准备

- 请家长送来儿童以前的照片,从出生到现在。告诉家长,儿童将按照时间先后顺序粘贴照片,展示成长过程。因为这个目的,他们可能愿意复制照片并送过来。带一些你自己的照片过来,向儿童展示。
- 请家长送来一件儿童不再合身的衣服。如果你愿意,可以告诉他们这

些衣服将被捐给贫困儿童。

- 提前制作折叠手册，用胶带把图画纸连接起来，折叠成扇子的形状。
- 把弹性的细绳剪成 2 英尺长，两端系或者缝在一起，连成一个圆环。
- 在游乐场或者大的室内场所开辟循环训练区。提供健身器材，张贴照片，展示如何完成循环训练中的每一项。

让我们获得启发

你的圆圈时间将贯穿着各种关注成长和变化的讨论以及活动。从歌曲到健身运动，赞美人体成长与变化的神奇性。

- 唱一首婴儿歌。我们所有人都从婴儿启程——包括老师。与儿童分享一些你的童年故事。如果有可能，展示你的照片。添加一首歌曲，讲述从婴儿到现在的成长。利用"唱一首六便士的歌"的曲调和以下歌词：

> 唱一首小宝贝的歌，
> 他们开始长大，东张西望，
> 婴儿在成长，他开始爬行和行走。
> 忽然之间，婴儿成了会说话的学步儿童。

- 这首歌提到了一些婴儿的成长和变化。他们是小不点儿，然后开始东张西望，最终他们会爬行、会走路、会说话。当你用歌声展示技能进步的时候，要求儿童扮演成小宝宝，跟着做动作。请儿童对婴儿其他方面的成长和变化提出建议。试着去表演。
- 有很多事情，他们现在可以去做，而在婴儿时期是无法完成的。但是，依然存在很多他们无能为力的事情。请儿童思考这个问题。提问："你能开车吗？""你能吃梨吗？""你能切开牛排吗？""你会打字吗？"在图表纸上记录儿童的想法。
- 儿童已经在思考他们长大后想要做的事情。请他们分享他们的想法，并记录在图表纸上。他们可能谈到职业，但是他们也可能谈到他们想要获得的技能，比如阅读。
- 有时计划会发生改变。分享一个故事，关于你正在计划的某件小事情，但是后来你的计划被迫改变。也许是一趟行程，去食品杂货店或者去拜访一个朋友。要求儿童也分享一个故事："什么事情的发生改变了你的计划？感觉如何？接下来，发生了什么？"

让我们出发吧

在探索自身的成长与变化的过程中，儿童将利用识字、数学和科学技能。

- 我的成长小插曲。召集几个儿童来到识字区，这里有他们从家里带来的照片，要求他们把照片按顺序排成一排，小时候的照片在左边，最近的照片在右边。给每个孩子发一份折叠手册，依照从小到大的次序装填他们的照片。这可以是一本没有文字的手册，仅仅用图片讲述故事。或者他们也可以书写或者口述他们想要讲述的故事。
- 它不合身！每个人都有这样的经历，他们试图穿上旧的夏装，却发现它们已经不合身。请家长送来一件不再适合他们孩子的衣服。拉起晾衣绳，请儿童按照从小到大的顺序把衣服晾起来，向他们提问："发生了什么？什么改变了？"谈一谈，他们怎么长大的，再也不能穿上这些衣服了。鼓励儿童把衣服打包入箱，捐赠给那些需要的小朋友。
- 在儿童捐赠衣服之前，他们可能还想穿上它们，试图装扮一下。把衣服堆放在戏剧表演区让他们尝试。儿童喜欢重新装扮成婴儿，或者至少小一点的孩子。提问："它合身吗？我们可以为我们的洋娃娃选用一件衣服吗？"在你捐赠物品之前，让儿童研究衣服尺寸。
- 拼贴一张成长次序的地板拼图。制作一张巨大的地板拼图描绘成长和改变。要求儿童从杂志和目录上裁剪图片，制作人类从婴儿到老年的成长岁月图。他们可以在招贴板上按照从左到右的顺序粘贴照片。把完成的作品裁剪成大的碎片，做成巨大的地板拼图。儿童一定爱玩这个拼图，而且不厌其烦。
- 什么长得快？头发和脚！如果在每年的年初，你给孩子做测量，回顾从前，就会发现他们发生的改变。有些孩子在幼年成长得很快，但是有些孩子并不如此。大多数儿童穿不上他们的旧鞋。要求儿童测量他们的脚，并且与一系列鞋子的尺寸做比较。头发也长得很快。给每个孩子的头发拍照，测量长度。把这些信息张贴在图表纸上，几周后重复一次，提问："你的头发长了吗？它改变了吗？发生了什么？"

拓展理解

- 拉伸对成长很重要。给儿童发放简易的松紧带，它是由弹性的细绳扎成的一个圈。这些就做成了非常好的拉伸绷带。要求儿童练习拉伸手臂、腿和后背。你有多少种不同的拉伸方法？
- 我多大了？这是一个非常有趣的哑剧游戏。儿童可以选择生命中的一个阶段或者一个家庭成员作为模仿对象。他们可以假扮婴儿、母亲、父亲、十几岁的少年或者祖父母，像他们想象中那个年纪的人一样走动。其他儿童轮流猜测这个人的年龄。
- 在游乐场或者大的室内场所创设一个循环训练区。锻炼是代表成长与变化的最佳方式。在游乐场周边的等候区放置一些简易的运动器材。可以尝试平衡木、跳绳、起跳板。在每个等候区张贴一张日常锻炼的照片。建议儿童采用不同的方式从一个等候区达到另一个等候区，比如滑行、蹦跳或者旋转，也邀请家长过来，一起参与。

那时与现在

在幼儿的眼里，过去也许就意味着上周。但是，他们已经能够理解，人们做事的方式会随着时间改变，尤其当你提出具体事例让他们去思考的时候。探讨"那时与现在"的概念，不仅仅局限于他们现在的生活而且要包括他们长大后的岁月。

学习技能

排列次序

时间关系

观察

比较

创新表达

讲故事

材料

图表纸或者白板
水彩笔
图画纸
蜡笔
胶棒
柔软的制模陶土或者橡皮泥
小物件,比如塑料昆虫、动物或者小贝壳
录像机或者智能手机
盛放热饮带盖子的纸杯
大的单色即时贴
安全剪刀
工艺羽毛
黑色彩蛋颜料
碳棒(可选的)
干玉米棒
废布料
纱线
纽扣
白色胶水
旧式工具或者玩具的代表物
沙桶
大的塑料容器
水

提前准备

收集旧式工具和玩具,讲述事物是如何随着时间变迁的。例如可以是蜡烛棒、灯笼、洗衣板、羽毛笔和旧的玩具。

让我们获得启发

关于这个话题，有很多在圆圈时间展开的精彩对话。这里是一些让你开头的话题。

- 向儿童展示你收集的旧式工具和玩具。问他们是否知道每件是什么物品，它用来做什么。让他们说出想法。提问："这个看上去像你现在拥有的某样东西吗？"制作一个新旧对比图表，列出物品的使用方法，或者我们现在使用的替代物品。
- 发现人们曾经使用蜡烛和灯笼来照明，儿童会感到非常惊奇。那时，没有电力，没有电池，没有电灯。带来小灯笼和蜡烛棒，做演示。关掉灯，拉上窗帘。小心地点亮灯笼。现在有多亮？儿童可以看得清楚吗？这个光源与教室里的灯有何不同？
- 人们习惯用手边的材料，比如玉米棒和包皮、布料以及纽扣来制作简易的洋娃娃。制作一个洋娃娃，来证明这一点，并向儿童展示。提问："你认为他们为什么用这些材料来做洋娃娃？与你的洋娃娃有何不同？"
- 未来是什么样子？有些孩子可能喜欢分享他们想法，未来的工具、洋娃娃和玩具会是什么模样。提问："再过几年，他们会是什么样子？他们能做什么？"在图表纸上记录儿童的头脑风暴，让他们在活动时间做插图。
- 请儿童回忆上学的第一天。提问："那时你是怎么想的？"展示年初的照片，鼓励儿童去观察他们的成长和变化。提问："现在你对学校有何感想？"
- 跟儿童谈谈消费、节约和捐赠的概念。这是一种方法，要求儿童不仅想到为将来节约用钱，还要想到把钱捐给他人。带来一些零钱，教儿童如何把它分成三等份，讲述这个概念。消费一份，节约一份，捐赠一份。

让我们出发吧

你可以一边展望未来，一边体验老的做法，回忆你自己在学校的旧时光。

- 很久以前人们用浸有墨水的羽毛或者碳棒写字，儿童对这一事实非常感兴趣。提供图画纸、羽毛、黑色彩蛋颜料和/或者碳棒，让儿童用它们和这些工具来体验绘画与书写。

- 制作一个老式的洋娃娃。提供玉米棒、纱线、废布料和纽扣,让儿童制作他们自己的洋娃娃。
- 制作化石。儿童喜欢用物品挤压黏土或者橡皮泥板坯,制作像化石一样的压痕。通过化石,我们可以了解很久以前的生活和发生的事件。化石是先于照相机记录生活的一种方式。它们提供了消失的动物图片。问问儿童,他们是否知道一些当今已经灭绝的动物(比如恐龙)。尝试利用真实的贝壳或者塑料的昆虫与动物来制作类似于在自然界发现的化石。
- 把照片从圆圈时间的活动区带到识字区。请儿童按照第一天上学到现在的顺序排列照片。拿出更多照片做比较,并把这些照片集中在一起,从头到尾,做成庆贺相册。当你合成影集的时候,添加儿童相关事件的故事。
- 制作一本手册,名为“学前生活中的一天”。提问:“早晨做的第一件事情是什么?接下来做什么?”要求儿童记录他们一整天所做的事情。要求他们画图或者拍照来做插图手册。作为这一年的记忆,一起保存。
- 幼儿通常对得到的钱不作思考,只是当作礼物,或者当作任意一种补贴,只是可以花费而已。跟儿童谈一谈什么是消费、什么是节约和什么是捐赠。这是处理钱的一种途径,在这里儿童将钱分装在三个容器里。一些他们将用来花费,一些他们会节约,剩下的一些他们将捐赠给需要的人。儿童可以使用有盖的杯子作为三个“银行”的收纳盒。要求或者帮助他们在即时贴上书写单词:消费、节约和捐赠,并贴在杯身上。在你的协助下,他们可以在杯子顶部剪一个大的开口,把他们的钱滑进去。给家长写一份简短的便条,解释这些杯子的用途,并鼓励家长谈论节约、消费和捐赠。

拓展理解

- 发现人们曾经排成长龙传水灭火,习惯了消防车和消防龙头的儿童一定会非常震惊。在室外尝试一下。收集几个沙桶和容器去装水。请儿童排队,从水管处一直排到他们将要装水的大容器边。他们把满满的水桶传递到容器边，空的水桶传回去再装满水。提问："这样做容易吗？它花了多长时间？如果有一场大火，怎么办？"

- 给下一届的学前儿童发一封信。要求本届儿童回顾这一年。他们可能喜欢为即将到来的班级做一份录像，向新来的孩子讲述他们认为在学前做得最好的事情。向家长播放，他们也一定会喜欢。
- 很多人对这一年的课堂教育给予了帮助，从汽车司机到自助餐厅的工人，还有父母。谈一谈所有给予帮助的人们，鼓励儿童向他们写感谢信。鼓励他们对一起度过的一年美好时光表达感激之情。

参考和推荐书目

- Association for Childhood Education International. 2011. *Global Guidelines Assessment*: *An Early Childhood Care and Education Program Assessment*, 3rd edition. https://acei. org/news/acei-global-guidelines-assessment
- Association for Childhood Education International. 2011. " Global Guidelines for Early Childhood Education and Care in the 21st Century. " http://acei. org/global-guidelines
- Center on the Developing Child. 2011. "Three Core Concepts in Early Development. " Harvard University. http://developingchild. harvard. edu/resources/three-core-concepts- in-early-development/
- Dweck, Carol. 2006. *Mindset*: *The New Psychology of Success*. New York: Random House.
- Elkind, David. 2008. " Can We Play?" *Greater Good*: *The Science of a Meaningful Life*: http://greater-good. berkeley. edu/article/item/can_we_play
- Elkind, David. 2007. The Power of Play: *Learning What Comes Naturally*: Philadephia, PA:DaCapo. Galinsky, Ellen. 2010. *Mind in the Making*: *The Seven Essential Life Skills Every Child Needs*. New York: HarperCollins.
- North Carolina Early Childhood Foundation. 2015. "Why the First 2000 Days. " First 2000 Days http://first2000days. org/first-2000-days #VZwduEX8x90
- Pink, Daniel. 2005. *A Whole New Mind*: *Why Right-Brainers Will Rule the Future*. New York: Berkeley Publishing Group

驱逐：全球经济中的野蛮性与复杂性

Expulsions: Brutality and Complexity in the Global Economy

[美] 萨斯基娅·萨森 著

何淼 译

江苏凤凰教育出版社
Phoenix Education Publishing, Ltd

图书在版编目(CIP)数据

驱逐:全球经济中的野蛮性与复杂性/(美)萨森著;何淼译.—南京:江苏凤凰教育出版社,2016.3

(世界城市精品译丛)

ISBN 978-7-5499-5663-0

Ⅰ.①驱… Ⅱ.①萨… Ⅲ.①世界经济—研究 Ⅳ.①F11

中国版本图书馆 CIP 数据核字(2016)第 066091 号

书　　名	**驱逐:全球经济中的野蛮性与复杂性**
著　　者	[美] 萨斯基娅·萨森
译　　者	何　淼
责任编辑	任　晖
出版发行	凤凰出版传媒股份有限公司 江苏凤凰教育出版社(南京市湖南路 1 号 A 楼　邮编 210009)
苏教网址	http://www.1088.com.cn
照　　排	南京紫藤制版印务中心
印　　刷	江苏凤凰新华印务有限公司
厂　　址	江苏省南京市新港经济技术开发区尧新大道 399 号
开　　本	890 毫米×1240 毫米　1/32
印　　张	9.25
版　　次	2016 年 5 月第 1 版　2016 年 5 月第 1 次印刷
书　　号	ISBN 978-7-5499-5663-0
定　　价	48.00 元
网店地址	http://jsfhjycbs.tmall.com
新浪微博	http://e.weibo.com/jsfhjy
邮购电话	025-85406265,025-84500774,短信 02585420909
盗版举报	025-83658579

苏教版图书若有印装错误可向承印厂调换
提供盗版线索者给予重奖

出版说明

“他山之石，可以攻玉。”

在建构中国本土化城市理论的过程中，对外来城市化理论进行有比较的、批判性的筛选，不失为一种谨慎的方式。西方城市化的理论与实践研究有很多值得中国学习和借鉴的地方，如城市空间正义理论、适度紧缩的城市发展理论、有机秩序理论、生态城市理论、拼贴城市理论、全球城市价值链理论、花园城市理论、智慧城市理论、城市群理论以及相关城市规划理论等，这些理论在推进城市化的进程中起到了直接的作用。

中国城市化进程以三十多年的时间跃然走过了西方两百年的城市化历程，成就令世界瞩目，但城市社会问题也越来越深化：有些是传统的社会问题，有些是城市化引发和激化了的问题，我们需要梳理出关键点加以解决。

《世界城市研究精品译丛》的出版目的十分明确：我国的城市理论研究起步较晚，国外著名学者的研究成果，或是可以善加利用的工具，有助于形成并完善我们自己城市理论的系统建构。在科学理论的指导下，在新型的城镇化过程中，避免西方城市化进程中曾出现的失误。

该丛书引进国外城市理论研究的经典之作，大致涵盖了相关领域的重要主题，它以新角度和新方法所开启的新视野，所探讨的新问题，具有前沿性、实证性和并置性等特点，带给我们很多有意义的思考与启发。

学习发达国家的城市化理论模式和研究范式，借鉴发达国家成功的城市化实践经验，研究发达国家新的城市化管理体系，是这套丛书的主要功能。但是，由于能力有限，丛书一定会有很多问题，也借此请教大方之家。读者如果能够从中获取一二，也就达到我们的目的了。

江苏凤凰教育出版社

目录

中文版　序
在系统边缘：驱逐

萨斯基娅·萨森

我使用“驱逐”这一术语来描述多种不同的情况。它们包括以下人群数量的不断增加：不幸的贫困群体，穷国内被“仓储”在各种正式和非正式难民营中的被迫迁移者，富国内被“仓储”在监狱中饱受折磨的“被少数化”群体，在工作中身体受损而年纪轻轻就变得无用的工人，被“仓储”在贫民窟和棚户区中的身体健全的剩余人口。不过，我也纳入了以下事实，即生物圈的组成部分正被驱逐出其赖以生存的空间——并且，我坚持认为，用于描绘气候变迁的话语太过温和，并没有从基础性的事实层面把握住大片死土与死水这一现实状况。

我的论点是，这一系列大规模且十分多元的驱逐现象实际上标志着一个更深层次的系统性变迁。在多个专业研究中都有关于这方面的零星讨论，但都没有真正地将其描述为一种总体性动力。它将我们带入了全球资本主义的新阶段——以及广泛的全球性破坏的新阶段。作为一个分析范畴，我们需要将“驱逐”和更为人熟知的“社会排斥”概念区分开来。后者发生于一个系统之内，因此，在这个意义上，它可以被减少、被改善，甚至被消除。而正如我在本书中所构想的，驱逐发生在一个系统的系统边缘，这意味着事实上它们或是已经、或是即将处于系统之外。作为本书的关注点，在标志着当前世界的各类复杂系统中，存在着多种系统边缘。这部分地反映了这些系统中多元领域——从监狱和难民营到金融剥削和环境破坏——的复杂性。

在特定类型的发达资本主义发展二十余年后的今天，我们面对是以双元化动力机制为标志的人类与经济状况。一方面是我们所熟悉的地域重构，它正朝着日益增长的组织和技术复杂性方向发展，全球南方和全球北方国家激增的全球城市中的艺术空间形态即为缩影；这一极端性升级给排斥在这些财富之外的人带来了沉重的代价（Sassen 2001，2012 对这一主题进行了探讨）。另一方面是一系列混杂的状况导致越来越多的国家中遭受大规模破坏的土地正在快速增长，而这些状况往往被编码为一个看起来中性的术语——“日益增长的剩余人口”。事实上，这一“剩余”产生于一系列活动引起的领土破坏，其中包括：不加节制的矿业开采，可口可乐和雀巢这类集团的水资源抽取，贫困与疾病，各种类型的武装冲突，因严重腐败以及影响恶劣的国际债务-机制而失去效能的政府。我们还应该加上外国企业与政府机构土地征购的激增，这也额外地造成了整个村庄与小农农业区大规模被迫迁移。

过去二十年中，资本主义生产关系的地理扩张与系统深化导致了对赢家和输家的野蛮分类。自产生开始，资本主义发展就以暴力、破坏和占有为特征，但也以管制型国家的创造为特征——这是苦苦斗争的工人阶级的胜利，同时还以大量中产阶级的扩张为特征。资本主义生产关系通过吸纳前资本主义经济体而对这些经济体造成的破坏吸引了大量的关注。20 世纪 80 年代以来的这段时期使我们得以看见这一通过吸纳而实现占有的另一变体——正在被一种新型发达资本主义所使用的资本主义现代形式的占有；这一新型发达资本主义被一种金融逻辑所支配，其关注点在于榨取利润而非建设经济。被纳入该命题的是资本主义不同发展阶段这一事实，以及由此而来的可能性与需求：前者是指在如今的全球阶段，资本主义关系的延伸可能有其独特的机制；后者是指需要与相对较早的资本主义国家与帝国阶段进行区分。

现在，后凯恩斯时期的系统性逻辑使得我们可以辨认其形态。这一逻辑的一个极端部分大幅偏离了较早时期对人作为生产者与消费者价值的系统性“重视”：夸张一点说，它是对人的驱逐，是为了满足高级金融的需求以及对自然资源的需求而对传统资本主义进行的破坏——一种资本主义模式破坏另一资本主义模式。例如，为了满足持续的国内需求而进行的开采被简单视作资源运作的传统或惯常逻辑。而实际上，这可能也是为发达资本主义的系统深化奠定基础的新兴方式。例如，由全球监管机构（尤其是国际货币基金组织、世界银行和世界贸易组织）实施的结构调整计划。这一计划始于20世纪80年代并在90年代逐步扩大，其影响是通过债务偿还的形式从全球南方国家中榨取了数十亿美元。另一个案例是始于20世纪头十年早期并在2007年爆发的次贷危机。大多数关注集中于出售这些抵押贷款的个人和家庭遭受的巨大损失，以及这一危机将持续至2014年——这确实是值得关注的。在这一案例中，我再次声明了我的论点，除了住房供款与贷款经纪人费用之外，在这里我们还可以觉察到一个更为基础性的新兴动力：为一个有形资产（住房）签订合同（抵押贷款），而与此同时，高层投资者希望一些“真实的”东西而非基于利率的、又接着作为其他衍生品基础的衍生品。因此，开发这一特定类型的抵押贷款，其重点并不在于为低收入家庭提供住房，而是为了满足投资者对资产支持证券的需求。

我的分析的重点在于，我们可以在资本主义范围内将发达资本主义与传统资本主义的关系描绘为以**掠夺性**动力机制为特征，而非仅仅是进化、发展或进步。① 在其极端情况下，这意味着使越来越多的人遭受“贫困化”与排斥，而他们不再具有作为生产者与消费者的价值。但这也意味着小资产阶级和传统民族资产阶级不再具有价值。我将后者视作目前资本主义关系系统深化的组成部分。说得残酷一些，非洲大多数地区和拉丁美洲相当一部分地区的自然资源比这些土地上作为生产者和消费者的人更为重要。这是发达资本主义生产关系系统深化

① 我在别处（2010）曾检视过马克思对原始积累的分析在何种程度可以解释资本主义与前资本主义经济之间的关系，这或许可以说明传统资本主义与发达资本主义新形式之间的关系。

的组成部分。在西方国家，我们摒弃了各种形式的凯恩斯主义，而它的兴旺发达依靠的是繁荣的工人阶级与中产阶级的加速扩张。这也部分地存在于当今新兴的经济体内，特别是亚洲地区。对于资本主义的深化而言，凯恩斯主义对人作为生产者与消费者价值的重视是至关重要的。

这些系统转向有助于解释一个可以在一系列简单数字中捕捉到的复杂差异。在 20 世纪 80 年代及以后，负债穷国被要求将其出口收益的一定份额用于偿还债务。这一份额往往在 20%左右波动，远远高于其他国家负债案例中的要求。例如，在 1953 年，同盟国免除了德国 80%的战争债务，并且只要求其将出口收益的 3%～5%用于偿还债务。在 20 世纪 90 年代，同盟国对于中欧国家的要求仅为 8%。简言之，关于德国和中欧国家的目标是将其重新纳入当时的资本主义世界经济。

相比之下，20 世纪 80 年代与 90 年代关于全球南方国家的目标更像一种约束机制。它迫使这些国家参与所谓的“结构调整计划”，其中包括向大型全球企业开放经济，而其影响是对当地小型企业的摧毁。此外，债务偿还被赋予了很高的优先级地位，超越了基础设施、医疗机构、教育以及其他以人为本的发展目标。总的来说，有证据显示国际货币基金组织自 20 世纪 80 年代开始执行的债务管理政策使得失业群体与贫困群体的状况进一步恶化。这首先是一种榨取性逻辑。其整体影响是具有毁灭性的，并且大多数参与计划的国家尚未完全恢复过来。

今天，一个更大的历史格局正在形成之中。在我的解读中，它所包含的一个核心元素是在大规模重组的新型全球经济中对非洲的大部分地区、拉丁美洲的相当一部分地区、亚洲的部分地区进行重新定位。日益衰弱的政府、传统经济的破坏开启了生存经济的新阶段。由约 15 个国家和超过 100 个公司主导的外国土地征购快速的全球规模化，使得全球大量地区的“领土”被重新定位为资源基地而非国家空间。这一土地征购的剧增源于对经济作物——尤其是用于生物燃料的棕榈以及粮食作物——日益增加的需求。另一则是生存经济的范围开始扩大了；其中有一些在许多国家中存在已久，但是今天它们也在全球范围内运作，并常常伴随着从原始业务的一切所得中实现越来越多榨取的“中间人”（商贩、大公司，等等）。

对于一个更大的趋势的组合而言，这些各式各样的发展是其组成部分。第一，现有直接证据表明全球对食物的需求（部分来自于亚洲的新兴中产阶级）是如何意味着来自食物和土地的利润出现了大幅上升。现在，土地和食物的全球市场被大型企业和一些政府所控制。在整个金融危机时期，这都是一个增长部门。在这些情况下，定价是一件受控制的事情，因为这一背景确保了高价格以及食物本身的商品化。第二，对各种类型的金属和矿物的需求仍将持续，其中包括对于迄今为止尚未大量开采的金属和矿物的全新需求，而这一需求来自于近年来电子产品行业的发展。人口密度和建设区密度都远低于世界其他地区的非洲现已成为采矿业投资的一个关键目的地。第三，对水资源的需求在不断增长，并且世界数个地区都出现了地下水枯竭的问题。

当面临着小农和地方商业生存环境的大规模丧失时，贫困群体和新型贫困化群体的生存经济就变得愈发残酷而绝望。全球南方国家沉重的政府债务和高失业率带给它们的是对其他生存方式的需求，不仅为了普通民众，也为了政府和企业。并且，这些国家中不断萎缩的正规经济导致企业和组织更为广泛地使用非法的牟利方式。

这些建设经济的模式带来了死土和死水的大幅扩张。生物圈更新土地、水资源和空气的能力十分出色。但是，这些能力的发挥有赖于特定的时间与生命周期。并且，我们的技术、化学和组织创新的速度远远超过了生物圈修复土地和水资源的速度。我们经济的发展速度与造成的化学污染正变得愈发严重。数据表明，现在的状态已远远超出了生物圈的修复能力。我们现在面临的是大片处于死亡状态的土地和水域。这为“人类世”这一理念添加了实质性的注解：一个以人类对环境的巨大冲击为标志的时期。我在本书最后一章中所描述的趋势指明了对生物圈进行破坏的历史与地理发展。这些处于加速之中的发展，其规模在我们的星球上前所未见。土地、水资源和空气质量所遭受的破坏，对于穷困社区的打击尤为严重。根据估算，这导致全球约八亿人流离失所。我们之中没有一个人能够置身事外。

在序言中我所描述的大部分内容是深层次的具有概念隐蔽性趋势的简略表达。这些趋势横跨了世界不同地区，不受限于地方的政治经济组织类型。正如我在本书中所详细检视的“驱逐”，我们共同创造了凌驾于国家差异之上的种种情况。我们所使用的主要分析范畴——经济、中产阶级、国家等等——在今天的解释力要弱于几十年前。本书的一个重要努力是寻找新类型的分析范畴。例如，当我检视美国蒙大拿的金矿场和俄罗斯诺里尔斯克的镍冶炼综合体——一个属于悠久的资本主义历史，另一则属于悠久的共产主义历史——时，什么对当今时代更为重要呢？或者，在今天重要的东西是否也具有破坏环境的巨大能力呢？又如，我们是否已到达了某一关头，而应将以下种种——长期监禁的囚犯、第三代被迫迁移者的营地、长期无家可归者——也视作对其所面临的共同情况的标识：他们已被驱逐出合理的生活。这并不意味着抛弃用于研究这些领域的专业性范畴。但是，这的确意味着也需要开发出用于跨领域分析的工具。

献给理查德

引论：野蛮的分类

我们正面临着全球政治经济时代一项艰巨的难题，即“驱逐”作为一种新型逻辑已然浮出水面。过去的二十年见证了这样的事实：大量人口、企业和空间被不断地从我们这个时代的核心社会经济秩序中驱逐出去。在某些情况下，如此彻底的驱逐是由简单粗暴的决策引起的，但在另外一些情况下，却是由我们最先进的经济技术成就实现的。“驱逐”这一构想将超越我们所熟知的日益增长的不平等的概念，而构成理解当下全球资本主义病理学的一种路径。此外，它亦揭示了这样一个事实，即我们所尊重和崇尚的知识与智能形式往往是一个交易长链的起点，而其终点则可能是单一的驱逐。

我之所以关注驱逐的复杂模式，是因为它们提供了理解我们时代主要动力机制的窗口。并且，我选择的是极端性的案例，因为这些案例使得在其他案例中尚不明朗的东西变得清晰可辨。在西方，一个复杂极端而又为人熟知的案例是将低收入工人和无业者排斥在政府社会福利和医疗体系、企业保险、失业救助之外。较之执行这一驱逐的协议和新法规，更为重要的是，我们需要认清一个极端事实：福利权益享有人群和福利权益被剥夺人群之间的区隔日益严重，并且这一趋势在目前条件下可能难以扭转。以水力压裂法为代表的高级采矿技术的出现则是另一示例，这些技术将自然环境破坏为死土、死水，将生命的组成部分从生物圈中驱逐出去。较之印度、中国和一些国家的快速经济增长，本书中我所研究的各种“驱逐”在形塑我们的世界中可能发挥着更为重要的作用。事实上，我的理论的关键是，这些驱逐可以与标准测量所计算的经济增长并存。

这些驱逐是被制造出来的；而制造的工具则涵盖基础性的政策，乃至复杂的、需要专业知识和精密组织架构的制度、体系和技术。金融工具的复杂性激增即为一例，而这是由高明的创意阶层和高等数学制造出来的。然而，当这一复杂性运用到开发一种特定的次贷业务时，则在数年后导致了数以百万计的人群被驱逐出其在美国、匈牙利、拉脱维亚等国的家园。另一个案例是国际契约在法律与清算特征上的复杂性。它使得一个主权政府可以在其他主权国家中获取大片土地，而作为其自身领土扩张的一种形式。例如，在这片土地上为自己国家的中产阶级生产食物，即使代价是会导致对当地农民和传统经济样态的驱逐。再一个案例则是看似卓越的工程学成就，它使我们可以稳妥地从我们的星球中攫取各种所需的资源，却以摧残地表形态为代价。我们日益发达的政治经济体创造出了这样一个世界：在这里，复杂性往往会带来各种初级的野蛮行径。

驱逐的实现渠道则各不相同。它们包括导致希腊和西班牙经济规模萎缩的财政紧缩政策，俄罗斯雅库茨克市和美国蒙大拿州忽视采矿业废气排放的环境政策，以及其他大量案例中的各种渠道，不胜枚举。每个案例的各种具体细节在本书中尤为重要。举个例子，如果我们更为关注环境破坏而非跨国政策，那么采矿业是重污染源这一事实就比一个开采基地在俄罗斯、另一开采基地在美国这一事实更为重要。

在驱逐这一构想下，我所研究的各种过程与情况具有一个共同点：它们都发展到了严重的境地。世界范围内的各类凄苦的贫困人群固然是最为极端的案例，但我的研究还囊括了各种不同的情况，如发达国家中产阶级的贫困化，如贫困国家内对小农的驱逐——这是由 2006 年以来海外投资者和政府占据其 2.2 亿公顷（5.4 亿余英亩）的土地造成的，如在美国和俄罗斯这样如此不同国家内的破坏性采矿业。随之而来的则是无数人被迫背井离乡，集中于各种正式或非正式的难民营，发达国家中沦为少数群体的人群如同货物一般被“仓储”在监狱内，四肢健全的无业人员聚居于各类贫民窟。这些驱逐的状况或已发生很久，但从未像现在这样严重。有一些则是新型的驱逐，如在美国一场仅持续十年的残酷的住房危机中，900 万家庭被查封了他们的不动产抵押物。简言之，在不同的社会阶层、物质条件下和世界范围内，这些驱逐的特性、内涵和发生的地点都存在很大的差异。

资本的全球化和技术能力的提升导致放大效应（sacling effects）的产生。20 世纪 80 年代尚算轻微的变化和损失，比如西方和一些非洲国家的去工业化，在 20 世纪 90 年代却变成了灾难性的破坏（想想底特律和索马里）。如果我们还是用传统熟知的不平等、贫穷、技术能力等概念来理解这一放大效应的话，则可能会忽视更大的趋势。在环境问题上也是如此。千百年来，我们一直在开采生物圈并造成了各种局部性的破坏；但是直到近三十年来，这种破坏才上升至一种自食其果的全球性事件，并经常对原本和危害来源并不相关的地区造成破坏，如北极永冻地区。其他领域中也一样，虽然细节各有不同。

本书中研究的各种驱逐统合起来是一种野蛮的分类（savage sorting）。我们倾向于将现代社会的复杂组织能力说成是一种创造能够容纳更多复杂性的社会能力，并将其设想为一种积极的发展。然而，只有在部分时间情况是这样的，或者说只在短期内适用。如果将更多的情况纳入考量，拓展暂时性的框架，就会使一个尖锐的边缘变得可以辨识，而正是这一边缘遮蔽了我们对其以外的可能情况的认知。如此便引发了一个问题：当今社会野蛮的单一性（brutal simplicity）倾向是否和伟大的历史学家雅各布·布克哈特（Jacob Burckhardt）在 19 世纪的警告相违背呢？就我的观察而言，复杂性并不一定导致野蛮性，但是它能够导致，而且在当下更是频繁如此。事实上，复杂性经常导致单一的野蛮性（simple brutality），而不是一种对等的全面的野蛮性——即便是负面的，比如当下环境破坏的规模。

复杂性如何产生出野蛮性？我认为，部分答案关乎一个组织性的逻辑，这一逻辑将当今不同领域中的（如全球环境保护与金融）秩序构建系统统合并组织起来。我将以两个案例简要阐释我的观点，这两个案例会在正文中详尽论述。在各国间的环境公约中，主要的政策“创新”是碳交易。不客气地说，事实上，它意味着各国将致力于争取其制造污染的权利，以便在碳交易中购买或出售更高的排放指标。在金融业的案例中，其逻辑业已演化为一种对高额利润的无尽追求和一种对创造金融工具来扩张金融化领域的渴求。这将导致金融业产生一种意愿，即面对那些因金融工具产生反作用而血本无归的群体，金融业也还是想将其生计金融化。美国于 2001 年启动的次贷业务即是一例。而其目前仍被误解为是一个致力于获得高额筹资利润的金融工程。帮助中等收入人群置业并不是其目的，因此，它是和美国军方教育项目（GI Bill）、美国联邦住宅管理局保险贷款（FHA）① 等数十年前启动的国家工程背道而驰的。推动这些系统和创新发展的能力不一定具有内在的野蛮化的倾向；但当其在特定的组织性逻辑框架下运作时，则会如此。金融业创造资本的能力并非本质上就具有破坏性，然而，这种资本类型却需要接受检验：它可以物化为一个交通基础设施、一座桥、一套水处理设备、一家工厂吗？

这里存在着一大社会性难题。这些能力本应服务于社会领域的发展，致力于社会福祉的广泛化与深度化（其中包括与生物圈的和谐共处）。而事实上，它们往往发挥着相反的作用，如通过极端不平等肢解社会保障，破坏原被自由民主政体许诺的中产阶级生活，迫使弱势和贫困群体背井离乡，并将生物圈的组成部分从其生活空间中剥离。

贯穿本书的一个问题是，我所讨论的各类超越传统的城市与乡村、全球南方与全球北方、东方与西方划分的案例，是否是深层系统动力机制（deeper systemic dynamics）的表象与地方性的样态，而这一动力机制将目前看起来并不关联的种种现象连接在了一起。这一系统动

① 全称为“Federal Housing Administration-insured Loans”。——译者注

力机制可能是在更为隐蔽的层面上进行运作的，并且其连接种种现象的能力超越了我们对世界进行传统划分时的理解与把握——比如，资本主义经济、共产主义中国、撒哈拉以南的非洲、环境、金融等。我们将不同的情况标签化，赋予其我们所熟知的样态或意义，却不知这些情况极有可能起源于更深层次的、并不为我们所熟知的趋势之中。这一可能性是本书每一章的关键驱动力。

从严格意义上来说，我是用隐蔽性趋势这一设想作为具有**概念**隐蔽性的趋势（*conceptually* subterranean trends）的缩写。如果依靠我们传统的地理政治、经济、社会标识，这些趋势就很难加以辨识。我们都知道，我们正在利用并破坏生物圈，但是我们的"环境政策"却没有结合或反映出对生物圈状况的确切认知。将碳交易作为环境保护的一种方式，仅仅在国与国的关系视角下才讲得通；然而，从我们生活的这个星球的视角而言，则没有什么意义，尤其是当地方性破坏升级并威胁全人类时。新的动力机制将通过我们所熟悉的浩繁现实——贫困、不平等、经济、政治等渗透开来，从而呈现出我们所熟知的形式，而实际上它们标志着将产生新意义下的催化或断裂现象。

隐蔽性趋势这一设想意欲对我们传统的关于经济、社会及与生物圈的互动等知识类化提出质疑。它将帮助我们评估目前的问题是传统问题的极端化，还是新困难的显现。我要探讨的是，正在发生的各式驱逐是否使得隐蔽性动力机制变得更加难以辨识，而这一动力机制恰恰是基础性事实层面种种驱逐的基础。这一特性，即超越传统分类的驱逐可能性的广泛存在，使我提出了隐蔽性趋势这一设想。对于超越传统分类的隐蔽性趋势而言，专业化的研究、知识和诠释——各有其准则和方法来确立其边界和价值体系，却并不总能帮助我们辨识隐蔽性趋势。然而，专业化分工确实为我们提供了详尽的细节，使我们得以从各类可比较的基础性事物入手。

我并不是要通过理论化赋予各类事实以意义，而是努力通过去理论化（de-theorize）的方法将各类事实解构至最基本的元素。通过去理论化，我可以重新审视不平等、金融、采矿业、土地掠夺等问题，以此发现抽象归类可能遗漏的内容。比如，我所看清的是驱逐这一更为根本性的事实，而非仅仅言及不平等、金融投资、采矿业进展等等。总之，本书的目的之一就是扎根于各类基础性的事实之中，通过破除长期应用于理解当下趋势的传统范畴的压倒性影响，从而有所发现。

明确地说，我的假说是，虽然全球性的各种危机在不同国家中各有其特殊性，但是在其背后存在着一个由一些最基本的动力机制构成的新兴系统性趋势。基于此，经验研究与概念的重新编码必须并行。在经验研究中，一个现象可能被视为“中国的”、“意大利的”或“澳大利亚的”，即使这些标签化做法或多或少反映了一些特征，但这并不能帮助我们抓住我们这个时代的基因。中国可能依旧保有共产主义社会的诸多特征，但是其不断增长的不平等，以及新近出现的中产阶级贫穷化问题，很有可能根植于与美国一样的深层次的趋势之中。虽然两国之间差异依旧持续，但是两国可能在经济组织上都持有重大的当代逻辑，尤其是以投机驱动金融业，以及对高额利润的迫切追求。对于理解我们这个时代而言，这些相似性及其对大众、空间和经济造成的影响，最终可能比强调共产主义和资本主义之间的差异更为重要。事实上，就更深层次而言，这些“相似性”可能是一些深层趋势的多地点具体表征，而不仅仅是表面化的投机行为和对高额利润的追求。然而，它们至今尚不明显，尚未能够被察觉、被命名并被概念化。与更为普遍的对国家边界放松管制，将边界视为当前变迁发生的场所的关注相比，我的关注点则是国家中全球化趋势的具体表征。

在我看来，这一问题是一种理解方式的分歧。当我们面对当下的各种变迁，如不断加剧的不平等、贫困和政府债务问题时，惯常的理解工具不再具有适用性。于是我们陷入了我们所熟知的解释中：政府的财政管理能力存在问题，大量家庭背负了难以承担的债务，管制过多造成资金分配失效，等等。我并不否认这些解释具有一定的价值，但我更希望探索的是，是否存在其他发挥作用的动力机制，而不是囿于已经构建好的概念/历史边界。

在本书中，我所研究的大量现实与案例，说明我们现在所使用的宏大类化存在局限性。尽管存在种种差异，然而不管在社会主义或自由民主政体之下，在非洲或北美，总有一些特有的实践主导着我们采矿业、制造业、人力开发的运作，比如，如何逍遥法外，溜之大吉。这些实践发生于特定的政治经济秩序之中，又被这些秩序赋予各种不同的意义。对我来说，其中的一个问题是被这些意义所掩盖的，是否比其表现出来的要多。我将本书中的案例视作基础性的事实，具体化的表征，以便对超越地理政治学分类的具有概念隐蔽性趋势的探究有所帮助。现在撒哈拉沙漠以南的非洲地区被迫迁移人群的快速增长是否和美国的永久性失业群体、经常性监禁群体具有系统性的类似呢？虽然两国政治经济体制不同，但希腊和埃及的中产阶级贫困危机是否具有系统性的类似呢？作为当地长期剧毒来源的俄罗斯雅库茨克市的采矿工厂是否和美国蒙大拿州的佐特曼-兰达斯基矿场具有系统性的类似呢？这些基础性的事实将有助于打破传统的概念性的上层构架，比如资本主义与社会主义的对立。

在本书中我所感兴趣的划时代变迁，根源于多种多样且往往较为悠久的历史和谱系之中。但是，我研究的起点是 20 世纪 80 年代，一个无论是全球南方或是全球北方、资本主义或是共产主义经济体都经历着重要变化的年代。我将指出这一浩瀚历史时期的两个重大转向，以此作为这个时代的注解。这两个转向席卷了整个世界，但却在不同的地点演化出了各自不同的特征，而正是这一特性使得这些转向成为本书一个有价值的研究背景。

其中一个转向是，从物质层面而言，世界上越来越多的地区正在发展成为致力于关键经济运行的极端地带。其中一端表现为制造业、服务业、行政事务的全球外包，人体器官的移植，以及在低成本、弱管制地区种植经济作物。另一端则是，全球范围内都在积极地将全球城市打造为实现先进经济功能的战略性空间，其中既包括从无到有的新城，也包括经过野蛮更新的老城。全球城市网络发挥了新的地理中心的功能，打破了传统的南-北和东-西划分，外包地区的网络亦是如此。

另一个转向则是，金融业在全球城市网络中日益发挥支配性的作用。金融业本身并非新兴事物，它是一个已经存在了上千年的行业。而构成我们时代特征的新兴之处是，金融业能够创造庞杂繁多的工具，这一能力使其能前所未有地将一切实体和过程证券化；此外，电子网络和工具的不断发展，似乎带来了无穷无尽的乘数效应。金融业的崛起，将会对整体经济造成连带反应。如果说传统银行业是出售其自有资金，金融业则是出售其没有的东西。为此，金融业需要入侵——即通过使非金融部门证券化以实现获利。而在此过程中，没有比金融衍生物更适合的工具了。可以阐明金融业这一能力的例子是，在金融危机酝酿前夕的2005年，金融衍生产品的（名义）价值总额为630万亿美元，是全球GDP总值的14倍。就某些方面而言，GDP总值和金融价值的脱离在西方历史上并非史无前例。但是，这种偏离从未像当下一般极端。此外，这也与凯恩斯主义时期相背离。在凯恩斯主义时期，经济增长不是由全面金融化实现的，而是由实体经济的大规模扩张推动的，如大量生产、大规模建设基础设施和郊区。

我们可以将当下发达资本主义与传统资本主义的关系描绘为一种榨取和破坏的特征，这与传统资本主义与前资本主义经济的关系并不相同。当发展到极端时，它将表现为越来越多的人群作为生产者与消费者已不再具有价值，而变得贫困并被驱逐。然而，在今天这也意味着，原先对于资本主义发展极为重要的经济行动者，如小资产阶级和传统民族资产阶级，对于更大的经济系统已然失去价值。这些趋势并非异常，也不是危机的结果，它们是当下资本主义关系系统深化的组成部分。并且，我认为，与金融业不同，希腊、西班牙、美国以及其他发达国家的经济空间的不断萎缩亦是如此。

在一系列经济部门的利润获取中，人作为消费者和生产者的作用日渐式微。举例来说，就当前资本主义的视角而言，非洲、拉丁美洲和中亚的自然资源比生活在此的作为生产者和消费者的人更具价值。这就告诉我们，当下时代有别于先前的资本主义形式，后者的兴旺发达依赖于兴盛的工人阶级和中产阶级的加速扩张。家庭消费的最大化，对于早期资本主义是一个至关重要的动力机制，在今天所谓的新兴经济领域亦如是。但是，总体而言，与20世纪的大多数时期不同，它不再作为一个战略性的系统动力而存在。

那么，接下来呢？从历史视角来看，被压迫者通常起义反抗其压迫者。但现在被压迫者往往被驱逐了，并在远离其压迫者的地方艰难度日。“压迫者”正日益构成一个复杂的系统，其中结合了人、网络和机器，并且不存在明显的中心。但在有些地点，这些将会聚合起来，权力将变得具体，并且可以与之抗争，而被压迫则成为由权力创造的社会基础结构的组成部分。全球城市就是这样一个地点。

这些是我在本书中予以检视的相互矛盾的动力机制。当代研究的文献中可以发现关于这一说法的零碎讨论，但是这一说法尚未被描述成一种支配性动力机制，尚未认定这一机制会将我们引入一个特定形式的全球资本主义新阶段。我致力于构建一种扎根于基础性事实的理论化，它将不受惯常体制的中介的约束，并带领我们去认识传统地理、经济、文化差异的另一面。

第一章　不断萎缩的经济，日益增强的驱逐

本章的目的在于对以下观点进行翔实论述，即在 20 世纪 80 年代，我们或已进入了发达资本主义的一个新阶段，而在这一阶段，原始积累的机制得到了重塑。当下的原始积累是通过复杂运作和专业化创新而实现的，包括服务于外包的物流业和各种金融算法。在这样的发展持续了三十余年后，我们面临的正是：世界大部分地区的经济萎缩，全球对生物圈的破坏日益升级，在我们认为早已或即将消除贫困和野蛮的地区，极端形式的贫困和野蛮又再次出现。

经济增长常常涉及对榨取的依赖，在一个地区榨取货物并将其输送至世界其他地区。在过去的数十年中，关于榨取的地理版图正在快速扩张，其中很大程度上是依赖各种复杂新兴的技术。而现在，就其与自然资源的关系及对自然资源的利用而言，都是以更加严重的失衡为特征。种种提升我们榨取能力的创新，现在却威胁着生物圈的核心组成要素，留给我们不断扩大的死土与死水。

有些已经是老生常谈了：经济增长从来就不是仁慈的。但是过去三十年中，以上种种的不断升级标示着一个新时代——世界范围内越来越多的人口和地区正在受到其威胁。并且，在被我们称之为全球北方的各式发达国家，与全球南方的欠发达或发展状况有差异的国家之

中，这一增长依旧呈现了独有的形式与内容。举例而言，掠夺性精英往往长期与拥有丰富自然资源的贫困国家相联系，而非发达国家。然而，我们越来越多地看到这种发生在社会顶层的掠夺也会出现在后者，虽然多是通过更为间接的形式。

我在论文中指出，目前正在形成的，与其说是掠夺性精英，不如说是掠夺性"形构"（predaptory 'formations'），一个向高度集中化推进的，以金融业作为关键推手的，由精英和系统能力组成的混合体。① 出现在顶层群体中的集中化并不是新鲜事。我最关注的是，在当今世界越来越多的领域中，这一集中化呈现出更为极端的形式。在以下一些趋势中，我们可以发现这种创造极端集中化的能力，仅举其中几例予以说明。在过去二十年中，全球前1%的人群的财富增长了60%；在前1%的顶层人群中，"2012年，100个亿万富翁的财富增加了2 400亿美元——是足够拯救全世界贫困所需金额的四倍之多"②。从金融危机尚未全面来袭的2002年，至金融业开始复苏的2011年，银行资产增加了160%，——从40万亿美元到105万亿美元，是全球GDP总量的1.5倍有余。③ 2010年，仍处于金融危机时期，美国580万家公司的利润较之2009年增长了53%，然而，尽管利润飞涨，美国企业所得税总额却下跌了19亿美元，即2.6%。

仅凭富豪、跨国公司的个体力量，无法创造出如此极端的世界财富集中化。我们可以将他们所需要的东西视作系统援助：这些行动者之间的复杂互动，与通过重构可以推动极端集中化的各类系统。这些系统能力是一个由技术、市场、金融创新、政府推手构成的多变的混合体。它们构成的情况在一定程度上具有全球性，不过它们常常需要

① Sassen 2008a；2008b；2008c，第四章及第七章；2013。

② OXFAM 2012，1～2；另见 Atkinson et al. 2011。

③ IMF 2012a，82；Johnston 2013年对美国企业的研究。

通过国家的政治经济、法律、政府等而发挥功能。① 同时，它们包含具有中介作用的能力，它们往往如同一阵迷雾，削弱我们看清正在发生的一切的能力——但是和一个世纪前不同的是，我们不再能在这片迷雾中发现抽着雪茄的权贵。现在，这个出现集中化的结构是多元要素的复杂集合，而不再是一些强盗式贵族的封地。

我的论点的一部分是，具有实现如此规模的财富集中化能力的系统有其独有特征。举例而言，它不同于拥有实现兴盛的工人阶级和中产阶级扩张能力的系统。后者在 20 世纪大多数时候都存在于全球北方、拉丁美洲的大部分地区，以及以索马里为代表的数个非洲国家里。这个早期的系统远非完善：存在着不平等、财富的集中化、贫困、种族主义等现象。但是，这个系统拥有不断促进中产阶级生长的能力，并可以在代际传承中不断扩大，而且子辈往往比父辈更加出色。此外，这种分配结果并不仅仅只对牵涉其中的人发挥作用。它需要特定的系统能力。到了 20 世纪 80 年代，这些早期的系统能力逐渐式微，正如我们所见，推动实现顶层集中化，而非实现中产阶级发展的能力开始出现。比如，处于美国收入分布阶梯前 10%的人群占据了 2000 年以来的十年间 90%的收入增长。这就发出了一个信号，即这一事实远非个人能力所致，而是由我所构想为掠夺性形构的复杂混合体实现的。

在本章的第一部分中，我将详细说明各种多元方式如何建构经济增长，并带来不同的分配效应。在全球现代性中，我们可以看到一种通常被指涉为积累的原始形式的猛增，而这些形式往往是和较早时期的经济体联系在一起的。它的形式和先前并不一样，比如工业革命时期的英国，通过圈地运动使农民丧失土地，以此满足纺织企业对饲养羊群的需求。现今则需要庞杂的技术和法律工具来实现终极的基础性榨取。金融企业将国家资源和公民税收圈为私有，将世界大量土地重

① Sassen 2008c，第五章。

新定位为榨取资源的地点，对自由民主政体下的政府预算进行重置以背离社会和劳动者的需求，均为一些实例。我将在本章的第三部分回到这些主题。

本章第二部分将以批判性的视角检视全球不平等问题。如果不平等持续增长到达某一阶段时，将其描述成一种驱逐，则更为恰当。对于处于社会底层的人或贫困的中产阶级而言，这意味着被驱逐出生存空间；对于顶层人群而言，这似乎意味着通过自我移除摆脱社会成员应有之责任，以及将社会中可获得的财富极端集中化，并不再存在分配这些财富的可能性。建立在对不平等具体事例的探讨之上，本章第三部分关注我们原本熟悉的一些状况，而当其发展到极端时，则变得不再熟悉——曲线的另一端。当下加速发展的系统能力使得我们熟悉的状况极端化发展，我将通过关注一些发达国家来清晰展现以上的系统能力。尤其是希腊和西班牙，两国的经济萎缩已发展至如此境地，而几年前，我们并不认为这一状况会在发达国家中出现。

本章的前三部分主要阐释一种速度，在这种速度的作用下，原先或多或少被认为是常态的事物会演化至其反面。最后两个部分则关注驱逐的一些极端情形，而这些驱逐将在世界的特定地区内愈演愈烈。一个是过去二十余年中，大多数全球南方国家中被迫迁移人口的数量不断增加；另一个是越来越多的全球北方国家中监禁人口在持续增长。这两种形态，以及一些旧有状况的变异形态都意味着一个具有多地点特征的系统性变迁正在发生。在全球南方，被迫迁移者产生的多种原因及其未来命运，都使人不得不对联合国对此类人群的官方分类产生质疑，因为对大多数人而言，他们再也不可能回到家乡——家乡现如今可能已是战区、种植园、采矿基地，或一片不毛之地。在全球北方，也出现了相应的变化，近年来，作为应对犯罪行为（无论是否存在实际犯罪行为）的监禁制度正逐渐成为一个人群的仓库，并且，它越来越多地被用来创造利润——美国就在此充当了先锋。

不可持续的矛盾？从吸纳到驱逐

经济增长的方式是至关重要的。一个特定的增长率可以描绘多种经济体，可以是一个不平等现象鲜见、中产阶级壮大的经济体，或是一个不平等现象极为突出、财富集中于很小一部分顶层阶级的经济体。2000年，德国和安哥拉的GDP增长速度是一样的，然而两国经济显然存在着明显差异，分配效应也各不相同。虽然德国正在削减公共开支，但其仍将很大一部分的政府资源用于兴建乡村地区的基础设施，并且为其公民提供了涵盖医疗、公共交通等在内的服务。安哥拉则与之相反，其致力于满足很小一部分精英群体的需求，包括对首都罗安达（Luanda）进行奢侈性发展，由此导致罗安达已成为世界上生活成本最昂贵的城市之一。我们也可以在一个国家的不同发展时期发现这些差异，如过去五十年中美国的发展。在二战后的数十年中，美国的经济增长是为众人所享的，并且促生了繁荣的中产阶级。然而，2000年以来的十年则见证了中产阶级的贫困化，80％的收入增长总额都落入了前1％顶层群体的口袋之中。

在后二战时期，西方市场经济的核心组成部分是固定资本集约度、标准化生产以及城市、郊区和新市镇中新建的大量住房。在北美、南美、欧洲、非洲、亚洲国家内，这一经济模式都是显而易见的，尤以日本和“四小虎”为突出代表。这些经济增长形势为中产阶级的迅速成长与扩张做出了重要的贡献。虽然它们并未消除不平等、歧视或种族问题，但是，通过构建一个着力于大规模生产和消费的经济体制，在一些经济部门中形成强有力的工会组织，以及政府的多元支持，它们削弱了趋向极端不平等的系统趋势。与这些过程相伴随的文化形式亦阻止了不平等的进程，尤其是通过对日常生活形式的形塑。比如，在美国和日本的郊区存在着庞大的中产阶级群体，他们的文化促进了大规模消费并由此带动了生产的标准化发展，反过来，这些促进了在制造业和分配领域中的工会化发展。①

制造业，连同国家政策，在这一系列趋势中发挥了重要的作用。在 20 世纪很长一段时间内，大规模制造业作为市场经济的主导部门，创造了有利于中产阶级扩张的经济条件：（1）它促进了工人的组织化，工会是最为人熟知的形式；（2）它在很大程度上依赖于家庭消费，因此工资水平就变得尤为紧要，因为在多为封闭的内部循环的经济体中，工资水平将会带来有效需求；（3）制造业作为主导部门，其相对较高的工资水平及社会福利，成为其他的更广大的经济部门的样板，即使是那些缺乏工会组织或并不属于制造业的部门。制造业在非西方式的产业经济中亦发挥了如此作用，特别是中国台湾地区和韩国，以及苏联的部分成员国。尽管不及在 20 世纪西方国家中所发挥的作用那般重要，制造业对 20 世纪 90 年代中国中产阶级的成长也产生了可观的影响。

至 20 世纪 90 年代，这些经济历史和经济地理的状况已不复完整。冷战的结束开启了现代最为野蛮的经济阶段之一。这导致了对资本主义的彻底重组，其结果是新型或急速扩张的利润压榨模式开启了全球运作，甚至是在那些不太可能的领域，如中等收入居民背负的次级抵押贷款（subprime mortgage）；或者是通过一些不太可能的工具，如作为影子银行系统（shadow banking system）核心构件的信用违约掉期（credit default swaps）。由此，在我看来，中国制造业的快速增长是始于 20 世纪 80 年代全球资本主义这一新阶段的重要构成；② 这也解释了为何这一增长并没有带来工人阶级和中产阶级在中国的快速扩张和蓬勃生长。在其他作为西方外包地的国家中，这也是制造业增长的特征。

这一重组的过程中贯穿了两种逻辑。一个是系统性逻辑，这往往是和大多数国家的经济、（去）管制化政策联系在一起的——其中最为

① Sassen 2001，第八章；Sassen 2011。

② Sassen 1988.

重要的是以私有化为核心的政策纲领与取消进口关税的举措。在资本主义经济体中，虽然各国重组程度不一，但这一系统逻辑正出现在对现有财政和金融组织的放松监管和“去边界化”中。

第二种逻辑是一种转换性逻辑，即将世界上越来越多的地方转化为满足新型或急速扩张的利润压榨模式所需的极端地带。其中我们最为熟知的是全球城市和承接外包的地区。它们都是一类本土环境，但包含了满足全球企业需要的多元要素。不过这两者对多元要素的满足，是在全球经济过程中的不同阶段中实现的。如，巨额融资需要的电脑设备，与这些电脑所需零件的生产制造即为不同的阶段。在今天的全球经济中，其他诸如这样的本土环境还包括种植园和资源榨取地，它们大都是为了出口而进行生产。对于全球企业而言，全球城市是一个可以提供其所需的最先进要素的空间。与此相反的是，外包地则成为各种零件的常规生产基地、大型呼叫中心、标准化行政工作场所等等，所有的一切都是大规模的，标准化的。在当下全球经济的形塑之中，除了如运输业之类的中间部门外，这些空间类型也都具有策略性的要素。它们使得对全球经济来说最关键的要素高度集中化，比如多元劳动力市场、基础设施建设与特定的建成环境。同时，它们也使得由各国政府和主要国际机构提出并执行的多种放松管制与公约担保变得清晰可见，并从中获利——而在以上两个案例中，就世界大多数地区而言，这些工作所需费用往往是由纳税人承担的。

长期以来，不同经济部门的盈利能力、不同工种的收益能力的不平等是发达市场经济的一大特征。然而，当今大多数发达地区呈现的数量级水平，将目前的发展态势和战后数十年间的发展区分开来。美国也许是最为极端的案例之一，它将这一模式展示得残酷而清晰可见。图 1.1 和图 1.2 展示了在过去的十年中，公司利润和公司资产的迅猛增长，并且这发生在一个长期以来公司利润和资产都表现突出的国家之中。

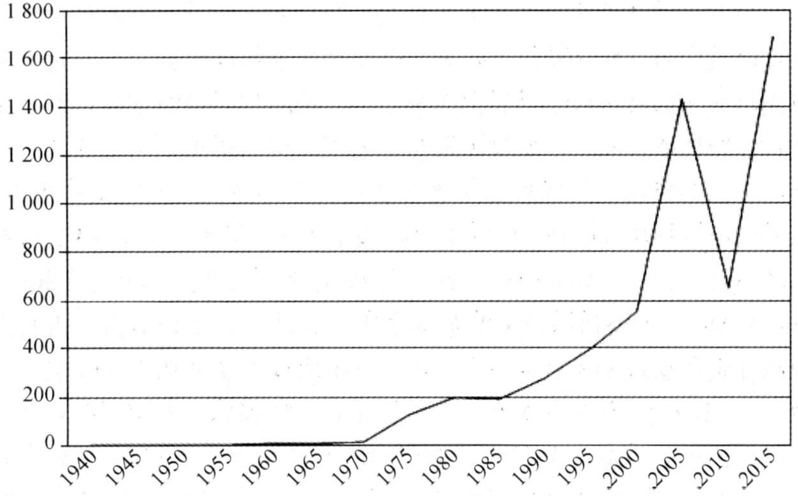

图 1.1　美国企业税后利润，20 世纪 40 年代

数据来源：Federal Reserve Bank of St. Louis 2013a

未针对通货膨胀做出调整

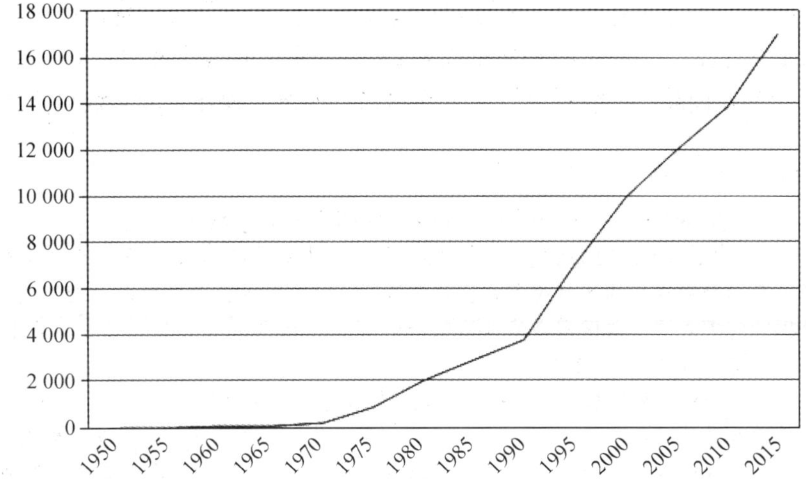

图 1.2　美国企业资产，20 世纪 40 年代至 21 世纪头 10 年（以 10 亿美元计）

数据来源：Federal Reserve Bank of St. Louis 2013b

未针对通货膨胀做出调整

21世纪头十年有助于阐释这样的一段历程，即公司利润的持续增长，以及作为联邦政府税收收入一部分的企业税收的减少。在这十年后期出现的危机导致公司利润出现了一个剧烈却短暂的下降，但总体而言是保持增长的。不平等所涉及的范围，以及不平等所嵌入的、产生以上结果的系统共同导致了各种市场运作中的大规模的结构失调，从投资市场到住房市场、劳动力市场均是如此。例如，大卫·C. 约翰斯通（David Cay Johnston）通过分析美国国税局（Internal Revenue Service）的公司报税单的数据指出，2012年，平均而言，占有美国商业资产总量81%的2 772家企业（平均每个企业拥有230亿美元资产），其公司全部利润的16.7%用于交纳税收（较之2009年的21.1%出现了下降），即便其全部利润增加了45.2%，并创下了历史新高。① 利润增长速度超出了税收的三倍有余，这说明实际税率下降了。② 在联邦政府税收收入的构成中，这一影响是显而易见的：个人税收所占份额不断上升，而企业税收所占份额则在下降。根据预计，个人税收所占份额将从2010财年的41.5%上升至2018财年的49.8%。与之相对的是，若按照现有比率，同期企业税收将仅仅增加2.4个百分点，从2010年财年的8.9%上升至2018财年的11.3%。③

与此同时，政府面对的是不断增加的债务。现在，大多数发达国

---

① Johnston 2005，2013；GAO 2013；CNNMoney Staff 2013.

② Johnston 2013写道，一份2013年7月1日递交给美国国会的报告指出，高额利润企业的实际税率甚至可能低于美国国税局公开的数据。2010年，美国政府问责局（美国国会的调查机构，拥有接触秘密文件的权利）的数据显示，净税率实为12.6%。

③ 针对法律和管制条文，大型企业展开了大量的游说工作，而主流媒体往往很少关注这一现象。2012年，美国通用电气公司花费3 930万美元在华盛顿展开游说，在每个参议员和众议员身上的花费高达7.3万美元有余。2008年至2010年间，埃克森美孚公司年均花费约2 300万美元用于在华盛顿展开游说。2008年以来，沃尔玛用于在华盛顿展开游说的费用在620万美元与780万美元之间。另见Mishel 2013。

家的政府，已无法再像战后数十年间那样开展大规模的基础设施建设计划。通过对国际货币基金组织（International Monetary Fund，IMF）的数据进行分析，经济合作与发展组织（Organization for Economic Co-operation and Development，OECD）指出，中央政府债务占 GDP 比重正呈现出广泛的上升态势。表 1.1 为一些国家的数据。这一趋势正广泛地出现于不同国家之中：1980 年，德国的中央政府债务占 GDP 比重为 13%，而 2010 年则增至 44%；美国的中央政府债务占 GDP 比重则从 1980 年的 25.7%上升至 2010 年的 61.0%；中国则从 1984 年的 1.0%增至 2010 年的 33.5%。

表 1.1　11 个国家的中央政府债务（占 GDP 百分比），1980 年至 2010 年

国　　家	年　　份			
	1980	1990	2000	2010
澳大利亚	8.0	6.1	11.4	11.0
加拿大	26.1	46.6	40.9	36.1
中国	1.0[a]	6.9	16.4	33.5
德国	13.0	19.7	38.4	44.4
希腊	—	97.6[b]	108.9	147.8
意大利	52.7	92.8	103.6	109.0
日本	37.1	47.0	106.1	183.5[c]
葡萄牙	29.2	51.7	52.1	88.0
西班牙	14.3	36.5	49.9	51.7
瑞典	38.2	39.6	56.9	33.8
美国	25.7	41.5	33.9	61.3

数据来源：OECD 2014

注释：a. 1984 年的数据

b. 1993 年的数据

c. 2009 年的数据

企业的逃税行为也是造成政府财政赤字的元凶之一，而这在一定程度上是通过研发各种复杂的会计、金融和法律工具实现的。在租税正义联盟（Tax Justice Network）2012年承担的一项课题中，根据会计师理查德·墨菲（Richard Murphy）的估算，2010年，全球逃税总额达到3万亿美元，为同年全球经济总额的5%，全球税收总额的18%。① 这项研究涵盖了145个国家，生产总值共计61.7万亿美元，占全球生产总值的98.2%。这一估算基于世界银行（World Bank）对影子经济规模的估算，以及传统基金会（Heritage Foundation）对各国平均税收负担的分析。② 图1.3展示了对部分发达国家的逃漏税款总额的估算，其中包括通常被视为治理有道、运转良好的国家，如德国、

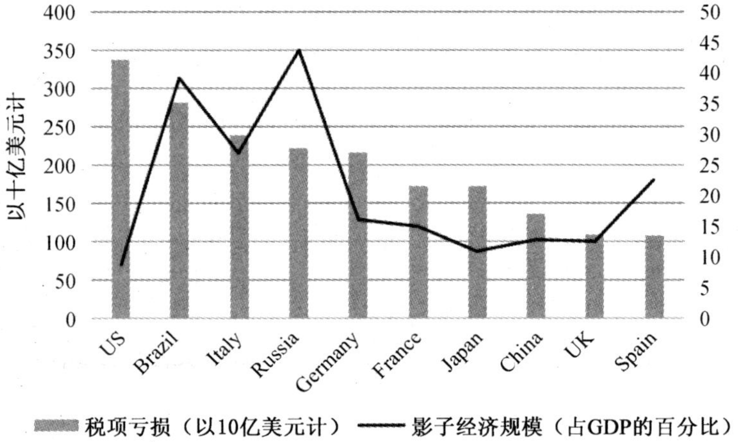

图1.3　逃漏税绝对总额最高的国家，2011年

数据来源：Johnston 2011

法国和英国。逃漏税款总额占GDP比重从美国的8.6%到俄罗斯的43.8%不等。墨菲指出，逃税行为产生的关键原因之一是会计与财务信息披露系统的薄弱，加之用于执行税法的预算不足。美国的绝对逃漏税总额最高，这显然部分和其经济规模相关。根据墨菲的估算，美国的逃漏税总额将达到3 373亿美元，为全球逃漏税款总额的10.7%；

① Tax Justice Network 2011.

② 对这一报告的简述，请参见Johnston 2011、Isidore 2012。

这一估算与美国国税局对税收缺口的估算并无很大差异。考虑到该报告中的测量方法，它并不包括“合法”避税行为。然而，我们知道，通过极富创造性的会计工具，“合法”避税行为在过去十年中快速增长，其中，包括可以合法地规避受政府管制的私人合约安排。①

在大部分逃税行为中，公民及其政府则成了失败者。政府变得愈发贫困，一部分原因就在于逃税行为，一部分则是因为其公民愈发贫穷以至于难以承担其社会义务。真实发展指标（Genuine Progress Indicator，GPI）是一个包括社会状况和环境支出在内的综合测量指标，它使用了26个变量以调节支出的计算方法，使其既包括用于治理环境污染、犯罪问题以及社会不公的支出，也涵盖不涉及经济交易的活动，如家务劳动和志愿者活动等。由来自澳大利亚国立大学的艾达·库比泽斯基（Ida Kubiszewski）领衔的国际研究团队收集了占据全球人口和GDP总量一半以上的17个国家的GPI估算值，以此提供过去五十年中GPI变化的全球概览。他们发现，1978年，人均GPI达到最高值，随后则呈现出缓慢却稳步的下降。② 与之相对的是1978年以来人均GDP的稳步增长。同时，他们指出，这是社会和环境消耗速度超过货币财富增长速度的信号。显而易见，另外一个要素则是货币财富的分配，正如我们在本章其他数据中发现的一样，愈来愈多的财富集中在了社会顶层。

利用国际货币基金组织关于181个国家公共支出和调控措施的数据，伊莎贝尔·奥尔蒂斯（Isabel Ortiz）和马修·康明斯（Matthew Cummins）检视了金融危机的影响，从2007年开始，并对2013年至2015年进行预测。他们发现，用于314项研究的国际货币经济组织的数据表明，其中1/4的国家正在经历过度收缩（excessive contraction）。“过度收缩”被定义为：相较于2005年至2007年危机发生之前相等措施的水平，2013年至2015年后危机时期，政府公共支出占GDP比重出现了削减。研究发现，财政收缩在发展中国家尤为严重。总的来说，

① Sassen 2008c，第五章；2013。

② Kubiszewski et al. 2013.

较之于 26 个高收入国家计划于 2013 年至 2015 年间削减占 GDP 比重 2.2%的公共支出，68 个发展中国家则计划削减占 GDP 比重 3.7%的公共支出。从人口的角度进行考量，这一紧缩政策将在 2013 年影响 58 亿人，即全球人口的 80%；并且，根据预计，2015 年其影响范围将扩至 63 亿人，即全球人口的 90%。这一趋势导致许多研究者质疑将财政紧缩政策作为应对危机的方式是否可取。他们指出，这一全球性的财政整固有可能导致这些国家内失业现象的加剧，粮食与燃料消耗的增加，以及许多家庭享有必要服务的机会减少。这些家庭正在承受着忽视其权益的“复苏”的代价。①

造成利润获取和收益能力不平等现象愈演愈烈的某些主要过程，是发达信息经济不可缺少的一部分。由此，不断加剧的不平等并不是一个反常现象，以收入为例，这并不如通常断言的那样，是低收入的移民劳工带来的后果。其中一个过程是金融业的崛起和转型，尤其是借助证券化和全球化的作用，以及新兴远程通信和计算机网络技术的发展。利润获取和收益能力不平等现象的另一个来源则是，经济组织中不断增加的服务强度，即企业与家庭对服务业的需求不断增长。②若是服务业领域出现了极化的强烈趋势——在工人所需的专业技能水

① Ortiz and Cummins 2013；另见 Samir Amin 2010；Portes 2010。

② 这本身即是一个完整的研究主题，相关研究也呈上升之势（其中一个最为全面详尽的研究，见 Bryson 和 Daniels 2007）。除了进行一些总结，在此并不可能对这一主题进行详尽讨论（详细讨论与详尽资料，见 Sassen 2001，第五章与第六章，以及 Sassen 2013；另见 Sassen 2012 对数字技术的讨论）。在我的解读中，对服务投入需求的增加，尤其是所有产业对购买服务投入需求的增加，可能是造成发达经济发生变化的最为基础性的条件。在所有产业的购买服务投入总值中，我们可以发现一个度量方法。为达到这一目的，我分析了从 20 世纪 60 年代开始的不同时期的关于制造业和服务业的国民核算资料。结果清楚地表明，随着时间的推移，这一总值出现了明显的增加。这一变化很明显地影响了收入分配、产业组织和经济增长的空间化模式。它导致了所有产业领域企业对服务需求的大规模增加，从采矿业到制造业，再到金融业和消费者服务业，不同收入水平的家庭亦是如此。

平中，在他们的薪水中，那么，这一服务业需求的增长将导致更大的社会范围内出现这些不平等的再生产。

许多主导性服务业常常具有惊人的获利能力，这包含在由许多新趋势构成的复杂集合体内。过去的二十年，最为重要的包括：使全球范围内资本高速流动变成可能的技术工具；使这一高速流动最大化实现的市场管制放松；使尚未流动起来的资本变成现金而加速循环，由此产生额外利润（或损失）的金融工具（如证券化）。全球化使得这些服务业的战略特性变得更加复杂也更具魅力。相应地，这些产业确立了较为稳定的价值，而且常常是将其价值抬得过高，正如同始于 20 世纪 80 年代顶层专业人士的薪水非比寻常的高涨所表明的；而这一趋势在当下许多发达经济体中变得愈发平常。①

在所有的高度发达国家中，美国是这些深层的结构性趋势最易解读的国家。国家层面的数据表明，美国的不平等正呈现出显著性增长。例如，危机发生之前的 2001 年至 2005 年这一阶段内，收入增长水平很高，但其分配却十分不平等。顶层 10%的家庭占据了大部分的收入增长，尤其是前 1%的家庭。余下 90%的家庭经历的则是市场收入下降了 4.2%。② 图 1.4 描绘了一个长期模式，它从 20 世纪 20 年代的繁荣与萧条时期开始，历经凯恩斯时期中产阶级不断增长的数十年，以至 1987 年以来再次回到不平等快速增长的时期。从战后时期直到 20 世纪 60 年代晚期与 70 年代早期，在最为发达的经济体中，正式劳动

① 如，Smeeding（2002）对 25 个发达国家和发展中国家的数据进行分析，指出自 1973 年以来，顶层 5%的人群的收入增长了近 50%，而底层 5%的人群的收入则减少了约 4%。美国人口普查局的统计数据表明，自 1970 年至 2003 年，顶层 5%的人群的收入占国民总收入的比例从 16%上升至 21%，前 20%的人群的收入占比从 41%上升至 48%。这些数据都存在着对不平等趋势低估的倾向，因为顶层收入人群通常会有非工资性的财富收入，而进入测量的底层人群往往不包括那些没有收入来源的，依靠亲友的，或者是无家可归的以及慈善机构救助的贫困群体。

② Mishel 2007；Stiglitz 2012；Fisher 2011.

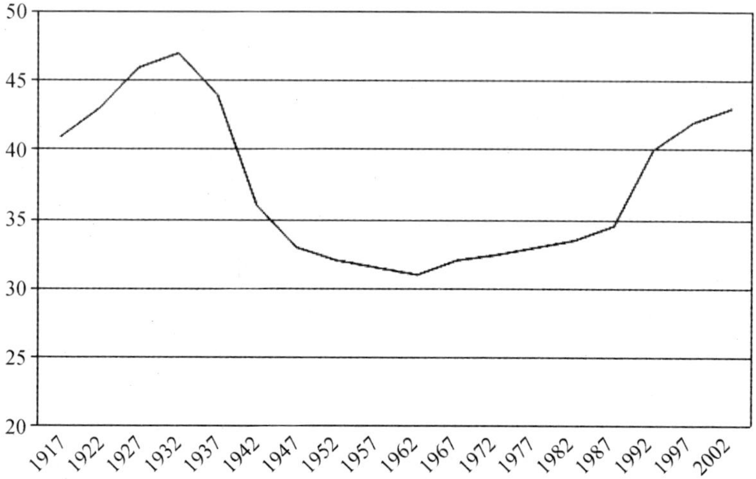

图 1.4　美国前 10%的家庭收入占收入总额[a]的比例（%），1917 年至 2002 年
数据来源：Mishel 2004，表 1
注释：a. 收入总额的定义为市场收入，不包括资本收益

力市场关系对工人的吸纳程度达到了顶峰。在美国，这有助于将前10％人群的工作收入总额占比从 20 世纪 20 年代与 30 年代早期高点时的 47％，降低至 1942 年至 1987 年的 33％。这一时期雇佣关系的正式化有利于落实一系列从总体上维护工人权益，保障通常靠强烈的劳工斗争而获得利益的规章制度。当然，这些并不全是益处。这一正式化也使得对劳动力不同部分的排斥成为必需，如对女性以及少数群体的排斥，尤其是在一些高度工会组织化的产业中。暂且不论它的优点和缺点，这一组织化劳工的黄金时期在 20 世纪 80 年代终止了。至 1987 年，不平等现象卷土重来，并且愈发剧烈。图 1.5 表明，1979 年至 2007 年，顶层 1％的家庭，其收入增加了 280％，这一趋势在 2010 年的人口普查数据中得到确认，并且一直持续到了今天。

在经济萎缩这一问题上，全球南方有其自己的版本，我将会在本书的第二章中进行详细论述。简而言之，在国际货币基金组织和世界银行结构调整计划执行了二十余年后，较之国际金融干预实施之前，

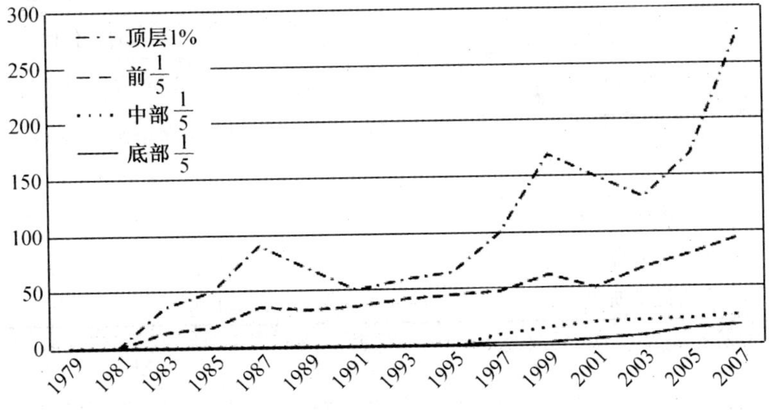

图 1.5　美国 1979 年以来税后收入的百分比变化，1979 年至 2007 年

数据来源：Sherman and Stone 2010

很多国家债务负担变得更重，它们欠下了由国际货币基金组织代表的各种私人贷款人的更多债务。政府用于债务偿还的资金高于用于发展的基础性投入，如健康和教育领域。表 1.2 呈现了欠债最多的国家的一些数据。

表 1.2　外债支付总额最高的低收入与中-低收入的国家政府，2012 年

国　　家	外债支付总额（占政府收入的百分比）
伯利兹	28.1
菲律宾	27.1
不丹	26.6
萨尔瓦多	25.8
斯里兰卡	24.1
圣文森特	18.6
圣卢西亚	18.1
安哥拉	17.1
马尔代夫	14.4

续　表

国　　家	外债支付总额（占政府收入的百分比）
赞比亚	13.9
巴拉圭	13.3
危地马拉	12.7
印度尼西亚	11.9
老挝	11.5
巴基斯坦	10.5

数据来源：Jubilee Debt Campaign 2012，表 3

以上所述是关键的破坏性趋势的一部分，它们始于 20 世纪 80 年代，20 世纪 90 年代开始席卷全球，21 世纪初发展至顶峰。虽然它们很多在 2008 年危机发生之前就已经存在了，但在当时却不明显。那时明显的是，大量城市地区的再开发和绅士化（gentrification），并由此造成了一种全面繁荣的印象（*impression*），从巴黎到布宜诺斯艾利斯，从香港到都柏林，无一例外。如今，这些先前并不明显的趋势变得愈发严重，并清晰可见了。在极端形式下，它们可以发挥窗口的作用，让我们看见一个更加复杂难懂的现实，即正在形成的贫困化。这部分是由一个长达二十年的过程引起的，其中大多数时候最为明显的是财富和利润的爆炸性增长，具体细节我已在别处进行了详细论述。①

紧接着，我将要检视一系列在多元领域中发生的剧烈转向。它们的范围从企业利润的快速增长，以及与此相伴的政府预算赤字的快速增加，到全球南方被迫迁移者数量的增多，以及全球北方收监率的上升。这些被检视的领域都是极为独特的，并且是在一个机构、法律、目标与障碍的特定集合体中进行运作的。伴随着各种愈演愈烈的状况，它们将助长一个刚刚开始的第三阶段，一个以驱逐为特征的阶段——将人群从日常生活、成员身份，乃至自由民主国家之中心的社会契约

① Sassen 2001；Sassen 2011.

中驱逐出来。这远远超出了更多的不平等与贫困的概念范畴。在我看来，这是一种尚未完全可见、可识别的发展。它并不是一个大多数人所面临的状况，虽然在某些时候可能是。它带来了对始于系统边缘的、在微观层面运作的极端状况的逐渐泛化。这十分重要，因为我着力把握的这一转向，有很大部分尚未被统计学者察觉。对于这一转向的过路人而言，亦是如此——愈发贫困的中产阶级可能仍然住在他们美丽的房屋中，而光鲜的表象下却隐藏着各种损失。为了负担各种开支，越来越多的中产阶级家庭出售其贵重物品，也开始售卖包括家具在内的生活必需品，并和他们日渐成长的子女共挤一屋。我的设想是，当发展至极端时，这些状况将变得具有启发性，帮助我们理解牵涉范围更大的、不那么极端的，同时更具有涵盖性的我们政治经济体中的动力机制。

接下来，我将对富国与穷国内不平等的增长进行描述，从中发现普遍性的趋势。随之，更为详细地检视希腊、西班牙和葡萄牙经济中的主动萎缩现象。

世界范围内的收入不平等

在过去三十年中，不平等的增长从未间断。① 我不想为这一熟悉的议题提供概述，我所希望的是，还原不平等问题的一些特定面向。除去在测量方法、时间框架和理解上的差异，许多证据均表明，全世界国与国之间、一国之内都存在收入与财富的实质性不平等。这些不平等大多可以用基于国家均值测量的国家间差异来解释。

虽然我们普遍认可在过去的一个半世纪内世界经济不平等的总体

---

① 本节所讨论数据的主要来源：Atinc et al. 2006；World Bank 2013c；Stiglitz 2012；Held and Kaya 2007；Milanovic 2005，2011；Arestis，Sobreira，and Oreiro 2011；Sutcliffe 2004，2007；OECD 2008，2011；Saez 2010；FRED 2013；Bourguignon and Morrison 2002。

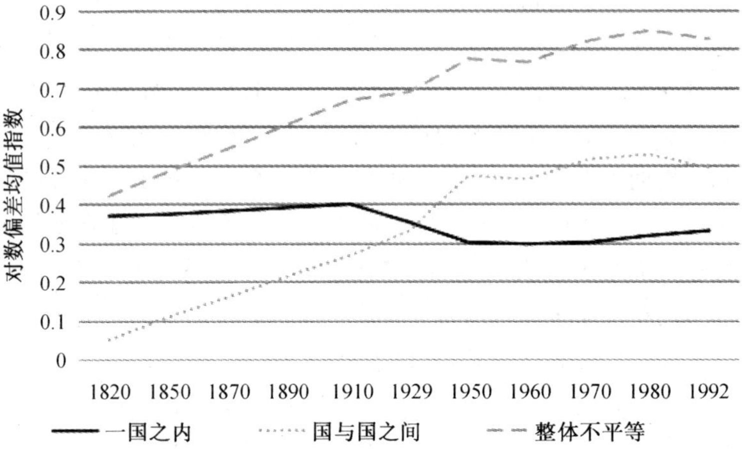

图 1.6　不平等，1830 年至 1990 年

数据来源：Bourguignon and Morrison 2002，表 2

水平呈现出快速增长，但在过去的二十年中，仍有持续进行的争论。不同的研究者都指明，这大多取决于测量全球不平等的方式。如果不采用国家均值，而使用基本标准的各国实际贫困人口数，那么我们将得到对全球不平等的另一种测量结果。然而，富国和穷国之间的收入差距越来越大，这一点依旧是明确的。在一项关于国民收入不平等的测量中，米兰诺维奇（Milanovic）指出，就平均水平而言，富裕国家（包括如丹麦在内的国家）中最贫穷的 1/5 的人口要比贫穷国家（包括马里在内的国家）中最不富裕的 1/5 的人口的荷包充裕。①

虽然国与国之间的不平等仍然占据了全球不平等的大部分，但是自 20 世纪 80 年代起，其比重持续下降。这证实了我所讨论的某些趋势：根据阿廷克（Atinc）等人的研究，这一比重从 1988 年的 78%跌至 1993 年的 74%，2000 年则为 67%。② 自 20 世纪 80 年代起，一国之内的不平等——国家内部的不平等——持续增长，这为我的论点提供

① Milanovic 2011；Atinc et al. 2006.

② Atinc et al. 2006，64.

了支撑（见图 1.7），即使并非所有国家都是如此。此外，就可获得长期数据的数个国家而言，经合组织（OECD）成员国家也经历了显著的不平等的增长（见图 1.8）。一些经合组织成员国家——尤为显著的

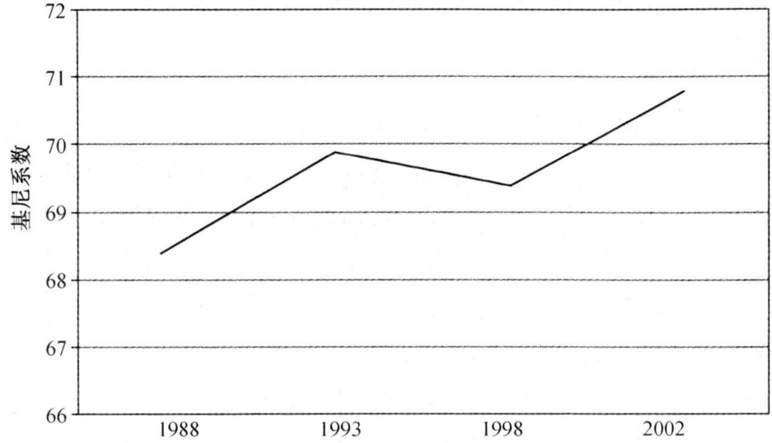

图 1.7　国家内部的不平等，1988 年至 2002 年

数据来源：Milanovic 2009

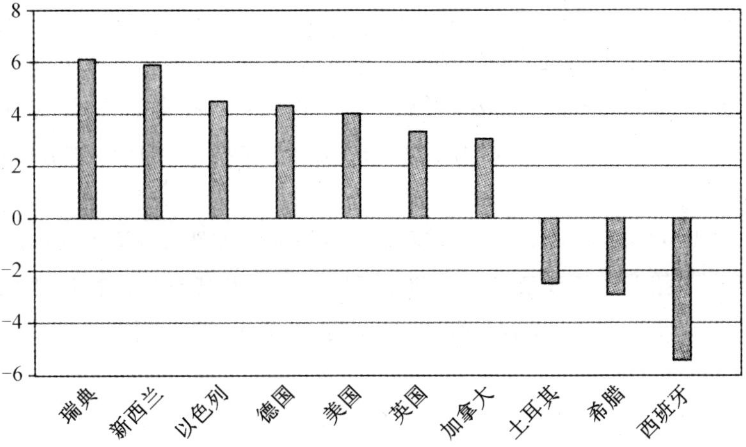

图 1.8　经合组织成员国家的国内不平等的变化，20 世纪 80 年代至 21 世纪初

数据来源：OECD 2013b

是美国、英国和以色列——其国内收入不平等自20世纪70年代末期开始增长。在21世纪头十年，传统的不平等现象较少的国家中，也开始出现国内收入不平等的增长，如德国、芬兰和瑞典。这些来自经合组织成员国家的证据均表明，国家内部的不平等正在增长之中。

美国的收入不平等

我们可以将美国视作一种自然实验，它展示了一个通常被归类为“高度发达”的国家是如何实现极为糟糕的收入不平等的（见图1.9）。根据米兰诺维奇的研究，虽然就平均而言，较之许多发展中国家的最为贫困的人群，美国最为贫困人群的生活要好得多，但是其国内不平等却是全世界最为严重的国家之一。2010年，美国前1/5的家庭总收入占国民总收入的47%，其中，前5%的家庭占比达20%；这些统计数据中并不包含继承的财产、资本性收益和其他非工资性收入。同时，底部1/5的家庭总收入仅占国民总收入的3.8%。① 更为重要的是，这种顶层和底层之间的差距正越拉越大：自20世纪80年代起，顶层10%的人口收入占据国民总收入的份额快速上升，底部90%的人口则增加有限。1979年至2006年（金融危机前夕）间，美国顶层1%的人的薪水增长了1.4倍，而底部90%的人则仅仅增长了15%。② 2000年至2007年间，美国人均收入增加了1 460美元，然而，全部的收益都为最富有的10%的人口所享有，底部90%的人口的收入则呈下降之势。③

美国的财富差距，倾向于反映美国的收入差距。美国的财富分配体系极为扭曲，不仅仅倾向于前1/5的富人，尤其倾向于前1%的顶级富豪（见图1.10）。不仅如此，20世纪80年代、90年代间，前1%的

① Economic Policy Institute 2011a，2011b. 2011c，2011d，2011e，2011f，2011g；EPI 2013.

② Mishel and Bivens 2011.

③ Economic Policy Institute 2008.

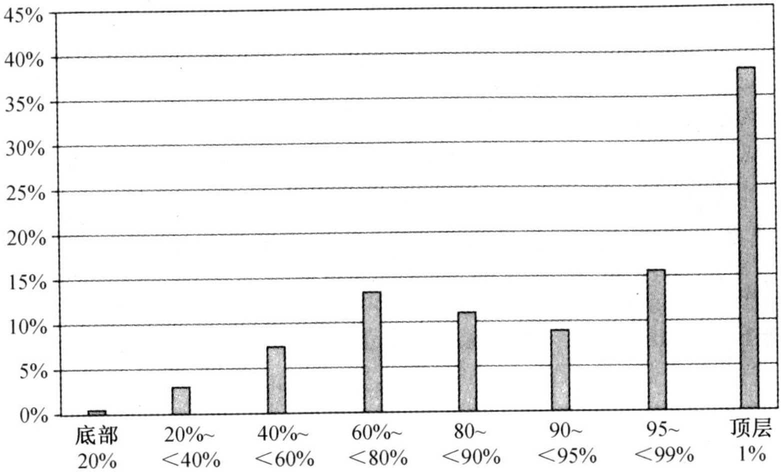

图 1.9　1979 年至 2006 年美国平均薪水的增长百分比，以家庭排序计
数据来源：Economic Policy Institute 2011d

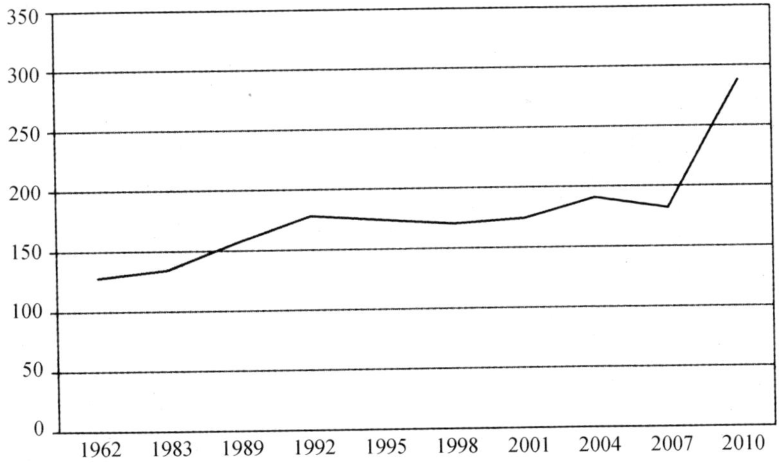

图 1.10　美国前 1% 人口的财富与财富中位数的比值，1962 年至 2010 年
数据来源：Economic Policy Institute 2011e

富豪的财富不断增加，2007 年达到顶峰，较之 1983 年增加了 103%，金融危机后则出现回落，较之 1983 年增加了 48%。① 同期，美国中等家庭的收入在 2007 年达到最高值，较之 1983 年增加了 48%，金融危机后则大幅下降，较之 1983 年减少了 13.5%。②

较之收入，1983 年至 2009 年间美国实际财富所得则更为严重地倾向于美国最为富有的人群。在这段时期内，全部的财富所得都为前 40%的人群所享有，其中，前 5%的富豪享有了全部财富的 81.7%。同期，后 60%的人群的财富所得出现减少（见图 1.11）。

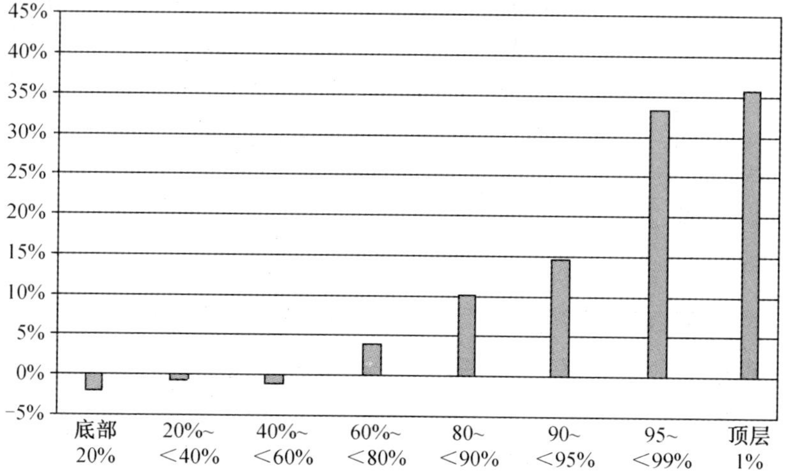

图 1.11　1983 年至 2010 年间美国财富总额分配的变化，以家庭排序计
数据来源：Economic Policy Institute 2011g

富国内的极端状况

如果说美国给我们展示了一国之内的不平等可以如此之严重，那

---

① Mishel and Bivens 2011；Allegretto 2011.

② Mishel and Bivens 2011；Allegretto 2011.

么，希腊、西班牙和葡萄牙则给我们展示了一个经济体可以萎缩得如此之剧烈。我将这三国视作发达国家（包括欧元区的其他国家）中一个普遍趋势的极端案例：发达国家经济空间的萎缩。在非战争状态下，这一萎缩是一种反常趋势。低增长率、高失业率，往往是描述这些趋势的惯用话语。鉴于这三个国家以及包括美国在内的其他国家的人口和经济的极端状况，我认为上述话语过于含混不清。就业率的小幅增长并不足以消减这一萎缩趋势。我的目的并不在于提供一个对现有失业和破产状况的详细描述，这些均已有详实的文献资料。我的目的在于利用这些趋势来分析经济空间的萎缩及其后果。

当标准测量已无法察觉到剧烈的经济收缩时，“经济”事实上就被重新定义了。当失去了一切——工作、家庭、医疗保险时，失业者就很容易从被定义为、被认作为“经济”的东西的边缘跌落出去。小店店主和工厂主也是一样，他们失去一切后便选择了自杀。欧洲不断增加的受过良好教育的学生和专业人士构成的迁出人口，亦是如此。这些趋势重新定义了经济的空间。它们使其变得愈来愈小，并且将很大一部分失业群体和贫困人口从标准测量中驱逐出来。这样的再定义使得“经济”变得像模像样起来，能够在人均GDP的测量中使经济表现出些微增长。从其基础性的事实层面而言，这更类似于一种经济版本的种族清洗，即对棘手因素的处理方式就是直接清除。在欧盟和其他地方，越来越多的国家采取这一方式，即通过收缩和再定义经济空间的方式，使经济看起来似乎“重回正轨”。其中一个差异是国际货币基金组织和欧洲中央银行在描述其实现经济回升所需的必要条件时承担的关键角色。在某种程度上来说，它们是持续获得成效的，因为在这件事情上，它们可能是唯一能被大众听见的声音——它们所使用的话语是GDP增长的回升，而非经济体的收缩。事实上，2013年1月初，欧洲中央银行表示，希腊经济正在重新回归增长，而穆迪（Moody's）① 也将希腊的债务信用提升一个点；虽然这个国家的评级依旧较低，但是

① 国际信用评级机构。——译者注

这一转折很重要，因为投资者往往会将这一因素纳入考量。而在这些体现出经济回升的测量中没有提及的是，大量的家庭、企业和地点被从标准测量的经济空间中驱逐出去。对于正式测量而言，这些被驱逐的种种情况是难以辨识的，因而，它们对于增长率的负作用力就被抵消了。

在所谓的希腊拯救方案中，欧盟各个机构和政府表现出的另一个主要特点是，将希腊视作一个特例——一个偷税漏税行为严重的、政府官僚不作为的贫穷国家。从某种角度来说，葡萄牙和西班牙也被视作极端案例，虽然原因和希腊并不相同。换言之，这三个国家尚未被视作一个更深层次的系统趋势的先兆。但是，如果我们将目光投向欧盟的其他一些国家——它们也正面临着较低的增长率、相对较高的失业率，以及削减社会公共项目开支的压力，那么我们看到就是另外一番局面了。

我认为，我们不能想当然地将希腊、西班牙和葡萄牙视作特例。我们需要检视清楚它们是否确实如此。在希腊表现出的极端形式，以及在某种程度上出现在葡萄牙和西班牙的极端形式，很有可能在欧元区的其他地区以及更大范围内出现。这警示我们必须注意一个深层次的结构性状况，它出现于当下发达资本主义阶段，始于 20 世纪 80 年代，并于 20 世纪 90 年代开始深化。由此，对这些现象的解释不应囿于一些特殊情况，如希腊的贫困和贪污现象，而应强调当下欧盟的政治经济格局的结构性特征。

图 1.12、图 1.13 提供了佐证，在 2000 年至 2011 年间，希腊和西班牙确实是一个更广泛的、影响整个欧元区和欧盟大趋势的极端案例。① 2000 年至 2013 年，希腊的政府债务量几乎增加了一倍。西班牙的政府债务量在快速繁荣的 21 世纪初不断下降，然而，到了 2011 年，其债务增速远远超过了欧盟平均水平，私债水平也已超越欧元区

① 接下来的讨论所涉及的资料来自：BBC NEWS 2012；Paris，Stevos，and Bouros 2012；Inman and Smith 2012；m Bensasson 2013；Blackstone et al. 2012；Lima 2013；Greece 2013；Hope 2013。

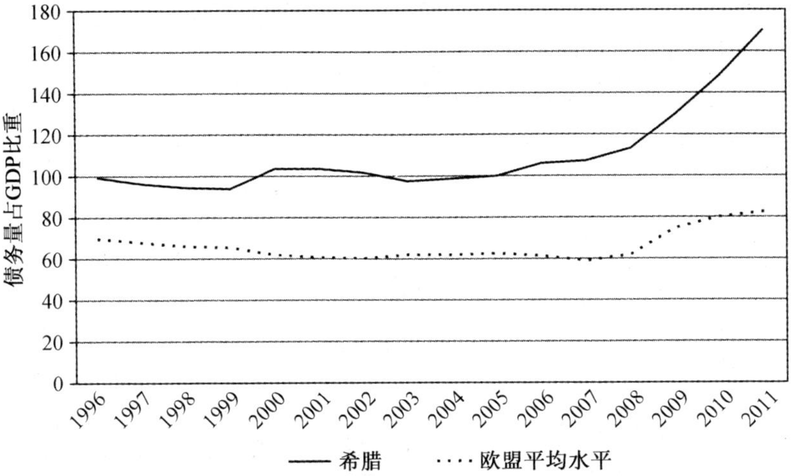

图 1.12　希腊债务量与欧盟平均值的对比，1996 年至 2011 年

数据来源：Eurostat，“政府财政赤字与债务”，2013a

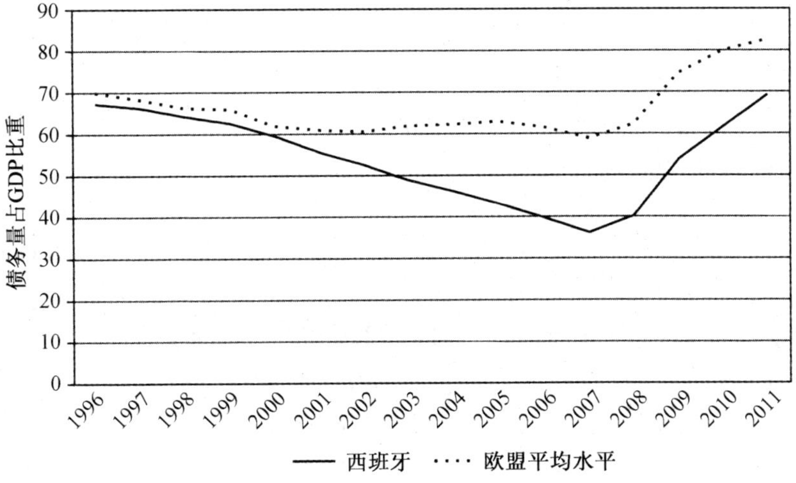

图 1.13　西班牙债务量与欧盟平均值的对比，1996 年至 2011 年

数据来源：Eurostat，“政府财政赤字与债务”，2013a

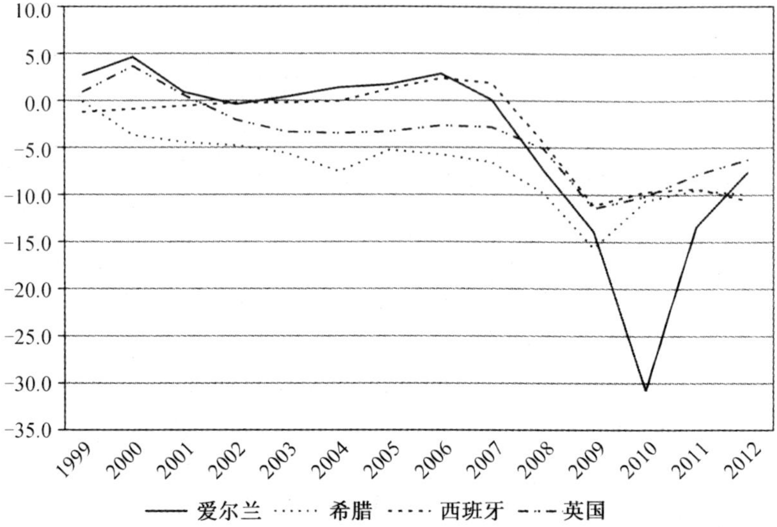

图 1.14　中央政府财务平衡，1999 年至 2012 年

数据来源：OECD 2012

平均值。虽然国与国之间存在很大的差异，但是，就整体而言，欧盟都面临着经济增长下滑，以及——如图 1.14 表明的——政府债务显著增加等问题。针对日益严重的失业问题与财政紧缩政策，欧洲地区的劳工已多次发起集会抗议。

在对包括很多非欧洲国家的 20 国集团（G20）的详细分析中，国际劳工组织（International Labour Organization）和经合组织（OECD）发现，在“后危机时期”的 2012 年，20 国中有 17 个国家的失业率水平高于金融危机发生前的 2007 年。① 仅有德国、俄罗斯和巴西出现了失业率的下降。具体而言，在超过半数的 20 国集团成员国家中，长期失业率占总失业率的比重要高于金融危机发生前的水平。欧洲的失业率进一步上升，尤以法国、意大利和西班牙为甚。2012 年，在欧洲大多数国家内，青年失业率突破了 20%（见图 1.15），在某些国家中甚

① ILO 2012；ILO and OECD 2013，5 and 图 3；Eurojobs 2012.

至远远超过 20%。20 国集团成员国家中，仅有四个国家（中国、印度、日本和韩国）的青年失业率低于 5%。

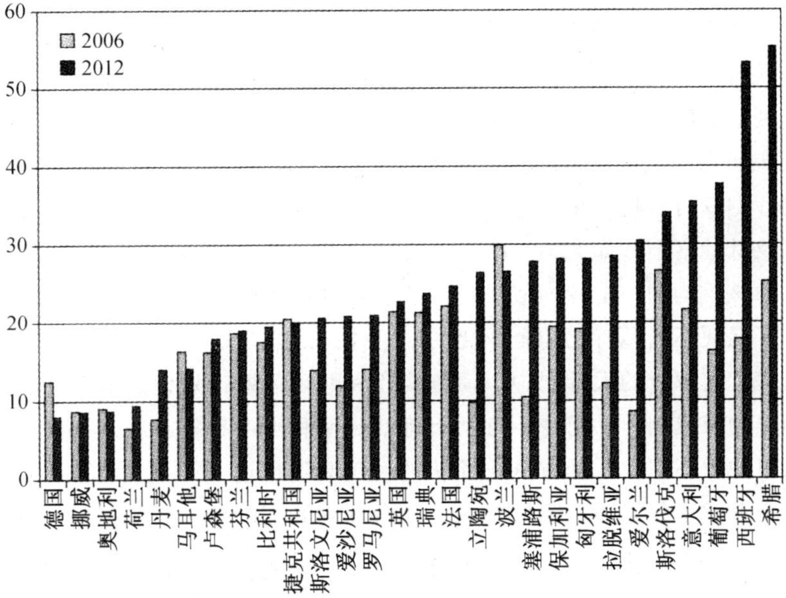

图 1.15 欧洲的青年（25 岁以下）失业率，2006 年，2012 年

数据来源：Eurostat 2013b

另一个变量是女性就业率和男性就业率的比率，这一比率自 2007 年来变化较小，这意味着，危机对于失业的影响基本与性别无关，同时，这也可能表明了失业状况能够波及的深度。① 西班牙和土耳其则是例外，在这两国中，这一比率出现了上升。第三个变量考量的是 2012 年的青年失业率，在 20 国集团中，这一比率是成人失业率的两倍有余。虽然如此之高，但是众所周知这一比率被严重低估了，因为在 20 国集团中，大量的青年并未进入劳动力市场，也未就学或参与培训项目。概言之，20 国集团中九个成员国家的青年劳动力参与率出现了

① ILO and OECD 2013，图 2，Panel C；另见 OECD 2013b，2013c。

下降。青年劳动力参与率的中位数为60%，低至意大利的49.4%，高达中国的69.8%。这说明，如果存在就业机会，比如中国，青年劳动力参与率就会高。

这类证据帮助我们看清这样一个事实，即在金融危机据称已经结束后的两年内，世界上大部分富有的经济体正在经历负面状况。社会福利的极度削减，劳动力人口的下降，以及在2008年金融危机过后的数年间强加于希腊和西班牙的所得税的增加，都使得一个深层次的重构计划变得清晰可见。但这一重构正以更为温和的形式，在整个欧元区及其他富国（如美国）中发生着。

该重构的一个计划似乎是，通过摆脱过多的与社会契约相关的开支，促使不断私有化和企业化的经济体持续发展。在这一致力于维护经济特定部分的大计划中，债务偿还和财政紧缩计划便是服务于此的两项约束机制。它们并不有助于将就业率和生产率提升至最高，它们的目的也不在此。2012年，希腊的经济衰退已进入第五个年头，因为优先考虑债务偿还、职位削减、社会计划开支降低、税收提高，这一衰退还在不断加剧之中。这些政策正变得愈发密集，希腊政府也定期声明各项紧缩计划：比如，至2012年年底，将私营部门最低工资标准降低22%，取消国有企业中的“铁饭碗”，到2015年，进一步削减15万个公职就业机会。这些政策的局限性和反作用已被普遍认可。就希腊而言，国际金融协会（Institute of International Finance，IIF）常务董事、希腊私人债权人发言人查尔斯·达拉拉（Charles Dallara）说道，对希腊债务危机的应对措施太过关注短期紧缩措施，而忽视了强化竞争力的中长期措施。并且，在希腊如何才能偿还债权方的问题上，他强调，只需“150～200亿欧元……这很容易，只要欧盟和国际货币基金组织对过去借给希腊的款项提供优惠的贷款利率条件，事情的一部分就可以妥善解决”①。

不论欧洲区分赢家和输家的逻辑为何，值得注意的是，这一逻辑

---

① Inman and Smith 2012；Nellas 2013；Bakalidou 2013.

已深植于国家的社会和经济构造之中。在过去的数年中，希腊、西班牙和葡萄牙的经济总量不断下降。这对在欧洲普遍盛行的观点，即财政紧缩旨在保证经济增长提出了挑战。官方数据清楚地表明了这一点，虽然这些数据并未直接测量那些被驱逐出正式经济的部分，而造成了对经济衰退状况的低估。由于消费和投资不断下降——GDP 较之 2007 年年末下滑了 16%，2013 年的第一季度，希腊经济已进入连续第十九个紧缩季度。并且，经济下滑仍在加速：在 2013 年第一季度，希腊 GDP 下滑 5.6%，而这一下滑速度比之前的估算要来得迅猛，因为就相关官方测量来看，数个欧洲经济体已呈现复苏之态。葡萄牙国家统计局的数据显示，葡萄牙 GDP 下滑也在加速。据估算，2012 年第四季度，葡萄牙 GDP 下滑 5.3%，全年经济萎缩 3.2%。此外，2013 年第一季度，葡萄牙经济萎缩超出预期。① 欧元区的第四大经济体西班牙在过去的数年中经济持续萎缩，该国政府及国际货币基金组织的预测均指出，在 2013 年，其经济将持续萎缩。② 2013 年第一季度的数据表明，西班牙经济深陷萧条之中，已经是连续第七个季度萎缩，但有望在 2014 年摆脱经济萎缩扩大的困扰。据预计，直到 2014 年，西班牙的经济都不可能出现增长。虽然西班牙的经济萎缩速度可能低于希腊，但是其官方公布的失业率却一样高，达到 27.2%。

对于欧洲政策制定者而言，这些经济体就是试验田。他们假定减少政府开支，提高税收，将会使得经济复苏，投资者信心重振。需要注意的是，希腊和葡萄牙严重的经济萎缩并没有对欧元区的 GDP 造成

---

① 较之希腊，葡萄牙、西班牙和爱尔兰的私债负担要重得多。因此，虽然相对于 GDP 而言，葡萄牙的政府债务要少于希腊，但其实际债务总额（包括私债）要高于希腊。见 OECD 2011，2008。

② 本节数据来源：Davies 2012；Day 2013；Sills and Tartar 2013；Thompson 2012；and “Wrong Way” [graphic]，Wall Street Journal，available at http：//si. wsj. net/public/resources/images/WO - AI754B _ EUECO _ G _ 20120214184204. jpg。

很大的影响。[①] 这两个国家的经济总量仅占欧元区 9.5 万亿欧元（12.6 万亿美元）经济总量的 4%。但是，西班牙的影响就是另一回事了；这或许可从国际货币基金组织为西班牙银行提供的 1 亿欧元贷款中反映出来。重要的是，这些贷款显然并不是用来扩大政府对健康和教育服务的投入，也不是借助政府服务来刺激就业。这一贷款的条款很明确地指出并不包括以上用途。概言之，这三个国家也许使影响整个欧洲的深层次趋势得以显现，这在下节所使用的数据中也可看出。

迄今为止，尚未有证据表明这一经济增长的策略能发挥其所声称的作用。希腊、葡萄牙和西班牙的经济仍在持续萎缩，虽然自 2013 年年初以来，希腊的 GDP 出现了小幅增长，但如前所述，这一测量方式排除了那些被驱逐出经济空间的部分。因此，这是一种与不断增加的贫困、失业、无家可归、饥饿、穷人施济所、小企业主自杀现象等等相伴而生的增长测量方式。这使人不得不怀疑，推行这样野蛮的重构计划，是否正是为了获致一个范围更小的，但是更具运作性的经济空间，从而使得在传统衡量标准中显现出 GDP 的增长——即使它的实现需要通过将相当一部分劳动力和小企业部门从经济及其测量方式中驱逐出去。毕竟，对于投资者和金融市场，单单是 GDP 增长的些许迹象，就可以构成积极的信号，同时，从目前国际货币基金组织和欧洲中央银行的政策角度而言，这才是关键性的成就——并且不限于欧盟。正在形成的另类重生的经济体存在于一个不同的经济空间之中，超越了正式测量方式和指标的适用范围。就目前而言，它们尚不能够满足驱逐的、贫困的人群的需要。

不利于经济繁荣的状况

被视作正式经济的空间深幅萎缩——这一现象在希腊、葡萄牙和

① 根据欧洲共同体统计署 2013 年 6 月的新闻稿，与上一季度相比，2013 年第一季度欧元区 GDP 下滑 0.2%，欧盟 GDP 下滑 0.1%（Eurostat 2013a）。

西班牙尤为严重——对人民造成了多重负面影响。越来越多的失业、贫困和自杀现象以及财政紧缩政策日益成为大多数希腊、葡萄牙和西班牙人民日常生活的一部分。在成为欧盟新的成员国后，在经历了二十年前所未有的经济增长后，希腊、葡萄牙和西班牙目前正面临着一系列对经济复苏来说尤为不利的状况。在接下来的几个部分中，我将简略地聚焦于就业、外迁、止赎和贫困等问题，使希腊、葡萄牙和西班牙与别国进行对话，包括欧盟其他成员国，以及全球北方的其他发达国家，比如美国。

就业

当和美国与中国这两个极为不同的国家进行比较时，希腊和西班牙的极端就业状况就一目了然了（见图 1.16）。① 希腊和西班牙的失业率是美国的二至三倍；需要指出的是，较之美国的失业率测量方法，欧洲的测量方法涵盖了更大一部分失业人群。2013 年，西班牙青年失业率超过 56%，希腊则以 62.5%的青年失业率在全球北方中高居榜首。②

在过去的十年中，非自愿性兼职的人数出现了上升。图 1.17、图 1.18 表明了希腊、意大利、葡萄牙、西班牙和美国的成人劳动力市场的不稳定程度。需要注意的是，在非自愿性兼职者中，女性的占比严重偏高。比方说，在西班牙，女性非自愿性兼职者从不足 30 万增至近 100 万，这很难只用经济危机来解释。在意大利、西班牙和美国，男性非自愿性兼职者的数量增加了一倍，而女性增加了两倍。

---

① 详情可见：Thompson 2013；Instituto Nacional de Estadística 2011，2013a，2013b；and OECD. Stat Extracts，http：//stats. oecd. org/Index. aspx?DatasetCode=INVPT _ I；Bolanos 2012。

② Instituto Nacional de Estadística 2011，另见 European commission 2012；Burgen 2013。

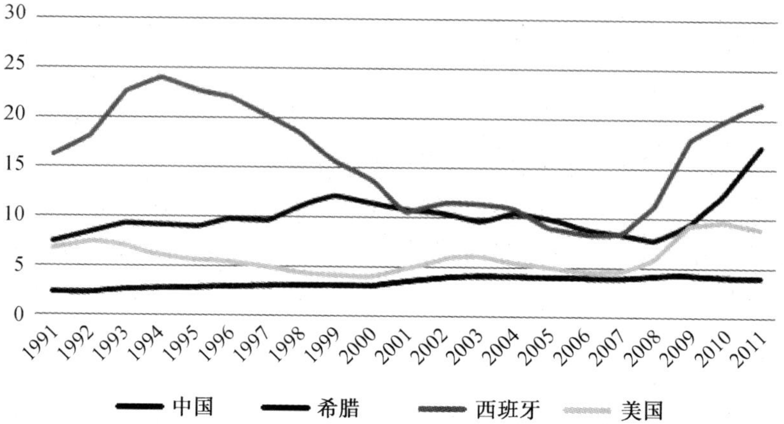

图 1.16　中国、希腊、西班牙和美国的失业率，1991 年至 2011 年

数据来源："失业率与通货膨胀（11～19）" and "关键性供给侧数据（20～22）" in OECD 2012；IMF 2012b

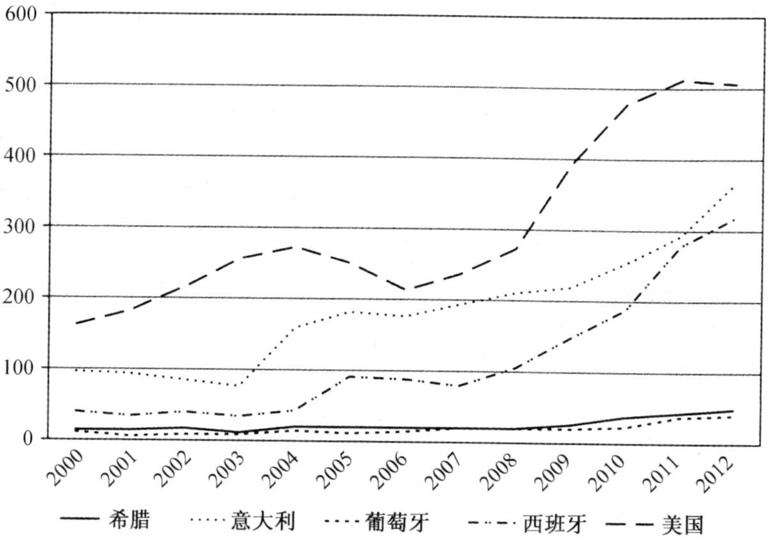

图 1.17　希腊、意大利、葡萄牙、西班牙和美国的男性非自愿性兼职者（25～54 岁）数量，2001 年至 2011 年（单位：千人）

数据来源：OECD 2013c

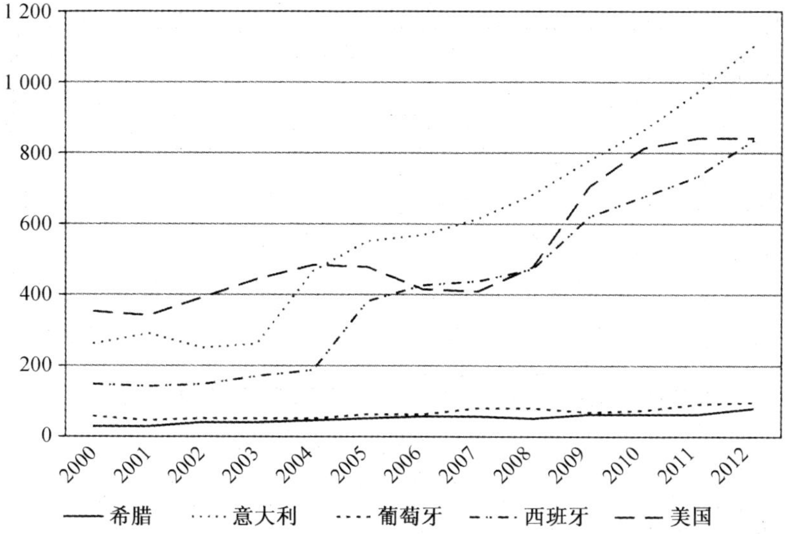

图 1.18 希腊、意大利、葡萄牙、西班牙和美国的女性非自愿性兼职者（25～54 岁）数量，2001 年至 2011 年（单位：千人）

数据来源：OECD 2013c

外迁

南欧的经济萎缩导致了各种新型的地区迁移模式的出现，尤其表现在在此居住的移民人口方面。① 图 1.19 以国籍身份划分了西班牙的外迁人口的上升趋势。可以看出，外迁趋势不断加强，尤其在 2007 年以后。过去两年内，失业现象频增也许是导致这一外迁的重要因素。②根据预测，在不久的将来，这些移民模式将会对南欧的经济增长水平和社会经济标准造成影响。

---

① Papademetriou and Terrazas 2009.

② 移民的流动性和本国居民的不可流动性构成反差，为当前主流理论提供了佐证，即欧盟成员国家相对有限的跨国迁移理论（见 Favell 2008；OECD 2013c，2013d）。

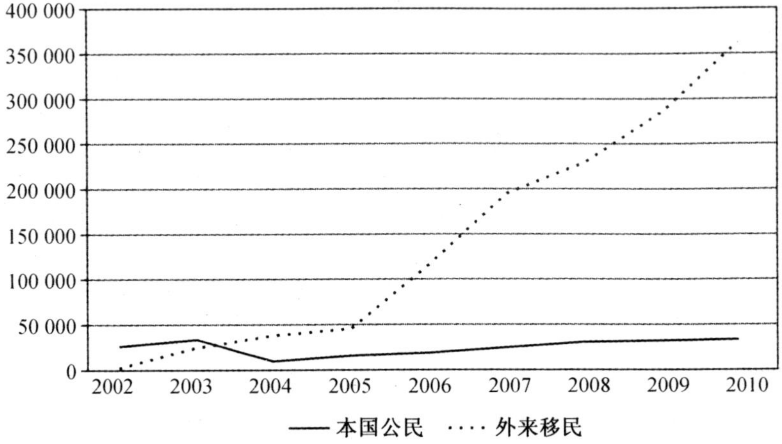

图 1.19　西班牙的外迁人口，以国籍身份划分，2002 年至 2010 年

数据来源：Eurostat 2012c

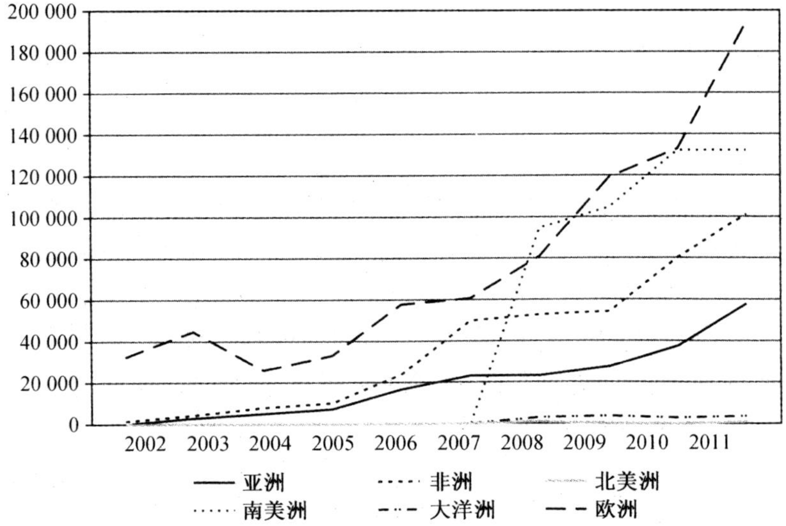

图 1.20　西班牙的外迁人口，以来源地的洲别划分，2002 年至 2011 年

数据来源：Eurostat 2012c

在外迁移民中，来自欧洲和拉美的移民占比最大，特别是相较于来自非洲和亚洲的移民来说（见图 1.20）。鉴于拉美地区接收欧洲移民的悠久历史，以及欧洲地区拉美移民返回故土的轻松易行，大量欧洲人和拉美人外迁至南美并不奇怪。相比之下，由于面临跨境限制，非洲人和亚洲人更倾向于留在居住地，在该案例中就是西班牙。

房屋止赎

驱逐最为野蛮的形式之一，便是将无法偿还高额房贷的人强行赶出家门。这一趋势在欧洲的破坏性极大，因为在房屋止赎之后，这些被赶出家门的人依旧需要偿还全额贷款。

作为欧洲住房自有率最高的国家之一（为 80%），西班牙是房屋止赎案例最多的国家。① 其中部分原因来自 21 世纪初的建房潮，以及银行业对抵押贷款方式的创新意愿。2008 年以来，每月都有数以千计的人群被逐出家门的案例；仅 2009 年一年，案例总数超过 9.3 万起。2007 年至 2012 年年底，已有超过 40 万起因无力偿还贷款而被逐出家门的案例发生。

在欧洲，房屋止赎率②出现了普遍的上升（见表 1.3）。对于欧洲这一趋势的综合性检视只到 2009 年，但就一些零散资料来看，这一趋势正是在 2009 年后变得愈发严重。③ 房屋止赎率的增幅由最高的 205%到最低的 10.83%不等，前者出现在 2008 年至 2009 年间的拉

① Daley 2010；Zuber 2012；European Commission 2011.

② 即丧失抵押品赎回权并进入法定拍卖程序的案例占住房抵押贷款总量的比例。——译者注

③ 在这一报告中，“除非特别声明，否则住房抵押贷款违约率是指一个欧盟成员国家内，逾期天数超过 90 天以上的贷款额占抵押贷款总额的比例。除非特别声明，否则合同总量默认为抵押贷款总额”（Instituto Nacional de Estadistica 2011，12）。另见 Smyth 2013；Karaian 2013；Sampaniotis 2013。

脱维亚，后者出现在瑞典。某些国家的房屋止赎量极高之时，其房屋止赎率却出现了下降。比方说，2008 年至 2009 年间，匈牙利的房屋止赎率下降了 70%，但这是因为 2007 年至 2008 年间该国的房屋止赎总量激增。2009 年至 2012 年年底，匈牙利的房屋止赎量总计约 100 万。

表 1.3　房屋止赎量最高与最低的欧洲国家，2007 年至 2009 年

	止赎量			变化幅度（%）		
	2007	2008	2009	2007～2008	2008～2009	是否增长?
止赎量最高的国家						
匈牙利	225 663	245 597	71 683	8.83	−70.81	否
德国	91 788	88 379	86 617	−3.71	−1.99	否
西班牙	25 943	58 686	93 319	126.21	59.01	是
英国	27 869	46 984	54 014	68.59	14.96	是
止赎量最低的国家						
保加利亚	449	886	1 570	97.33	77.20	是
芬兰	506	825	1 036	63.04	25.58	是
丹麦	1 015	1 942	2 860	91.33	47.27	是
荷兰	1 811	1 961	2 256	8.28	15.04	是

数据来源：White 2013

当然，我们需要谨慎地解读这些不断增长的数字。比方说，芬兰 63%的增长看起来很高，但是其进入止赎程序的房屋总量尚不足 1 000 套（并且这一测量包括了非住宅抵押贷款）。在欧盟的一些成员国家内，房屋止赎率是从非常低的起点开始上升的。并且，与未偿还抵押贷款总笔数相比，进入止赎程序的房屋总量是相对较小的。如 2008 年，英国的房屋止赎总量高达 46 825 套，但尚不足同年未偿还抵押贷款总笔数的 1%。

以上数据和最新数据均清楚地表明，自 2007 年以来，房屋止赎总量年年攀升，即便在某些年份可能出现了下降。其次，这一趋势尚未结束，而各国正处于这一过程的不同阶段。如，2007 年年底至 2009 年年底，葡萄牙和英国的住房抵押贷款违约率仅出现了细微的上升，然而塞浦路斯、匈牙利和波兰则翻了一倍有余，爱尔兰则增至三倍。丹麦、西班牙、爱沙尼亚、保加利亚和拉脱维亚的住房抵押贷款违约率均增加了两倍有余。然而，2009 年，除去保加利亚、塞浦路斯、爱沙尼亚、希腊、匈牙利、爱尔兰、拉脱维亚和波兰，没有任何一个欧盟成员国的逾期三个月以上的抵押贷款占未偿还抵押贷款总额的比例超过 3%，挪威也没有超过 3%。最后，危机对于不同的欧盟成员国产生的影响各不相同。比方说，丹麦、爱沙尼亚和拉脱维亚住房抵押贷款违约率增长最多，但数值却差异很大，这说明，住房抵押贷款违约率的相对增长量必须和绝对值联系在一起进行考量，后者在有些国家中实则很低。

贫困

如果我们将欧盟 27 国日益增长的贫困发生率纳入考量，那么，我们就会发现，那些即便较低的但却不断上升的住房抵押贷款违约率将呈现出更多的内涵。无论各个国家的社会经济发展水平如何不同，欧洲的贫困现象正呈现出日益严重的普遍化趋势。比如，在 2010 年至 2011 年间，保加利亚面临贫困风险或遭社会排斥的人口比例从 41.6%上升至 49.1%，希腊从 27.7%上升至 31.0%，西班牙从 25.5%上升至 27.0%，匈牙利从 29.9%上升至 31.0%，瑞典从 15.0%上升至 16.1%（见表 1.4）。

表 1.4　欧盟成员国和瑞士面临贫困或遭社会排斥的人群，2008 年至 2011 年

	占遭排斥人口总数的百分比，按照社会排斥的类型分类			占遭排斥人口总数的百分比			2011 年遭排斥人口总数（以百万计）
	面临贫困风险	生活物质资源严重缺乏	工作强度过低	2008	2010	2011	
欧盟 27 国	16.9	8.8	10.0	23.5	23.4	24.2	119.6
奥地利	12.6	3.9	8.0	18.6	16.6	16.9	1.4
比利时	15.3	5.7	13.7	20.8	20.8	21.0	2.3
保加利亚	22.3	43.6	11.0	38.2	41.6	49.1	3.7
克罗地亚	21.1	14.8	17.0	—	31.3	32.7	1.4
塞浦路斯	14.5	10.7	4.5	22.4	22.9	23.5	0.2
捷克共和国	9.8	6.1	6.6	15.3	14.4	15.3	1.6
丹麦	13.0	2.6	11.4	16.3	18.3	18.9	1.0
爱沙尼亚	17.5	8.7	9.9	21.8	21.7	23.1	0.3
芬兰	13.7	3.2	9.8	17.4	16.9	17.9	0.9
法国	14.0	5.2	9.3	18.6	19.2	19.3	11.8
德国	15.8	5.3	11.1	20.1	19.7	19.9	16.1
希腊	21.4	15.2	11.8	28.1	27.7	31.0	3.4
匈牙利	13.8	23.1	12.1	28.2	29.9	31.0	3.1
冰岛	9.2	2.1	6.2	11.8	13.7	13.7	0.0
爱尔兰	—	—	—	23.7	29.9	—	—
意大利	—	—	—	25.3	24.5	—	—
拉脱维亚	19.3	30.9	12.2	33.8	38.1	40.1	0.9
立陶宛	20.0	18.5	12.3	27.6	33.4	33.4	1.1
卢森堡	13.6	1.2	5.8	15.5	17.1	16.8	0.1
马耳他	15.4	6.3	8.3	19.6	20.3	21.4	0.1

续 表

	占遭排斥人口总数的百分比，按照社会排斥的类型分类			占遭排斥人口总数的百分比			2011年遭排斥人口总数（以百万计）
	面临贫困风险	生活物质资源严重缺乏	工作强度过低	2008	2010	2011	
荷兰	11.0	2.5	8.7	14.9	15.1	15.7	2.6
挪威	10.5	2.3	7.1	15.0	14.9	14.6	0.7
波兰	17.7	13.0	6.9	30.5	27.8	27.2	10.2
葡萄牙	18.0	8.3	8.2	26.0	25.3	24.4	2.6
罗马尼亚	22.2	29.4	6.7	44.2	41.4	40.3	8.6
斯洛伐克	13.0	10.6	7.6	20.6	20.6	20.6	1.1
斯洛文尼亚	13.6	6.1	7.6	18.5	18.3	19.3	0.4
西班牙	21.8	3.9	12.2	22.9	25.5	27.0	12.4
瑞典	14.0	1.2	6.8	14.9	15.0	16.1	1.5
瑞士	15.0	1.3	4.7	18.6	17.2	17.3	1.3
英国	16.2	5.1	11.5	23.2	23.1	22.7	14.0

数据来源：Eurojobs 2012

2012年年底，欧盟官方统计机构欧盟统计局发布了2011年以来面临贫困或遭社会排斥的人口的最新数据。① 该数据显示，在欧盟27国中，共有1.96亿人口生活在此种状态下，占总人口的24.2%，他们或

① Eurostat 2012a；另见 Eurostat 2012b，2013b，2013c。仔细观察导致面临贫困或遭社会排斥的三个因素，可以发现，即使在社会转移之后，2011年仍有占欧盟27国人口总量17%的人群面临贫困风险。保加利亚（22%）、罗马利亚（22%）、西班牙（22%）和希腊（21%）面临贫困的人群占比最高，捷克共和国（10%）、荷兰（11%）、奥地利（13%）、丹麦（13%）和斯洛伐克（13%）最低。需要强调的是，贫困的风险是一个相对性测量，并且贫困线的标准在欧盟成员国家内也极为不同。贫困线的标准亦随着时间发生变化。近年来，由于经济危机，许多欧盟成员国家下调了贫困线。

是面临贫困风险，或是生活物质资源严重缺乏，或是工作强度过低。[①]其中一组数据表明，在欧盟27国中，共有9%的人口正面临生活物质资源严重缺乏的问题，这意味着他们的生活条件因缺少各类资源而受到限制（比如，他们无力支付各类水、电、煤气和取暖费，无法承担一周的休假费用）。在各个成员国中，面临生活物质资源严重缺乏的人口比重有很大的差别，低至卢森堡和瑞典的1%，高达保加利亚的44%与拉脱维亚的31%。2011年，面临贫困风险或遭社会排斥的人口比例在保加利亚（49%）、罗马尼亚（40%）、拉脱维亚（40%）、立陶宛（33%）、希腊（31%）和匈牙利（31%）较高；捷克共和国（15%）、荷兰（16%）、瑞典（16%）、卢森堡（17%）和奥地利（17%）则较低。并且，该报告指出，基于2010年的数据，18岁以下儿童中有27%正在遭受以上三种情况中至少一种的影响。在27个欧盟成员国家中，儿童是遭受影响最严重的群体，而在保加利亚、斯洛文尼亚、芬兰和瑞典，则为老年人群体；在丹麦，则是劳动年龄人口。

就有关贫困的相关数据的测量而言，欧洲和美国的衡量标准并不相同。但是，从一生之中变成无家可归之人的占比（美国家庭调查的指标之一）、收入不平等状况、会增加或减少贫困的税收和福利计划中，我们可以注意到这两个地区中一些重要的趋势。这些测量数据表明，在经济崩溃之前，较之大部分欧洲国家，美国和英国的一生之中变成无家可归之人的占比向来较高，收入不平等现象较为严重，社会福利政策也更为吝啬。[②] 在所有的国家内，少数种族和精神病患者无家可归的比率很高。然而，近年来，这些趋势在希腊变得愈发极端。根据希腊为无家可归者提供服务的非政府组织的估算，如果将所有流

---

① 至于工作强度过低这一指标，在欧盟27国59岁以下的人群中，有10%生活在成年家庭成员工作时间不足工作潜能20%的家庭内。比利时这一比例最高（14%），塞浦路斯最低（5%）。

② 见 Shinn 2010，更为概括的见 FEANTSA 2011。

浪街头的、失去房产的、居住面积不足的、居无定所的人纳入计量，其总量在 2010 年年底已达到 2 万人。较之 2009 年的估算值 1.7 万人，这一数值出现了明显增长，表明这一激增是一种非常令人不安的趋势。

民众经济绝望的表现之一是自杀率的大幅上升。① 这一趋势在全世界很多国家内都是显而易见的，无论是印度抑或美国，虽然原因各不相同——从失去土地或生意失败，到感受到被国家和社会的彻底遗弃。对我此处的分析而言，要紧的是自杀增长的事实，而非自杀总数。2011 年，希腊卫生部长安德烈·洛维尔佐斯（Andreas Loverdos）做报告时指出，与 2010 年同期相比，2011 年前 5 个月的自杀事件可能增加了 40%。并且，这一报告声称，由于这 12 个月内破产案数量增多，并且失业率从 12.9%增至 20.9%，大多数自杀事件都与金融危机有着不可分割的联系。希腊社会援助机构克利马科（Klimaka）则指出，2011 年同期，那些自杀风险很高的人们的来电增加了一倍有余，总计 5 500 个。

全世界的被迫迁移者

若要将全球视角引入对富国内社会驱逐极端状况的研究，其途径之一便是将近年来出现在穷国内的一个世界性趋势——被迫迁移的趋势——纳入考量。对于全球北方的国家而言，失业、外迁、止赎、贫困和自杀率是有效变量。对于全球南方的国家而言，因战争、疾病和饥荒引起的被迫迁移则可能是更为有效的变量。负责保护和解决难民事务的主要机构联合国难民事务高级专员公署（简称“联合国难民

---

① EuroHealthNet 2011，大多数自杀案例（包括自杀未遂）发生在阿提卡大区（雅典周边）以及克里特岛（18 个月间有许多并没有精神病史的商人在此自杀）。另一个则是希腊无家可归者中药物滥用率的增加，这导致公共健康危机愈发严重，如艾滋病。见 Ghosh 2013；Klimaka 2012；Stamatis 2012。

署”，United Nations High Commission on Refugees，UNHCR）统计的是因战事而引起的被迫迁移者的总数，因此无法反映整体状况。① 联合国难民署的统计数据遗漏了以下状况：第二章中将讨论的发生在全球南方因大规模土地征购而引起的被迫迁移，第三章中将讨论的因债务遭金融操控而引起的被迫迁移，以及第四章中将讨论的因灾难性的气候变化而出现的被迫迁移。

2011 年年底——目前可获得的联合国难民署的最新综合统计数据就截至该年，因世界各地各种持续或新型冲突而引起的被迫迁移者，其总数已达到 4 250 万人。全球被迫迁移者总数已连续五年超过 4 200 万人。“被迫迁移者”这一分类涵盖几种不同的人群。2011 年，其分布为：1 520 万人为难民（其中联合国难民署负责管理 1 040 万人，剩余 480 万人则由联合国巴勒斯坦难民救济工程处负责管理），2 640 万人为境内流离失所者，89.5 万人为申请庇护者（作为跨境难民的被迫迁移者），其中最后一类中近 1/10 发生在南非。在 2011 年的数据中，我需要强调三个令人担忧的增长趋势。一是因战争冲突或迫害而造成的新增被迫迁移人口达 430 万。二是前文提到，申请庇护者总数已达到 89.5 万人，这创下了十余年来的新高。三是境内流离失所者新增 350 万人，较 2010 年增长 20%。

接下来，我将深入细致地对这些趋势进行检视，以期发现上述结果是如何产生的。

造成大规模的被迫迁移

在 2011 年共计 4 250 万人的被迫迁移者中，联合国难民署负责管理 3 540 万人，其中，难民和境内流离失所者共计 2 590 万人。较之 2010 年出现较大幅度增长的大部分原因是阿富汗、科特迪瓦、利比亚、南苏丹、苏丹和也门的武装冲突而造成居民被迫迁移。2011 年，阿富汗依旧是最大的难民来源国。平均下来，差不多每四名难民中就

---

① 联合国难民署对于被迫迁移者的类别术语汇编，见联合国难民署 2012b。

有一人来自阿富汗，其中，95%的难民正在巴基斯坦或伊朗寻求庇护。伊拉克是第二大难民输出国，难民超过140万人；排在第三位的是索马里，难民近110万人；其次则是苏丹，50万人；刚果（金），49.15万人。

在过去至少五年中，共有710万人过着流亡的生活——这是联合国难民署受托难民总数的3/4。根据联合国难民署的定义，长期流亡情形是指至少有2.5万名来自同一国家的难民在长达五年及以上的时间内处于流离失所的状态。这是人权人士极为关注的状况之一：他们提出了“难民仓库”（refugee warehousing）这一术语，用于描述处于难民营或其他隔离居住区内，流动受限、被迫闲散、毫无自主权所造成的长期影响。① 这些被驱逐的人或许再也无法重获安定的生活。

表1.5提供了2011年不同类别的全球被迫迁移者的数量情况。表1.6展示了境内流离失所者新增数量最多的国家。表1.7概述了2011年境内流离失所趋势的一些关键事实和数据。最后，表1.8将被迫迁移者寻求庇护的国家或地区，按照其所在洲别进行了划分。图1.21按照庇护国家及被迫迁移者的类别对这些数据进行了可视化处理，从而得以在一张世界地图上呈现境内流离失所者的情况。这些数据并未将2011年后激增的难民数量纳入统计，特别是因叙利亚冲突而引起的难民数量上升。

表1.5　联合国难民署负责管理的全球被迫迁移者，2011年

被迫迁移者的分类	总人数（百万人）
难民	10.4
寻求庇护者（未决案例）	0.9
已返回难民	0.5
接受难民署保护/援助的境内流离失所者	15.5
已返回境内的流离失所者	3.2

① Smith 2004；另见 Hovil 2010；Long2010；Kaiser 2010。

续 表

被迫迁移者的分类	总人数（百万人）
在难民署无国籍授权下保护的人	3.5
其他	1.4
总计	35.4

数据来源：联合国难民署，2012b

表 1.6　境内流离失所者公布数量最多的国家，2011 年（单位：千人）

国家	2011 年年初	2011 年年末	变化率（%）
阿富汗	351	448	27
阿塞拜疆	592	599	1
哥伦比亚	3 672	3 888	6
科特迪瓦	517	127	−75
刚果（金）	1 721	1 709	−1
伊拉克	1 343	1 332	−1
肯尼亚	300	300	0
巴基斯坦	952	452	−52
索马里	1 463	1 356	−7
苏丹	1 526	2 340	53

数据来源：联合国难民署，2012b

表 1.7　有关被迫迁移者的关键事实和数据，2011 年

2011 年年底，境内流离失所者总数	1 550 万人
影响最严重的区域	非洲（700 万境内流离失所者）
2009 年境内流离失所者相对增长最高的地区	南亚和东南亚（年增长率为 23%，从 250 万人增至 430 万人）
被认定为境内流离失所者的人数超过 100 万人的国家	5 个：哥伦比亚、刚果（金）、伊拉克、索马里、苏丹
2011 年年底，至少 20 万人被认定为境内流离失所者的国家	14 个：阿富汗、阿塞拜疆、哥伦比亚、刚果（金）、格鲁吉亚、伊拉克、肯尼亚、缅甸、巴基斯坦、塞尔维亚、索马里、南苏丹、苏丹、也门

续　表

2009 年间，至少 20 万人返回境内的国家（按照规模排序）	6 个：巴基斯坦、刚果（金）、乌干达、苏丹、肯尼亚、菲律宾
2009 年新增被迫迁移者的国家	23 个
大部分境内流离失所者处于长期流亡状态的国家	至少 34 个
几乎所有境内流离失所者都在特定区域居住的国家	3 个：布隆迪、乍得、乌干达
城市地区出现境内流离失所者的国家	至少 48 个
出台解决境内流离失所者的法规和政策的国家	16 个

数据来源：联合国难民署，2012b

表 1.8　按庇护国家/地区分列的被迫迁移者数量估算，2011 年（单位：千人）

庇护/居留国家或地区	难民总计[a]	接受联合国难民署援助的难民	寻求庇护者	接受难民署保护/援助的境内流离失所者[b]	已返回境内的流离失所者[c]	在难民署无国籍授权下保护的人[d]	其他[c]	受关注人群合计
非洲	2 924	2 562	391	6 961	2 196	21	174	13 054
亚洲	5 104	3 302	83	4 254	1 048	2 759	1 132	14 526
欧洲	1 534	91	313	370	1	697	104	3 021
拉丁美洲及加勒比地区	378	101	50	3 888	—	—	—	4 316
北美洲	430	—	54	—	—	—	—	483
大洋洲	35	2	5	—	—	—	—	40
合计	10 405	6 058	896	15 473	3 245	3 477	1 412	35 440

数据来源：联合国难民署，2012b

注释：

a. 包括与难民类似处境的人群

b. 包括与境内流离失所者情形类似的人群

c. 指在该日历年返回原籍地的难民

d. 指按任何国家的国内法律不被承认为本国国民的人。这一类涵盖法律上、事实上没有国籍，以及无法确立国籍的人

e. 指不一定属于某一个其他类别，但难民署或可出于人道或其他原因向其提供保护和/或援助的人群

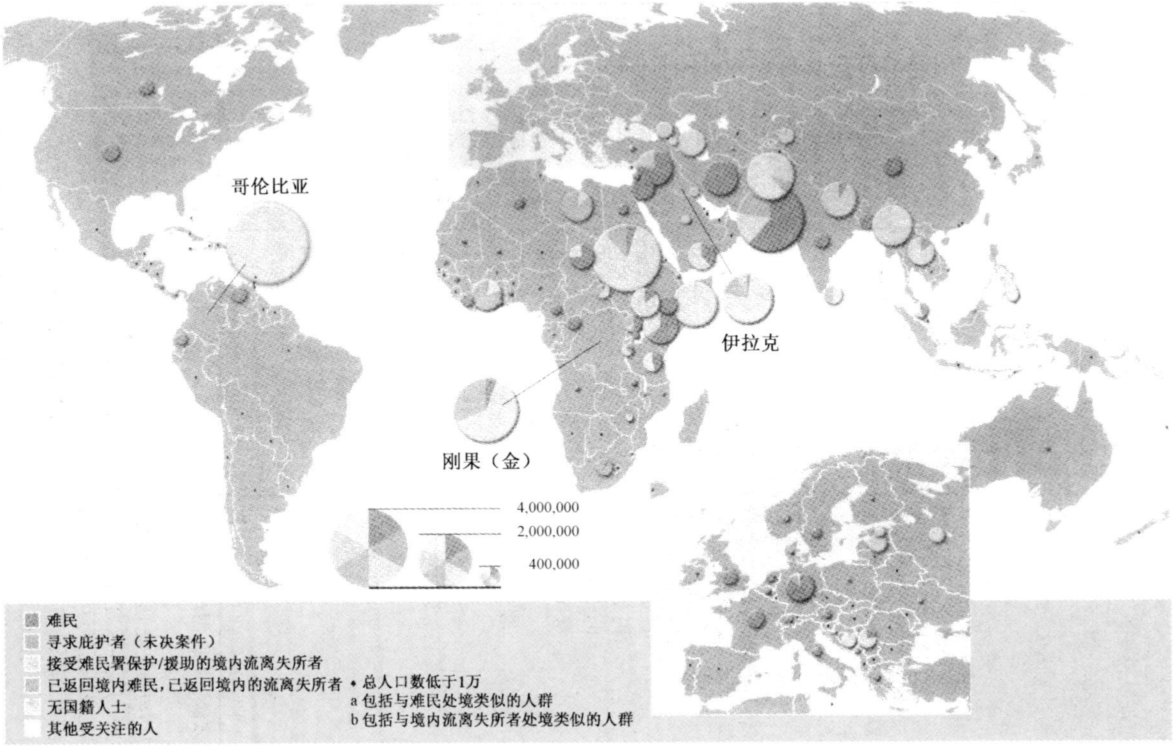

图 1.21　联合国难民署关注的总人口数，按庇护国家及被迫迁移者类别展示

肩负庇护被迫迁移者的重担

如以上数据所示，全球 4/5 的难民由全球南方国家收留。近 500 万的难民生活在人均 GDP 低于 3 000 美元的国家内。发达程度最低的 48 个国家庇护了约一半的难民。2011 年，巴基斯坦、伊朗和叙利亚三国收留的难民人数最多，分别为 170 万人、88.65 万人和 75.54 万人。在全球北方国家中，德国接纳难民人数最多，总数超过 50 万人。

较之全球北方国家，难民对全球南方国家造成的经济负担则更为严重。巴基斯坦的负担最重，人均 GDP 1 美元对应的难民数是 605 人，随后是刚果（金）和肯尼亚，分别是 399 人和 321 人。相比之下，德国的经济负担很轻，仅为 15 人。显然，即便难民人口造成的社会负担较重，其带来的经济负担也可能是很轻的。

联合国难民事务高级专员安东尼奥·古特雷斯（António Guterres）将这一难民接纳的失衡状态归因于发达国家长期以来的排外心理。在一份声明中，他说道，“工业国家对难民潮的恐慌往往被夸大了，或是和其他移民问题混淆在一起”，因此，“发展中国家不得不肩负起这一重担”。①

对被迫迁移关键动力的再概念化

当全球大部分被迫迁移者继续因为持续或新兴政治冲突而不得不背井离乡时，由环境灾难引起的驱逐也在增多。② 贫困、政治冲突等因素，其本身不仅可以驱动造成驱逐的全球动力机制，同时也会强化环境灾难对全世界穷困人群的影响。孟加拉国和莫桑比克即为两例。

---

① Brothers 2011；UNHCR 2012a，2012b.

② 除去联合国难民署的报告，本节环境方面讨论所使用资料包括 Calhoun 2004；Pender 2008a；Lechie et al. 2011；Warner，Dun，and Stal 2008。

众所周知，孟加拉国是最易受到飓风和洪水影响的国家之一，并且，近年来，这两种灾害在发生频度和严重程度上都有所增加。目前，世界上约有 4 000 万人口生活在受到海平面上升威胁的沿海地区，根据估计，至 21 世纪 30 年代，约 3%的沿海土地将被淹没，至 21 世纪 50 年代，这一比例将达到 6%。伴随着气候变迁加剧，因海平面上升造成的土地面积减少，预计将对生活在沿海地区的人造成更具灾难性的影响。海平面上升将使得洪水的袭击愈发频繁，风暴潮的强度加剧，并导致沿海地区遭受盐水入侵；这会破坏农作物并污染饮用水。对于生活在沿海地区的社区而言，盐水入侵将导致大量耕地肥力下降，并污染人畜饮用水，造成日常生活难以为继。因此，这已构成当地社区面临的重大问题之一。除去这一迫在眉睫的沿海灾难外，内陆地区严重的干旱与洪水也是造成暂时性和长期性被迫迁移的重要原因。根据估算，孟加拉国内共有 650 万居民已迫于气候变化而不得不离开家园，而这一数字仍将持续增长。

在少数几个遭受土地荒漠化与海平面上升威胁的国家中，莫桑比克即为其一。2001、2007、2008、2010 及 2012 年，该国都遭受了大洪水的袭击。相对而言，在安置因气候灾难而导致的被迫迁移者这一问题上，莫桑比克算是成功的。但是，正如联合国移民研究报告指出的，虽然通过安置，居民远离了大洪水带来的各种自然灾害，但却可能导致新的环境、社会、经济难题的出现。自耕农和渔民与河岸地区肥沃的土地相隔绝，不得不待在地势较高的旱灾易发地区。就算可以定期返回故地，他们也不太可能继续持有土地所有权，维持原先自耕农的生活方式。他们愈发依赖“政府和国际援助”①。正如同孟加拉国一样，因气候变化导致谋生手段的丧失，也是莫桑比克出现被迫迁移的重要驱动力。

极端贫困，大规模的被迫迁移，环境灾难以及暴力冲突，这些全球动力机制共同创造出程度前所未有的社会驱逐。这在全球南方国家

---

① Warner, Dun, and Stal 2008（着重部分由本书作者标明）。

中表现得尤为突出，然而，尽管具体形式并不相同，在当下的全球北方国家中，以上种种亦初现端倪。

监禁作为一种驱逐

想要全方位地体悟我们所经历的发达资本主义的精微玄妙之处，我们必须将驱逐的最后一个动力机制纳入考量：监禁人口的快速增长。当发展至极限时，它将变成全球北方国家对剩余劳动力人口的一种野蛮的驱逐形式，特别是在美国；在英国也愈发普遍。从全球视角来看，我们可以发现大规模的监禁人口、被收容所像“仓库”一般储存的难民、被迫迁移人口两两之间存在着的系统性共振。以上三者均释放了如下信号，即一个更大的驱逐的基础动力机制正在出现，它正通过浩繁的地方性事实和系统性地点而显露出来。这些浩繁的基础性事实，以及针对这些主题的各种不同的专业化研究领域，使我们可能忽视了概念化尝试，即它们之前存在着系统性类似。从我的解释性角度而言，它们实际上是超越现有分类，具有概念隐蔽性的深层次趋势的多元化地方性形式。

大规模的监禁长期存在于极端独裁政体之中。但是今天，大规模的监禁也与发达资本主义密不可分了，即使是通过犯罪而产生形式上的连结。就大多数监禁人群而言，他们多为无业群体，或是在现今时代条件下难以就业的群体；二十年前，状况尚未发展至此，囚犯有更大的机会被认为可以恢复正常生活，并值得拥有一份工作。在这个意义上，当下美国和英国的囚犯监禁制度正在促使一个处理剩余劳动力的当代版本的产生，而这在现代资本主义的野蛮发展初期极为常见。

虽然监禁是一个由来已久的现象，但是今天，它却发展到了新的数量级，其制度空间也愈发多元化，如私营监狱的产生；当我们看待当下的监禁现象时，我们可以发现以下三个趋势。① 最为突出的是监禁人数的上升，这一趋势在愈来愈多的国家中变得明显。美国是最为显著的案例，并且就这点而言（再一次地），它告诉我们事态可以发展得多么严重。在过去的四十年中，美国收监人口总数增长了六倍。美国共关押230万人口，占全球关押人口总数的25%，人数位列世界第一。第二个趋势是全球处于长期矫正监管状态的人数的激增。单单在美国，就另有500万人处于缓刑或假释状态，这意味着他们实际上成为了二等公民，在就业和住房问题上都困难重重。第三个则是监狱与监狱业务的私营化趋势愈发明显，这在美国发展得最为充分，同时也在越来越多的国家中发生。监狱私营化在不同领域中展开，包括治安、法院、社区监管（电子监控）、假释、缓刑、提前释放人员的中途住宿等多元领域。

在这三个趋势的测量上，全球数据所采用的标准与涵盖的范围并不一致。对于收监人口的测量，往往并不纳入假释人群或处于隔离监管状态的人群。在种种掩饰下，监狱外的隔离监管正成为一种重要的社会排斥机制。当发展至极致时，它将成为社会排斥的另一重要机制。类似地，全球兴起的监狱机构各个方面的私有化进程，从监狱本身到监狱业务，亦难以进行跟踪测量。私营监狱设施的现有数据以美国这一领头国家为主，随后则涉及一系列设立初衷不同、发展阶段各异的

---

① 虽然本节主要关注监禁如何成为一种驱逐动力，但值得注意的是，作为语言的“放逐”已经被市长及警察局长等运用到当下，以试图推动排斥性的监禁政策升级。2012年夏，多伦多市长正试图寻求将遭持枪指控的人群驱逐出该市的方法，包括运用移民驱逐出境法律。为了证明其提案的正当性，他解释道，“我不管你的肤色如何，白的、粉的或是紫的。我不管你来自哪里。我也不管你是否是加拿大公民。我要说的是，如果你被捕时携带枪支或因枪支犯罪被定罪，你就得离开我们的城市”（CBC 2012a，2012b）。2013年1月，乔治亚州亚特兰大市的警察局长提出了类似的放逐政策，这一次是针对那些因卖淫而被判罪两次以上的人。

国家，包括墨西哥、新西兰、秘鲁、南非和英国。①

为了理解这一借由监禁而实现的新兴驱逐形式，我将首先分析全球语境下的美国监禁状况，然后更加详细地分析过去四十年中监狱私营化的兴起。

全球语境下的美国监禁状况

目前，每 100 个美国人中就有 1 人被关在州立监狱或联邦监狱里，或是被拘押在地方监狱内候审。② 如果算上缓刑或假释人员，总数将高达 700 万人——即每 31 个美国人中就有 1 人。如果再算上那些有过被捕或犯罪记录的人群，总数将达到 6 500 万人——即每 4 个美国人中就有 1 人。美国刑事司法体系现已涉及总人口的 1/4，这与大多数全球北方国家相比，是非常极端的。如果要论证美国这一非比寻常的表现的话，急速增长的政府监狱和私营监狱的综合体极可能是一证明。美国的监禁率不仅位居全球首位，路易斯安那州也是全世界的监狱之都，大约每 55 个州民中，就有 1 人身陷囹圄。

对美国各州逐个进行犯罪率分析，可以清楚地发现，“监禁潮”在各州相当不一致；这也使我们注意到，当对全球各国进行分析时，我们需要更为细致地处理国家内部的政治-法律分类。美国南部的路易斯安那州、密西西比州、俄克拉荷马州、阿拉巴马州以及德克萨斯

① 本节监狱私营化所使用的资料包括：United States，Guerino，Harrison，and Sabol 2012；Mexico，McCleskey 2012；New Zealand，Cheng 2012；Peru，Associated Press 2010；South Africa，eAfrica 2005；United Kingdom，Her Majesty's Prison Service n. d。另见 Nigeria Intel 2012；Home Off ce 2012；Moir 2013；Zarchin 2009；Sudbury 2005；Prison Population around the Globe 2008；Prison Reform Trust 2013。

② 本节的资料来源：Pew Center on the States 2008，2009；Rodriguez and Emsellem 2011；National Prisoner Statistics Program 2013；Parenti 2008；Pager et al. 2009；Herivel and Wright 2003；Gilmore 2007；Western and Pettit 2010。

州的监禁率全国领先，新罕布什尔州、马萨诸塞州、罗得岛、缅因州的监禁率则垫底。监禁率较高的州往往被描述成受到地区性犯罪倾向的困扰。更确切地说，这些州在行政法规和行政安排上具有共同点，如审前拘留时间较长，大多实施重刑法，提前获释的希望渺茫。高监禁率的州还具有另一个共同特点：营利性监狱和营利性监狱业务的激增。

在刑事司法制度组织和运行的一系列变量中，国际监狱学研究中心（International Centre for Prison Studies）又加入了一些变量，以此凸显全球视角中的美国监禁状况的特殊性。根据 2011 年发布的"世界监狱人数名单"（第 9 版）的估算，全球共有超过 1 010 万人处于各种惩教机构内，多为审前羁押人员、还押候审人员或已判刑人员。① 这一统计不包括七个数据无法取得的国家。需要注意的是，这一名单并未将各国间的监禁制度安排差异作为控制变量，而这可能在整体数据呈现上造成了显著的不同。变量不包括：所有的审前羁押人员和青少年犯人是否都在监狱管辖之下，监狱是否被用来安置精神疾病患者以及药物、酒精上瘾者。并且，那些不受监狱管辖而处于某种拘押状态的人——如美国 500 万处于缓刑或假释状态中的犯人——一般不在官方统计数据之内。

尽管存在以上偏差，国际监狱学研究中心还是对全球监禁人口趋势做出了几个关键性的总结。其中之一就是"全球收监人口中有近半数位于美国（229 万人）、俄罗斯（81 万人）和中国（165 万被判刑囚犯）"，另有 65 万人处于中国的各种拘留中心内。如图 1.22 所示，从 2000 年至 2010 年，美国收押于私营场所的州囚犯和联邦囚犯总量正在稳步上升。

如果基于美国 700 万处于各种矫正监管状态下（看守所羁押、监狱内服刑、缓刑、假释）的人群来估算其全球对等规模，则更具挑战

① Walmsley 2011；Roth 2006；Snyder 2011；Alexander 2010；Amin 2012.

性。假释制度在全球范围内并未广泛使用；它主要是西方富国采取的一种司法程序。另一方面，穷国更倾向于将更多的人拘押候审。2008年，国际监狱学研究中心对全球五大洲内审前羁押人员以及还押候审人员进行了一项分析。据其估算，全球共有250万人处于审前羁押状态。在利比里亚、马里、海地、安道尔、尼日尔和玻利维亚，监狱人口总数的75%以上正处于候审状态。2008年，作为实践其倡议“权利与正义”的行动之一，开放社会基金会（Open Society Foundations）发起了一项针对审前羁押的全球运动。据其估测，每日约有300万人被羁押候审，若排除重复计算的个人，每年将达到1000万人。①

私营监狱

为美国庞大监禁体系夯实基础的营利性监狱和营利性监狱业务的激增，让我们得以一窥这一体系中到底掺杂进了什么。②

谈及美国，历史学家通常将私营监狱这一概念追溯至罪犯劳役租赁制度，该制度的出现是和美国废除奴隶制后的“黑人法典”（Black Codes）联系在一起的。但是，这些分散的、私人承包的矫正所的兴起，则毫无疑问地是一个21世纪的产物。早在20世纪70年代，私企开始接手中途住宿服务，此时美国正因药物犯罪而面临监禁率的快速上升；公共监狱开始容纳不了不断增加的囚犯。20世纪80年代，通过与美国移民及归化局（Immigration and Naturalization Service）签

---

① 时代琐闻报的一队记者明确了这些数字。完整系列报告共由八部分组成，网址为：www. nola. com/prisons/。另见 Chang 2012, “In World of Prisons, Some Rural Parishes' Economies Hinge on Keeping Their Jails Full”, www. nola. com/crime/index. ssf/2012/05/in _ world _ of _ prisons _ some _ rural. html; www. opensociety foundations. org/sites/default/fles/socioeconomic-impact-pretrial-de tention-02012011. pdf。

② 本节对于美国私营监狱的分析采用了以下研究发现和相关数据：McDonald 1992; Harding 2001; Austin and Coventry 2001; Mason 2012; Kirkhan 2012。

署的一项关于羁押无证移民（undocumented immigrants）的协议，私企将触角延伸至“矫正连续体（correctional continuum）的‘软性’一端”。

1984年，美国矫正公司（Corrections Corporation of America）成为美国第一家私营监狱运营公司，获得了在田纳西州哈密尔顿县运营一整个私营监狱的机会。几年后，沃肯赫特矫正公司（Wackenhut Corrections Corporation，杰欧集团 Geo Group 的前身）成立。至20世纪90年代，美国矫正公司和沃肯赫特矫正公司均将目光投向了海外市场，力争影响政府政策，以及/或者获得英国、澳大利亚和法国的监狱合同。根据2001年美国司法部报告的估算，世界范围内共有184个私人承包的矫正所，共关押132 346人。其中158个位于美国，分布于30个州、波多黎各以及哥伦比亚特区，但主要集中于南部和西部地区。余下的26个中，10个位于英国，12个位于澳大利亚。

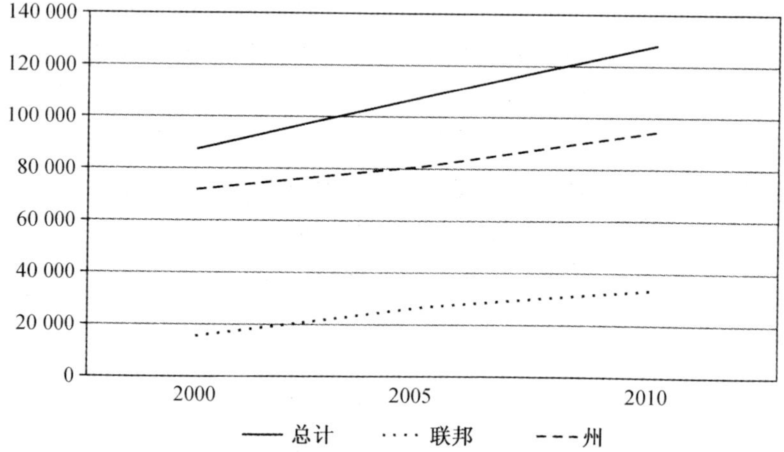

图 1.22　收监于私营场所的州囚犯和联邦囚犯人数，2000年至2010年
数据来源：Guerino，Harrison，and Sabol 2012，附表19

在21世纪的头十年中，美国的私营监狱继续呈现激增之势，其增长比率与美国收监人口数量的总增长率大致相当（见图1.22）。2010

年年底，各类私营矫正所共收押了 128 195 个州囚犯和联邦囚犯。以 2010 年 12 月 31 日计，共有约 16%的美国联邦囚犯（33 830 人）和近 7%的州囚犯（94 365 人）被关押在此。表 1.9 提供了 2000 年、2009 年以及 2010 年被关押在私营监狱的州囚犯和联邦囚犯的地区分类明细。至 2010 年，已有 30 个州的监狱具有了相当程度的私营化，并且，在七个州内，超过总数 1/4 的囚犯被关押在私营监狱内。

表 1.9　2000 年至 2010 年，关押在私营监狱的州囚犯和联邦囚犯数量，按照私营监狱内收押人数最多的地区和州分类

地区	2000	2009	2010	占全部囚犯的百分比（2010）
美国总计	87 369	129 333	128 195	8.0
联邦	15 524	34 087	33 830	16.1
州	71 845	95 246	94 365	6.7
东北地区	2 509	5 423	5 301	3.0
新泽西州	2 498	2 950	2 841	11.4
宾夕法尼亚州	0	920	1015	2.0
中西部地区	7 836	4 895	5 885	2.2
印第安纳州	991	2 479	2817	10.1
俄亥俄州	1 918	2 195	3 038	5.9
南部地区	45 560	58 737	60 491	9.2
佛罗里达州	3 912	9 812	11 796	11.3
德克萨斯州	13 985	19 207	19 155	11.0
西部地区	15 940	26 191	22 688	7.3
亚利桑那州	1 430	8 971	5 356	13.3
新墨西哥州	2 155	2 822	2 905	43.6

数据来源：全国囚犯统计计划 2013

到了 2005 年，虽然无法匹敌美国的发展水平，但是通常以公私合作形式出现的监狱私营化已经在各个大洲出现。① 劳拉·麦克泰格（Laura·McTighe）分析了公共服务国际研究组（Public Services International Research Unit）发布的一系列有关监狱私营化的情况通报，发现在2005年存在如下模式和情况：

• 在欧洲，决定建立私营监狱或允许私人企业进入该领域的国家是比利时、捷克共和国、法国、德国、匈牙利、爱尔兰和英国。法国在30家矫正所内实施的公私合作运营十分出名，为其未来向营利性青少年拘留所的扩张提供了蓝图。英国允许私人领域进一步介入其监禁制度，包括开启一项私营化的电子监控计划。这一扩展着力于应对日益增加的媒体对于私营监狱破旧条件的关注。匈牙利开始建设一个拥有700张床位的私营监狱，同时计划于2007年将第二个私营监狱投入使用。捷克共和国的第一个私营监狱也在酝酿之中。爱尔兰起草了第一份私营监狱计划，有九个私营法院投入使用，并将其电子监控私营化，将两个空置监狱改造成营利性的中途住宿点。德国和英国信佳公司（Serco）签署了一个五年合约以提供心理、医疗和教育服务，视频监控、餐饮中心、讲习班和设施管理服务；信佳公司协同其他公司为300名囚犯提供产业工作。希腊圆满完成了在一年内新开六家监狱的任务，并且通过了一项为未来公私合作关系提供框架的新法规。

• 在亚太地区，以色列、泰国、俄罗斯和中国香港于2005年开始发展私营监狱。以色列签署了首份私营监狱合约。泰国对监狱私营化进行了可行性研究。俄罗斯经济部将私营监狱的建设纳入考虑，并以此解决其现存监狱系统现代化改造估计所需的90亿美元费用。中国香港特别行政区政府则出访英国，考察其公私合作的监狱项目。

• 在非洲，南非已有两个私营监狱成功运营一年，四个新监狱正在建设之中。由非盟（African Union）管理的致力于经济发展的“非

① 本节基于以下相关研究：McTighe 2012，2013；Public Services International Research Unit 2005a，2005b，2005c，2005d；Peralta 2011。

洲新伙伴合作计划”（New Partnership for Africa's Development）的领导人越来越将南非视作一个典范——带动监狱以及其他陷入困境的公共服务部门向私营机构融资的典范。

• 在澳大利亚和大洋洲地区，美国杰欧集团失去了在新西兰的唯一一份私营监狱合同，而且日益因为矫正等相关问题受到澳大利亚当局的调查。然而，2005 年年末，澳大利亚不仅将新南威尔士的警察局私营化了，并且将一个新的全国性私营监狱游说团体迎入国内。

• 在南美洲，厄瓜多尔的内政部长倡议加速扩张监狱私营化，而哥斯达黎加的宪法法院则组织该国与设立于犹他州的公司签订私营监狱合约。

• 在北美洲，加拿大在私营化上迈出了重要一步，将监狱监管外包给一家私企。

从几个原因来看，这一对全球私营监狱扩张的全年速写都是充满启发性的。许多研究已经对美国监狱私营化进行了讨论，然而，进入21 世纪以来，营利性监狱毫无疑问地成了一个全球现象。许多引领美国监狱私营化浪潮的企业，其多达 20%的利润总额来自海外监狱合约。并且，这一全球速写有助于阐明用来引入私营化的法律与立法机制，以及私人融资得以繁荣的各式各样的监狱环境。因此，对世界范围内私营监狱进行分析时，如果仅仅关注那些关押已判刑人员或审前羁押人员的监狱，则会导致对一些核心发展的忽视。例如，私营化在法国已扩张至少年拘留所，在爱尔兰已扩张至中途住宿，在英国和加拿大已扩张至电子监控计划。除去这些专业化的营利性场所和矫正监管策略外，我们还可以发现，监禁体系内的服务外包也愈演愈烈，如将卫生保健、教育、餐饮和运输等服务外包给营利性企业，德国即为一例。这一从公共监狱向私营监狱的演化，大多是通过议会辩论和立法程序得以启动，如希腊、俄罗斯、中国香港地区和厄瓜多尔。最后，私营监狱运营企业的游说功夫往往用来扩张私营化，即便（并且尤其）是媒体和独立监测部门拿出证据，指明私营监狱设施不当，澳大利亚便是一例。

和普通的私营企业一样，美国的私营监狱和私营监狱业务企业也同样谋求目标的实现（见图1.23）。在2010年选举周期中，两大主要私营监狱企业自2000年以来在华盛顿特区的竞选捐赠已达到几百万美元，在州一级金额总数甚至更高。在将私营化视为有效率的经济体中，要为私营监狱进行辩护是很容易的。然而，监狱是非同一般的营利手段。① 利润来源于保持监狱满员，以及出售州立监狱业务。事实上，确实有相关证据表明，在实现监狱满员和利润增长的过程中存在着贿赂行为。以下可能是一个极端的案例：宾夕法尼亚州最高法院于2011年推翻了法官马克·夏瓦瑞拉（Mark Ciavarella）经手的约4 000个案子，给予这一“孩子换金钱”的法官以沉重一击。该法官收受了私营青少年拘留中心开发商100万美元的贿赂，作为回报，其在随后的审判中将青少年送入这些拘留中心内。② 虽然严重程度可能不及此例，但在美国，这些例子不胜枚举，成为保持监狱满员的重要推动力：即使罪行较轻，也被判较长刑期；“三振出局”法的立法（对于犯第三次重罪的累犯，判处终身监禁）；老年人及残疾人入狱可能性的提高。以上种种连同其他措施导致了监狱人口的膨胀，由此带来对监狱床位的更大需求；同时，直接或间接地，带来对私营监狱与监狱业务的更大需求。尽管存在种种公然违背公义的行为，但是私营化的神话尚未被动摇，依旧被认为可以降低成本、增加安全。

除去监狱、拘留所、青少年拘留中心、中途住宿、电子监控计划以及监狱业务的私营化，许多跨国企业都在监狱内设立了卫星工厂。这多是由营利性监狱合约推动的，如在德国便是如此；英国信佳公司接管了监狱的大部分运作。根据联邦政府监狱管理局（Federal Bureau of Prisons）的规定，只要身体条件允许，所有服刑人员必须进行工作。不同监狱内的任务分配并不同，但工作酬劳都很微薄，从每小时12美分到40

① Sassen 2008c，第四章。

② Peralta 2011.

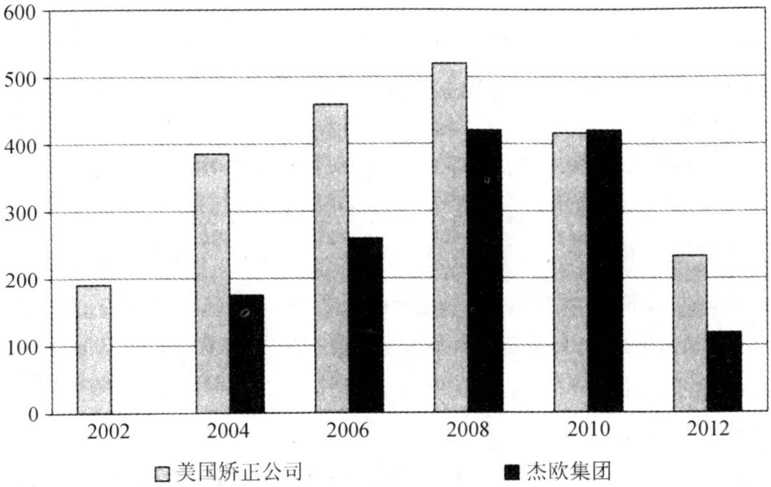

图 1.23　华盛顿竞选捐赠（以千美元为单位），2002 年至 2012 年
来源：Kirkham 2012

美分不等。受雇于“联邦监狱产业”（Federal Prison Industries）项目的囚犯的酬劳稍高，从每小时 23 美分到 1.15 美元不等，其工作则包括生产金属零件、家具、电子元件、纺织品和制图等。其中，高达一半的收入需要用于支付法院判定的罚金、受害者补偿、囚犯子女托管，以及其他各类经判决需支付的金额。①“联邦监狱产业”成立于 1934 年，归美国政府所有，致力于向联邦囚犯提供工作技能培训，让其能够为联邦政府工作；这一安排和使用监狱劳动力的企业很不一样。私企可以通过以下几种方式从低酬劳的劳动力中获利：（1）直接使用监狱劳工从事手工业及服务工作；（2）通过与其他公司签订合约，以购买囚犯生产的产品或服务；（3）投资那些让全球惩戒体系不断扩张的私营

① 对于将监狱作为工资异常低廉的劳动营之用，见 Federal Bureau of Prisons n. d.；McCormack 2012；Summerill 2011。另见时代琐闻报 2012 年对路易斯安那州监禁制度的八部分系列报道“How We Bult the World's Prison Capital,” atwww. nola. com/prisons。

监狱。可获得的证据表明，大多数从监狱劳工中获利的企业，包括雪佛龙（Chevron）、美国银行（Bank of America）、美国电话电报公司（AT & T）、星巴克（Starbucks）以及沃尔玛（Walmart）采取的都是第二种模式。

在美国的监狱和拘留所内，囚犯本身越来越多地成为被买卖的商品。这是通过政府资助监狱的方式转变而得以实现的：从支出报销制度到每日固定税率制度；后者是指一个监狱每日每看管一名囚犯，将会获得固定金额的政府拨款。近来，许多州立监狱系统都从支出报销制度全面转向了每日固定拨款制度。这一做法也逐渐向地方拘留所蔓延：新奥尔良市是美国首个凭借每日固定拨款制度来负担地方拘留所经费的主要城市。

直至19世纪80年代，美国内政部（Department of the Interior）与法警署（U. S. Marshals Service）是美国境内各级别监狱内（包括地方拘留所）的联邦囚犯的主管部门。从历史角度而言，美国法警署负责将联邦囚犯收押在各个监狱内，包括地方拘留所。每日拨款制度可追溯至那时——当联邦政府开始向州立监狱与地方拘留所“租用”床位用来关押联邦囚犯时。然而，那时候这些联邦囚犯显然是例外。如果我们想要了解在当下发达资本主义阶段为何大规模的监禁成为一种如此强大的驱逐工具的话，这一点便是需要强调的。

看起来，这似乎不过是一个后勤上的转变，即州政府或地方政府在报销监狱运作支出费用上的转变。然而在实际中，按照关押人数而非实际监狱运营开支来报销支出，将会带来一种有悖常理的动机，即关押更多囚犯，关押更长时间，并由纳税人来买单。如果一个囚犯被关押时间恰好达25个小时，那么监狱或当地警长办公室将会得到两日的报销款。当支付了基本的日常运作开支后，余下的一分一毫就都变成了警长的油水。（相反，有人会提出以下假定，如果运作开支是底线的话，那么理想的状态则是关押更少的囚犯与更短的时间，并且这将意味着可以较少动用纳税人的金钱。）除了目前所讨论的监狱私营化的动力机制外，将大批监禁人群“仓库化”而实现的利润生产能力通过许多关键性的途径而发挥得淋漓尽致。比如现有大量而充分的资料表明，路易斯安那州乡村教区的警长通过在不同的监禁场所内交换囚犯的方式而保持满员状态，从而使得报销金额可以尽可能的高。

结论：掠夺性形构

本章篇幅较长，又涉及多个不同的议题，因此，一个简短而有力的总结是很有必要的。串联这些不同议题的一个命题是：20 世纪 80 年代以来，将人们从经济与社会中驱逐出去的动力机制出现了强化趋势，并且，这些动力机制现在已根植于这些领域的正常运作之中。结果之一就是被标准测量认定的经济的萎缩。我将其视作与前一时期的断裂——在世界部分地区是凯恩斯主义时期，在其他地区则是模式各异的共产主义政权时期。在这两种类型的政治经济体中，尽管存在着各种形式的社会排斥现象，但是系统倾向仍旧是吸纳人群，尤其是通过提供工作的方式。在这一意义上，这两者有别于我所认为的当下“后 20 世纪 80 年代”时期在许多不同政治经济体中盛行的动力机制（不过本章将大部分关注点放在全球北方的政治经济体中；第二章将集中讨论全球南方）。

领悟这些驱逐，意味着领悟相互混杂的多元状况与地方特殊性——简而言之，需要回到基础性的事实层面。为了达到这一目标，我使用了一系列既有数据，尽管我所探究的观点还有待建立。在这些既有数据中，每一个状况都为一个国家、一个部门所特有，并且都是在其特有框架下进行研究和概念化的。然而，在没有国家或部门特殊性介于其中的基础性事实层面上，每一个被检视的状况都内含一个驱逐的动力机制——以极端的失业、贫困、自杀、被迫迁移、监禁为特征。

除去关于每一种状况的经验性资料，串联本章的第二点是对国家内与跨国间的多元状况的概念化需求，其实现途径在于凸显不同部门和国家共有的较深层次的动力机制。全球北方的监狱和全球南方的被迫迁移者营地是不同的存在。希腊、意大利和印度的“长期失业”和小企业破产现象与“过量自杀”现象也并不一样。因被驱逐出国家经济的繁荣领域而发生的西班牙中产阶级迁出现象，也与因被驱逐出故土而产生的小型农场主迁移至城市贫民窟的现象不同。这些个案都各有特性，并都在现有数据的基础上，在其特有框架下进行了研究和概念化。在本章中，我努力试图去把握这些混杂的地方事件与特定意义的事实本身。然而，在没有国家或部门特殊性介于其中的基础性事实层面上，它们都指向了同一方向——将人们排挤出去。

就导致本章所检视的各种特定驱逐的混杂要素而言，我将其视作一种掠夺性的形构。这就是说，这些驱逐状况的出现，并不简单的是一个个人、一个公司或一个政府的决定或行为带来的结果。的确，这些决定和行为是重要的，但它们是一个更大的集合体不可或缺的组成部分，这一集合体由不同要素、状况以及互相加强的动力机制构成。自杀是一个非常个体化的行为，但是在特定地点和情境下的人口统计学意义上的“过量自杀”概念，则在一定程度上取决于一个由多种状况构成的更大的集合体。欧洲中央银行与国际货币基金组织的官员坚持通过削减基本服务开支、中等收入政府雇员裁员的方法来降低政府债务量。然而，我们并不能简单地说，国际货币基金组织和欧洲中央银行需要对本章讨论的各种极端后果负责任；这些强势的行为主体的决定是体制变革所构成的更大的集合体的一部分。借由“经济运行的正途”这一名义，这些变革得以落实，其想法可追溯至 20 世纪 80 年代，现在则在全世界广为传播。同样，本章所讨论的案例中，有些是由各种复杂知识和技术的应用引起的。然而，我们并不能简单地说这些知识和技术是这些极端后果的起因。

在每一种掠夺性的形构中，都有一种系统性逻辑在发挥作用。正是这一逻辑让我采用了“形构”的概念，而非简单地构想成具有决定权的强势个体和企业，以及承受苦果的全世界的人与地点的集聚。与先前时期相比——在市场体制经济体和共产主义国家里福利国家的兴起，这一逻辑的中心是一种扭曲。

最为清楚地表明这一系统性逻辑的，也许是私营监狱以及第二章中我所检视的土地征购案例。利润驱动的私营监狱和政府监狱并不相同。严格说来，后者是政府保护其公民远离实质性危险人物的义务之一。因此，既然它是由公民纳税支持的公共福祉，政府监狱的目的就应该是关押危险人物，并且监禁必要的时长：公民缴纳的税收不应该被用于无价值的收押与不必要的长时间监禁（虽然在实际操作中，这些要务——保护公民与明智使用公民税收——鲜有达到合适平衡）。当监狱变成一种企业业务时，其逻辑并不会和一个汽车旅馆填满床位有什么不同，这些目标是和政府监狱背道而驰的：关押更多的人，并监禁更长的时间。正如同我在本章中所检视的，私人营利监狱的激增，伴随的是对轻微罪行判处更长的刑期，监禁率的进一步增加。在这一过程的每一步骤中都存在决策者，但是他们都陷在系统逻辑的黏网之中。最后，虽然私营监狱是政府成本之一，但是，由于私营监狱增加了市场交易中可供出售的商品和服务，因此它们被描绘成国家 GDP 的有益补充；与此相反，政府监狱则被描绘成纯粹的支出。

这种掠夺性逻辑包含在多元要素构成的集合体之中，其中每一个要素只是更大的正式体制范畴的一小部分。这一逻辑正体现出我们所处时代的特色。在第二章中，我将关注这一系统性逻辑的另一组成部分：当一个企业或外国政府征购了一大片土地进行棕榈树种植以生产生物燃料时，它就驱逐了整个动植物群落、小农、农村工业体系等等。但是，这些全都变成了公司利润的上升与国家 GDP 的增长。此外，本书中所讨论的每一个掠夺性形构都让我们些许触碰到了眼下面临的一个更大挑战——一个超越了强势个体和机构的挑战。

第二章　新型全球土地市场

对世界的大部分地区而言，外国政府及企业对本地土地的征购已历时数百年。但是，从土地征购的多元历史与地理格局中，我们可以发现其中存在的特定阶段。一个重要的转折发生在 2006 年，其特征是外资土地征购数量快速增加，地域范围急速扩张，以及买家身份日益多元。据估计，2006 年至 2011 年间，超过 2 亿公顷的土地被外国政府及企业征购。被征购的土地大部分位于非洲，但现在越来越大的比重正出现在拉丁美洲，并在后二战时期第一次出现在数个欧洲和亚洲国家内，尤其是俄罗斯、乌克兰、老挝和越南。买家也愈发多元，包括中国、瑞典等不同国家，以及来自生物技术和金融等毫不相同的领域的企业。

对我的分析而言，尤为关注的是外资土地征购的总体水平和地理范围上所表现出的极度剧烈的变迁。它代表着一个长期趋势的中断，并且预示着一个更大的系统转折，一个超越了现存土地征购模式的转折。两大重要因素促成了土地征购的这一急剧增长。一个是对经济作物、粮食作物需求的不断增长。前者尤以用作生物燃料生产的棕榈树为甚；对后者的需求，仍主要来自于波斯湾地区国家与中国。另一个是对土地需求的不断增长。21 世纪初出现的全球食物价格激增，使得土地成为一种具有吸引力的投资，即便是出于投机性的原因。现在人人皆知，在2006年，主要银行已十分关切预示空前金融危机即将爆发的一些迹象。并非巧合的是，随后土地迅速成为投资资本的目的地，不仅因为土地的物质性（土地本身，而非土地衍生物），还因为土地构成了一种途径，借由这一途径，可以获得不断增加的商品种类（食物、经济作物、稀有地矿、水）。

外国土地征购也非一人成事。它需要依赖，并相应地刺激了一个巨大的全球土地市场的成型。它也使得同样巨大的基础性构造得以发展，这些基础性构造负责提供专业化服务，从而使得土地的销售与征购变为可能，并确保产权或租赁权，开发合适的法律工具，甚至争取立法以迎合主权国家内的这些收购行为。这一基础性构造，远不只是对收购行为进行支持而已。它不仅为外资土地征购提供了便利，还大力刺激了这一行为。这一日益复杂的专业化服务部门发明了合同和所有权形式的新类型，开发了各种创新性的会计、法律和保险工具。① 并且，随着这一专业化部门不断发展，它反过来也依赖于更多地征购外国土地来作为利润源泉。我们看到了大规模的土地商品化的发端，而这将可能导致仍被我们简单称作土地的这一商品的金融化。

大规模土地征购的足迹遍布全球。它具有如下特征：大量小农和乡村遭到微观驱逐，建于被征购土地上的种植园导致周边土地和水源因污染而引起毒性上升。被迫迁移者不断增加，越来越多的乡村人口迁移至城市的贫民窟内，乡村和小农经济遭受破坏的现象愈演愈烈，并且，长此以往，越来越多的土地将失去肥力，变成死土。当一个新的所有者/承租者——无论来自本国或是外国——征购了280万公顷的土地以种植制造生物燃料所需的棕榈树时，究竟会发生什么呢？大多数情况是这些农村地区的大量村庄、整个小农区以及全部工业运作都

① 在《不受管制的领土》（即将出版）一书中我讨论了这一主题。对于合同的研究，见 Cotula and Tienhaara 2013；Margulis et al. 2013；Pistor 2012；Shephard and Anuradha 2010；IFPRI 2009；Zoomers 2010。

将被驱逐出这片土地。有些人可能会收到补偿金，有些人或许会在条件对等的地区安置下来。但是，一般而言，损失远远超过各种补偿。最后，为了给单一栽培提供场所，动植物也被驱逐出来。以上种种带来的是土地和地球本身因养分丧失、昆虫多样性下降而劣化。数十年后，这些土地将变得贫瘠，被诊断为“死土”，正如同我们在中美洲、加勒比海地区以及非洲某些地区较早的种植园地区所看到的。长远来看，这些土地或许会恢复过来，但是这些被驱逐的农民及乡村工业从业者的后代则往往难以受益，反而发现自己身处大城市边缘拥挤的贫民窟内。

请允许我强调一点，不管是谁在什么地方征购土地，这一发展路径已成为常态。数以百万计的巴西小农被驱逐出他们的农田，这些农田被大片的以出口为目的的大豆种植园占据。开发商可能是国营公司、外国公司及个人。后果之一是，在原先虽然贫困但鲜有饥荒的地方出现了饥荒：大豆种植取代了黑豆，而后者正是当地贫农的收入与粮食来源。许多贫农别无选择，只能迁移至大城市的贫民窟。并且，大量的种植园造成周边区域土地遭受污染，毒性上升，导致大量以种植为生的家庭难以再在自家的小片土地上种植粮食，更进一步加剧了这一新型饥荒。

大规模外资土地征购背后的具体运作千差万别。我对这些具体运作很感兴趣，它们将主权国家领土转化至一种极为基本的状态——供行使用益权（usufruct）的土地。这一过程，至少间接降低了那些出售和出租土地的政府的身份。同样，对于农民、匠人、村庄、乡村工业区以及小农经济地区的驱逐，降低了当地人民的公民身份意义。并且，当矿场和种植园占据了那些空置的土地时，它们降低了水源和土地的品质。这些具体运作重组了民族国家的大片领土：在种植园的案例中，领土只不过是土地而已；在矿场的案例中，领土只不过是死土而已。

这些都是正在形成中的、不断加速发展的历史和地理事实。现在我们知道，这些过程所波及的规模，已使得数百万人遭受了深远影响。2006 年以来，大量土地征购的买家是外国政府和企业，这一事实对于身处这片土地的居民而言，也许会，也许不会被证明具有决定性影响。有些时候，土地所有国政府是出于对地方精英利益的维护而同意这些交易；其他时候，土地所有国政府只是单纯地屈服于压力与佣金收益。较之国内土地征购，研究者会发现外资土地征购较易追踪，因为其相关信息更有可能向大众公开。但是，大规模的国内土地征购亦在发生，其内涵与我所讨论的外资土地征购类似。本章所探索的是一个实证维度：外资土地征购的规模、地理格局、目的以及多元性。

这一实证性的检验旨在揭开事实真相，以此释放一个信号，即农村人口和土地可能面临的严峻后果。考虑到这一波土地征购是新近发生的现象，我们尚不能完全了解被卷入大规模土地征购漩涡的全部人民和土地会有如何下场；但我们已知的种种，足以让我们为此担忧。

债务作为一种约束机制：为土地征购奠定基础

经由国际货币基金组织和世界银行于 20 世纪 80 年代在大部分全球南方国家中推行的结构调整计划的明确目标及其意外后果，当下大规模的外国土地征购成为可能。除此之外，我们还可以加上世界贸易组织（WTO）于 20 世纪 90 年代以及 21 世纪初的需求，即以“自由贸易”为名取消进出口壁垒。这些相互夹杂的限制和需求，对尚未完全融入自由贸易和开放边界机制的政府产生了一种约束作用，而这一机制恰是大多数大型企业和强势国家所追求的。

他们的目标是使这些政府遵循当时正在形成的一套规则与附加条件，这些规则与附加条件最终被表达成不证自明的规范，用于对经济体进行适当管理，以实现一国对增长和繁荣的追求。在这些准规范（quasi-norms）中，较为人所知的是：控制通货膨胀，即使这意味着牺牲经济增长和就业，不惜一切代价地削减政府显而易见的浪费；支付债务，即使这意味着削减社会福利、医疗保健与基础设施的发展；以及全部基础服务职能的私营化，从电信业务到银行业都囊括其中。①通过国际货币基金组织和世界银行于20世纪80年代开始的结构调整计划，这些规范被强加于全球南方国家之上，与当今欧洲地区以“紧缩”为名的各类措施遥相呼应。

在我的解读中，要紧的并不只是造成苦难的债务偿还使得穷国政府负担累累这一事实，这在许多关于全球南方和欧元区的善意讨论中已有描述。同样要紧的是一个更大的要素集合体；在这一集合体中，债务发挥作用，并且债务作为一种动力机制也正在构建这一集合体。请允许我随后对此进行界定，而现在为求清晰明了，让我说得直白一些。即使是私营化并取消贸易壁垒，其本身也非破坏性的力量，而在弱势政府被高昂的债务重组计划压垮的语境下，它们将会变得具有破坏性。的确，它们成了两大机制，直接或间接地破坏了全球南方大量政府的稳定。比如，因为无法和全球企业提供的大量廉价进口商品相竞争，许多国家制造业和消费者服务业领域的企业破产。简而言之，各式计划产生了对国家主权框架重整的效果，使得国家领土被置于新兴的全球企业回路之中。一旦如此，领土就变成了全球市场中待售的土地。

对我而言，此处的核心概念推演是将这些20世纪80年代以来的计划视作约束机制。这些机制的目的在于对政府角色的重大重组，并使政府的行政机构受制于强势的国际组织，如国际货币基金组织、世界银行和世界贸易组织。这些机制的存在，并不单纯地只是为了推动债务偿还和数个政策变革，虽然数十年前，国际货币基金组织和世界银行也许确实是就这些有限的目的而开展工作的。国际货币基金组织、世界银行和世界贸易组织的这些计划均未按其所声称的那样，作为经济增长的必要政策而带来经济增长。它们的建议推行后，也并没有带来经济发展或是强有力的民主政府。对大多数采纳其计划的国家而言，

① 对各种政策以及相关研究文献的详细评述，见 Sassen 1998，2001，2010。

其结果是，对债权国的债务大幅增加，用于教育、保健和基础设施的政府基金大幅缩减。私营经济部门的运行也不顺利：当资本雄厚的外国大众市场企业进入后，本地企业纷纷倒闭。国际货币基金组织甚至不得不正视这一问题，针对 41 个所谓的重债贫穷国（HIPCs，highly indebted poor countries）实施了特殊免债计划。

失败国家这一话语表达，是描述这些受到削弱，常常被彻底破坏的民族国家的最为常见的方式，而遗漏了许多国际管理体制中的关键行为者，尤其是国际货币基金组织和世界贸易组织对这些参与计划的国家造成的负面影响。这些话语往往将这些国家的衰退归结为内部原因，是由其内部的孱弱和腐败造成的。确实，这些国家大多孱弱、腐败，并且对公民福祉毫不关心。但是，千万不要忘记，无论是从前还是现在，往往正是外国政府和企业的既得利益带来了这些腐败现象，并导致国力削弱。而抵制西方利益集团的好领袖并非总能逃过劫难；我们不妨想想，现在已被认定为被美国政府暗杀的刚果（金）领导人帕特里斯·卢蒙巴（Patrice Lumumba）。再者，正在进行中的大规模土地征购，以及它们带来的对小农的驱逐，造成土地因污染而毒性增加，都不能简单地理解为土地所有国政府腐败带来的后果。

国际货币基金组织和世界银行的结构调整计划为发达资本主义的系统性深化奠定了基础。这并不是一个新观点，并且我同意那些众所周知的对这些计划的批评，但是，在这里，我的关注点是一些较少获得关注的地方：探索这些结构调整计划是如何部分地使外国买家在大多数计划参与国中购买土地变得容易，以及如何在一定程度上使政府轻易准许这些土地被征购。贪婪和金钱并不足以解释这一后果。并且，尽管和先前的帝国时期存在类似之处，但是现有明确的条约用于维护所有民族国家对其领土的统治。因此，对一国政府而言，在他国获取大片土地事实上并不是一件易事，向他国政府出售或出租土地亦不简单。包含腐败和压倒性沉重外债在内的促能要件（enablements）在谈判中发挥了重要作用。但是，各种创新型的法律、清算工具以及商业交易方式亦在发挥作用。

（至少）存在两个媒介，通过它们，我们可以辨识出结构调整计划与当下大规模的土地征购两者之间的纽带。其中一个是，债务机制成为一种使得大多数全球南方国家政府变得弱小和贫穷的因素。由此，它也会构成政府极度腐败、漠视全民福祉的重要因素，尤其是在那些欠发达的却拥有丰富资源的国家中。再者，它也可能是政府愿意出售大量土地并将整个村落驱逐出去的重要因素。另一个媒介是债务机制：它可以作为一个强有力的，并且“正当合法”的主权民族国家的进入桥梁或进入点；曾经，全球南方国家的经济只面向国际货币基金组织和世界银行开放，如今开放的对象似乎终于扩展至外国政府和企业。相应地，这一债务机制促使广泛的财政约束成为可能，使得当地政府将偿还外债作为较之教育、经济发展等国家要务更具优先级的事项。坦率地说，如果和他们进行交易的是孱弱并且/或者腐败的政府及地方精英，并且人民几乎没有发言权，也缺乏政治代表，那么对于资金雄厚的外国政府和投资者而言，获得撒哈拉以南非洲以及拉丁美洲和亚洲部分地区的大片土地也绝非难事了。

这并不是说为了削弱穷国以使土地征购成为可能，富国、全球企业与国际组织共谋已久。在本章前面部分，我已经或多或少地提到了一段历史，在这里，我就是要抽取这段始于 20 世纪 80 年代与结构调整计划同步的历史；我认为，正是这段历史削弱了计划参与国的政府，并使这些国家陷入贫困。正如后文将要讨论的，这些国家中有许多都已经发展出大规模制造业，并在政府官僚体系内培育了一批中产阶级；比如，索马里首都摩加迪沙（Mogadishu）就是一个中产阶级城市，拥有大量受过教育的劳动力和蓬勃的工人阶级。20 世纪 80 年代，国债危机在大多数撒哈拉以南非洲地区爆发的时候——其部分原因在于“后 1973 时期”石油输出国的美元循环，这一发展进程大都遭遇阻滞。核心理由在于，债务偿还被强行列为国家优先事项，以及面向强势外国公司开放市场。这导致国家变得衰弱，使中产阶级变得贫困，也摧毁了无法与外国大众市场企业竞争的本地制造业部门。每况愈下的循环在国内上演，继而导致接下来的外国政府和企业的大规模土地征购成为现实。

对于全球南方的这一段历史，一种解读方式是将其视作发生在全球北方国家的一些状况——过去数年来由国家赤字大幅增加而影响全球北方国家的一些状况的先例。① 在全球北方国家不断上升的政府赤字中，一个重要的组成部分是企业税收在国家税收总额中的占比下降；我们还可以加上一点，数个国家将税收大规模用作紧急财政援助或银行的低息贷款。国家对个人税收的依赖不断增加，导致国家变得愈发不堪一击，难以承受金融危机对经济造成的巨大影响，特别是失业率的剧增。再者，小企业破产现象的不断增长，而其多为家庭企业，不太可能利用避税港规避租税，这使得国家税收蒙受了额外损失。伴随着这些损失的是企业利润的激增——正如我在第一章中所检视的，公共资源减少而私有资源增加。在其独有的样态下，全球北方正在经历着的政府财富与大型企业财富的不对称，与我在这里所检视的全球南方的状况存在相似之处。在全球南方促发的种种状况中，其一就是利润在顶层（包括中产阶级中的上层）的集聚，而使得经济状况中等的中产阶级受到挤压，贫困问题也日益加剧。这看起来和希腊目前的主要趋势十分类似，虽然与安哥拉、尼日利亚不同，希腊的财富精英大多不在本国居住。强加于全球南方的结构调整计划与全球北方的财政紧缩政治遥相呼应，后者不仅仅发生在希腊，也发生在各不相同的国家内，如美国与荷兰。

债务与债务偿还问题长期以来都是发展中国家的系统性特征。不过，在这里我所关心的是与国际货币基金组织谈判基础之上的债务具有何种特征，而非债务事实本身：这并不仅仅局限于债务，而是利用债务这个问题去重组政治经济体。我较为关注的第二个特征则是，乡村地区传统经济的逐步毁灭如何为发达资本主义的一些新需求奠定基

---

① Sassen 1998。涵盖更广的历史记载，见 Bertola and Ocampo 2013；Chatterjee 2011；Quijano 2007；Scott 1999；Landes 1999；Rubio 2003；McMichael 2009；White et al. 2012。

础，特别是对用作种植园的土地，以及作为接近水源、金属和矿藏通道的土地的需求。对这些需求的追求并非新鲜事物，而是早已有之，但是，我的主张是，它们现已成为一个新型的组织性逻辑的一部分，这一逻辑改变了它们的作用力以及它们所带来的宏观影响。这一主张或者说论点建立在方法论与阐释学的实践之上，对此，我已在别处进行过详细阐述。①

作为始于 20 世纪 80 年代的结构调整计划的参与主体，目前，这些穷国几乎无一例外地都面临着赤贫人口比重的上升。并且，这些人口较之二十年前更不可能借由消费而介入“现代”经济。这一动态与全球北方国家的一些发展具有相似性（见第一章）。当 20 世纪 80 年代这一新时期开始的时候，许多撒哈拉以南非洲国家的医疗、教育系统与经济都处于运作之中，绝对贫困现象也少于当下。此外，许多资源丰富的国家恰是因为这些资源而出现了越来越多的贫困人口，以及将越来越多的人从基本的生存体系中驱逐出去的现象，然而，也正是因为这些资源，这些国家的另一群人则变成富有的中产阶级；尼日利亚和安哥拉可能是近十年来这一共有模式最为人熟知的案例。在这些人群身上起作用的主导性动力机制，在很大程度上与传统凯恩斯时期的动力机制南辕北辙，不再重视人们作为劳动者和消费者的价值。把人们从家园、土地和工作岗位上驱逐出去，这就为犯罪网络和人口贩卖提供了更加广阔的操作空间，也为国外买家——无论是企业还是政府——提供了获得与使用土地和地下水资源的便利。富有的捐助国的角色也发生了系统性变化：总体而言，它们提供的发展外援较之三十年前变少了。结果是在许多案例中，低收入移民向来源国的汇款金额现已超过这些国家收到的外援金额。并且，自 20 世纪 90 年代晚期以来，来自非政府组织和慈善机构的外援比例上升，使得政府在发展中的作用进一步被边缘化。一个极端的后果即是，政府的身份实则降格

① 理论、方法论、历史等层面更深入的讨论，见 Sassen 2008c，第一章、第八章、第九章。

为了掠夺性精英。

这些系统性转变有助于解释一个可以在一系列简单数字中捕捉到的复杂变化。一般而言，在20世纪80年代至90年代间，国际货币基金组织要求参加结构调整计划的穷国将其出口收益的20%～25%用于偿还债务。与之相反，同盟国（Allies）在1953年免除了德国80%的战争债务，并且只要求其将出口收益的3%～5%用于偿还债务。在20世纪90年代，它们对中欧国家的要求为8%。与这些先前的水平相反，始于20世纪80年代的穷国还债负担极为沉重。这确实意味着，早期对欧政策的意图——先是二战后的德国，最近则是中欧国家——是将它们重新纳入资本主义世界经济体系。相比之下，从强迫接受结构调整计划与国际体系的贷款开始，针对全球南方国家的政策意图更类似于一种改造导向的约束机制。正是在这个意义上，结构调整计划不仅仅意味着偿还债务：它们致力于形塑政治经济体，将这些国家重新定位为用于榨取的地点，包括从自然资源到民众消费能力的榨取。

在这一机制运行了二十年后，我们可以清晰地看到，它并没有践行健康发展所需的基本要素。较之基础设施、医疗、学校、就业及其他以人为本的发展目标，债务偿还的约束机制被视为重大优先事项。这一榨取性逻辑处于首要地位，并变成了一种远远超出债务偿还的系统转型机制，虽然可能大多数情况下并非意料之中。它破坏了大量传统经济部门，摧毁了相当一部分民族资产阶级与小资产阶级，带来了民众的剧烈贫困化，并且在许多案例中，也带来了国家的剧烈贫困化。因而我们面临着令人担忧的状况，在种种差异之外，这与当今欧洲与其他发达国家的财政紧缩政策遥相呼应。

20世纪90年代中期，因执行私有化与开放边界的政策，大量国家遭受了经济危机的冲击。然而，甚至在此之前，全球南方的穷国债务就已从1980年的5 070亿美元上升至1992年的1.4万亿美元。[①] 仅债务偿还总额就已达到1.6万亿美元，超过其1980年的实际债务总额。从1982年至1998年，举债国的利息偿还总额是其原始债务总额的四倍，而与此同时，其债务总额也增长了四倍。这些国家不得不将税收总额的相当一部分用来偿还债务。比如，非洲的债务偿还总额于1998年达到50亿美元；同年，每接受1美元的外国援助，非洲国家就得偿还1.4美元。至20世纪90年代晚期，非洲的债务与国民生产总值之比（见表2.1）十分之高，达到123%，同时期的拉丁美洲和亚洲分别为42%和28%。[②] 至2006年，最穷的49个国家（人均年收入低于935美元的国家）的债务总额达到3 750亿美元。如果我们再加上"发展中国家"，2006年，这144个国家的债务总额达到2.9万亿美元，且债务偿还的支出达到5 730亿美元。[③]

总体而言，就失业者和穷人不断恶化的情况，国际货币基金组织于20世纪80年代开始执行的债务管理政策并未达成遏制之效。[④] 许多关于穷国的研究都记载了债务负担深重的政府与社会福利项目削减之间的联系。这些削减将会对妇女和儿童造成影响，尤其是在教育和医疗卫生领域的开支削减。然而，为确保一个更好的未来，这些投资是

---

① 这一部分基于一个更大的研究项目（Sassen 2008d），该项目致力于展现国际货币基金组织、世界银行在发展中国家启动的计划，以及20世纪90年代开始执行的WTO法所带来的经济重整这一更大的过程是如何在微观层面具体化为个人、家庭、企业，甚至政府的斗争。

② 至2003年，债务偿还占出口额（而非政府税收总额）的比重各不相同，既有极高的，也有明显低于20世纪90年代水平的。前者出现在赞比亚（29.6%）和毛里塔尼亚（27.7%），后者出现在乌干达（从1995年的19.8%下降至2003年的7.1%）以及莫桑比克（从1995年的34.5%下降至2003年的6.9%）。

③ Jubilee Debt Campaign 2012，2013.

④ UNDP 2005，2008，2013；另见Ferreira and Walton 2005。

必不可少的。①

表 2.1 部分国家的债务偿还支出占 GDP 的百分比，2009 年

国家	外债总额（单位：十亿美元）	外债还本付息总额（单位：十亿美元）	卫生领域支出总额（占 GDP 的百分比）	债务偿还支出总额（占 GDP 的百分比）
安哥拉	15.1	1.6[a]	1.5	6.8
厄瓜多尔	17.1	4.1[a]	2.2	11.4
埃及	34.4	2.5[a]	2.4	2.8
格鲁吉亚	1.9	0.2[a]	2.4	2.9
牙买加	6.5	1.0[a]	2.4	10.1
黎巴嫩	23.3	3.5[a]	2.4	16.1
莱索托	0.7	54.2[a]	2.4	3.7
摩尔多瓦	2.0	0.3	4.2	8.6
摩洛哥	16.4	2.7	1.7	5.3
巴基斯坦	33.7	2.4	0.4	2.2
巴拿马	9.8	2.0	5.2	13.4
巴布亚新几内亚	1.9	0.4	3.0	6.7
巴拉圭	3.1	0.5	2.6	6.7
菲律宾	61.5	9.9[a]	1.4	10.0
乌克兰	333.3	5.9	3.7	6.6

来源：Jubilee Debt Campaign 2013
注释：a. 年度支付总额

现在，一个更大的历史格局正在形成之中。在我的解读中，这一历史格局包含的一个核心元素是将大部分的非洲、拉丁美洲与中亚的大量地域重置于一个大规模重组后的新型全球经济之中，在这里，对

① 数据概览，见 UNDP 2005，2008；World Bank 2005；Atinc et al. 2006，2013；Attinc et al. 2006；Berhrman et al. 2011；：Lucas 2005；Sassen 2008d，2010。

于土地及其他可经由土地获得的大量资源（从食物到矿藏与水资源）的需求正在不断增长。日益孱弱的政府、传统经济的破坏均促进了外国政府和企业对土地的收购和使用。在数十年的债务偿还以及与外国大众市场企业竞争之后，这些国家里曾经存在的许多现代经济部门所剩无几。由此，中等收入的中产阶级部门也不复存在了，他们可能曾经是新的消费经济，甚至是当下的土地潮和资源潮的积极参与者。而现在，他们由于人才外流与暴力冲突、国际货币基金组织的结构重组计划等种种原因而不复存在了。除此之外，我们还可以加上一点，许多国际交易双方的腐败，这使得在资源丰富的国家中，出现了那些掠夺性精英（只能如此称之）。至 21 世纪头十年的初期，这些过程和状况相互混杂，开启了一个针对特定人群的财富积累新阶段，而对于越来越多的社会、经济和政府的组成部分而言，开启的则是为了存活而进行的苦苦挣扎。

外资土地征购：谁，在哪里，做什么

土地掠夺的一般性描述到底测量了什么，会根据研究的不同而差别很大。我采用了土地矩阵计划（Land Matrix Project）的数据，这些数据是在与国际土地联盟（International Land Coalition）合作的基础上得到的。它提供了最为全面的总体性测量。①

在讨论土地矩阵计划的发现之前，我将简要地介绍几个侧重于特定部门和国家的调查；对于更加广泛的、快速推进的总体数据收集来说，这每一项调查都做出了贡献。② 2012 年，法国的非政府组织格莱

① Land Matrix，landmatrix.org（存取日期为 2012 年 7 月 29 日）；Anseeuw，Wily，et al. 2012；Anseeuw，Boche，et al. 2012. 另见 DeSchutter 2011；FAO 2009；Cotula et al. 2009；Borras and Franco 2012；IFPR 2011；Margulis et al. 2013；特定法律方面，见 Pistor 2012。

② 另见 Provost 2012；Xing 2010。

因（GRAIN）建立了自己的土地征购数据库。它可以说明，外国投资者在416个独立土地交易中征购了约140万公顷土地。较之土地矩阵计划，格莱因采用了更为严格的方法。它专门收集了2006年之后的土地交易资料，这些交易都是由涉及“大规模土地征购……以用于种植粮食作物”的海外投资者带头促成的。① 另一个重点研究来自策略咨询集团（HighQuest Partners）。它是经济合作发展组织签约的专业性农地投资咨询公司。该公司访问了2010年投资农地，并且管理农业资产总计74.4亿美元的25家金融集团。并且，该公司也对私有资本在农地和农业基础设施的投资总额进行了预测，其数值在100亿美元至250亿美元之间。最后，策略咨询集团还发现，在25个被调查的基金中，有20个当时正在为进一步的投资进行集资。② 简言之，这是一个正在发生中的故事。第三个是爱伦·艾波（Ellen Aabø）与托马斯·克雷（Thomas Kring）为联合国开发计划署进行的一项研究。他们发现，2007年全球已耕种土地面积总计为15.54亿公顷。1990年至2007年间，用作牧场的土地每年扩张250万公顷，全球牧场区域面积在2007年达到34亿公顷。他们还报告称，在1990年至2005年间，人工种植林地每年扩张250万公顷，全球人工种植林地至2005年达到1.4亿公顷。艾波与克雷确实提醒过读者，“由于大多数土地投资都不透明，因此，大型土地征购确切规模的相关数据较为缺乏且不完整”。然而，他们的数据表明，这些土地征购的相当一部分都发生在发展中和转型中的经济体内：在人工种植林地的案例中，其比率达到54%，共计7 500万公顷。③

其他研究的估算也显示了类似的惊人数字。④ 奥克兰研究所（Oakland Institute）近期的一份报告称，仅2009年一年，外国投资者

① GRAIN 2012.

② HighQuest Partners 2010.

③ Aabø and Kring 2012，2.

④ Oxfam 2012，1.

就在非洲获得了 6 000 万公顷的土地。国际土地联盟（International Land Coalition）与法国农业研究与发展国际合作中心（French group Centre de Coopération Internationale en Recherche Agronomique pour le Développement）的土地商业压力研究计划（Commercial Pressures on Land Research Project）记录了 2001 年以来的 2 000 余个土地项目，它们共占据了 22 700 万公顷的土地，其中，大多数的土地收购发生在 2011 年后。乐施会（Oxfam）运用土地矩阵计划的数据，指出 2000 年至 2010 年间，被出售或者租赁的土地面积总计达到英国面积的八倍。此外，根据乐施会的估算，2008 年至 2009 年间，外国投资者的农业用地交易增长了约 200%。农业及土地政策研究所（Institute for Agriculture and Land Policy）的研究员索菲亚·墨菲（Sofia Murphy）报告称："根据世界银行的估算，2004 年至 2009 年间，仅五个非洲国家（埃塞俄比亚、利比里亚、莫桑比克、尼日利亚和苏丹）就有 1 000 万公顷的土地签署了相关合约。"①

上述发现和测量就一个广泛的全球运作提出了洞见，这一全球运作中包含了多元国家的多重地点，以及多元买家和卖家。土地矩阵计划提供了对于这一大规模现象的良好概览。首先，我们先来考虑一下，土地矩阵计划是如何定义哪些类型的土地征购将被纳入测量。这很值得一看，因为它指明了现有数据的一些局限性。根据定义，相关土地交易是指：

(1) 通过出售、出租或给予特许权的方式，实现土地使用权、控制权或所有权的转让；

(2) 存在土地使用性质的转变，从小农使用的，或具有重要环境功能的土地向大规模商业用途土地的转变；

(3) 等于或超过 200 公顷，并且签署协议日期不早于 2000 年的土地，即联合国粮农组织公布的食品价格指数处于最低点的年份。

---

① Murphy 2013，5.

土地矩阵计划的数据库包括了两种数据类型的信息："已公布的"（reported）和"经交叉参照的"（cross-referenced）。"已公布的"数据包括已出版的研究报告、媒体报道和地方政府登记的交易，这些交易的信息都公之于众。"经交叉参照的"数据是指有关信息可以从多元渠道获得的交易；这一交叉参照过程包括对信息来源可靠性的评估，与其他信息来源的三角测量，以及如有需要，与土地矩阵网络中的各国内的合作伙伴进行确认。对于交叉参照而言，媒体报道并不是充分的证据。基于实地调查的研究报告、一国内知名合作伙伴的确认以及官方土地记录则被认为是充分的证据。

曾经，21世纪头十年中期出现的食物需求的剧增和食物价格的激涨无疑是2006年以来土地征购的关键因素，但是，种植生物燃料作物却是现在大部分土地征购的重要原因。土地矩阵的交叉参照数据表明，2006年后的土地征购中，37%是进行生物燃料作物的种植。与此相比，在交叉参照数据涵盖的交易中，有25%是进行粮食作物的种植，随后则是3%用于畜牧业的生产以及5%用于其他非粮食作物的种植。包括粮食种植和产业化农业的广义的农耕占比为73%，余下27%的被征购土地则用于林业与碳固存、矿产采掘、工业及旅游业（见图2.1）。

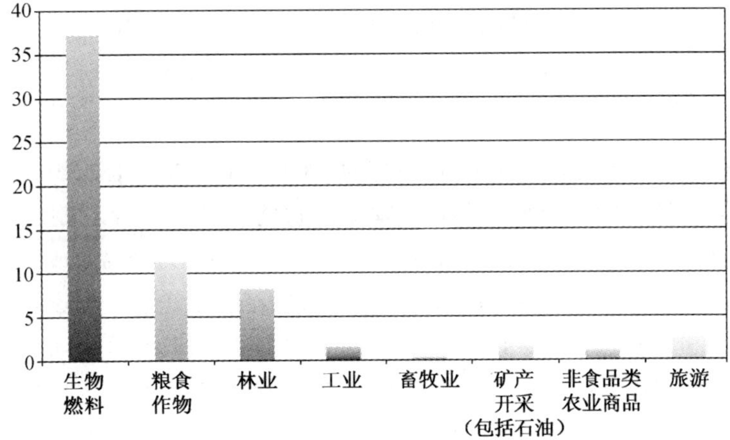

图2.1　按类型划分的全球土地征购，2006年至2010年（以百万公顷计）

数据来源：Anseeuw，Wily，et al. 2012，图5

第二个主要模式是外资土地征购在非洲的大规模集聚。在已公布的交易中，共有 948 起土地征购发生在非洲，共计 1.34 亿公顷；其中 3 400 万公顷经交叉参照检验。与此相比，亚洲已公布的被征购土地面积为 4 300 万公顷（其中 2 900 万公顷经交叉参照检验），拉丁美洲为 1 900万公顷（其中 600 万公顷经交叉参照检验）。余下的（已公布的为 540 万公顷，其中 160 万公顷已经过交叉参照检验）则发生在其他地区，尤其是东欧与大洋洲地区（见图 2.2 和图 2.3）。

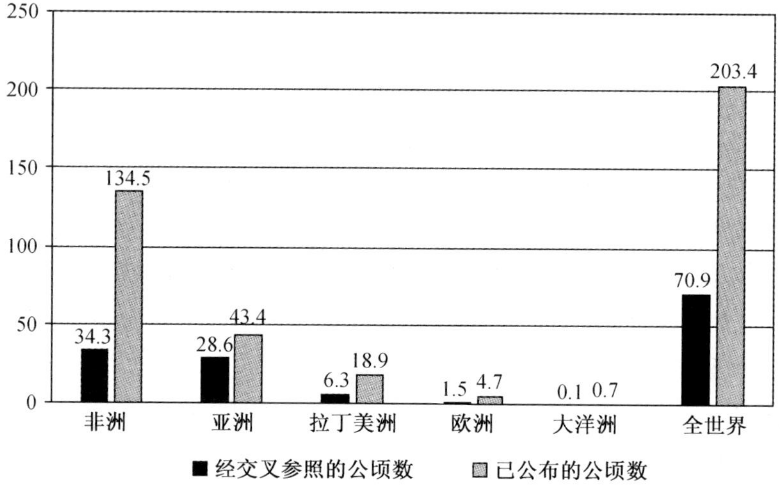

图 2.2　土地征购的地区分布，2011 年（以百万公顷计）
数据来源：Anseeuw，Wily，et al. 2012，图 4

值得注意的是，普遍来说，这些数据并没有反映经合组织成员国家的土地征购。一个原因是，土地矩阵仅将涉及土地保有制度转换（如，由社会团体共有的土地转换为私人所有）的私人交易，或是小农生产改为他用的情况纳入计数。多个主要的经合组织成员国家，尤其是美国和澳大利亚，以前也曾上演过如此这般的面向土著社区或小农的土地征用历史，但是这些都发生在数十年前或数百年前。此外，这一对“土地掠夺”的定义同样适用于现在多个经合组织成员国家，其中包括美国、墨西哥、澳大利亚、巴西，在这些国家，小农的土地被

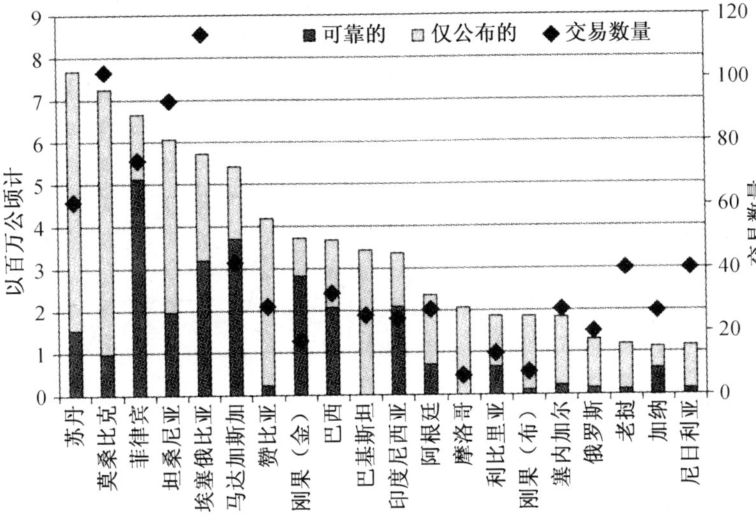

图 2.3　头等目标国家，据已公布的土地征购总量整理，2012 年

来源：Anseeuw, Boche, et al. 2012，图 4

企业买家所占有。值得注意的是，土地掠夺也发生在欧洲，不过介入方式有所差异——一般来说，介入方式包括阻止现有小型农场扩张、新建小型农场发展。这一土地掠夺形式超出了现有定义的范围，往往因低于 200 公顷的最低值而未被土地矩阵纳入测量。

土地征购的数据也指明了一种地域性，这一地域性不仅具有地理学的意义，同时具有地理政治学的意义——这就是说，来自特定地区的买家倾向于征购特定地区的土地。土地矩阵计划发现，这可能与区域贸易协定有关。因此，在日益增长的区域一体化语境下，东南亚 75%的土地征购来自区域性的行为主体。① 我要大胆地指出，一些海湾国家对穆斯林国家（如巴基斯坦、苏丹）内土地交易的兴趣，以及卡扎菲（Qhadaffi）治下的利比亚早前在萨赫勒地区的土地征购，都是这一地理政治格局的生动示例。第三个抓住上述两例要素的案例是，

① Ravanera and Gorra 2011.

非洲地区内部的交易变成由来自南非的行为主体主导，这些行为主体自 2009 年以来占据的土地，已公布的达到 4 070 万公顷。① 图 2.4 展现了最大的投资国，表 2.2 则按照土地征购地区，展示了投资者的来源地。

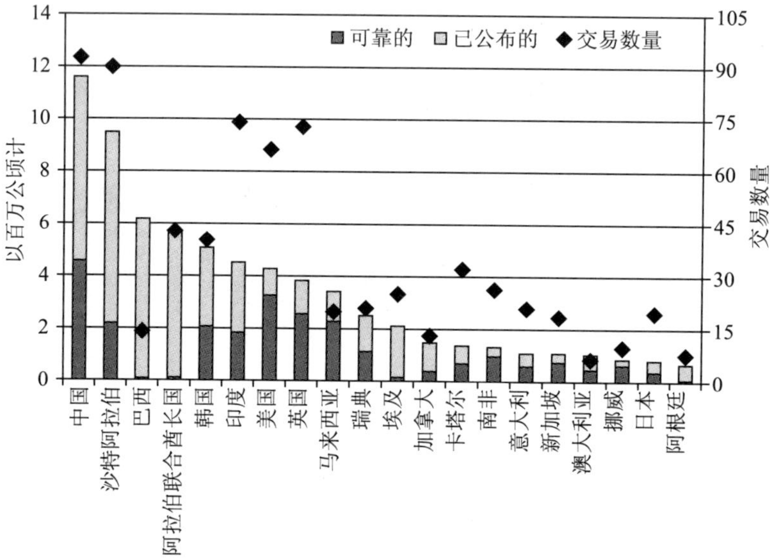

图 2.4　投资的来源地：前二十大投资国，2012 年

来源：Anseeuw，Boche，et al. 2012，图 11

表 2.2　谁？在哪里买？2010 年至 2011 年（以百万公顷计）

投资者来源	进行土地征购的地区				
	非洲	亚洲	拉丁美洲	欧洲	大洋洲
非洲	6.4	0	0.1	0	0
亚洲	12.3	25.3	0.6	0	0.1

① Hall 2011 and Cotula et al. 2009。非洲以外，见 Visser and Spoor 2011；Novo et al. 2010；Shah 2009；Teubal 2006。

续　表

投资者来源	进行土地征购的地区				
	非洲	亚洲	拉丁美洲	欧洲	大洋洲
拉丁美洲	0.1	0	1.7	0	0
欧洲	6.0	0.6	0.5	1.5	0
北美洲	3.3	0.4	1.6	0	0
大洋洲	0	0.3	0.1	0	0
西亚	3.7	1.6	0	0	0

数据来源：Anseeuw，Wily，et al. 2012，图 3

将生物燃料作物与木材种植的案例稍作展开，就可以阐明土地征购的其他一些特征。极为引人注目的一点是，满足生物燃料所需的土地量，往往是以绿色能源供给的名义来实现的，尽管其中所涉及的几乎没有一点绿色元素。比如，欧盟的可再生能源目标要求，至 2020 年，可再生能源占运输燃料的比例要达到 10%；并且预期这一目标中的 80%～90%的能源供给由生物燃料实现。这导致企业在欧洲内外的生物燃料投资都广泛增长起来。① 根据荷兰环境评估局（Netherlands Environmental Assessment Agency）的估算，这些目标的实现需要 2 000 万至 3 000 万公顷的生产量，其中 60%需要进口。另一个非常不同但又同样具有土地密集特征的生物燃料案例是秘鲁森林中用于生物柴油的棕榈油的生产，它已经占据了 52 829 公顷的土地，并计划在中短期内扩张至 373 290 公顷。②

对于木材的需求可能将构成土地征购的另一个主要刺激。奥古斯塔·莫尔纳（Augusta Molnar）及其研究伙伴报告称，在作为研究对象的九个热带国家中，森林地区内特许区占地面积已达到 2.58 亿公

① Cotula 2011；Ravanera and Gorra 2011.

② Wiener Bravo 2011.

顷；对森林土地需求的快速上升是因为森林产品不断增加的商品化程度。① 大多数林地交易并未在土地矩阵的数据中体现，因为这些交易并不一定涉及土地使用性质的转变。这些研究者指出，伴随着越来越多的森林产品被转化为商品，对于林地的需求正在大幅上升。② 路易斯·普策尔（Louis Putzel）及其合作者报告称，自2000年以来，中国已经在加蓬获得了121个林地特许，覆盖的土地面积已超过267万公顷。而且，中国还在与刚果（金）、喀麦隆就相关土地权利进行谈判。③ 对于森林土地而言，未来的压力主要来自为油棕榈种植而进行的土地清理。根据估算，在印度尼西亚的林区，已有750万公顷的土地用于油棕榈种植，并且，自21世纪头十年的晚期以来，年度土地清理率已超过60万公顷。④

制造业虽然属于不同的经济范畴，且较之农作物种植业和林业而言，制造业对土地需求要少得多，但却也在特定区域内针对土地展开日趋激烈的竞争。如，国际土地联盟的案例研究表明，在贝宁和印度，与制造业的土地竞争相伴随的是在人口密集区域设立经济特区（SEZs，special economic zones）。⑤ 在印度，获得批准的571个经济特区占据了总计达14万公顷的土地。在许多案例中，这导致了与被迫迁移的土地使用者发生冲突。非洲也在进行这样的特区建设：在这个大洲上，中国正在建立八个主要经济特区。⑥ 在土地以外，制造业还产生了对农村地区所产原材料的需求，而这可能会对传统的农业经济造成冲击。

图2.5和表2.3分别依据投资者类型、国别对土地征购进行了划

---

① Molnar et al. 2011.

② Ibid.

③ Putzel et al. 2011.

④ Colchester 2011.

⑤ 贝宁，见 Dossou et al. 2011；印度，见 Rawat，Bhushan，and Surepally 2011。

⑥ Bräutigam and Tang 2011。

分，以提供概览。

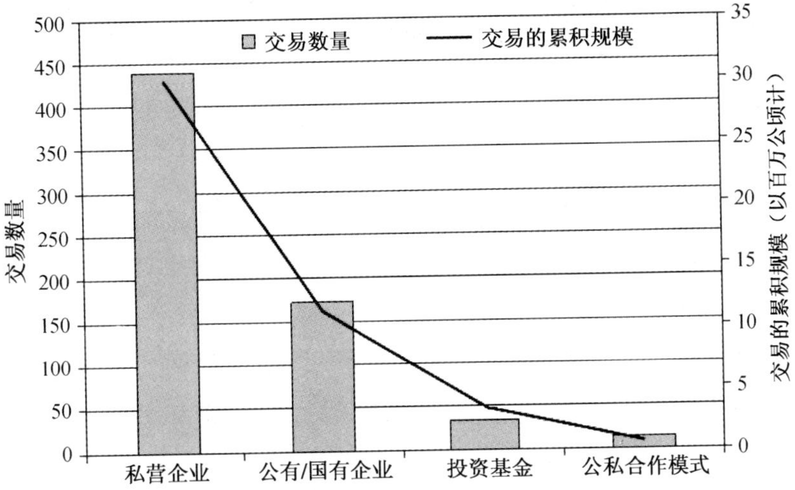

图 2.5 根据投资者类型划分的土地征购

数据来源：Anseeuw，Boche，et al. 2012，图 12

表 2.3 外资土地征购量最大的国家，2012 年

被掠夺国家[a]	被掠夺的土地（单位:10 万公顷）	占全球被掠夺土地的百分比（%）	占该国耕地的百分比（%）	占国土面积的百分比（%）
阿根廷	6.31	1.34	1.97	2.26
澳大利亚	46.45	9.90	9.78	0.60
巴西	22.55	4.80	3.29	0.26
喀麦隆	2.95	0.63	4.01	0.62
刚果（金）	80.50	17.15	1.08	3.43
刚果（布）	6.64	1.41	8.91	0.28
埃塞俄比亚	10.01	2.13	6.68	0.91
加蓬	4.07	0.87	85.75	1.52

续 表

被掠夺国家[a]	被掠夺的土地（单位:10万公顷）	占全球被掠夺土地的百分比（%）	占该国耕地的百分比（%）	占国土面积的百分比（%）
印度尼西亚	71.39	15.21	16.76	3.75
利比里亚	6.50	1.38	106.52	5.83
马达加斯加	3.69	0.79	10.40	0.63
摩洛哥	7.00	1.49	7.73	1.57
莫桑比克	14.97	3.19	28.24	1.87
尼日利亚	3.62	0.77	0.98	0.39
巴基斯坦	3.34	0.71	1.57	0.42
巴布亚新几内亚	3.14	0.67	32.75	0.68
菲律宾	51.71	11.02	49.48	17.24
俄罗斯	28.31	6.03	2.29	0.17
塞拉利昂	4.94	1.05	40.62	6.88
苏丹	46.90	9.99	23.00	1.87
坦桑尼亚	20.27	4.32	17.63	2.14
乌干达	8.59	1.83	9.70	3.56
乌克兰	12.08	2.57	35.53	2.00
乌拉圭	3.46	0.74	18.08	19.61

数据来源：Rulli，Saviori，and D'Odorico 2013，表 1。请注意，本表中“被掠夺”一词沿用自其出处。在一些国家，被掠夺的土地占该国耕地的比重很大。（FAO，联合国粮农组织，2009）

最后提及的这一系列发现，则关注作为土地征购一部分的水资源的使用或需求。研究者尤为感兴趣的是，跨国土地交易如何使获得和利用水资源成为可能（见图 2.6）。他们从多个渠道收集了土地征购的数据，占全部已知被征购土地的 90%，并运用水文模型测定了与此相关联的淡水使用率。他们发现，除去南极洲，所有大洲都存在土地与水资源的跨国交易。更为重要的是，他们建立了被掠夺水资源与水资源供给之间的关系。他们发现，在相关国家中，前者将导致后者下降至一定程度，这一程度低于保证均衡膳食、促进食品安全和减缓营养不良的必要人均供给量。① 表 2.4 提供了水资源正遭开采的国家内可用土地和可用水资源的概览。

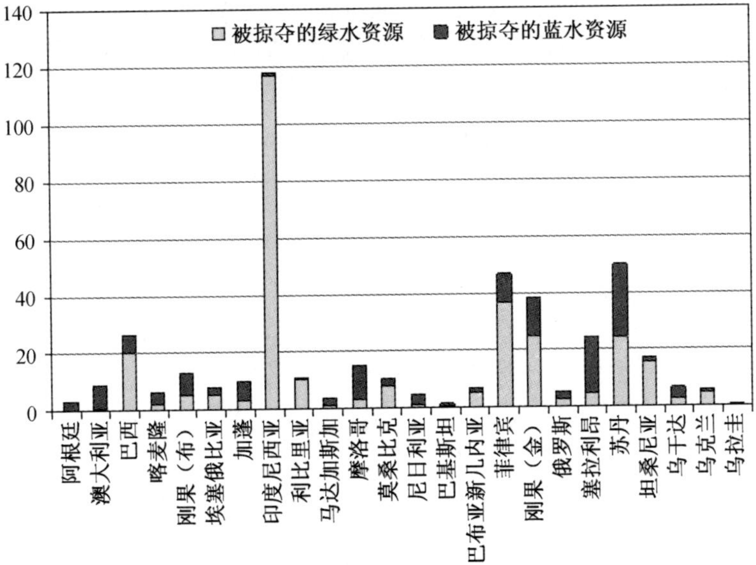

图 2.6　遭掠夺最为严重的 24 个国家中被掠夺水资源的估算

数据来源：Rulli, Saviori, and D'Odorico 2013，图 3。请注意，"被掠夺"一词的使用是来自其原出处。

---

① 根据 Rulli, Saviori, and D'Odorico 2013 的测算，"全球范围内 47×10^6 公顷的被掠夺土地上（占已公布的全球被掠夺土地的 90%）的农作物和畜牧生产，每年占用全球约 0.31×10^{12} 立方米的绿水（即雨水）与多达 0.14×10^{12} 立方米的蓝水（即灌溉用水）"。

表 2.4　被掠夺国家的可用土地和可用水资源，2012 年

被掠夺国家	已耕面积（以千公顷计）	适宜农作物种植的土地面积（以千公顷计）	产量差异	已抽取的可再生淡水资源占比（%）	被掠夺的人均水资源（立方米/年）	营养不良（%）
阿根廷	32 000	96 644	−0.57	3.99	12.71	32 000
澳大利亚	47 511	134 146	−0.31	4.58	120.53	47 511
巴西	68 500	512 983	−0.59	0.41	86.29	68 500
喀麦隆	7 363	33 119	−0.78	0.34	676.51	7 363
刚果（金）	7 450	161 026	−0.80	0.05	307.35	37
刚果（布）	560	23 227	−0.78	0.01	2 382.25	32
埃塞俄比亚	14 985	39 946	−0.80	4.56	185.27	49
加蓬	475	16 838	−0.80	0.08	4 428.47	8
印度尼西亚	42 600	49 351	−0.55	5.61	60.25	6
利比里亚	610	5 323	−0.78	0.08	385.74	46
马达加斯加	3 550	28 764	−0.75	4.36	73.27	40
摩洛哥	9 055	8 353	−0.90	43.45	172.51	5
莫桑比克	5 300	60 437	−0.90	0.35	1 041.06	58
尼日利亚	37 000	60 478	−0.78	3.60	34.91	8
巴基斯坦	21 280	4 438	−0.55	74.35	40.61	20
巴布亚新几内亚	960	11 603	−0.41	0.05	393.44	29
菲律宾	10 450	8 734	−0.58	17.03	29.67	21
俄罗斯	123 541	287 045	−0.70	1.47	139.40	6
塞拉利昂	1 215	3 753	−0.80	0.31	853.36	43
苏丹	20 391	89 285	−0.85	57.58	1 844.26	18
坦桑尼亚	11 500	62 505	−0.81	5.39	1 131.01	41
乌干达	8 850	12 795	−0.75	0.48	139.14	30
乌克兰	33 376	49 338	−0.72	27.56	128.26	5
乌拉圭	1 912	14 152	−0.65	2.63	51.46	4

数据来源：Rulli，Saviori，and D'Odorico 2013，suppl. 表 2。请注意，本表中“被掠夺”一词沿用自其出处。

大规模土地征购的具体运作

对大规模土地征购的投资，排挤了其他物质经济，这尤以撒哈拉以南非洲为甚。一个鲜有关注的后果是，大规模制造业的外国直接投资（FDI，foreign direct investment）份额下降。而大规模制造业往往可以创造出良好的工作机会并培育中产阶级的增长。恰在数个全球南方国家开始经历大规模制造业的显著增长时，这一下降发生了。我们可以看看非洲的情况，数据表明，制造业的外国直接投资出现了明显的下降。作为2006年非洲两个最大的外国直接投资接受国（占非洲外国直接投资总额的37%），南非和尼日利亚都出现了投资构成的剧烈变化：制造业领域的外国直接投资下降，而诸如采矿业、农作物、石油之类的第一产业部门则急剧上升。① 在石油领域外国投资长期较重的尼日利亚，2005年的外国直接投资总额中，第一产业部门占比达到75%，较之1990年的43%出现了上升。其他非洲国家也出现了类似的转变。即使在马达加斯加——20世纪90年代开始出现制造业领域的外国直接投资增长的国家（大多数为小国）之一，这一增长也还是远低于第一产业部门的外国直接投资。② 已有证据表明，对于国民经济的发展而言，这一从制造业领域向采矿业、石油及土地的投资转变并无益处。

现阶段的土地征购导致制造业领域的投资缩减。冯·布劳恩（von Braun）和梅辛蒂克（Meinzen-Dick）收集的一些案例指明了买家和征购地的范围，其中，非洲是主要的目的地。在苏丹，与韩国、阿拉伯联合酋长国签署的交易分别占据了60万公顷与40万公顷的土地。在埃塞俄比亚政府出租的土地上，来自沙特阿拉伯的投资者投资1亿美

---

① 第一产业部门（包括采矿业和农业两大重点产业）占外国直接投资流入存量的份额从1996年的5%上升至2006年的41%；与此相反，同期制造业的份额则几乎减半，从40%下降至27%。

② 全面数据见UNCTAD 2008。

元用于种植小麦、大麦和稻米；他们获得了税收豁免的优惠政策，并且将这些农作物出口回沙特阿拉伯。① 中国获得了在刚果280万公顷的土地上生产用于生物燃料的油棕的权利，从而使得刚果成为全世界最大的油棕生产地。中国正在和赞比亚谈判，以期在其200万公顷的土地上种植生物燃料作物。与这些非洲案例相比，一个也许并不为大众熟知的事实是，苏联，尤其是俄罗斯和乌克兰的私有化土地同样变成了许多外资土地征购的目标。仅2008年一年，这些征购就包括：瑞典公司艾科阿格鲁（Alpcot Agro）在俄罗斯购买了12.8万公顷的土地；韩国现代重工集团（Hyundai Heavy Industries）花费650万美元收购了柯罗泽诺（Khorol Zerno）公司的大部分股权，该公司在东西伯利亚拥有一万公顷的土地；摩根史坦利（Morgan Stanley）在乌克兰收购了四万公顷的土地；海湾国家的投资者计划收购帕瓦公司（Pava）——俄罗斯第一家在金融市场上融资的谷物加工企业（其目的是向国际投资者出售该公司拥有的土地部门的40%），从而获得50万公顷的土地。另一个鲜有关注的案例是巴基斯坦，其计划向海湾国家的投资者出租50万公顷的土地，并额外提供10万安全部队保护这块土地。

接下来，我将更为详细地聚焦于一系列国家，这将有利于理解总体状况之下买家与交易的多样性。

土地征购的六大目标国

在对非洲180起大型土地征购的分析中，塞西莉·弗里斯（Cesilie Friis）与安妮特·伦贝里（Anette Reenberg）确定了当前这一时期内

① 另一方面，2007年至2011年间，世界粮食计划署（World Food Programme）花费1.16亿美元向埃塞俄比亚内被估计受到饥饿和营养不良威胁的460万人口提供了23万吨食物援助。在一个国家内，一方面是通过粮食生产出口获利，一方面是因为饥荒而接受全世界纳税人的食物援助，这二者并存的三角关系自二战后的数十年间不断重现。

投资者的主要类型：（1）石油丰富的海湾国家，包括沙特阿拉伯、阿拉伯联合酋长国、卡塔尔、巴林、阿曼、科威特和约旦；（2）人口密集、资本雄厚的亚洲国家，如中国、韩国、日本和印度；（3）欧洲和美国；（4）全球各地的私营公司，投资者大多是能源公司、农业投资公司、公用事业公司、金融及投资公司、科技公司。①

运用弗里斯和伦贝里的数据，我对这一地理格局进行了可视化处理（见图 2.7 与图 2.8），聚焦于非洲的六个最大的土地出售国及其投资者。② 它们是埃塞俄比亚、马达加斯加、苏丹、坦桑尼亚、马里和莫桑比克——全部位于撒哈拉以南非洲，并且，除了马里，其他都是东非国家。在这六国中，私人投资者与政府机构都获得了土地。

其中五国内并不存在特定的主导性投资者。莫桑比克则是例外，南非农场主协会（Agri SA）是莫桑比克具有压倒性优势的最大买家。不过，当我们以国籍进行划分并从征购规模进行考量的话，每个“出售国”确实都有一个主导性“购买国”：在埃塞俄比亚，主导性“购买国”是印度；在马达加斯加，是韩国；在苏丹，是沙特阿拉伯；在马里，是中国；在坦桑尼亚，则是一个跨国集团。此外，还存在少数的跨国征购情况：其中包括太阳生物燃料集团（Sun Biofuel）在坦桑尼亚和莫桑比克的征购，中国在莫桑比克和马里的征购，卡塔尔在马达加斯加和苏丹的征购，以及阿拉伯联合酋长国与沙特阿拉伯混合联合企业加纳特（Jannat）在苏丹和埃塞俄比亚的征购。③

总体而言，这六国的投资者来自 47 个不同国家。若按国籍划分，投资者最多元的目标国是马达加斯加——共有来自 15 个国家的 24 个外国投资者，以及埃塞俄比亚——共有来自 12 个国家的 26 个外国投

① Friis and Reenberg 2010.

② 同上。请注意，图 2.7 和图 2.8 并非出自 Friis and Reenberg 2010，而是本书作者在其数据基础上另外绘制的。

③ 实际上，太阳生物燃料集团在莫桑比克的投资失败并于 2011 年倒闭，这对当地的经济造成了突然而严重的冲击。

资者。在六国全部投资者中，亚洲国家（中国、韩国、印度和日本）的占比近 20%；中东国家（沙特阿拉伯、阿拉伯联合酋长国、埃及、约旦、卡塔尔、黎巴嫩和以色列）的占比近 22%；欧洲国家（英国、瑞典、荷兰、德国、意大利、丹麦和法国）的占比为 30%；非洲国家（南非、毛里求斯、利比亚和吉布提）的占比约为 10%；余下的则由来自澳大利亚、巴西和美国的投资者构成。

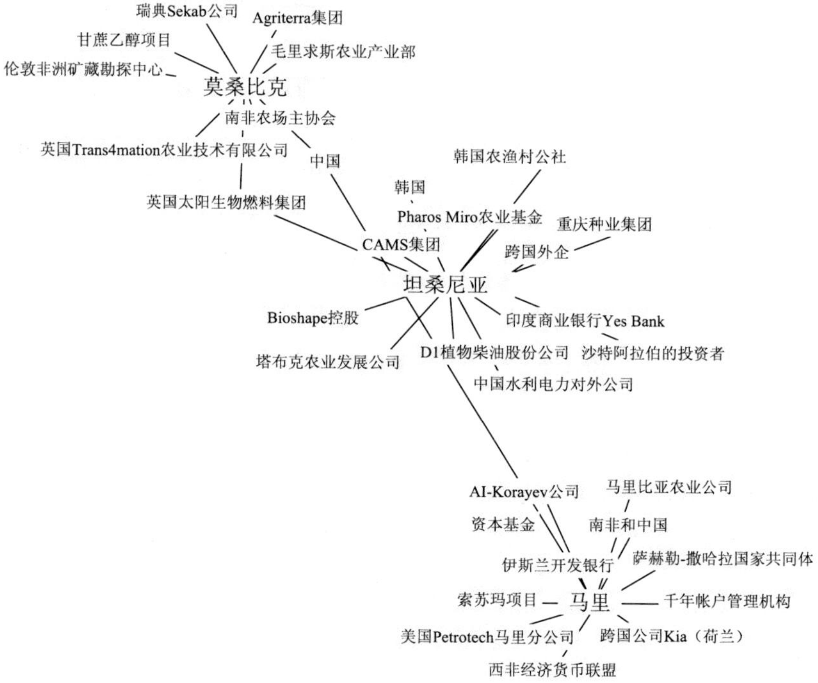

图 2.7　非洲最大的土地出售国及投资者（坦桑尼亚、莫桑比克、马里），2010 年
数据来源：Friis and Reenberg 2010

在全部投资中，有三个国家占据了可观的份额。在六国全部投资者中，美国、英国和沙特阿拉伯三国的占比达到 25%，它们均在四个目标国内进行了投资。值得注意的是，在一些目标国内，主导性购买者是私营公司，而在其他目标国内，主导性购买者则是国家。

图 2.8　非洲最大的土地出售国及投资者（马达加斯加、苏丹、埃塞俄比亚），2010 年

数据来源：Friis and Reenberg 2010

一个案例：基础性事实层面的棕榈油生产

在国际商品和期货市场中以原油交易的棕榈油，是大量产品的成分之一，包括牲畜饲料、预加工食品、食用油、化妆品、润滑剂和燃料。2000年至2010年间，棕榈油的消费总量翻了一倍，达到4 680万吨，并在2005年超越大豆油成为全世界最受欢迎的植物油。① 至2020年，全部植物油的消费总量预期将增加25%，其中棕榈油依旧占据领先地位。②

未加工状态的棕榈原油较为脆弱：新鲜采摘的棕榈果实内的油，在采摘后的48小时内就开始变质，这意味着生产者必须快速将这些果实送往加工地点。提炼棕榈油并使其稳定的作坊，需要4 000至5 000公顷的土地来实现最高效的生产。实现盈利的棕榈油生产所要求的交通系统、基础设施与规模经济意味着不断增长的需求是通过单一栽培方式来满足，通常是大型种植园，或政府支持的小农团体进行的耕种。③

80%的商用棕榈油都是在马来西亚（400万公顷的土地用于棕榈油生产）和印度尼西亚（750万公顷的土地用于棕榈油生产）生产的。④ 马来西亚的耕地不足问题使得新的生产多在印尼进行。在印尼约2/3的棕榈油生产企业中，马来西亚混合联合企业占主要比重。⑤ 鉴于棕榈油可以去贫困、增就业、促增长，印尼政府大力推广棕榈油生产：印尼消费的棕榈油中，有85%作为食用，尤其是作为实惠的食

① Colchester 2011，1；Productschap Margerine，Vetten en Oliën 2011，1.

② Productschap Margerine，Vetten en Oliën 2011，1.

③ Colchester 2011，2～3.

④ Ibid.，1.

⑤ Ibid.，2.

用油，并且，350 万小农共生产了印尼 40%的棕榈油作物。①

当地居民则前景堪虞。在印尼的廖内省，20 世纪 80 年代早期就出现了小农对棕榈产业的抗议。那时，政府官员下令没收并重新分配集体持有土地，用于发展棕榈油种植园。②

印尼土地权利含混不清，而且缺乏保障。习惯法，在印尼和马来西亚被称为 adat，曾被编纂并被纳入荷兰的殖民法中；即便遭受异议，它依旧是印尼法律框架的重要组成部分。虽然在印尼的不同种族内，adat 存在很大差异，但是许多原住民都是通过 hak ulayat（共有权）或 hutan adat（基于习惯法的林业许可）而持有土地。③ 1960 印尼土地基本法（Basic Agrarian Law of 1960）将政府对基于 adat 的土地权利的认可限于以下说法："土地为被认可的基于 adat 的社区所拥有，土地边界已经划定妥当，并为大众所知，该社区在 adat 的原则下被认可并运作。"④ 在解决相互重叠的权利与土地特许权（如采矿业和农业诉求间的冲突）的架构中，这一类型的问题也同样被忽视。⑤ 更进一步说，印尼的土地登记制度也远非完善：该国林业局管理的所有土地中，有 2/3 都没有登记。⑥ 这些模棱两可、表述欠妥之处，为既得利益者向社区土地权利提出挑战提供了大量空间。多届印尼政府（尤其是苏哈托政权）都积极追求将更多的领土直接置于国家控制之下，而多个不同的企业已经成功地挑战了这些论据不够充分的所有权诉求。⑦

位于苏门答腊岛的印尼廖内省内，土地冲突已进入白热化阶段。20 世纪 80 年代以来，当地居民就针对油棕种植园的扩张提出抗议，

---

① Burgers and Sustani 2011，1，11。其他选择，见 Vermeulen and Good。

② Mayer 2009.

③ Royal Tropical Institute 2012，3.

④ Yusuf 2012，7.

⑤ Ibid.，13.

⑥ Ibid.

⑦ Deddy 2006，91；Asian Human Rights Commission 2012.

针对这一产业的抗议行动遭到苏哈托独裁政权的镇压，但在1998年政权更迭后，这些抗议则犹如野火般蔓延开来。① 廖内省内70%的油棕种植园为马来西亚企业所拥有；这些公司中，有许多都涉及可疑的土地征购，并且都不尊重共同持有土地的当地社区的权利。② 基于1960印尼土地基本法，社区的土地可被强制没收，特别是在那些维持传统的集体土地所有制，却又进行商品生产而非遵循传统生活方式的地方社区中。

以下这一案例将阐明这些可追溯多年的紧张关系，以及国家认可小农权利的漫长过程。1998年，印尼公司PT Mazuma Agro（MAI）在未经当地村领导同意的情况下，夺取了廖内省罗干胡卢县（Rokan Hulu）一个村庄内5 508公顷的土地，并开始非法驱逐当地农民及其家人。③ 2012年前，法律行动还可以阻止事态进一步发展。但到了该年2月，尽管相关案件尚未判决，该公司还是开始进行土地开发。2012年2月2日上午8点30分，100名当地村民试图阻止推土机和挖掘机将其家园夷为平地；上午11点，北苏门答腊地方警局的警员向抗议者开火，造成五人受伤。④ 这并不是罗干胡卢县第一次发生土地冲突上升至暴力事件的情况。1998年以来，在印尼公司PT Mazuma Agro和邻村领导人的共谋下，至少有89间房屋被烧毁，有26家当地社区成员所拥有的棕榈油加工厂被摧毁。⑤ 2004年，两名来自罗干胡卢县的男子因抗议棕榈油公司PT Suyara的土地诉求而遭该公司的保安杀害；当地警方在该地区部署警力以防止冲突升级，但却未能逮捕凶手。⑥

---

① Mayer 2009.

② Colchester 2011，18.

③ Asian Human Rights Commission 2012.

④ 同上。

⑤ 同上。

⑥ Santoso and Afrizal 2004.

为了应对这些企业的不正之风，2013 年 5 月，印尼相关法院将政府管辖的数百万公顷的林地转由当地社区管理，至少名义上如此。[①]然而，这些新的土地权利的效力依旧取决于那些在过去已被证明不太可靠的政府记录和机构。至于印尼的原住民是否能够在不丧失土地集体所有权的情况下，将土地用于生产全球经济所需的商品作物，还有待观察。

结论

对于更大的正在形成中的历史而言，以上种种都是其组成元素。它包括在大规模重组的全球经济下，对非洲、拉丁美洲和亚洲越来越多的地区重新定位。在世界上越来越多的地方，对越来越多的人而言，日益孱弱的、发挥买办资产阶级功用的政府，以及遭受破坏的小农经济，开启了一个新兴的挣扎求生的阶段。

对本章论点至关重要的关键性经验趋势是，2006 年（该年银行业危机已在酝酿之中）以来外资土地征购的大幅增加，以及买家身份的快速国际多元化。正如外资所有权长期以来就是世界经济历史不可分割的一部分一样，外资土地征购本身并非问题所在。此外，部分征购也有积极的理由，如创建自然保护区。就我的论点而言，重要的是外资所有权的大幅增长正在显著地改变当地经济的特性，尤其是土地所有权，并且削弱了国家对于其领土的主权权力。与过去帝国征服相比，这一征购过程也许不那么具有暴力性和破坏性。但这并不意味着应该把它们和良性的外资所有权案例混淆起来——后者如福特汽车在欧洲、大众在巴西开设的可以创造就业机会的工厂。

强调将正式的主权权力与不断增加的外资土地征购并置来看，就会导入两个概念问题。而如果我们单单强调土地征购者与出售国政府之间的权利不对称，则会轻易地绕过这两个概念问题。其一是在经济、

---

① Brunori 2013.

社会发展和多国政府遭削弱的过程中，由国际货币基金组织和世界银行发起的，最终由世界贸易组织各种规定所加强的结构调整计划所扮演的角色。与这一结构调整计划相关的各种趋势与状况的混杂，实则促进了在2006年后迅猛发展，经过2008年危机又进一步升级的大规模外资土地征购。这些趋势为土地征购的骤增、许多新型合同相对容易的执行、土地征购者身份的快速多元化奠定了基础。

另一则是由外资土地征购的大幅增加而引起的对国家主权领土的重新定位。国家领土不仅仅是空置的土地。被外国购买者征购的土地包括由村庄、小自耕农业、乡村工业区构成与形塑的大片国家领土，以及创造与再生产这些经济的行为主体——无论是否被国家认可。作为这些征购的后果之一，今天这一政治结构复合体的大部分被从其国家领土中清除出来。在其极端状况下，我们可能要问，当国家领土已降级为外资拥有的用于开设种植园的土地时，当导致对其他一切事物——动植物、村庄、小农，以及组织土地所有权或使用权的传统规则的驱逐时，公民身份到底意味着什么？

这些大规模的土地征购汇总起来，就创造了一个部分嵌入于国家领土的全球运作空间。它们创造了一个深植于民族国家的部分去国家化过程，而这构成了国家主权领土组织中的结构洞。我将外资土地征购视作这样一些部分拆解国家领土的过程之一。为这些征购而发明的各类合同成为组织性逻辑的种种能力，这一逻辑是和民族国家脱节的，即便这些征购的运作都深植于国家领土之中。另外，在这么做的过程中，这些合同违背的往往不仅是一国大部分人民的利益，还包括当地资本的利益。而当地资本则更有可能为一个国家的不同地区创造出积极的反馈循环。需要注意的是，大规模的外资土地征购可以创造出好的工作以及良性的本地经济效应，特别是当其用于维护工作者权益与环境可持续发展时。但是，现在的趋势让人们难以指望事情会按这个路线发展：这是一个对居民和本地经济进行驱逐，对生物圈进行破坏的故事。

以这一宏观语境为背景，外资土地征购的物质性和可见性变得具有启发意义：它们告诉我们一个更大的过程所包含的种种，而这一过程往往并不像土地，或者合同执行过程中政府行政机构的直接介入那样可见可感。这种对经济全球化的描述方式，有别于将全国视作受害者的一般理念。确实，在很大程度上，与全球企业资本形成联盟的正是政府行政机构，这在全球南方和全球北方都是如此。在外资土地征购的案例中，这一点变得尤为突出明显。同时，在我的理解中，就国家在这一全球过程中的策略性介入而言，一个关键之处在于，不同利益指引的国家可以重新定位其目标，从全球企业议程转向关注环境、人权、社会公平和环境变化的全球议程。

第三章　金融及其能力：作为系统逻辑的危机

金融利润一旦存在，就可被视作是道德中立的。它可用于明确的行善——例如，具体化为非金融资产，如绿色交通系统。它也可被具体化为恶行——例如，替军阀购买武器。或者，它可以以非物化的形式而存在，作为愈发投机的金融构造的平台。金融构造变得如此复杂，以致对经验分析提出了挑战，更不用说用道德进行检验了。最后，这些趋势与衍生品市场形成的连接最为引人注目，并且在过去的二十年中主导了金融发展。直至金融危机的发生，这些金融运作的晦涩难解之处成功掩盖了这一市场将会变得如此危险的事实。它导致金融化程度达到了极端水平，这在目前数个主要发达国家中十分明显。

过去二十余年间，金融系统所建立的数量级在未平仓衍生品的总价值上表现得淋漓尽致。这是一种从其他来源处衍生出自己价值的复杂的债务形式，其来源各不相同，包括其他形式的债务到物质产品（如楼宇、农作物）；而衍生品是现在最为常见的金融工具。金融危机爆发前的2008年，未平仓衍生品总值达到600万亿美元（为全球GDP总值的十倍有余），随后历经短暂下跌后再一次上涨。至2012年，即造成巨大损失，导致公司、企业破产，经济下滑的金融危机发生后的几年，未平仓衍生品总值上升至800万亿美元有余。2013年年初，这一总值突破1 000万亿美元。与此类似，银行资产总值在危机前达到160万亿美元，至2010年则上升至近200万亿美元，并仍在持续上升之中。与此相反，全球GDP总值从2007年的55万亿美元大幅下跌至2008年年初的45万亿美元，这反映了经济中危机的出现。金融的力量及其危险之处是其加强自身价值的能力，哪怕这是在家庭、经济和政府都贬值的情况下。①

我将金融视作一种能力，尽管它作用于不同事物的能力存在着变化；这不同于阿玛蒂亚·森（Amartya Sen）或玛莎·娜斯鲍姆（Martha Nussbaum）所指的积极意义上的“能力”概念。我们需要将金融与传统银行业区别开来。传统银行业出售它们自己所拥有的钱，金融企业则出售它们所没有的东西，因而抱着一种决心，奋力要比传统银行业更具创新性与侵略性。就这方面而言，金融可被看作一种将经济体内一切事物全部证券化的能力，并且，通过这样做，金融将经济和政府纳入其自身衡量成功的标准之内。证券化涉及对一幢楼宇、一个商品，或者债务的重新定位，将其置于金融回路之中。在这一金融回路中，它们可以流通，可以在远近不同的市场上反复地进行售卖。在过去的二十余年中，金融创造出了十分复杂的工具，将我们熟知事物的极端形式都证券化了——不仅包括高评级债，还包括二手车贷款和中等级市政府债。一旦一个证券化得以发生，金融工程就可以持续构建长长的、由不断增多的投机工具组成的链条，而这些工具全部依赖于第一步的稳定性，虽然这并不可靠。因此，金融的能力是一种非常特殊的、与众不同的，并且常常具有危险性的能力。（值得谨记的是，作为金融关键推手之一的衍生品，其中的一些特定类型在美国曾被宣布为基本违法。直至1973年，衍生品才在芝加哥的商品市场内被

① 就此，我曾进一步展开过讨论，见Sassen 2008b，2013中。另外，有关本章主题的所有核心方面的文献，都可参见以上两本著作。另见：Stiglitz 1999；Knorr and Preda 2013；Graebner 2012；Hartman and Squires 2013；Krippner 2011；Lerner and Bhatti 2013；IMF 2006，2008，2012a，2012b。

再次认定为合法。）

复杂工具的发明与推进是金融的核心。在这里，发挥作用的是物理学及其模型的数学运算，而非微观经济学模型的数学运算。高盛集团（Goldman Sachs）在幕后储备了大量的物理学家，这就是一个全面的例证。这些幕后的数学运算往往超出了董事会的高薪行政主管的理解能力。

在20世纪80年代兴起，20世纪90年代于全世界迅速腾飞的这一过程中，金融之所以能成为主要力量就是由于以上的种种特征。我将金融视作由行为主体、能力和运作空间构成的复杂集合体。其中所包含的要素是本书所关注的具有概念隐蔽性的动力机制之一。借由多元化的工具，如证券化的助学贷款、信用违约掉期，金融可以呈现为多种多样的表面形式，并可适应如中国和美国这样不同的体制环境。而在这些多元表象之下，存在一种划时代的能力——对企业、家庭和政府的债务与资产的金融化，而全然不顾地理政治格局、主权权力、法律制度、国家-经济关系，或经济部门。

我们可以将金融看作最为完善和有效的概念隐蔽性趋势，至少在短期内如是。它们正通过不同的方面重塑着我们的世界。在金融的案例中，可辨识的现象表征为多种微观世界与微观趋势，其中有些是专门化的，有些则不是：信用卡贷款，各种各样的政府赤字，某个公司的债务，等等。造成这些现象这般分散的部分原因是各种多元的体制安排，债务和资产正是通过这些安排而产生，并能为第三方所识别。但是，分散的种种现象也使得更深层次的漩涡难以为人所辨识，而且在许多方面都掩盖了正在发生的一切：对健康经济体、良性政府债务和稳健家庭的大规模破坏。在一个接一个的案例中，这一破坏表现为资本和资源向金融企业的流动，而其他经济部门则面临贫困化。我们不能太过于概化，毕竟凡事都有例外，并且我们可以看到一系列非金融部门的发展壮大，从高科技到石油工业。这些部门大多依赖于金融，或者通过提供金融所需的高度专业化服务而得以存活。①

然而，我们只能通过遭金融多元入侵的浩繁世界来理解金融及其能力。举例而言，现在我们看到的，不仅仅是食品、黄金和其他多种货物的商品化，还包括这些商品的金融化。同样，现在不仅仅有贷款的利息，还包括利息支付的金融化。有许多野蛮的案例都表明，一旦出现差错，经济暴力将随之发生。一个案例是大量人群在一段短暂而剧变的历史时期内被驱逐出其止赎房屋，这发生在美国、西班牙和拉脱维亚这样各不相同的国家内。另一个案例发生在美国、意大利这样完全不同的国家内，它们遭受了由金融投机而引起的大规模损失，而这些损失往往由市政府基金来负担。

接下来，我的论述将从一个微观世界展开，在这里，以上种种情况以广泛而又基础的形式汇聚在了一起：在越来越多的国家中，寻求普通住房的中等收入家庭如何被纳入金融化机制之中。我之所以关注美国，是因为美国是这一发展与实现这一发展的各类创新的起源地。这一案例足以阐释金融化的一些特征，尤其是使用复杂工具为一些人创造一个周期短、利润高的投资循环，而使数百万失去家园之人遭受初级的野蛮行径。随后，我将检视这些工具的全球可能性，将关注点置于经历了类似驱逐现象的其他国家，尽管针对每一个国家，都有一个不同的解释。

对我的分析来说，至关重要的是在这些不同的国家中，开始出现一个共通的深层次基础动力。这一动力超越了惯常的划分，并透过各个状况的繁杂细节而得以显现。就概念上而言，我们容易受限于不同

① Sassen 2001，第四章；2008c，第五章、第七章。金融的一个核心特征是，即使在出现大规模失业的情况下，它依旧可以从国际贸易中获得强劲的利润。因此，在美国，这一部门就从所谓的自由贸易协定（Free Trade A-greement）中获利。尽管该协定被宣称为可以创造就业机会，但事实并非如此。新出台的跨太平洋自由贸易协定（Transpacific FTA）也未能创造出它所承诺的就业机会。

国家、不同国家银行制度等等之间现存的和继承而来的差异性。这就会产生如下影响：当关注点置于惯常的且通常是长期存在的差异时，就会导致我们难以辨识一个事实，即各式案例之下存在类似的动力。本地的或国家的发展及趋势可以构成超越惯常划分的全球趋势的基石。本章最后的总结将探讨复杂性与野蛮性的交切（intersection）。这一交切透过国家政治经济而得以显现，并掩盖了一个更深层的全球政治经济的形成。虽然后者目前只是局部明确，但却超越了许多惯常的对民族-国家、经济部门、市场的划分。

当地方住房成为全球金融工具

除了社会和政治作用，长期以来，在所有发达社会中，住房都是决定性的经济部门，对经济增长做出了巨大贡献。从历史角度而言，住房通过三种渠道发挥了它的经济作用：作为建筑业的组成部分，作为房地产市场的组成部分，以及通过抵押贷款的形式作为银行业的组成部分。在这三个部门中，住房有时会成为创新的媒介。比如，太阳能被大量运用于住房而非办公楼或厂房。大规模建筑业将住房作为一种发展新技术和新样式的关键渠道。预制安装建筑的工业生产也同样将关注点置于住房，以此来解决各种棘手的问题。最后，抵押贷款是传统银行业收入及创新的核心源泉之一。现在已成为世界标准的 30 年抵押贷款，实际上是信贷市场的重要创新。日本与中国先后分别创立了 90 年和 80 年的抵押贷款模式，以应对繁荣时期不断增长的住宅金融需求，此种情势下，需要整整三代人才能还清住房开支——在日本这一时期是 20 世纪 80 年代；在中国则是 21 世纪头十年。

20 世纪 80 年代开始迅速发展的抵押贷款证券化，使得住房在经济中的作用又增加了一重。住房抵押贷款证券化可以带来经济增长。但是，它也向投机交易打开了抵押贷款市场，导致该市场极易面临风险与遭受损失。如果抵押财产的所有人决定去做投机生意，并且充分知晓可能的风险，那么这是可以被接受的。但是，如果在未充分知晓的情况下而决定进入这一风险性安排，则难以为人所接受。然而，当这些合约大多很冗长并且艰涩难懂时，当金融和投资业的文化氛围缺少公开性和透明性时，就算充分知晓，也是远远不够的。臭名昭著的加州县级政府奥兰治县（Orange County）的破产案值得我们进行一番回顾：当地政府原先以为是一笔贷款的东西，原来竟是一个高投机性的投资，这导致县政府及其退休抚恤基金的破产。2012 年，意大利也发生了类似的危机。那时，该国许多市政府正面临着预算危机，原因是市政府原先以为的简单明了的贷款，原来竟是信用违约掉期——这是风险性和投机性最高的投资类型之一。

住房抵押贷款证券化具有类似的效应：它将看起来似乎是传统的抵押贷款的东西转化成了投机性投资工具的一部分，使其可以在投机市场内进行买卖。但是，它遵循了另一路径，并且代表了另一种具有极度破坏能力的金融创新。它置入了一个将住房用作资产的新渠道：作为资产的住房将由合约（抵押贷款）代表，并可被切割为多个细小的组成部分，在巨额融资回路中，与其他类型的债混合出售。20 世纪初在美国发展起来的特定类型的次级抵押贷款的案例中，代表抵押贷款的合约被切割开来，随后其中每一部分都和高评级债合并起来，以此产生一种面向金融投资者进行销售的“资产支持债券”（asset-backed security）。归根到底，想要成功销售，关键在于银行和购房者签订代表资产（普通住房）的合约。原生资产（住房）的实际价值并不重要，抵押贷款本身或利息支付也都无足轻重。构造这一金融工具的目的便是要将工具和这些价值分离开来。这一工具是否能以资产支持债券的形式在投资回路中发挥作用是至关重要的，即使它只包括一小部分的低成本资产（发挥有形资产的作用），而大部分是由其他类型的债组成。其中存在的挑战是，将该资产（住房）的实际价值与用于巨额融资回路的合约相分离。这意味着需要制订一系列复杂的步骤（高达 15 步），由此使得住房的实际价值和抵押贷款偿付变得无关紧要。也就是说，需要将资产支持债券从资产实际价值的负担中“解放”出来，因为这一实际价值往往非常有限。其结果是，一个错综复杂且晦涩难懂的工具出现了。

这样的分离造成抵押贷款持有人的信誉度与获利潜能无关。其结果就是将中等收入家庭置于一个高风险的情境下，被销售人员不断施压以促成合约的签署。在这里，至关重要的仅仅是签署完毕的合约，或者更确切地说，是已签署合约的大量积累。这一创新向金融高级回路打开了中等偏低收入家庭的世界，创造了一个潜在的、由数以亿计的家庭构成的全球市场。本章稍后将扼要地检视这一新型金融工具在世界主要发展中地区扩张的可能性。①

这并不是金融部门第一次利用住房去开发投资者所需的工具。20世纪70年代末期，最早的居民住房抵押贷款支持证券（residential-mortgage-backed securities）被开发出来。从很多方面来看，这一概念都是有益的，即在传统来源（基本上是银行存款的多种变体）外，产生另一抵押贷款资金的来源。在良性的初期形式中，居民住房抵押贷款证券足以降低抵押贷款利率，并维持贷款供给的稳定：也就是说，即使在经济低迷时期，它们也能使银行继续发放贷款。

然而，这一早期的次级抵押贷款形式是一个国家项目。21世纪初期于美国开发，现在于全球蔓延的次级抵押贷款是金融部门为自身独家定制的。它的意图不是帮助家庭购房，而是开发可以在金融回路中应用的一种金融工具，一种资产支持债券。有两大特征使得这一创新与众不同。其中一个是，在很大程度上，这些抵押贷款可以作为纯粹的金融工具而发挥功能。它们可以被购买，随即又可以被迅速出售。对这一工具的所有权可能仅维持几个小时。如此，投资者出售这一工具后，房屋本身遭遇的一切并不与此相关。事实上，遭受大幅亏损的企业或银行部门，大多是那些专业化的次级抵押贷款放贷机构或是银行内保留债权的部门。此外，如前文所述，由于这些抵押贷款已经被划分、切割，并在各种投资计划中进行了分配，任一计划中就都不存在单一的组成部分能实际代表房屋整体。相比之下，如果房屋所有人

① 更为全面的论述及文献资料拓展，见 Sassen 2013。

几个月都未供款，那么，房屋所有人将失去整个房屋与投资在房屋上的全部价值——不管是谁拥有这一工具以及这一工具内所包含的房屋的一小部分。

与传统抵押贷款的第二个区别是，投资者的盈利来源不是抵押贷款偿付本身，而是出售由数百个或数千个抵押贷款的一小部分捆绑而成的金融计划。这一工具的特性使得放贷方可以从由中等收入家庭代表的巨大的潜在市场中获利。当盈利来源不是抵押贷款偿付本身，而是金融计划的出售时，世界范围内数以十亿计的中等收入家庭就成了主要目标。对于放贷方而言，重要的不是借贷人的信誉度，而是向家庭出售（常常是强行出售）的抵押贷款的绝对数量。如果这些抵押贷款的目标是富有的投机者，这一特性可能还算无害，但是，当不那么富裕的家庭成为目标的时候，这一特性就变得令人担忧了。

投资者（只有一部分会受到影响）和房主（一旦他们拖欠供款就将失去房产，无论恰巧此时是怎样的投资者拥有这一金融工具）所处世界的不对称性造成了住房市场与住房金融市场的大规模扭曲现象。虽然难以履行抵押贷款义务的房主无法逃脱拖欠供款的负面后果，大多数投资者却可以做到，因为他们购买这些抵押贷款的目的就是为了出售。2007 年 8 月的危机爆发之前，投资者中赢家很多，输家屈指可数。因此，即便是所谓的次级抵押贷款（劣质工具），投资者都可以用一种积极的方式进行理解，但这种中立的态度本身对于潜在房主则存在不良影响。在这里，我们看到了推动创新的多元主体所处位置之间存在的又一鲜明的不对称性。

最后，当下这一时期使得第三种不对称性变得一目了然。在这样一个金融资源在有限的超级企业内大规模聚集的时期，当抵押贷款违约危机发生时，任何拥有大量比重的次级贷款的所有人都将无法摆脱大规模的损失。在较早的时候，抵押贷款的所有权广泛地分布在大量银行和信用合作社，因此，较之现在，损失也更为广泛地分布开来。数个实力雄厚的大企业误以为它们可以掌控这一高风险性的工具，结果导致其损失进一步增加。这些残酷无情的业务、企业主导市场的能力，以及市场之间不断增加的联系，都使得这些超级企业极易通过一种网络效应而受到自身力量的伤害。① 一个恶名远扬的案例是已不复存在的雷曼兄弟（Lehman Brothers），为其破产诉讼而召集的顶级专家团队，至今未能清算公司产值。

在美国这样的国家内，说服中等收入家庭取得风险性的抵押贷款是一件很容易的事，因为与德国等国家不同，在美国，拥有一套住房被视作头等大事。当得知存在拥有住房的可能性时（大多数时候这都变成了一场骗局），中等收入人群就会把所有积蓄用于支付首付，并将未来的收入用于支付月供。中等收入家庭的小额积蓄或未来收入，或是一套普通住房的先前所有权，都被用来让顾客签署合约。并且，正如我们之前所看到的，对于放贷方而言，合约才是要紧的，而非住房本身或抵押贷款的偿付，因为在开发能使投资者获利的金融工具时，合约是必不可少的。

到了 2004 年，对于投资者而言，这一策略十分成功，以至于抵押贷款放贷方都不再需要完整的信用记录或是首付，只需要在合约上签字即可。在一个充斥着投机资本的金融世界内，速度和数字才关系重大，因此，要想获得奖金，就要将次级抵押贷款销售给尽可能多的家庭，包括有资格拿到正规抵押贷款的家庭；正规抵押贷款可以提供更多保障，但是处理时间长得多。家庭、邻里社区和城市因此而遭受的负面影响却从未被纳入考量。很有意思的一点是：相同的创新，不仅运作于抵押贷款的证券化，也出现在工作外包的案例中。在抵押贷款的证券化中，就某些人而言的负面因素，对于更大的系统而言，实则可转化为绝对的积极因素。外包则涉及复杂和昂贵的物流，但在每个工时上获得些许收益是很值得的，因为这将转化成一个企业在金融市场份额的额外价值，进而为股东和主管带来额外收益。

---

① Sassen 2008c，348～365。金融、银行业与住房关系中特定问题的研究见：van Onselen 2013；Goldstein 2013；Smith 2013；Krainer 2009；Kumhof and Rancière 2010；Neumann 2013。

此外，在金融的逻辑中，存在一种通过不看好某种创新来实现丰厚利润的可能——即通过预测失败来盈利。这一盈利类型与次级抵押贷款以及一系列其他金融创新，特别是信用违约掉期一同产生。事实上，正是信用违约掉期的巨大市场诱发了2008年9月的金融危机：焦虑的投资者试图兑现自2007年开始的信用违约掉期，而这让人们辨清，这一60万亿美元的市场缺乏实际资金来履行义务。简而言之，所谓的次贷危机并不像美国和世界其他地区普遍断言的那样，它并不是由那些取得抵押贷款而又无力承担的不负责任的家庭引起的。相反，原因在于，逐渐增加的房屋止赎量向购入信用违约掉期的投资者发出了一个信号，即到了兑现他们"保险"的时候了，然而市场上并不存在可供兑现的资金，因为止赎也导致了信用违约掉期的贬值。

表 3.1　美国房屋止赎量，2006 年至 2010 年

年　份	止赎通知（以百万件计）
2006	1.2
2007	2.2
2008	3.1
2009	3.9
2010	2.9
总计	13.3

数据来源：RealtyTrac 2012b

包括房屋价格下降在内的多种情况，导致许多家庭遭受了诸如房屋止赎这样极端负面的后果。① 2005年至2010年，在超过1 330万件

① 一般内容见：Center for Housing Policy 2012；Core Logic 2013；Furman Center 2007；Hankiewitz 2013；Levy and Gopal 2011；Mitchell 2013。关于种族歧视的研究，见：Wyly et al. 2009，及Aalbers 2012中数个章节。关于止赎通知的具体细节，见：Realty Trac 2007，2008，2009，2011，2012a，2012b，2013a，2013b。

抵押贷款止赎通知中，有930万件以驱赶住户而收场，遭受影响的可能多达3 500万人。2008年，美国平均每天有10 000个家庭失去住房。当然，并不是所有止赎案件都会导致对住户的驱赶，或者说，至少不是立即驱赶，并且一些家庭或许不止一次收到止赎通知。但是，现有证据表明，至2007年，超过700万家庭不再居住在遭到止赎的房屋内。并且，根据估算，到2014年前，还有400万家庭会面临房屋止赎的困境。这是一种原始积累的野蛮形式，它需要一系列庞杂的工具来实现，其中运用了金融、法律、会计和数学人才库。

对于数以百万计的中等收入人群而言，这一影响是灾难性的。纽约市的案例提供了一个缩影。表3.2表明了较之其他群组，纽约市收入远高于其他群组的白人居民背负次级抵押贷款的可能性要小得多。至2006年，当次级抵押贷款总数大幅上升时，较之亚裔居民的13.6%、西班牙裔居民的28.6%与非洲裔居民的40.7%，白人居民所有的次级抵押贷款占比仅为9.1%。在不考虑影响范围的情况下，表3.2还表明，2002年至2006年间，所有群组都出现了次贷借金的高发生率。如果我们将情况最为激烈的2002年至2005年纳入考量，会发现白人居民的次贷借金增加了一倍多，亚裔和西班牙裔居民增加了两倍，非洲裔居民则增加了三倍。若进一步以社区进行划分，则会发现，纽约市遭受打击最为严重的十个社区都是贫民区：取得抵押贷款的居民中，有34%至47%的居民背负的是次级抵押贷款。

表3.2　根据种族划分的纽约市次贷借金，2002年至2006年

	2002	2003	2004	2005	2006
白人	4.6%	6.2%	7.2%	11.2%	9.1%
非洲裔	13.4%	20.5%	35.2%	47.1%	40.7%
西班牙裔	11.9%	18.1%	27.6%	39.3%	28.6%
亚裔	4.2%	6.2%	9.4%	18.3%	13.6%

来源：Furman Center 2007

借由政府财产税收的损失，这些代价扩展至整个都会区。根据预测值，表 3.3 列出了美国 2008 年大都会区生产总值（gross municipal product，GMP）因次贷危机及相关后果而损失最为严重的 10 个区域，这些数据是由环球透视（Global Insight）测量得出的。① 根据估算，2008 年，这十个都会区的全部经济损失将超过 450 亿美元。其中，纽约的 GMP 损失超过 100 亿美元，洛杉矶的 GMP 损失为 83 亿美元，达拉斯、华盛顿和芝加哥的 GMP 分别为 40 亿美元左右。

表 3.3　GMP 损失最为严重的都会区，2008 年

排名	都会区	修订后实际 GMP 增长率（%）	实际 GMP 增长率的损失（%）	GMP 损失（百万美元）
1	纽约-北新泽西-长岛，纽约州/宾夕法尼亚州	2.13	0.65	10 372
2	洛杉矶-长滩-圣安娜，加利福尼亚州	1.67	0.95	8 302
3	达拉斯-沃思堡-阿灵顿，得克萨斯州	3.26	0.83	4 022
4	华盛顿特区-阿灵顿-亚历山大，弗吉尼亚州/马里兰州/西弗吉尼亚州/哥伦比亚特区	2.79	0.60	3 957
5	芝加哥-内珀维尔-乔利埃特，伊利诺伊州/印第安纳州/威斯康星州	2.23	0.56	3 906
6	旧金山-奥克兰-弗里蒙特，加利福尼亚州	1.88	1.07	3 607

① Global Insight 2007；Pettit and Reuben 2012；另见 Dewan 2013。这只是金融系统的一个组成部分。金融的许多组成部分都包含有钱有权的投资者之间的互动，原始积累机制在其中并不是一个问题。但是，存在一些其他组成部分屈从于这一机制，尤其是养老抚恤基金和共同基金。领取养老抚恤基金的人，以及购买共同基金的消费者往往需要支付多种小额酬金和佣金，而这些汇总起来就构成了可观而又无端的损失。最后，因次级抵押贷款房屋止赎而引起的损失，大都由债券持有人而非银行来承担。

续 表

排名	都会区	修订后实际 GMP 增长率（%）	实际 GMP 增长率的损失（%）	GMP 损失（百万美元）
7	底特律-沃伦-利沃里亚，密歇根州	1.30	0.97	3 203
8	波士顿-剑桥-昆西，马萨诸塞州	2.16	0.99	3 022
9	费城-卡姆登-威尔明顿，特拉华州/新泽西州/宾夕法尼亚州/马里兰州	1.85	0.63	2 597
10	河滨-圣贝纳迪诺-安大略，加利福尼亚州	3.51	1.05	2 372

来源：Global Insight 2007，表 2

谈及金融机构如何在忽视对社会乃至国家经济造成负面结果的情况下为自身谋取了额外价值时，这些年里被开发出来的次贷工具仅为一例而已。然而，纵使存在种种恶性影响，这一忽视却是完全合法的。

全球蔓延的可能性

鉴于其特性，这一类型的次级抵押贷款可以在全球通行，并且理论上可以触及全球范围内至少十亿个中等收入家庭。① 事实上，它确已在全球留下足迹，并且美国以外的违约现象正在快速增长。如，在匈牙利，次级抵押贷款违约已超过 100 万例。

在对居民住房抵押贷款资本增长潜力进行测量时，一个重要量度是经济体内抵押房产的发生率。图 3.1 和图 3.2 分别展示了欧洲与亚洲数国内，居民住房抵押贷款债务与国内生产总值的比率。这一类债

① 详情见 Sassen 2008a；White 2013；Schwartzkopff 2013；Liu and Rosenberg 2013；Novinite 2011；Miles and Pillonca 2008；Glick and Lansing 2010；Warnock and Warnock 2008，2012。

务的发生率大多较低，意味着次级抵押贷款的出售潜力相当大。

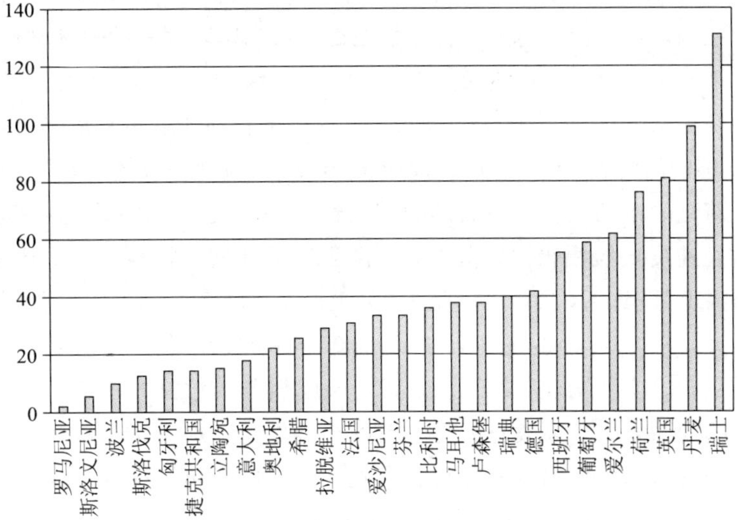

图 3.1　欧洲居民住房抵押贷款债务与国内生产总值的比率，2006 年

数据来源：Miles and Pillonca 2008，图 1

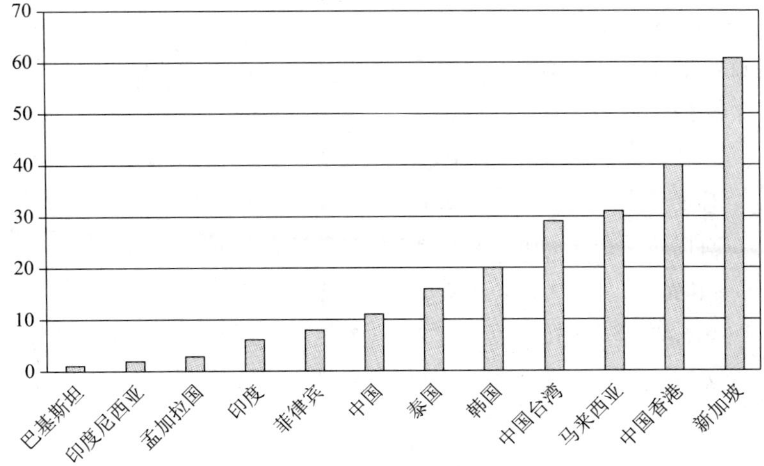

图 3.2　新兴亚洲居民住房抵押贷款债务与国内生产总值的比率，2001 年至 2005 年

数据来源：Warnock and Warnock 2008，表 2

另一重要量度是，在变化迅速的 2000 年至 2005 年间，家庭信用总额（即债务）与个人可支配收入的比率（见表 3.4、图 3.3）。在部分国家内，这一比率迅速增长。如在捷克共和国，这一比率从 2000 年的 8.5％上升至 2005 年的 27.1％，同期匈牙利从 11.2％上升至 39.3％，韩国从 33％上升至 68.9％。这一增长在印度也显而易见，从 2000 年较低的初始水平 4.7％，上升至 2004 年的 9.7％，翻了一番。较之新兴的市场经济，在成熟的市场经济中，这一比率要高得多，但是增长速度要缓慢很多。如 2000 年至 2005 年间，日本的这一比率从 73.6％上升至 77.8％，美国从 104％上升至 132.7％。西班牙的增长幅度最大，从 2000 年的 65％上升至 2005 年的 112.7％，澳大利亚也如此，从 83.3％上升至 124％。最后，家庭债务的放贷方不同，将会带来不同的结果。如果放贷方是小型的当地银行，那么贷款收入（如当地家庭支付的债务利息）就很有可能在当地内部再次循环。如果放贷方是外资银行，这一再循环就不太可能发生。

表 3.4　家庭信用总额与个人可支配收入的比率，2000 年至 2005 年

	2000	2001	2002	2003	2004	2005
新兴市场						
捷克共和国	8.5	10.1	12.9	16.4	21.3	27.1
匈牙利	11.2	14.4	20.9	29.5	33.9	39.3
波兰	10.1	10.3	10.9	12.6	14.5	18.2
印度	4.7	5.4	6.4	7.4	9.7	
韩国	33.0	43.9	57.3	62.6	64.5	68.9
菲律宾	1.7	4.6	5.5	5.5	5.6	
中国台湾	75.1	72.7	76.0	83.0	95.5	
泰国	26.0	25.6	28.6	34.3	36.4	
成熟市场						
澳大利亚	83.3	86.7	95.6	109.0	119.0	124.5

续　表

	2000	2001	2002	2003	2004	2005
法国	57.8	57.5	58.2	59.8	64.2	69.2
德国	70.4	70.1	69.1	70.3	70.5	70.0
意大利	25.0	25.8	27.0	28.7	31.8	34.8
日本	73.6	75.7	77.6	77.3	77.9	77.8
西班牙	65.2	70.4	76.9	86.4	98.8	112.7
美国	104.0	105.1	110.8	118.2	126.0	132.7

数据来源：IMF 2006

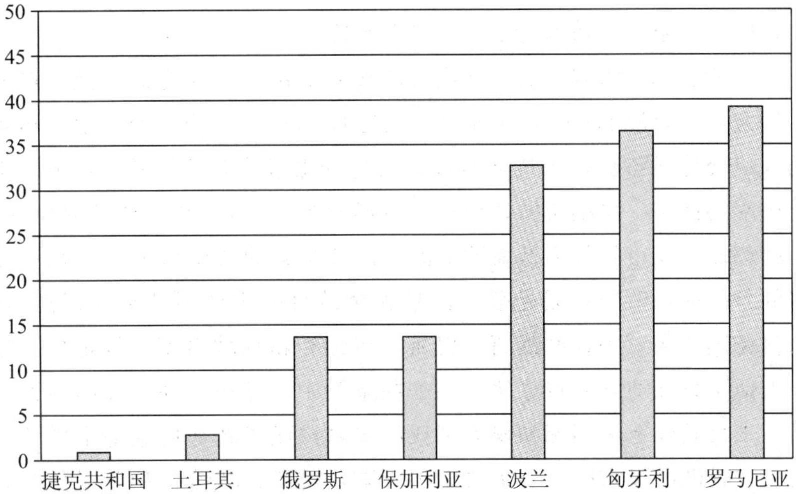

图 3.3　家庭信用总额中外币持有形式所占份额，2005 年
数据来源：IMF 2006

另一个全球住房市场：面向超级富豪的超级豪宅

住宅市场的国际化也表现出另一新兴形式：面向超级富豪的全球超级豪宅市场。这是一个被发明出来的，或者说被创造出来的市场。

在这一市场内，通过设置极高的底价，使其可以避免定期的市场波动，随后，再将这一特殊性作为买家成本的一部分。这一基本概念可能和财富的概念一样历史悠久。但是，过去十年的发展则标志着一个独特的阶段。在越来越多的全球城市内，来自国外的超级富豪购买了大量豪宅；在一些城市内，出现了购买数个较小的单元，再组合成一个豪宅的现象。对于这些超级富豪而言，购买豪宅的目的地包括摩纳哥、伦敦、巴黎、纽约、莫斯科、新加坡、香港、上海和迪拜。值得注意的是，在 2007 年至 2012 年的经济危机时期，上海是唯一一个出现国外买家占比明显下降的城市，降幅达到 24 个百分点。同期，香港增幅最为突出，达到 23%，尽管新增买家大多来自中国大陆。在其他城市中，国外买家的总数保持不变或出现增长。

正如表 3.5 所展示的，能进入超级豪宅市场的住房的最低价格差异很大，从上海的 640 万美元至摩纳哥的 1 890 万美元不等。这一市场的人口统计学特征，尤其是国外买家的占比似乎对定价颇有影响。举个极端的例子，摩纳哥的超级豪宅市场的买家 100% 由国外买家组成，与此相比，在市场较为低廉的上海，国外买家的占比为 10%。从国籍来划分的话，俄罗斯是伦敦、巴黎和摩纳哥的主要国外买家来源地。来自英国的买家则在摩纳哥、巴黎、纽约和新加坡占据主导地位。非洲人似乎只在迪拜购置豪宅。在一些案例中，存在一种选择的地方主义。来自其他亚洲国家和澳大利亚的买家构成了新加坡豪宅市场的主力军，香港的买家则主要来自中国大陆，巴黎、摩纳哥和莫斯科的豪宅主要被欧洲本地居民或其他独联体（CIS）公民购买。伦敦、迪拜和纽约则似乎吸引了全球各地的国外买家。

表 3.5　超级豪宅市场中的国外买家，2007 年至 2012 年

城市	国外买家的来源国及地区	获得豪宅资格的最低价格（以百万美元计）	国外买家占比（%）	
			2007	2012
摩纳哥	俄罗斯、独联体[a]、英国、意大利、瑞士	18.9	100	100

续　表

城市	国外买家的来源国及地区	获得豪宅资格的最低价格（以百万美元计）	国外买家占比（%）	
			2007	2012
巴黎	俄罗斯、独联体[a]、意大利、法国、英国、美国	8.8	90	95
伦敦	俄罗斯、法国、南非、意大利、印度、阿拉伯联合酋长国、希腊、澳大利亚、美国、加拿大	15.9	75	85
迪拜	肯尼亚、索马里、坦桑尼亚、沙特阿拉伯、俄罗斯、印度、伊朗	8.0	45	60
纽约	英国、法国、意大利、西班牙、中国、新加坡、澳大利亚、巴西、阿根廷、加拿大	10.0	50	50
上海	中国香港、中国台湾、美国、加拿大、日本、马来西亚、德国、法国	6.4	34	10
新加坡	印度尼西亚、中国、马来西亚、印度、澳大利亚、英国	8.3	24	31
香港	中国大陆地区	15.4	12	35
莫斯科	独联体[a]	7.8	10	10

数据来源：Powley and Warwick-Ching 2012

注释：a. 独联体（CIS）是指“独立国家联合体”（Commonwealth of Independent States），包括以下国家：亚美尼亚、阿塞拜疆、白俄罗斯、哈萨克斯坦、吉尔吉斯斯坦、摩尔多瓦、俄罗斯、塔吉克斯坦与乌兹别克斯坦

金融：无法掌控自己的力量?

较之由 GDP 衡量的发达国家总体经济增长，金融资产的增长速度要快得多。这未必一定是坏事，特别是如果这些增长中的金融资本能转化为以公众利益为出发点的大型项目。然而，在始于 20 世纪 80 年代的这一时期内，这一增长为公众带来的福利极为罕见；也有个别例

外的情形，如一系列城市中的大型绿化与环保项目，包括伦敦奥林匹克公园的建设和里约热内卢大众交通运输系统的扩张。大多数情况下，金融聚焦于开发更多的投机工具，发展更多的投资。从历史上看，这似乎是金融逻辑的一部分：金融不断发展壮大，但却无法合理运用所拥有的力量。乔万尼·阿瑞吉（Giovanni Arrighi）曾指出，当投机性金融在一个历史时期处于主导地位时，那么，这是这个时代衰落的标志。①

作为大量制度和金融创新孕育地的美国，在经济危机发生前的2006年，其金融资产总值是GDP的450%。② 在欧盟，这一数据是356%，英国则远远超越了欧盟平均水平，达到440%。概言之，金融资产价值超越GDP的国家在总数上翻了一倍有余，从1990年的33国增至2006年的72国。

这些数字标志着这一始于20世纪80年代末，并持续至现在的时期，构成了一个极端性的阶段。然而，这是反常的吗？我并不这么认为。此外，这一阶段并非由外源性因素导致，这不同于危机这一构想所暗示的内涵。周期性危机是这一特定类型金融体系的特征。即使在20世纪80年代，这一阶段发生第一次危机后，美国政府依旧为金融产业提供了任其肆意进行杠杆交易的工具，储贷危机、1987年纽约股灾即为示例。美国的状况或许是最为极端的案例，从1987年纽约股灾开始，已经进行了五次紧急救市。每一次，纳税人的钱都被作为流动资产而注入金融体系，而金融产业运用这些资产继续进行杠杆交易，以谋求更多的投机交易与获利。金融产业并没有用这些钱去偿还债务，因为这一产业本身就是关乎债务的。

20世纪80年代以来，越来越多的经济部门的金融化构成了两大预兆：一是显示了这一金融逻辑的力量；二是表明只要金融仍旧需要通过利用和入侵其他经济部门来获得增长，那么就目前而言，金融正

---

① Arrighi 1994.

② Farrell et al. 2008.

在消耗其增长潜力。一旦金融将大部分经济纳入其逻辑之下，它就达到了某种程度的极限，随后就可能开始走下坡路。一个富有洞察力的示例就是，一些金融企业可以通过一系列工具的开发而能够同时押注在其认为成功或失败的经济部门，从而谋取利润。显然，这一行为是不公开的，但对于它们是如何运作的，我们时不时地可以获得一些了解。在最近的一个案例中，高盛集团为希腊政府设计了一系列衍生品以帮助其加入欧盟，随后，它又为另一客户开发了金融工具以使其在希腊政府破产时获利。这在希腊和欧盟激起了广泛的愤慨。

当下危机所包含的种种特征表明，本阶段，金融化资本主义已达到其逻辑极限。对于从许多经济部门以及各种衍生品排列而形成的长链条中榨取价值，金融已经非常成功了。然而，在一个基本上是由金融在其自身之上建构金融工具的长链条中，当一个经济部门已全部实现金融化时，那么就再也没有可供榨取的价值了。此时，这一部门就寄希望于那些新的、尚未金融化的部门。在这一语境下，就金融榨取而言，两个剩下的尚待开发的领域则是中等收入家庭的住房（全球总计超过10亿），以及纳税人的金钱（真正的、传统形式的——而非金融化的——金钱）所提供的紧急财政援助。①

对于当下的金融危机而言，另一个新近的创新——信用违约掉期也是一项重要因素。它们的快速增长部分是由于它们被作为一种保险而出售，因此，对于这一令人忧虑的、超速发展的市场中的许多投资者来说，它们都是极具价值的。造就这一市场快速增长的第二个因素，在任何投机性市场中都很常见：某些投资者认为经济即将面临危机，

① 就住房抵押贷款金融全球蔓延的可能性，见 European Mortgage Federation 2007；World Bank 2008，2013a；Miles and Pillonca 2008；Glick and Lansing 2010；Neumann 2013。在其他研究（Sassen 2008b，2013）中，我检视了大量数据。这些数据表明了金融在全球使用这一特定类型的次级抵押贷款的可能性——鉴于它发明出了一种金融工具，从而将投资者的利润与抵押贷款偿付分离开来。

而另一些则认为经济快速增长仍将持续数年。简言之，市场上共存着心情迫切的信用违约掉期的买家和卖家。由此，市场就这样被创造出来。2001 年，信用违约掉期的价值总额不足 1 万亿美元；2007 年，则达到 62 万亿美元，超过同年全球 GDP 总值（55 万亿美元）。然而，2008 年 9 月，信用违约掉期的市场垮台导致了严重损失。造成这一金融部门不稳定的关键性因素，并非是数以百万计的次级贷款持有人正面临着房屋止赎。因为对于全球金融家而言，止赎房屋的总价值相对较小。没有人知道，什么将变成下一个不良资产，因为大量抵押贷款的细小组成部分被与高等级债捆绑起来，从而作为由实体物质资产支持的工具而出售。这些投资工具的复杂性，使得从中找出细小的有害组成部分的可能性几乎为零。对数以百万计的民众来说，所面临的住房危机，在投资者看来只是一个信心危机而已。然而，这样的危机足以撼动这一强有力的系统。换言之，这一类型的金融系统牵涉到比金融工具与电子平台的技术复杂性所暗示的更为丰富的社会意涵。①

有关危机的话语依旧模糊不清。首先，我们称之为“危机”的东西存在大量的可变性。20 世纪 80 年代以来，全球出现过数次金融危机。有些众所周知，如 1987 年纽约股灾与 1997 年亚洲金融风暴。其他则较少受到关注，如 20 世纪 80 年代与 90 年代因解除对金融系统的管制而发生在七十余个国家内的金融危机。后者大多被称为“调整性转折点”，“调整性”一词的使用则意味着，这些危机是积极的变化，因为它们推动国家迈向经济发展。

通常，“金融危机”这一术语被用来描述对金融主导部门而非国家机构与人民造成负面影响的事件。较之 1987 年与 1997 年的金融危机，调整性转折点则涉及更为广大的全球地区。然而正在经历调整性转折点的国家中，中等收入群体面临悲惨生活，遭受破坏的往往是运行良好的经济部门，而这大多不为全球社会所注意。只有当这些与全球企

---

① Sassen 2008c，第七章；Varchaver and Benner 2008，该研究基于 ISDA 的数据。

业及投资者发生强力金融联系时，个别国家内的调整性转折点才会受到全球注意，1994 年的墨西哥金融危机与 2001 年的阿根廷金融危机即为例证。

其次，如数据所示，1997 年亚洲金融危机后的这一阶段是颇为平稳的一个时期——直至当下的金融危机。之所以呈现如此的一个原因是，一个国家经历过调整性转折点后的发展，在传统指标的衡量下，可被视作是“稳定的”，甚至是繁荣的。对于主导性金融市场和企业而言，除去网络公司泡沫化与阿根廷的主权债务违约，1997 年以后的这段时期在金融表现上极为稳定。但是，如前所述，在“稳定”的背后，是赢家与输家之间野蛮的分类。追踪赢家较为容易，但是追踪家庭、小企业与政府机构（如卫生与教育的相关机构）如何渐渐步入贫困就较为困难，它们并不属于新兴的、体面光鲜的金融和贸易部门。相对而言，在过去的二十年中，这些调整性转折点后的输家并不为全球所见。它们时不时地会受到一些关注，比如，20 世纪 90 年代中期，当阿根廷的传统中产阶级参与布宜诺斯艾利斯等地的粮食暴动时，当他们闯入食品店只为获得食物时——这些都是以前在阿根廷闻所未闻的事情，叫人大吃一惊。这些罕见的事件也让我们看到，全球监管机构与媒体所鼓吹的调整性转折点后的稳定与“繁荣”是如此的不堪一击。

因此，我们需要分解一个常常被鼓吹的事实，即 2006 年和 2007 年，大多数国家的 GDP 年增长率达到或超过 4%，远远高于过去的几十年。然而，这一数据的背后是贫富的极端形式正在形成，以及原先根基稳固的中产阶级遭受重创。与此相反，在凯恩斯主义时期，4%的 GDP 增长率描绘的是大量中产阶级兴起的图景。

亚洲金融风暴过后的十年呈现了一幅相对稳定的宏观图景，而这忽视了一个至关重要的事实，即危机是去管制化的、相互联系的、电子化的金融市场的结构性特征。在这方面，有两点值得一提。一个是非金融经济部门金融化程度的大幅增加，这导致金融资产占部门总产值的比重上涨。这意味着，如果危机是当下金融市场的结构性特征，那么，当实现金融化的非金融部门变得越来越多时，无论其产量如何，它们受到金融危机影响的可能性就越来越大。到头来，即使是强有力的经济部门，其潜在的不稳定性也会较高，尤其是在金融系统复杂、金融化程度较高的国家，比如美国和英国。较之美国和英国，在应对金融危机上表现出色的德国，则拥有一个以制造业为主体的经济结构和相当低的金融化水平——在2007年危机爆发之前，较之美国的4.5倍，德国的金融资产总值仅为GDP的1.75倍。

请让我通过两个案例来说明我的观点，其中一个发生在当下危机时期，一个发生在1997年亚洲金融危机时期。在2007年当前这一危机袭击美国时，许多健康运行的企业虽然资金充足，产品与服务的市场需求旺盛，利润水平良好，但都因危机而衰落。美国的大型企业，从可口可乐、百事可乐到IBM和微软，虽然它们在资本储备、盈利水平与市场表现等方面表现尚佳，但它们仍旧受到了金融危机的打击：直接的打击是股票和其他金融持股的贬值；间接的打击则是通过危机对消费者需求和信贷获取渠道的影响而实现。高度金融化的部门，如住房市场和商业地产市场直接而迅速地遭受打击。在许多早些年经历调整性转折点的国家中，大致来说健康运行的非金融企业也遭受了负面的影响。这些调整的目标在于维护全球联系的金融市场所需的各种条件，然而，它们也毁掉了非金融部门的许多企业以及小型国内银行。

在1997年亚洲金融危机中，我们也看到了同样的情况。在韩国，数以千计的健康运行的制造业企业都被摧毁——这些企业的产品在国内外市场中都具有极大的需求量，并且都拥有足够的劳动力和设备来完成来自全世界的订单，但却因为信贷枯竭，无法支付生产所需的先期成本而不得不关门，其结果是超过100万名工人失业。①

带来2008年金融系统短暂停滞的关键性事件是典型的投机泡沫破灭：价值总额达到62万亿美元的信用违约掉期危机在2008年9月爆发，距2007年8月爆发的次贷危机整整一年。2008年，房价的下跌、

① Sassen 2001，第四章。

房屋止赎率的升高、全球贸易的萎缩以及失业率的上升都向投资者发出了警告：有些事情不对劲了。随之，这导致了购买信用违约掉期作为保险的人急于兑现（图 3.4 展示了 2001 年至 2007 年间信用违约掉期总值的快速上升）。

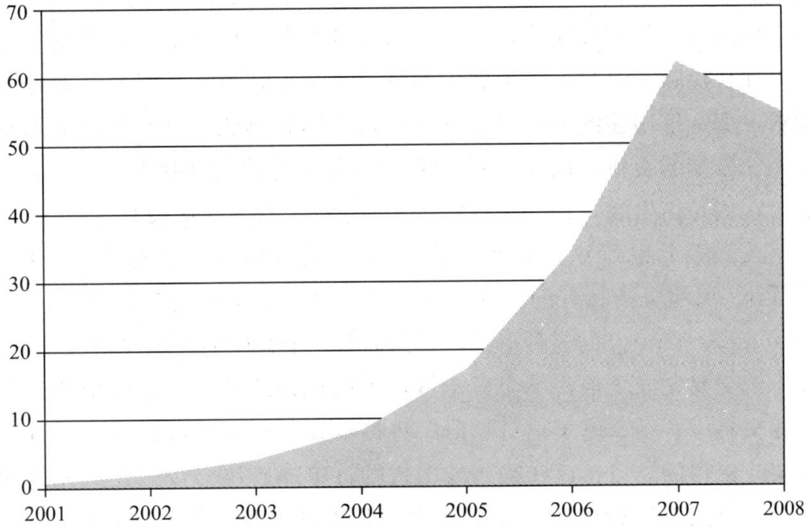

图 3.4　节节上涨的信用违约掉期总值，2001 年至 2008 年（以万亿美元计）

然而，信用违约掉期并非真正的保险，它们是衍生品，这意味着它们的卖家并没有支持这些工具所需的资本，而这些资本在构成真正的保险时是必不可少的。这些卖家既没料想到会出现经济低迷，也没料想到买家会急于兑现。这导致大部分金融部门陷入危机。然而并不是所有人都是输家，通过逆势而为，一些投资者，如乔治·索罗斯（George Soros）获得了巨额利润。信用违约掉期是被称为影子银行系统的组成部分。一些分析家指出，当危机爆发时，影子银行系统在银行业中的占比达到 70%。

影子银行系统并不是非正式的、非法的或暗箱操作的。它是公开的，但是它却依赖于投资的不透明性而发展壮大。这一不透明性促进了对工具的重新编码（衍生品可以被重新编码为保险），从而向事后看来近乎不合法的操作敞开了大门。比如，现如今我们都清楚地知道，信用违约掉期被当作保险来售卖。从金融系统的角度而言，这会造成很大的差异，因为信用违约掉期若要构成真正意义上的保险，那么根据法律要求，必须有足够的资本储备作为支持，也必须接受多种管制。而将信用违约掉期转化为衍生品，则会带来实际意义上的去管制化作用，并且免除了对足量资本储备的要求。如果必须满足资本储备这一要求，那么信用违约掉期就不可能增长得如此迅速，也不可能达到现在如此极端的价值，也会大大降低 2008 年 9 月的危机的影响。然而正因为它们是衍生品，它们才可以拥有一个近乎垂直的增长曲线。

较之影子银行系统，更令人不安的是所谓的“黑池”（Dark Pools）。黑池可指私有的、场外交易的“另类交易系统”（Alternative Trading Systems）的多种形式，它们拥有一个共同的关键性组成要素：在一单交易完成之前，不会显示该订单的规模或价格。在传统的公开证券交易中，一个电子“订单册”将显示某一只股票可供在一定价格购买或出售的总量：这些购买或出售的订单随后将会按照先到先得的原则在算法上进行匹配。在黑池中，购买订单和出售订单匹配之前，这一信息是不会公布的。而当匹配成功后，另类交易系统就会在十秒内向交易报价系统（trade reporting facility）报告所有上市股票或期权的交易。①

起初，黑池对机构投资者如退休抚恤基金、共同基金产生了吸引力，这些投资者需要定期就单一证券进行大宗交易。在一个拥有公开订单簿的公共交易中，一笔大规模订单的出现可以迅速推动股价的上升（假设某公司日均交易额为 100 万股，当订单簿收到一笔购入 50 万股的订单时，不难想象该公司的股价必然会出现上涨；而当交易完成之时，购买方需要支付的价格可能会更高）。

为了解决这一问题，大型投资者让经纪人“操作”交易，将大宗

① Ganchev et al. 2009；SEC. 2013；Kocjan et al. 2012；Keohane 2012.

股票分解为需要长时间处理的小型交易。这一解决方案从未完全奏效过：它导致价格波动增加，交易时间延长，并且市场参与者还是能够察觉到需求的普遍激增。对于机构投资者而言，计算机化高频交易（high-frequency trading）的引入使得情况变得愈发糟糕；即使最为细心分配的订单，算法交易模型也会极为可靠地检测出来。① 最初由瑞士信贷（Credit Suisse）和高盛集团等金融巨头提供的黑池，为那些试图交易又想避免立即贬值的投资者提供了避难所。现在，在全部股市行为中，黑池交易占比约为 13%②，且总量仍处于不断增加之中（见图 3.5）。

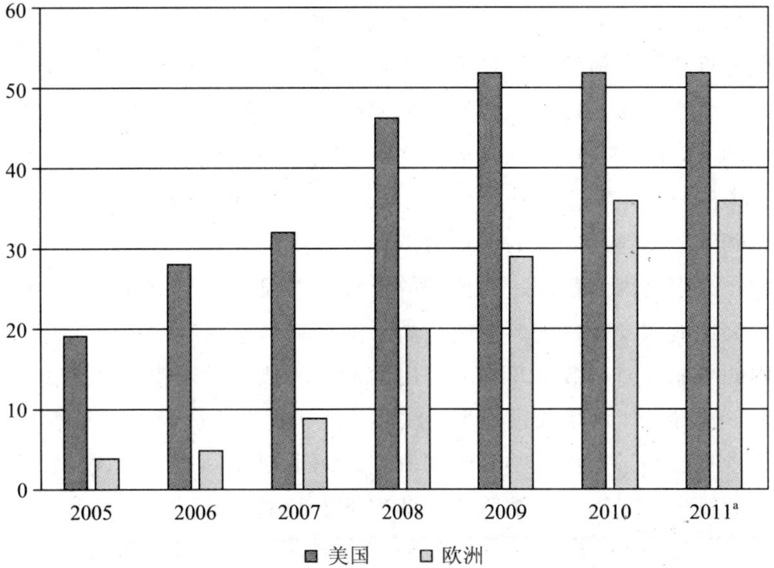

图 3.5 美国和欧洲的黑池交易总量，2005 年至 2011 年

来源：Economist 2011b，参考 TABB 集团的数据

注释：a. 至 8 月

① Alvarenga 2013.

② Patterson 2013.

黑池交易中，各种滥用现象发生的可能性极高。对于现代股市而言，另类交易系统所需的十秒报告延迟是无尽期的漫长：2010年，主要金融交易平均每秒出现215 162次报价与28 375次交易。① 在这一环境下，黑池所带来的不透明性将可能造成市场扭曲。此外，这一不透明性也使得滥用发生的可能性极高：自主运行黑池的大型银行涉嫌向交易人提供了不公平的渠道，而黑池交易操作者也因在交易内采取同样的高频交易策略，以及向投资者提供机密交易信息而受到惩罚（最近的一个案例是花旗集团在其出资的黑池中获取交易信息）。② 这都加重了往往规模较大的扭曲现象，而这些扭曲现象由股市产生，却存在于实体经济与人民生活之中。

概括地说，所谓的2008年危机包含数个不同的危机，其中一个是背负抵押贷款而最终成为输家的人群所经历的次贷危机；另一个危机来源于一个事实，即数以百万计的家庭房屋止赎，这意味着有些事情不对劲了。但是，这一危机本身并不足以摧毁金融系统，它导致了投资者中的信心危机。这随之导致了认为增长周期已经终结，为抵御风险而购入信用违约掉期的人，力图兑现这些信用违约掉期。这才是危机的导火索，因为信用违约掉期的出售者并没有准备好资金，来应对这一突然的大规模兑现。在银行尚未保证将紧急财政援助基金用于经济内的再循环时，数个政府决定用纳税人的钱作为对银行的紧急财政援助，这导致经济增长进一步下跌，居民和政府的贫困程度不断上升。这将本身已经过度负债的政府和家庭推向了崩溃的边缘。这一徘徊不去的危机导致了第二章中所检视的当下财政紧缩政治。与此相反，全球金融在经历了2008年短暂而急剧的下跌后，已经重新回到了超高利润时期。

我们都需要债务，无论我们是指一个企业、一个家庭或是一个国家。但是，我们是否需要如此水平的债务呢？更为重要的是，我们是

---

① Clark 2011.

② Patterson 2013.

否需要如此复杂的工具来为企业和家庭的基本需求筹集资金呢？答案是否定的。传统的银行贷款就可以满足大部分的需求。我们之所以需要金融，是因为它“创造”了资本，并且有能力使我们所需的一些大型项目变为现实——有毒垃圾的清理，能源来源的绿化，穷国和富国内赤贫人群大量需要的满足。然而在最新一轮增长周期中，金融什么也没做。它选择的是金融化——对消费者贷款、家庭住房抵押贷款、学生贷款、退休抚恤基金、市政府债等等的金融化。金融具有进攻性、侵略性，而且自私自利，非但未被稳固管制，反而常常被放任自流，拿我们的钱来冒险，而为自己谋取利益。

改变我们对增长和繁荣的理解

与其他 20 世纪 80 年代之后的危机相比，当下危机存在一个重要差异，即投机性工具所能建立的规模。第二个重要差异则涉及更大的经济形势：我们现在清楚地认识到，鉴于现有国际条约和国家法律的效力不足，我们需要对金融过度发展迅速采取遏制措施。第三个差异是，财富和贫困日益极端化将会带来许多问题，这已成为一个更广泛的认知。现在，我们知道由社会富裕阶层所紧握的收益是不会产生“涓滴效应”的。我们也知道，由贫困和医疗不当而导致的疫情终有一天会波及富裕阶层。

当下危机的极端特征，以及我们公认的其他主要危机——其中最重要的是气候变化——创造了一个建立新型经济利益评价标准的机会。的确，我们需要新的金融制度：金融有创造资本和有效分配资本的能力。然而在过去的数十年中，金融资本都被用作极端投机性的工具，以使富人变得更富有，而最终常常摧毁原先健康运作的公司，尽管很多时候并不是有意为之。与此相反，我们必须将这些新型资本大规模投资于全民福祉，用它们去发展制造业，去提升绿色经济，等等。

这一系列目标提供了对金融资本重新定向的机会，从而使其可以满足更广泛的需求。近年来，金融资本在中国帮助无数人脱贫便是一例。但是，这是通过金融资本投资制造业、基础设施和其他实体经济而实现的。运用金融资本去扩张实体经济部门，发展绿色经济，将会产生分配效应——与此相反，运用金融资本去创造更多的金融资本，则会导致财富和权力的高度集聚。原则上，运用金融资本去发展实体经济的一系列努力提供了一个机会，即实现这些投资绿色发展的机会——鼓励发展和应用环境友好的技术和做法。

在过去二十年中，随着我们创造财富的能力变得愈发强大（其中，金融发挥了关键性的作用），贫困现象也变得愈发严重。在过去，贫困意味着拥有或耕种一块贫瘠的土地。现在，生活在极度贫困中的20亿人除了他们自己的身体，一无所有。事实是，我们有养活世界上每一个人的能力，但是对于最为强势的经济主体而言，这并非要务。所以，现在我们看到更多的饥饿现象，并且这一现象也在发达国家中愈演愈烈，尤以美国为甚。我们大多听说过开采钻石的恶劣条件，也听说过这些利润如何重新用于武力军火，而非用于发展。很少有人知道稀有元素开采的周边状况，这些金属在电子元件（尤其是手机）、绿色电池制造中都是必不可少的材料。这些金属往往是由那些毫无保护措施的劳工徒手采掘出来的，他们的生活极为贫困，往往在年轻的时候就因中毒而死亡，以至于无法向世界告知他们所受到的虐待。最后，一个明确的事实是，在穷国内开采石油，已经成为制造更多贫困以及一小群超富精英的惯常方式。

我们需要改变我们定义真实繁荣的逻辑。我们面临的三重危机应当成为一个契机，一个对创造资本的巨大能力重新定向的契机，从而使得这些能力可以被用来生产全球南方、全球北方所急需的一切。

第四章　死土，死水

生物圈更新土地、水资源和空气的能力十分出色。但是，这些能力的发挥有赖于特定的时间与生命周期，而这远远跟不上我们的技术、化学和组织创新的速度。长期以来，工业化经济体对生物圈造成了巨大的伤害，但是，至少在某些案例中，随着时间的累积，通过生物圈的种种作用，土地和水资源可以重获生机。然而，现有数据表明，在特定地区，这些类型的恢复却都以失败告终。现在大片的土地和水资源正处于“死亡”状态——化学物质的滥用导致土地不堪重负，各种污染导致水资源因缺氧而“死亡”。第二章中检视的外国政府和企业的土地征购现象的激增，是导致这一破坏的来源之一。但是，在一定程度上而言，这些征购行为也是应对这一危机的一种方式：更多的土地和水资源需要被征购，以此来替换那些已经“死亡”的土地和水资源。并且，如果我们沿袭第三章的分析逻辑，将金融视作一种能力，将会发现在最基础性的要素中有更多的获利机会——不仅仅是土地和水资源的商品化，还包括对这些商品进一步的金融化。

本章所描述的种种趋势都指出了正在加速发展的对生物圈进行破坏的历史与地理格局。这一规模在我们的星球上前所未有，为“人类世”这一时代特征添加了实质性的注解，即以人类对环境的重大冲击为特色。对于穷困的社区而言，这些对土地、水资源和空气质量造成的破坏，其打击力往往尤为严重。根据估算，这导致全球约八亿人流离失所。然而，我们之中没有一个人能置身事外，因为通过大气层种种巨大的变化，其他破坏可以影响到我们所有人。

在此，我所检视的是极端性的状况。与另外几章一样，这一局限性观点依赖于一个假设，即极端性状况使得发展程度尚轻而难以为我们所理解的趋势变得显性化。在我们的星球上，大多数的土地和水资源依旧具有活性；但是，很大一部分是极为脆弱的。散落在新闻报道中的各种证据表明，这一脆弱性的程度可能并不为大众所知或认可。比如，民意测验的结果显示，鲜有美国人知道，根据科学测量，美国超过 1/3 的土地（包括中西部地区为人珍视的肥沃土壤）已经超负荷耕种。或者是有助于维持海流的六大环流已变成大规模垃圾区，由此形成的“垃圾环流”导致大量海洋生物窒息死亡。又或是现在全球至少已有 400 个“海洋死区”。正是我们，**造成了**这一脆弱性和这些死亡现象。

我们可以将这些死土、死水视作生物圈组织的伤口。我将这些伤口理解为将生物圈元素驱逐出其生存空间并以此为特征的地点，理解为深层次、具有概念隐蔽性趋势的现实表达，这些趋势席卷世界，而不论当地政治经济组织架构或环境破坏模式如何。前面几章与本章中所检视的各类状况交织起来，导致了这些驱逐的发生。对土地和水资源的大量需求，贫困的不断增加，为了开发种植园和采矿业而驱逐动植物群落，这些共同发挥作用，将大量土地重新定位为用来榨取资源的地点。不同的地点都存在着其特定的发展谱系，可以解释各自不同的结果。但是，从概念化的角度加以视之，所有生态破坏的不同发展谱系就变成了一种显性化的类属状况：生物圈组织中由死土、死水等坏死斑块构成的全球多元地点序列。

环境恶化的多元地点所讲述的生物圈破坏，远不只是个别国家和经济部门破坏环境具体方式的故事。在本章中，我简短地援引了地点的多元性，是为了对这些超越地理政治体系、经济部门和管制的惯常划分的力量进行概念性演绎。当论及生物圈破坏时，我们往往过分强调这些惯常划分，将问题的原因归咎于特殊性，而实际上它们是具有类属性的。我运用了来自不同政治和经济组织架构的国家的案例，就是为了说明，虽然在各个国家中环境破坏可能会呈现出特有的形式和内容，虽然一些国家的破坏程度可能要比其他国家更为严重，但是，对我的分析而言，这些破坏性能力的相似性才尤为重要。在俄罗斯造成污染的矿场，看起来可能和在美国导致污染的矿场并不一样，但是它们所造成的污染都超过了可持续发展所能承受的限度。

本章试图从三个方面来展现这些问题的本质和规模：土地、水、全球规模化。首先，本章将检视土地退化的各种证据，尝试就对事实"死亡"土地所处的多元地点获得全球概览。它包括对一系列具体地点的简要讨论，涵盖了从多米尼加共和国到秘鲁，从俄罗斯到美国的以剧烈的土地毒性为特征的多元地点。其次，本章将审视人类引起的用水紧缺问题，以及由污染导致的越来越多的水体氧耗竭的问题。该部分纳入了大量来自世界各地的案例，用以阐明各地用水紧缺和水体氧耗竭的具体情况。对于依赖清洁土地、空气和水资源的生命而言，每一个极端状况都将带来多重影响。最后一部分则将检视这些实践导致的极端后果及其全球规模化：永久冻土层的融化、不断上升的气温以及大范围的洪水。

土地

并不是所有的土地退化都是一模一样的，也并不都是由人类行为导致的，也并不一定都伴随土壤侵蚀或盐渍化的增加。正如土地类型有许多种，造成土地退化的原因也是多种多样的。由单一栽培带来的土壤侵蚀、沙化以及过度使用（如在种植园内）都是导致农业用地遭受破坏的主要因素。气候变化带来了之前罕见的酷暑期，影响了世界各地的农业地区，其中包括越来越多的长期以来都是优良粮食产区的地方。这些酷暑期及其影响可能是农业地区土地退化的主要原因。采矿业及工业废物则以非常不同的方式造成了土地退化。在这里，我将主要关注由采矿业与工业引起的土地退化，并将首先对农业用地现有状况做一简要的检视。

最为笼统地说，土地退化可以被定义为“土地遭受干扰而无法独力恢复，从而使得生态系统功能和生产力长期丧失”①。大规模的精确测量难度较高。尝试对这一全球过程进行可视化处理的为数不多的研究估算得出，全球约 40%的农业用地正处于严重退化之中。影响最为严重的地区是中美洲、非洲和亚洲。在中美洲，约 75%的农业用地已丧失肥力；在非洲，1/5 的土地已退化；在亚洲，11%的土地不再适合耕种。最近，世界银行的全球土地监测报告中引用了许多科学家的发现：“如果全球气温上升 2℃——这一上升可在二十至三十年内实现——将带来广泛的食物短缺，前所未有的酷暑期，以及更为强力的气旋……现在，全球气温比 18 世纪前工业化时期的水平高出 0.8℃。只需要一代人的时间，我们就将看到一个气温高出 2℃的世界。”在过去的五十年中，受干旱影响的土地增多，其速度稍快于气候模型的预测。比如，2012 年的美国旱灾影响了约 80%的农业用地，成为 20 世纪 50 年代以来最为严重的旱灾。在撒哈拉以南非洲地区，“如果至 21 世纪 50 年代，气温上升被控制在 2℃以内，农作物减产幅度将为 10%。如果气温上升超过 2℃，全部地区的农作物减产幅度可能将达到 15%至 20%”。根据预测，如果气温上升 3℃，非洲大草原将从“占全部土地量的 1/4 下降至 1/7”。

1997 年至 2008 年间进行的两项早期研究提供了更多的关于土地退化演变的详细信息，这两项研究几乎囊括了全世界所有的国家。②

---

① Bai et al. 2008，223。本段其他引文均来自：World Bank 2013b。其他资料来源为 World Bank 2012，2013b；Hakkeling，Olderman，and Sombroek 1991。

② 本节资料来源为：Bai et al. 2008；Hakkeling，Olderman，and Sombroek 1991；Van Lynden 2004。

“全球范围人为诱导下土壤退化状况评价”（Global Assessment of the Status of Human-induced Soil Degradation）基于以标准化定性化为指引的专家意见，编制了1950年至1997年间的全球土壤退化图；这一方法被认为可复制性有限，并且考虑到土地退化正处于不断发展中，这些图只能较为精确地展示相对短期内的情况。不过，它确实把握了特定时期的一些情况。

第二个研究由白（Bai）、丹特（Dent）、奥尔森（Olsson）及索普曼（Schaepman）等完成。他们使用了来自卫星遥感影像的归一化植被指数（Normalized Difference Vegetation Index）长达23年的数据，这一指数大多由卫星对绿色植被的监测而产生。① 这一数据测量了光合作用所吸收的光谱总量，并根据雨水利用效率进行修正，以此产生能随时间进行追踪的净初级生产力替代指标。总体而言，研究者估算得出（包括对特定变量进行多元校正），1981年至2003年间，全球土地的24%正处于退化之中。除此之外，在许多不同的地区——中国北部、肯尼亚和孟加拉国，这些结论都得到了经验证实。

在过去的数年中，酷暑期构成了农业用地退化的主要成因，而这将对全球食物供给，尤其是穷人食物供给造成负面影响。② 基于对全球特定酷暑期的研究，世界银行发现，过去10年中发生的极端酷暑期造成了严重的社会影响。其他研究人员报告称，“月平均气温及季度平均气温超出历史平均值三个标准差（sigma）以上的事件是极为罕见

① Bai et al. 2008。尽管归一化植被指数未提供正在发生的环境退化类型的相关信息，但是由于这一指数是以连续曲面的形式绘制地图，因而我们有可能获得对环境退化类型的一些度量。因此，“通过与其他地理定位的生物物理学数据及社会经济数据进行相关分析，就可能揭露环境退化的驱动因素”（同上，224）；NASA web。

② 本节资料来源为：World Bank 2013b；Coumou and Rahmstorf 2012；Stott，Stone，and Allen 2004；Founda and Giannaopoulos 2009；Karoly 2009；Barriopedro et al. 2011；NOAA 2011，2013a，2013b；Rupp et al. 2012；Hansen，Sato，and Ruedy 2012。

的——这就是所谓的‘3-sigma 事件’。如果气候没有发生变化，根据预计，‘3-sigma 事件’在数百年间只会发生一次”①。

酷暑期将会引发各种各样的问题。② 比如，降雨量的下降，这在部分地区已成为一个主要的问题。非洲南部就是极端案例中的一个，其年降雨量“根据预测降幅将达到 30%，如果气温上升 4℃……非洲南部和西非部分地区的地下水补给量（将会）减少 50%至 70%”。就世界范围而言，如果到 2050 年，气温上升 1.2℃至 1.9℃，营养不良人口的比例预计将比目前增加 25%至 90%。在南亚，这一增加将会产生对食物进口的双倍诉求，以满足人均卡路里需求。“对于受影响人群而言，食物供给不足与重大健康问题密切相关，包括儿童发育迟缓；如果与不存在气候变化的情况相比较，到 2050 年，儿童发育迟缓的案例预计将增加 35%。”

气温上升及其成因是令人信服的既定事实。基于这些事实，联合国政府间气候变化专门委员会（Intergovernmental Panel on Climate Change，IPCC）第四次评估报告（the Fourth Assessment Report）发现，全球平均气温上升及气候系统变暖是“明确无误的”。并且，“自 20 世纪中期以来，绝大部分被观测到的全球平均地面温度的升高，非常可能是由人为排放的温室气体的浓度增加而引起的”。最近的研究则再一次证实了这一结论。目前全球平均温度相较于前工业化时期上升

---

① 自 1500 年以来，欧洲最热的五个夏季都发生在 2002 年以后，其中 2003 年和 2010 年的夏天异常炎热（Barriopedro et al. 2011）。据估计，2003 年的酷暑期造成七万人死亡（Field et al. 2012），法国每日超额死亡人数高达 2 200 人（Fouillet et al. 2006）。2010 年，俄国的酷暑期估计造成 5.5 万人死亡，其中，仅莫斯科一市的死亡人数就达到 1.1 万人；此外，有 100 万公顷的土地被烧毁（Barriopedro et al. 2011）。2012 年，美国遭受了毁灭性的高温干旱天气的袭击（NOAA 2012a，2012b）；至 7 月底，美国相邻地区内有 63%的区域都受到干旱影响，1 月至 6 月的气温也为有记录以来的最高气温。这段时期内，野火频发，烧毁土地总量创下历史新高（NOAA 2012b）。

② 本段引文均来自：World Bank 2013b。

了约0.8℃。此外，如果过去五十年中没有人类活动，"太阳辐射与火山活动的总量则更有可能导致全球变冷，而非变暖"①。

最近的研究表明，夏季极端气温的出现可归因于20世纪60年代以来的气候变暖。② 在20世纪60年代，夏季极端酷热天气（超出历史平均值三个标准差以上）几乎不存在，影响地区范围不足地表的1%。2006年至2008年，这一比例上升了4%至5%。2009年至2011年，则达到6%至13%。现在，这样的极端酷热天气所覆盖的范围已占土地面积的10%。

工业废物：多元机制

除了农业用地的逐渐退化外，还有一些过程会导致各种类型的土地遭受极端破坏。在世界的大部分地区，采矿业与制造业是最为显著的因素。它们对土地的破坏能力极为巨大，土地很难从这两者造成的退化类型中恢复过来。比如，根据估算，2001年经合组织国家的工业废物总量达到了十亿吨，而在数十年后，其中大部分的垃圾仍与我们共存。工业产生的废物量超过了农业、林业与能源制造的废物量之和。③

包括重金属和温室气体在内的工业废物达到足够的集聚程度时，就会使环境毒性剧烈上升，导致植物停止生长，人类甚至丧失生育能力。在一定的控制量内，某些重金属（这是一个误称，因为这一类别

① Solomon et al. 2007; Wigley and Santer 2012; Hansen, Sato, and Ruedy 2012.

② Foster and Rahmstorf 2011。其他研究也表明，如果剔除影响短期气温变化的已知因素（太阳变异、火山气溶胶、厄尔尼诺现象等），自然因素是无法解释全球变暖的。因此，全球变暖主要可归因于人为因素——人类造成的因素。另见：Santer et al. 1995; Stott 2000; Duffy and Tebaldi 2012; Jones, Lister, and Li 2008; Stott et al. 2011; Sample 2007。

③ UNEP/GRID 2006, 27.

中包含一些既非高密度也非金属的元素）对于人类健康而言是至关重要的，如铁和锌。其他的重金属，如汞和铅，则无论含量处于何种水平都是有毒的。然而，现代工业废物的产量极为巨大，以至于原本良性的物质（如二氧化碳）也因此变得有毒。

在这里，我列举了一系列工业废物集中的状况，以此使得人类和土地所遭受的最为严重的毒化和破坏类型变得清晰可见。但是，我们应当谨记，真正的问题在于尚未那么极端的状况正在大规模地日积月累，而它们却较少引起公众的反感。

诺里尔斯克，俄罗斯

诺里尔斯克市（Norilsk）于1935年设立，当时称作“诺里尔斯克劳动改造营”（Norillag），后成为苏联最大的矿业运作基地之一。[①] 从1936年至1953年，劳改犯总数从1万人稳步增至9万人，关押的犯人总数超过当时苏联监禁人口的1/3。从那时起，诺里尔斯克劳改营就成为大规模环境破坏以及土地、水资源及空气污染的重要来源。就我的论点而言，至关重要的一点是，这一切发生在一系列差异很大的政治和经济体制下，从20世纪30年代的苏联到20世纪60年代的苏联，再经历了20世纪80年代的私有化改造，直至2000年又重归国家管控。

诺里尔斯克位于西伯利亚地区，北极圈以北，是世界最大的镍矿冶炼综合体的所在地，也是铂、钯和钴的重要产地。上市公司诺里尔斯克镍公司（MMC Norilsk Nickel）是俄罗斯领先的非铁及铂族金属的生产商。它拥有全球1/3的镍矿床，镍、钯、铂、钴、铜的生产总量分别占全球的20%、50%、20%、10%、3%。高强度的生产依旧依赖落后技术而进行。根据布莱克史密斯研究所（Blacksmith Institute）

---

① Borodkin and Ertz 2004; Bronder et al. 2010, 9; Blacksmith Institute 2013a, 2013b; Norilsk Nickel 2008; Mines and Communities 2003; BBC News 2007; Golovnina 2005; Bronder et al. 2012.

的估算，2007 年，诺里尔斯克向空气中共排放了近 1 000 吨铜、镍化合物与 200 万吨二氧化硫；1999 年，诺里尔斯克半径 60 千米的地区内，土地中铜、镍浓度均出现上升。诺里尔斯克变成了一个“毒城”，“在这里，积雪上都是被污染物覆盖的黑色，空气中弥漫着硫磺的味道，工人的预期寿命比俄罗斯居民的平均寿命还要短十年”，而俄罗斯居民的平均寿命已经够短的了。

当地居民饱受污染的严重影响：重金属干扰了免疫系统；与处于同样气候和地理条件的控制地区相比，诺里尔斯克的总体疾病率要高出 27.6%。儿童呼吸系统疾病的发病率高于俄罗斯城市平均水平的 150%。男性肺癌比率不断上升，儿童日后患癌比率高出其他俄罗斯儿童近两倍。新生儿体重平均值为 3 000 克，而未经污染地区的则为 3 430 克，妇女怀孕也更容易带来并发症。2007 年，诺里尔斯克工业地区的1.5 万名居民联名上书俄罗斯国家杜马（Russian State Duma），表达他们正因污染带来的健康问题而忧心忡忡：“大气污染中重金属的存在导致城市居民的免疫系统功能下降，而在我们的气候条件下，这是生死攸关的……我们正饱受疾病的折磨，奄奄一息。”①

自 17 世纪初开始，人们就知道西伯利亚泰米尔半岛（Taimyr Peninsula）蕴含镍矿和铜矿。但是，直到 1935 年，工业生产才真正开始；那时，苏联人民委员会（Council of People's Commissars）通过一项标题为《组织建设诺里尔斯克镍矿联合体》（On Building the Norilsk Combine）的决议，并交由苏联内务部内卫部队（NKVD）这一安全部门负责管控。该项目被视为是最高战略优先事项，并由古拉格系统（gulag system）的首领直接监管，以保证在这样一个偏远地区仍能有足够的劳动力。然而，仅依靠强制劳动力，难以满足二战带来的对快速工业化和军事化的需求。1941 年，这一劳改营进行整合，吸纳了 3 734 名自由劳动力；至 1949 年，20 930 名自由劳动力占全部劳工的近 1/3。至 1953 年，当诺里尔斯克获得市镇身份并摆脱苏联内务部内

① Bronder et al. 2010.

卫部队的直接管控时，这一冶金联合体的镍、铜、钴、铂族金属产量已分别占到苏联总产量的35%、12%、30%、90%。①

从苏联国家所有制、国家指令主导的生产转向资本主义私有制、市场导向的生产，并未从实质上带来土地、空气和水资源破坏速率的下降。从苏联解体的1989年到2003年，诺里尔斯克的二氧化硫生产量占俄罗斯总量的比重出现了增加。苏联时期的基础设施（建设于1930年至20世纪70年代晚期）完全没有考虑生态影响，然而它们依旧是工厂的主要支撑。虽然私有制集团将重点从单纯的生产转向对经济效率与利润的追求，但面对大规模有毒物质，却依旧采取原先不管不顾的政策。有毒物质被视为工业生产不可避免的副产品。2005年，在接受戈洛芙妮娜（Golovnina）的采访时，诺里尔斯克的二把手扎克·罗赞伯格（Zhak Rozenberg）说道：

> 我们建立的时候……生态伦理尚未形成，苏联也有一套完全不同的议事日程……作为一个全球企业，我们当然需要采纳全球标准。这就是为什么我们现在正在引进国际技术来改造我们的设备。但是，谁都不可以强求我们放弃其他所有的一切，并在一夜之间完成技术升级……生态问题并不仅仅只是生态问题。它们是由不合理的技术引发的。我们正在寻求提升技术的方法，从而使得我们——这是一个梦想——将二氧化硫的排放量降至极低，降低对环境的破坏……生态项目和经济项目需要融合，否则，我们可能只能回到石器时代，整日坐在清澈见底的河边，吃着完全生态干净的鱼类，嗯，就是这样了。

为了引入一些视角，我认为还需要加上一个听起来可能很极端的言论，这一论调也许只能够来自一个扎根于野蛮极权政体、依赖于强制劳改营采矿劳工的公司，但是，当涉及各种类型的采矿业时，这也

① Norilsk Nickel 2008; Borodkin and Ertz 2004.

恰恰反映在美国身上，如佐特曼·兰达斯基（Zortman-Landusky）的矿业运作便是一个示例（下一节将会就此进行讨论）。俄罗斯和美国的历史和经济组织形式相差甚远。但是，让我们一起回顾一个熟悉的案例：在今天的美国，40%的有害物排放量来自肮脏的煤炭发电厂——这是一个不小的份额，因为美国占据了全球有害物排放量的14%。①

佐特曼·兰达斯基，美国

美国佐特曼·兰达斯基矿场开发公司的发展轨迹，引发了跨越不同时期、不同地理背景的一系列相似的恶习。虽然政治经济体制与俄罗斯并不相同，然而，通过该公司的不同化身，随着时间的推移却同样成功实现了一整套的对环境的滥用。

弗兰克·杜瓦尔（Frank Duval）于1974年组建了佩加瑟斯金矿公司（Pegasus Gold Corporation）。该企业的核心是一项被称为氰化物堆浸（cyanide heap leaching）的专利采矿技术。就传统采矿业下不具备生产力的矿场而言，该技术可以从其废矿中提炼微量黄金。佩加瑟斯金矿公司首次使用该技术是在蒙大拿州的贝尔纳普堡保护区（Fort Belknap Reservation）的废弃金矿和银矿内。在金价下跌、生态欠债日益增多导致公司倒闭和重组之前，该公司已成功从矿场运作中获利近三十年。它给蒙大拿州带来的是耗资超过3 000万美元的用于“永久性”水处理的环境复原成本。对于这一类资源榨取而言，这种严重的环境退化和借由公司重组摆脱连带责任更像是一种规则，而非一个例外：在佩加瑟斯金矿公司惨败后，杜瓦尔转而运作多个其他矿场，包括美国超级基金（Superfund）② 的站点。他从未对环境破坏负起法律责任。

佐特曼·兰达斯基的金矿床于19世纪后期在蒙大拿州小落基山脉（Montana’s Little Rocky Mountains）的阿希尼伯恩人与格罗斯文人（Assiniboine and Gros Ventre peoples）的居留地被发现。1895年，面

① Cole 2013，5，22.

② Superfund是美国政府的有毒废物堆场污染清除基金。——译者注

临饥荒日益逼近，这些部落与美国政府签署了格林内尔协议（Grinnell Agreement）以出售土地。直至20世纪20年代产量持续下跌为止，采矿作业都呈现迅速增长之态；1959年，大多数由美国政府掌握所有权的土地都废弃了。1977年，佩加瑟斯金矿公司开始在此进行开采作业。事实证明，该公司的氰化物堆浸技术取得了令人难以置信的巨大成功。这一技术大多应用于含金量达到11.3克/吨的矿石中。它可以用于处理大批量的废矿或低品位矿石，从而提炼出相对少量的金以实现获利：1989年，在内华达州卡林地区的金矿带，氰化物堆浸技术将约105吨的黄金从1.298亿吨的矿石中提炼出来。佩加瑟斯金矿公司的运作规模令人震惊。美国环境保护署1994年的一份报告注解道，1994年，佩加瑟斯金矿公司的“日均处理量达到7.5万吨矿石……堆摊和矿渣的覆盖面积达到175英亩，其中含有原料6 000万吨”①。

在堆浸过程中，首先要将矿石堆积在由混凝土、沥青或塑料薄膜铺筑的池底上。随后，用浓度为每吨水454克的氰化钠溶液喷淋矿堆，使其足够将黄金溶解。然后，这一母液将从矿堆中渗滤下来，直至汇聚在矿堆底部的沟中。在其汇聚在底部“孕育槽”（之所以称之为“孕育槽”，是因为母液中吸收了黄金）之后，母液将通过一个特殊处理中心将黄金回收。

氰化物被广泛应用于大量工业过程之中，并因其降解迅速、不会造成生物累积而被认为可以安全使用。然而，氰化物的毒性和活性很高，会造成细胞及组织的严重缺氧（之所以这么说，是因为在许多化学反应中，氰化物可以替代氧）。在佐特曼·兰达斯基，氰化物泄漏是一个长期性的问题。1982年，2 953升含氰水从储液池中泄漏；另一起事故中，管道破裂导致196 841升含氰溶液泄漏。1983年至1984年间共发生八起氰化物泄漏事故。1986年，佩加瑟斯金矿公司在缺少处置许可证的情况下，在储液池即将溢出时排放了7 500万升含氰溶液。在一些泄漏发生之后，随之而来的是当地用水中氰化物含量水平的上

① Abel 1997; Klauk 2013c; EPA 1994, 1; Mineral Policy Center 2000.

升，由此导致了水源无法使用，野生动物相继死去。

氰化合物及酸性矿山排水对贝尔纳普堡保护区（Fort Belknap Reservation)的供水造成了严重的影响。氰化物将黄金从矿石中提取出来的过程中，同样将一些有毒金属元素，如镉、硒、铅、汞等溶析出来。如果储存不当，成吨的用于喷淋矿堆的含氰溶液将会形成混合活性氰化物、重金属及硫酸的有毒泥浆，并可以在数个世纪内，源源不断地排向当地潜水面（water table)。酸性排水已成为了一个严重的问题：在该矿场停止运营三年后的 2001 年，从斯威夫特峡谷（Swift Gulch）支流流入小大角河（Little Bighorn River）的水，其 pH 值达到 3.7，大致等同于苹果汁和苹果酒的酸性。依据美国净水法案（Clean Water Act)，当地社区及环境组织成员最终决定发起诉讼，佩加瑟斯金矿公司于 1996 年被判处缴纳 3 600 万美元的保证金。在支付了 500 多万美元的主管人员奖金后，尽管从矿堆中开采的黄金价值达 3 亿美元，佩加瑟斯金矿公司还是于 1998 年宣布破产，导致蒙大拿州不得不自行支付 3 300 万美元用于清理整治。破产之后，该公司重组成为阿波罗金矿公司（Apollo Gold)，继续运作佩加瑟斯金矿公司的盈利性资产，并保留了大量原班经理、主管人马。①

在接受了美国证券交易委员会（Securities and Exchange Commission，SEC）的处罚后，创始人弗兰克·杜瓦尔于 1987 年离开佩加瑟斯金矿公司。这是美国证券交易委员会针对杜瓦尔的第三次行动，原因是他未公开自己在佩加瑟斯金矿公司所收购的一家公司内的金融持股。杜瓦尔的这一行为违背了 1934 年证券交易法（1934 Securities Exchange Act）的反欺诈一般条款及众多申报规定。杜瓦尔很快再次涉足了一系列与佐特曼·兰达斯基类似的矿山复垦项目：他找出已经枯竭了的矿场，或是被证明开采技术难度较高的矿场，将尚未经过检验的技术说得天花乱坠，承诺将会带来极大成效，随后再通过宣布

---

① Perlez and Johnson 2005；Mitchell 2004，10；Klauk 2013a，2013b；McClure 2001；Stiffarm 2005.

破产摆脱责任，留给联邦政府和当地州政府一个大烂摊子。

在离开佩加瑟斯金矿公司后，杜瓦尔开办了邦克希尔矿业公司（Bunker Hill Mining），并在月牙矿（Crescent Mine）重操旧业，进行银矿开采。月牙矿已有七十二年的历史，并在当时已闲置四年。杜瓦尔及其合作伙伴在温哥华和多伦多的股票交易中成功融资 1 000 万美元，并报告称在 1989 年第三个季度与 1990 年第一个季度实现盈利，然后迅速地在 1991 年 1 月宣布破产。这一矿场位于爱达荷州的白银谷，这里本是美国超级基金的站点，但是，邦克希尔矿业公司并未投入大量资金进行环境修复。事实上，该公司甚至存在漏税和拖欠员工工资的行为：至破产之时，邦克希尔矿业公司从未缴纳财产税，对肖肖尼县（Shoshone County）的欠款约为 200 万美元，对员工的积欠薪资为 9 万美元。在形势大好的季度收入报告发布后的仅仅几周内，该公司就申请破产保护，导致其受到了欺诈及误导消费者的指控。①

杜瓦尔还拥有并监管美国毒性最大的矿区之一——位于华盛顿州福特的米德奈特矿场（Midnite Mine）。该矿场位于斯波坎印第安人居留地（Spokane Indian Reservation），是该地区主要的铀矿。2006 年，环境清理办公室（Office of Environmental Cleanup）报告称，米德奈特矿业有限公司（Midnite Mine）持有多恩矿业公司（Dawn Mining）49％的股份，后者主要负责米德奈特矿场的运作；巨型矿业联合企业纽蒙特矿业公司（Newmont Mining）则通过其全资附属公司纽蒙特美国有限公司（Newmont USA Limited）而持有余下的 51％的股份。当铀价大幅下跌之时，该矿场于 1981 年停止开采作业。凭着对市场的灵敏嗅觉，杜瓦尔认为可以从低点介入这一具有获利潜力的资产，于是他购入了米德奈特矿业有限公司的多数股权，并在 1984 年出任该公司总裁及首席执行官。

对于杜瓦尔来说，不幸的是，华盛顿州卫生部（Washington De-

---

① Jones 1989；Massey 1991a，1991b；Spokane Chronicle 1990；Associated Press 1991；Mining Truth 2012.

partment of Health）认定这一矿场将对公共安全造成威胁，并于1991年中止了多恩矿业公司的租约。随后，根据其许可协定，该公司被要求复垦这一矿场。而那时，这一矿体表面暴露的铀矿中，有近40万公顷的面积覆盖着3 300万吨的放射性矿渣，并已渗入斯波坎河（Spokane River）。就在此时，多恩矿业的控股公司纽蒙特美国有限公司的报告指出，多恩矿业已声明缺乏“可以支撑环境修复提案与其他替代提案，或是工厂关闭的足够资金”。多恩矿业公司转而提议将米德奈特矿场改造为放射性废物处理设施，用于回收全国各地的低放射性废物，再将此收益应用于该地区的环境清理。这一提案被全然否决。2011年，杜瓦尔的先令矿业公司（Sterling Mining）获得了开发一个矿场的许可；该矿场位于蒙大拿州的内阁山荒野区（Cabinet Mountain Wilderness Area）与库特奈国家森林（Kootenai National Forest）交界处。①

正如这些个案中的种种做法，企业架构与破产法的共同作用大大限制了地方要求权。架构良好的子公司的作用在于：一方面，将母公司的损失限定在其投资总额内；另一方面，使母公司的利润可以无限增长。尽管纽蒙特矿业公司是一个财力雄厚的跨国企业，并且作为多恩矿业公司的大股东，纽蒙特矿业公司为多恩矿业公司任命为董事会成员，与其共享办公空间，并为多恩矿业公司的贷款提供担保，纽蒙特矿业公司却依旧发表强力法律声明，表示其不对任何子公司负责。纽蒙特矿业公司绝不向任何官司拉锯战妥协。然而，波士顿共同基金管理公司（Boston Common Asset Management）提出了一份股东决议案，批评纽蒙特矿业公司对环境不负责任的行为，使得该公司承受了更多的压力。此外，该公司2011年净收入为22亿美元，2010年为19亿美元，而与环境保护局（Environmental Protection Agency）和解所需的1.53亿美元仅占2011年收入的7%。无论这样的比较是否值得，

① Bureau of Land Management 1996，2528；Newmont Mining Corporation 1998，2013；Selcraig 1998；“Mine in Wilderness” 2001.

美国内政部（U. S. Department of the Interior）共投入4 200万美元用于该地整治，占站点基金总额的21%：如果纽蒙特矿业公司被要求支付其2011年收入的21%，它将支付4.62亿美元。又一个杜瓦尔所有的矿业公司倒闭了，但它却是以这样一种模式架构起来的：杜瓦尔可以毫不费力地、不承担任何责任地将此公司舍弃。

在长达数十年的违反法规却又全身而退中，弗兰克·杜瓦尔并未用自己的一分钱去缴付罚款，而是简单地宣布一个公司破产，随后再开办一家新公司。

时代河滩，密苏里州

时代河滩（Times Beach）地处圣路易斯（St. Louis）西部27千米处，占地480英亩。1970年，这一自治市的居民人数约为1 200人，包括住在数个流动车屋里的居民。由于城市资金不足以进行道路铺设，土路扬尘就成为一个困扰已久的问题。1972年和1973年，罗素·布里斯废油公司（Russell Bliss waste-oil company）与该市签订合同，使用废油给路面打油以解决扬尘问题。根据先前居住在此的居民的回忆，当时道路很快就变成了紫色，异味漫天，大量野生动物濒临死亡。环境保护局最终认定废油被二恶英严重污染。二恶英会造成持续性的环境污染，世界卫生组织（World Health Organization）指出，“二恶英毒性极高，会导致生殖与发育问题，破坏免疫系统，干扰人体激素功能，具有致癌性”。当美国环保局正在当地进行各种检测时，时代河滩受到了附近的梅勒梅克河（Meramec River）的洪灾影响，毒性极高的二恶英随之在全城扩散。1982年，联邦紧急事务管理署接管该地，并负责居民撤离工作。至1986年年底，时代河滩就变成了一座废城。①

苏姆盖特，阿塞拜疆

苏姆盖特（Sumgayit）位于里海海岸（Caspian coast），地处阿塞

① Leistner 1995；EPA 2008；Kelleher 2007.

拜疆首都巴库（Baku）以北 30 千米处。苏姆盖特曾是苏联工业经济的发展典型，是工业和农业化学产品的生产基地，包括合成橡胶、氯、铅、清洁剂与杀虫剂。在苏联的全盛时期，该地区年均有毒放射性污染物排放量从 7 万吨到 12 万吨不等；至 20 世纪 90 年代，仍在运作的工厂年均污水制造量为 6 亿立方米。现在，原先工厂中仅剩 10%～15%仍在进行生产，年均污水制造量也减至约 100 立方米。被汞、氯碱工业副产品污染而又未经处理的工业污泥、污水，仍处于随意排放的状态之中。

曾经，苏姆盖特的婴儿死亡率和癌症发病率都为苏联最高；现在，癌症发病率依旧居高不下，超过全国平均水平 22%至 51%。数十年来，这里的工人和居民都暴露在高浓度的毒性物质之下。而因为缺少污染控制的基础设施，落后技术依旧占据主导地位，对职业安全的重视程度较低，这一现象还将一直持续下去。①

铅污染

铅是一种常见的工业材料，毒性极高。铅暴露将会对肾脏、神经系统及大脑造成损伤，并会诱发癫痫、昏迷、死亡。此外，铅可以存在于骨组织之中长期达数十年之久；即使胎儿的母亲在很久以前处于铅暴露状态下，胎儿也可能因此而面临风险。铅是一种非常稳定的元素，随着时间推移也难以发生降解；据伊利诺伊州公共卫生部（Illinois Department of Public Health）称，地表土壤中 90%的铅尘在污染发生后的七十年依旧存在。据布莱克史密斯研究所（Blacksmith Institute）估算，2011 年，全球近 1 800 万人口处于浓度对人体有害的铅暴露状态中。② 图 4.1 提供了已知的全球铅污染一览。

任何过程一旦涉及铅，就很有可能带来危险。如果处理欠妥，铅

---

① Blacksmith Institute 2013b; Huseynova 2007.

② Blacksmith Institute 2011a.

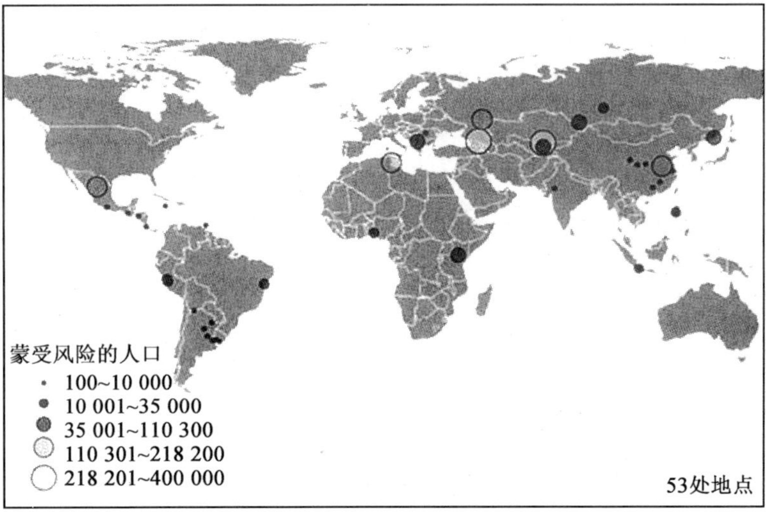

图 4.1 蒙受铅冶炼带来的铅污染风险的人口，2012 年

来源：Blacksmith Institute 2011d

冶炼——即从矿石中提取铅或是通过热气燃烧从再生材料中回收铅，都会向空气中释放大量铅尘与硫化物，并将产生大量有毒矿渣。不正规的电池回收是铅污染的另一诱因。废旧铅酸蓄电池（尤其是汽车电池）被大量运往发展中国家。在那里，这些废电池由人工破碎，将铅提取出来进行再次销售。这些破碎作业大多在缺乏安全设备的家庭或地下工厂中进行，并且暴露在铅粒和蓄电池酸液中的风险极高。在进行电池回收的工人中，有一部分是儿童。①

海纳，多米尼加共和国

海纳（Bajos）位于多米尼加共和国的沿海地区，距离首都圣多明各（Santo Domingo）约 32 千米。起初，这里是电池回收站和炼油厂

① Lidsky and Schneider 2002；Illinois Department of Public Health n. d.；Blacksmith Institute 2011c，2011d。

的工业基地，现在居民超过八万人，其中大多数都受到了工业污染贻害的影响。在当地活动人士获得“无铅儿童之友”（Friends of Lead Free Children）这一组织的关注后，最后一家电池回收站于1997年关闭。

梅塔洛夏公司（MetaloXa Company）于1979年至1997年间在海纳开设了一家电池回收及铅冶炼工厂。当“无铅儿童之友”这一组织的理事斯蒂芬·纳（Stephen Null）于1996年访问该工厂时，他发现，45公顷的工业区上覆盖着30英尺厚的废电池堆，并且一家每天24小时不间断运作的铅冶炼厂周围都是住宅区。初步测试显示，工厂员工的血液含铅量超过300微克/分升，是足以引起脑肿胀和导致严重损伤的铅暴露量的两倍有余。在扩大测试对象后，数据显示，当地儿童铅中毒比例达到90%（平均血液含铅水平超过国际公认标准10微克/分升的七倍有余）。由此，该工厂被勒令关闭。1997年，梅塔洛夏公司迁走这一冶炼工厂，1999年，多米尼加政府宣称该地已完成清理；然而，儿童体内的铅含量依旧处于危险的高水平状态，研究员回收的土地样本显示含铅量近50%。这是一个极高的水平。事实上，这是世界上目前已知的铅污染最为严重的地区，土壤中铅浓度高达463 970 ppm①。纳发现，该公司所谓的“清理”，明显是政府给予的通行证，它们仅仅只是将该地剩余的废电池埋了起来，并安装了一道金属门以防止人们进入。② 2008年和2009年进行的电池厂挖掘工作清理了近6 000立方米的有毒物质。布莱克史密斯研究所报告称，当地居民的平均血液含铅量从1997年的71微克/分升降至2009年的28微克/分升；但

---

① ppm为“parts per million”的简写，ppm常用来表示气体浓度或溶液浓度，即百万分率，等同于“毫克/千克”，如1 ppm即表示100万千克的溶液中含有1 000克溶质。——译者注

② 已由下列研究证实：Blacksmith Institute 2011c，2011d。

是，与公认的儿童铅中毒标准相比，2009年的这一水平几乎是其四倍。①

拉奥罗亚，秘鲁

拉奥罗亚（La Oroya）位于秘鲁中部高地，是一个以采矿业为主的小镇，人口超过三万。当利马至万卡维利卡（Lima-Huancavelica）的铁路完工时，这里是全世界自1893年起海拔最高的标准轨距铁路的终点。直至2006年青藏铁路（Qinghai-Tibet Railway）通车运行，这一纪录才被打破。1922年，当美资塞罗德帕斯科铜业公司（Cerro de Pasco Copper Corporation）在此建造一个冶炼精炼综合体时，采矿业开始扩张。该公司将这一综合体描述成“为中安第斯山脉典型的多金属矿而专门设计的”。这一矿业综合体于1974年因贝拉斯科·阿尔瓦拉多上将（General Velasco Alvara）的军事独裁而被收归国有，由秘鲁政府管理；至1997年，实现私有化，在拍卖中由道朗公司（Doe Run Company）购得。在新的所有权下，该企业年产7.7万吨铜、13.4万吨铅、5万吨锌、115万千克（3 700万金衡磅）银以及2 000千克（64 000金衡磅）黄金。②

所有制转换完成之后，很快便出现了严重的公共健康问题。1999年，秘鲁卫生部（Peruvian Ministry of Health）发现，拉奥罗亚地区99.1%的儿童罹患铅中毒，其中20%极为严重。随后，美国圣路易大学公共卫生学院（St. Louis University School of Public Health）的检测发现，当地居民血液中其他重金属的含量升高：镉含量是美国平均水平的三倍，锑含量是美国平均水平的30倍，砷含量是对照地区的两倍。拉奥罗亚被确认为西半球毒性最大的地区之一。道朗公司承受更加巨大的压力，但是，尽管他们花费了3.16亿美元进行环境改造——约为与秘鲁能源与矿业部（Peruvian Ministry of Energy and Mines）协

---

① Robles 2007; Friends of Lead Free Children 2009; Blacksmith Institute 2013f; Kaul et al. 1999, 917.

② Doe Run Perun. d.

商金额的三倍，重金属排放量依旧很高，具有毒性；2005年的一项调查表明，当地六岁以下儿童中有97%出现了血液中的铅含量的上升。①

2009年，伴随商品价格下跌与环境问题持续发酵，道朗秘鲁公司停止生产。一年后，由于何时复工迟迟未定，3 500名公司雇员发起抗议，并围堵了一个重要的高速公路入口。虽然雇员们十分清楚这一矿业综合体给当地社区造成的环境和健康困扰，但他们也无法在没有工作的情况下继续应付下去。大多数拉奥罗亚的居民正面临着工资和毒性的两难选择，寄希望于在采取适当的环境控制措施后，冶炼公司可以重新开张。目前，作为清算操作的一部分，公司债权人正在运营这一综合体并将其资产低价出售。该工厂何时可以恢复全产能运转，又或是按照何种环境准则进行生产，都不得而知。②

铬污染

与铅类似，铬被大量运用于一些工业程序之中。同样地，浓缩的含铬副产品的毒性也极高。六价铬会导致哮喘、腹泻、肠出血，以及肝肾损伤，并且是一种强致癌物。据估计，高浓度铬已危及全球180万人的健康。

工业含铬副产品的一个重要来源是皮革鞣制加工业。中低收入国家已经成功介入这一产业：自20世纪70年代以来，中低收入国家在全球厚料皮革工业中的占比从26%增至56%，轻料皮革工业中的占比从35%增至56%。就全球而言，制革业已经在许多弱势社群中扩张开来。这些地方很有可能缺少足够的管控或工业基础设施。此外，在发展中国家，这一产业的当地组织水平使得污染的影响愈发严重。在这些地区，制革业常常由中小企业构成，这些企业多集聚在城市的边缘

---

① Serrano 2008; Jamasmie 2012; Pouiller 2010; Kramer 2012.

② Kramer 2012; Wolman 2006; Sydor 2004; Doe Run Peru n. d.; Doe Run Resources Corporation 2006, 2012.

地区，除了其他原因外，获得大量不具备专业技能的劳动力是一个重要因素。这些劳动力愿意从事这些肮脏的、需要接触有毒物质的、在许多文化中都被污名化的工作。

拥有获取高质水资源的现成渠道，这也是这些产业集聚区选址的一个因素。这是因为，鞣革过程中需要反复地在化学制剂中浸洗兽皮并将废水拧干。许多小企业缺乏通往合适的处理设施的渠道，也无法承担存储或处理有毒臭气的成本，通常这些工业废物就直接排放到街区中了。临近高质水源的选址意味着，铬及其他副产品将快速进入供水系统，这些中小企业集聚区就构成了一个污染物的集中地，它使得自然环境缓冲区不堪重荷，并带来具有生物活性的化学浓度。

另外，这些企业都位于边缘性社区，大多数与有钱有势的居民的居住区相隔离；暴露在这些有毒物质中最为严重的人群是被污名化的制革工人及其家人。这些制革业集聚区所产生的废物总量将是巨大的：据布莱克史密斯研究所估计，孟加拉国一个涵盖 200 家制革企业的大型产业集聚区每年产生 770 万升废水与 8 800 万吨固体废物。① 图 4.21 展示了全球因制革企业而造成铬污染的主要地区。

拉尼贝德，印度

20 世纪 70 年代，印度泰米尔纳德邦（Indian state of Tamil Nadu）政府致力于将产业从高度城市化区域迁移至农村腹地，并以此增加当地就业量。为了实现这一目标，邦政府向工业家们提供了大量的补贴以及激励措施，以扶持其在政府指定的“落后地区”发展产业。拉尼贝德（Ranipet）位于巴拉尔河（Palar River）的河岸地区，距工业城市韦洛尔（Vellore）20 千米。因此，对于臭名昭著的用水及污染大户皮革鞣制业而言，这里拥有足够的水资源以满足其需求。于是，拉尼贝德很快就发展为这一产业的中心。然而，水源供给远远跟不上产业

① Lenntech 2011；Blacksmith Institute 2011a，2011c，2011f；IPPC 2003；Kennedy 2005；Blackman and Kildegaard 2003；Warren 1940.

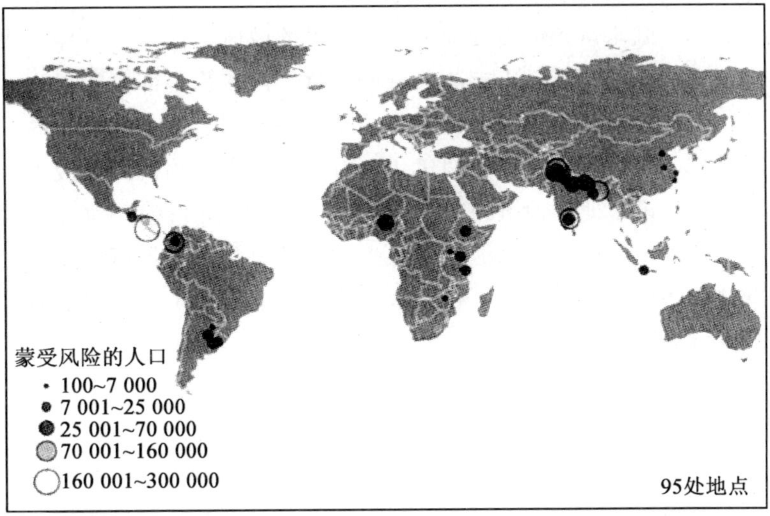

图 4.2 蒙受因制革业带来的铬污染风险的人群，2011 年
来源：Blacksmith Institute 2011f

快速增长的步伐，现在，拉尼贝德正被制革工厂的废水严重污染，其中包括六价铬与偶氮染料。

目前，拉尼贝德的居民人数超过五万，并仍然是皮革产品工业的中心。在这里，产业发展大多由众多零散作战的小型皮革生产商完成，经济规模不足以建立适当的废水处理系统。再加上环境意识的普遍缺乏，四十余年来的结果就是地下水污染。2001 年，拉尼贝德共有 60 家制革厂，雇员总数达到一万人，日均皮革制品生产量达到十万千克。但是，当地仅有七家个体废水处理厂及一家公共废水处理厂。至 2009 年，该地新增 180 家制革厂，但是公共废水处理厂还是仅有一家。拉尼贝德并不是一个与世隔绝的市镇，这可以部分解释皮革鞣制业大幅扩张的原因：它是一个距韦洛尔 20 千米的工业郊区。韦洛尔拥有印度最大的皮革出口业——一个和美国俄勒冈州大小相当的地区，在这里，500 万居民中有 250 万（包括儿童）从事着皮革交易的相关业务。

因此，我们有把握断定，该地区的废物总量出现了大幅增加，而其中大部分并未得到恰当处理。据拉尼贝德政府估计，2009 年，当地有超过一半的固体废物未能收集，而收集了的废物全部未能得到恰当处理。根据该邦污染控制委员会的估算，一家制造制革化合物的工厂在运营二十年后，将会累积超过 150 万吨的储存不当的固体废物。当地农民抱怨说，他们种植的庄稼有 80%不能成活，灌溉用水导致他们的皮肤上出现了疹子和水泡。最让人忧心的是，巴拉尔河正面临着一如既往的污染，而这正威胁着下游大型城市的水源供给，包括韦洛尔的 350 万居民。①

采矿业/资源开采

在广泛的土地退化与“死土”形成之中，硬岩采掘业都是一个重要的力量。据研究者估计，在 21 世纪头十年中，“全世界这一产业制造的细颗粒废物以干基计至少为 100 亿吨（不包括液体废物）。因此，采矿业可以说是全世界最大的废物制造业”。其他报告称，在美国，采矿业“占 GDP 总额不足 1‰”，但是所造成的污染及消耗的能源却不相匹配地高。据估计，2001 年，经合组织成员国家的采矿业共产生了 5.5 亿吨固体废物。然而，由于大多数大型采矿作业都在发展中国家进行，经合组织成员国家所产生的固体废物总额在这一全球总量前可能就显得微不足道了。

在世界上大多数地区，标准化工业废物管理方法是“将固体废物重新填埋进矿坑内，同时将被称为‘矿渣’的低浓度液体废物抽吸至巨型人工蓄水池内”。采矿业所产生的矿渣与固体废物都会对当地环境造成严重的破坏。一般而言，金属矿石的重金属含量都较高，这些重金属大多和钯金属的化学性质类似，并且按照类似的分子结构排列（如氧化物或亚硫酸盐）；当处理矿石以提取钯金属时，也会将大量不

① Voyant Solutions 2009；Blacksmith Institute 2013c.

良的重金属释放进环境之中。比方说，美国国家野生动物联盟(National Wildlife Federation)发现，美国西部40%的水域都因硬岩开采而遭受污染。即使矿场关闭之后，这一污染还将持续很久：一个常见的硬岩矿场中，有价值的金属将在五至十五年间被开采尽，然而污染会以更快的速度渗入周边环境之中，长达数百年之久。如果处理不当，标准化硬岩开采的副产品将会造成灾难性的影响。矿渣中满是各种重金属毒素，而用于在矿场内外填充或铺路的碎橡胶（或者，无论情况如何，都直接倾倒进当地水源中），都足以因氧化反应而生产出高酸性的径流。

低技术采矿业也没有放过环境。比如，手工采金矿场往往都是非正规的、小规模作业的。首先，需要从矿井或地表收集富含金元素的土地沉淀物，通常所需工具仅为铲子。然后，直接用和金矿相混合的汞来处理这些沉淀物。当从这些低品位碎矿石中分离出金汞后，再通过加热的方式使汞蒸发，留下纯金。这一低技术含量的采矿作业产生的硬岩废物或传统的矿场臭气总量微不足道；然而，据估计，全球每年1/3的汞排放来自这一采金方法，同时，在处理过程中，各种化学药剂也极易使用不当，泄漏泼洒，或是不慎摄入。①

水力压裂法

水力压裂法（hydraulic fracturing）又称“液压破碎法”(fracking)，是指利用地面高压泵，将大量化学物质掺杂水、沙子、石子制成压裂液并注入不透水的页岩层内部，使其释放用作燃料的碳氢化合物（通常为天然气）的过程。这一过程中将消耗大量淡水，并将大量化学物质及碳氢化合物导入当地潜水面。由于大量消耗水资源并释放有毒物质，这一技术对环境的破坏极大。值得注意的是，鉴于其

---

① 主要来源为：Hart and Boger 2008；Townsend and Townsend 2004；UNEP/GRID 2006；National Wildlife Federation 2012；Duruibe，Ogwuegbu，and Egwurugwu 2007；Blacksmith Institute 2011a，2011e。

破坏性后果，多地已开始禁止这一技术的使用：出于对环境与健康的考虑，法国、南非、澳大利亚新南威尔士州与加拿大魁北克省都已禁用水力压裂法。①

在其运作期限内，一个典型的采用水力压裂法的采矿基地共要消耗 400 万升至 2 000 万升的水。在 21 世纪头十年，水力压裂法及其他开采方法的耗水总量占美国非热电类耗水量的 1%至 2%。然而，从那时起，水力压裂法的应用面迅速拓宽。在科罗拉多州的一个郡内，水力压裂法的耗水量占当地全部耗水量的 1/3 至 2/3："负责管理当地能源发展的科罗拉多石油和天然气保护委员会（Colorado Oil & Gas Conservation Commission）3 月份的一个报告称，2010 年科罗拉多州用于水力压裂法的水资源消耗总量约为 13 900 英亩-英尺，预计至 2015 年将会增加 35%，达到约 18 700 英亩-英尺。"

然而，水力压裂法构成的主要威胁，或许是其对水供给造成的那一类破坏。通常，水力压裂法中所使用的水会和碳氢化合物或采矿后留下的岩屑及化学物质混合在一起。在使用水力压裂法的采矿基地中，所涉及的化学物质包括氨、硼酸、硫酸、十八烷基三甲基氯化铵与氯化钾。此外，水力压裂法中所用到的水，其中 10%至 40%将回流至地表，它们或是被隔离在有毒废水池，或是回渗至潜水面。当不透水的岩石中释放的自然气渗入水井或水库时，也会对水质造成污染。

随着水力压裂法的应用日益增长，这些影响必然将愈演愈烈，并影响全世界越来越多的地区。需要注意的是，这一产业本身所提供的种种关于水力压裂法的信息多在强调这是一种公认的传统技术。然而，这是对公众的误导。虽然这一产业声称有六十年的实战经验，但是目前使用的特定类型的水力压裂法却是相对新近的发明。这些新近的技术发展中，水力压裂法纳入了一项需要更多水资源消耗、产生更多自

① Brown 2012；Hurdle 2009；另见第 162 页，注 1。自 2012 年以来，禁止使用液压破碎法的地区已超过 15 个。最新动态见 Keep Tap Water Safe 2013。

然气的水平钻井技术。它所产生的水压超过先前水井中的水压 50 至 100 倍。①

放射性

俄亥俄州“淡水可靠性项目”（Fresh Water Accountability Project）最近发布了一份由梅利莎·贝尔驰（Melissa Belcher）与马文·雷尼科夫（Marvin Renikoff）撰写的报告。该报告以马塞卢斯页岩岩层（Marcellus Shale stratum）的已知放射性特质为背景，分析了采用液压破碎法将带来何种影响。报告中所涉及的马塞卢斯页岩区是一片从西弗吉尼亚州延伸至俄亥俄州东部与纽约州南部的自然气产区。这个产区内镭、铀及钍同位素浓度较高，所释放的辐射量是标准化背景辐射量的 30 倍。这带来了两个重要的问题：液压破碎过程向地表释放了多少辐射？采矿业又如何处理这些放射性废物？2013 年，纽约州环境保护部（New York State Department of Environmental Conservation）发现，水井中的回流水所含放射性“是向环境排放限量的 267 倍之高，是饮用水所含限量的千万倍之高”。马塞卢斯页岩的钻井过程消耗了大量的水资源：每进行一次液压破碎，就要消耗约 750 万升至 3 000 万升的水资源，而水井则往往需要在其运作期限内多次进行液压破碎。在钻井的过程中，65％至 95％的水将回流至地表，这就引起了深切关注，即如何处理这些放射性废水。

平均来说，在马塞卢斯页岩地区进行一次标准化天然气井钻井作业将产生约 117 立方米放射性残片：据估计，仅宾夕法尼亚一州就产生了超过 100 万立方米的放射性残片。宾夕法尼亚地区大多数垃圾填埋场并未安装辐射警报器，然而据安装了辐射警报器的垃圾填埋场报告称，2012 年，警报器共报警 1 325 次，其中 1 000 次是由钻井而产生的废物引起。转移至俄亥俄州进行处理的废物则被发现铀含量水平为

---

① Kenny et al. 2009；Harden 2012；Marcellus Drilling News 2010；Olson-Sawyer 2012；Johnson 2011；Chesapeake Energy 2012；Demelle 2011；Jackson et al. 2013.

监管限值的36倍。对于钻井公司来说，这些废物的不当处理可能节约了一大笔成本：这些放射性废物的妥善处理费用可高达每立方米12 350美元。①

潜水面

鉴于液压破碎法在过去数年中的快速发展，就消耗和污染两个方面而言，它都对潜水面造成了威胁。我们已经讨论过每次钻井所消耗的水资源总量，并提到一个水井可能需要进行多次液压破碎。此外，在进行液压破碎时，需要将超过750种的化学物质掺入水中形成压裂液，其中包括苯、萘、柴油、氯化氢及乙二醇。经检验，有毒的化学物质的含量超过美国环境保护总署允许标准的数倍之多。赫多（Hurdle）报道了对艾得莱斯能源公司（Atlas Energy）提起的一桩诉讼：

> 在钻井开始前的一年，（原告的）水资源经基线测试，结果为"优异"。（钻井开始之后）水资源的检测发现，砷含量为可接受水平的2 600倍，苯含量超过限值的44倍，萘含量为联邦标准的5倍。土地样本的检测显示，不仅含有超过官方限值的汞、硒，还存在乙基代苯和三氯乙烯。前者用于钻井过程；后者天然生成，但却是一种有毒的化学物质，可以通过天然气钻井而释放至地表。"内分泌干扰交流组织"（Endocrine Disruption Exchange）——这一组织从事钻井中所使用的化学物质对健康影响的研究——指出，这些化学物质将会造成许多严重疾病，包括对免疫系统、神经系统及呼吸系统造成损伤。

2013年发表的一项研究指出，天然气井周边地区的天然气成分浓度上升，如甲烷、丙烷等。距离开采基地1 000米以内的饮用水井中，其甲烷浓度平均高出较远距离的饮用水井中甲烷浓度六倍。开采基地附近地区的饮用水井中，其乙烷浓度则为较远距离的饮用水井中乙烷

① Belcher and Renikoff 2013；Davies 2009.

浓度的23倍。丙烷则仅仅在开采基地附近的饮用水井中发现。

地震

最近的研究开始关注水力压裂法在一些从未发生过地震的地方诱发地震的可能性。美国地质勘探局（U.S. Geological Survey）的研究者将美国中部的地震活动与水力压裂法联系起来；另一个研究报告则称，在1976年至2007年与2008年至2011年这两个时期间，俄克拉荷马州的地震活动增加了11倍。研究提到，1970年至2010年间，北美洲中部地区的年均地震次数为21次，但在2009年增至50次，2010年增至87次，2011年增至134次。我们几乎可以确定，地震数量的增加是由人类活动引起的，尤其是废水向矿场废水处理井的回流：处理井负荷较重，井中不断上升的水压导致原先稳定的断层发生活动。还有证据表明，与水力压裂法相关的地震，其规模可能比之前设想的要大。当脆弱的断层被废水产生的高压扰乱后，俄克拉荷马州在2010年至2011年间发生的一系列地震的里氏震级为5.0级至5.7级。

在采用水力压裂法的其他地区，如英国与荷兰，也报道了类似的地震情况。2011年，页岩气开发商高卓拉能源公司（Cuadrilla Resources）发现，液压破碎法导致英国兰开夏郡（Lancashire）发生1.5级至2.3级微震的“可能性极高”。在荷兰，采用液压破碎法的采矿基地周边的地震数量出现增加，从2011年前的年均20次增至2013年前一个半月的18次。①

山巅移除采矿

传统的地下或“深层”煤矿开采是将煤矿从基底上移除开来，因此，它改变的是内部地质情况，地表地质情况往往不受影响。山巅移除采矿（mountaintop removal mining），顾名思义，是将山顶从煤层上移除，从而使得煤矿暴露以便开采。它的规模是巨大的：在规模最大

---

① Keranen et al. 2013；Ellsworth et al. 2012；Drajem 2012；Joyce 2012；Romm 2011；Tagliabue 2013.

的山巅移除采矿作业中，移除的山顶足以使得一块超过 65 平方千米的土地暴露出来。这一过程不仅破坏了当地地表生态，而且浸入潜水面的废渣还会产生严重的下游效应。山巅移除带来的彻底的生态变化意味着，即使采矿作业停止之后，许多土生土长的动植物还是可能会被入侵物种接替，而无法回到原先生长的土地。

这一过程是一种高科技的地表采矿作业，它的正式名称是山谷堆积型山巅采矿。首先，这一过程需要清除植被，移除表层土，并用炸药轰炸岩石以使得煤矿暴露。这一过程中产生的废物体积会超过移除的山顶，因为碎石的密度小于完整的岩石。然后，这些废物会堆积在附近的山谷内，这往往会覆盖住许多溪流的上游。煤渣、岩盐与痕量金属的混合物，其化学威力等同于一个巨型电池泄漏所产生的威力。这些混合物与一些有毒物质（如硒）严重影响了下游生态。一些处于水生食物链最底端的物种，如蜉蝣，是相当容易受到伤害的，而它们一旦消失，将会对整个生态系统造成影响。人也会受到伤害：研究显示，临近这类煤矿开采基地与癌症、先天缺陷与心血管疾病的增加呈现相关关系。

轰炸山顶使得煤矿暴露，这是规模经济的一种实践：它制造更大的矿场，而需要更少的人手，因此运营成本就更低。美国能源情报署（U. S. Energy Information Administration）2012 年的一份报告指出，阿帕拉契（Appalachia）中部（这里的煤矿开采已持续超过一个世纪）的煤矿生产率在 2000 年至 2010 年间下跌了 45%，这迫使生产商不得不寻求一些极端手段，也迫使依赖采矿业为生的当地社区不得不接受这些极端手段。美国劳动统计局（Bureau of Labor Statistics）的报告称，随着越来越多的煤矿都是通过破坏性愈发严重的方式而开采，矿工及当地社区的获益就越少：在过去的二十七年中，美国煤矿工业的从业人员降幅超过 50%，从 1985 年 7 月的 17.78 万人下降至 2012 年 7 月的8.06 万人。同期，被开采的煤矿总量却出现了上升，从 1985 年的

8.836 亿吨上升至 2010 年的 10.844 亿吨。这一情形是不可持续的。①

巴布亚新几内亚的奥克泰迪矿场

若处理不当，采矿业副产品将会对环境造成破坏，巴布亚新几内亚奥克泰迪（Ok Tedi）的采矿作业便是一例。这一矿场于 1980 年开工，并由一个多国金融利益集团的骨干队伍管控。存储废物的先期方案——虽然就 20 世纪 70 年代出台的工业标准而言具有远见，却并没有充分考虑到当地基底可能产生的高酸性以及由来已久的山体滑坡。而这一矿场会对生活在山脚下的农民造成何种影响，则完全被忽视了。在矿场开工三年后的 1983 年，废物管理方案经决议被要求重新设计：这一项目的水电坝和其中一个尾矿池被废除了。在缺乏技术咨询并违反本国开发法规的情况下，政府核发了一份临时方案使矿场在缺乏正规废物回收方案的情况下继续作业。从此，这一矿场开始直接向河流中排放尾矿。

至 1984 年，这一矿场日均产生两万吨碎石。“根据该公司自己的说法（这个说法不太可能低估实际情况），1981 年至 1998 年间，奥克泰迪矿场共向水域中排放了 8.84 亿（吨）废物，导致固体废物总量增加至背景负荷的八倍。”这些废物沉淀导致河床上升，并诱发了极端的河水泛滥。河水泛滥过后，这些酸性岩形成的淤泥与重金属微粒物质使得河岸两侧广阔的土地变成了不毛之地：“至 2002 年，受影响的植物面积达到 1 461 平方千米……河岸环境遭到改变，鱼类栖息地消失，鱼类数量和种类明显减少。”这些尾矿中的铜含量对人类而言是安全的，但是对水栖生物而言，则是危险的。“至 20 世纪 90 年代，奥克泰迪河下游的淤积情况极为严重，以致定期出现河水泛滥，并在堤岸顶部留下一层毫无肥力的沙土。而对于住在河边的居民而言，这些地点是原先最为肥沃而高产的土地。各种沉淀物造成支流和河道出现堵塞，

---

① McQuaid 2012；Aurora Lights 2013；Palmer et al. 2010；Hendryx 2009；U. S. Energy Information Administration 2012a，2012b；Bureau of Labor Statistics 2012；Gagnon 2004；Aurora Lights 2013.

摧毁了西谷林和覆盖面积达 480 平方千米的森林。而河水长期浑浊，也赶走了本土鱼类种群。”作为低地社区的主要食物，西谷棕榈的生长速度与营养价值都出现下降。无论是政府，还是拥有矿场的集团，都未就矿场对当地主要作物带来的潜在影响进行研究。

1988 年，部落村民起诉了当时全球最大的矿业联合企业布鲁肯希尔公司（Broken Hill Proprietary）。双方于 2004 年达成和解，当地居民将获得补偿金；矿场原本的继续作业本应到 2010 年为止，届时，按照原有计划，该矿场可开采的矿石将开采完毕。然而，在 2013 年 3 月，该矿场仍在作业。①

俄罗斯赤塔的俄罗斯铀业公司矿场

赤塔（Chita）地处西伯利亚地区，所邻近的地区可能拥有俄罗斯最为富有的矿床，这里自 20 世纪 60 年代起就是金矿和铀矿的开采中心。今天，俄罗斯大部分的铀都在赤塔生产，全国每年消耗的 1.5 万吨铀中有一半由科拉斯诺卡门斯克矿业公司（Krasnokamensk mine）生产。在过去的三十年中，这一矿场每年制造了至少 500 万吨铀废物及尾矿，为世界最大的、持续制造铀废物的矿场。现在，国有控股公司俄罗斯铀业公司（Atomredmetzoloto）享有该矿场的所有权与开发权。

这些废物使得赤塔及其周边的 40 万居民深受其害。经检测，仅在巴雷（Balei）一地，就有成百上千的住房的辐射水平超过允许水平的十倍有余，并且有近 1 000 户家庭的辐射水平超过国际安全标准。人体健康因此而遭受了极端伤害：在一些地区，这导致多达 95%的儿童患有慢性病或身患残疾，并导致婴儿先天缺陷情况经常发生，如肢体不全或智力障碍。先天愚型的发病率是国家平均水平的 4 倍。目前尚未出台环境修复的公共计划：俄罗斯政府并不承认存在任何问题。②

---

① Townsend and Townsend 2004；Jorgenson 2006；Murphy 1996；Bice 2013.

② Belton 2006；Blacksmith Institute 2007；ARMZ Uranium Holding Co. 2012.

毒害土地、水和空气的力量

核事故，致命气体

的确，采矿业和工业废物能够毒害环境，但是，我们必须将核废物区别开来，因为它在许多方面都会构成一种独有的危害，尤其是因为核废物可以通过空气和水而实现远距离传播，并且存续时间较长。与此相比，有毒气体的存续时间虽然较短，但是其仍能够在短期内造成极大危害，并且，大量有毒气体仍被合法地制造出来，以满足工业所需。与采矿业与工业废物造成的大多数危害不同，核废物与有毒气体这两种污染带来的风险即使是富人也难以逃脱。与本章前述的采矿业与其他制造业相比，大多数核事故与有毒气体受到的行业管控要严格得多。但是，疏忽与事故确实仍有发生。以下个案是这一大形势的生动缩影，而无需多做解释。

切尔诺贝利，乌克兰

1986 年 4 月 26 日，切尔诺贝利核电站发生的大功率管道核子反应堆（以俄文首字母缩写“RBMK”为人们所知）① 爆炸是迄今为止最为严重的一次核事故。这次事故释放的放射性物质总量为 520 万万亿贝克勒尔②（1 贝克勒尔相当于每秒有 1 个原子发生衰变时的放射性活度）——是二战时期广岛原子弹爆炸所产生辐射量的 100 倍以上。这一原子炉的熔毁是由于设计缺陷与严重的操纵失误引起的。在一次对低功率状态下系统运作性能的例行测试中，由于冷却剂不足，反应堆变得非常不稳定。之前，操纵员闭锁了电站的重要功能，包括自动关闭系统，因此当反应堆出现不稳定情况时，他们不得不被迫尝试其他替代办法以中止反应。在此过程中，他们触发了一个导致迅速力量增

---

① RBMK 是指压力管式石墨慢化沸水反应堆。——译者注

② 贝克勒尔是放射性活度的国际单位。——译者注

量的反应，造成了一次大蒸汽爆炸，震开了用作防护的重 1 000 吨的铁屋顶，将放射性蒸汽与放射性裂变产物释放到空气之中。数秒后，第二次爆炸发生，喷射出堆芯中的燃料。RBMK 反应堆在设计上缺少可以围住大多数核电站、作为屏障之用的钢筋混凝土安全壳；因此一旦核反应堆泄露，就没有任何机制来防止辐射蔓延。

在随后的十天内，反应堆一直在燃烧。其中所含有的 192 吨放射性燃料中，至少有 5%被释放进了环境之中。大片土地出现品质的劣化：很快，乌克兰、白俄罗斯与俄罗斯共 15 万平方千米的土地被归类为“受污染的”（辐射水平超过每平方千米 3.8 万贝克勒尔），其污染物的主要来源是铯、锶、碘的同位素。最终，强制疏散区扩大至 4 300 平方千米，需要永久迁移的居民总数共计为 33.6 万人。这一事故过去了二十六年后，乌克兰政府仍旧禁止人民在核电站半径 30 千米的范围内居住。

这一事故造成的人员伤亡总数一直是个争论不休的问题。在事故现场，两名工作人员在第一次爆炸中身亡。由于曾暴露在 20 西弗特①的辐射之中，28 名工作人员在随后的三个月中相继死亡。辐射暴露的影响往往并不容易断定：暴露于高水平辐射之中的个体并不一定会患上诸如癌症之类的疾病，然而一旦确实患上这类疾病，也很难断定这是由辐射暴露而诱发，还是其他因素（比如抽烟）所导致。世界卫生组织报告称，这一事故最终将造成 4 000 人死亡，而癌症发病率将升高三个百分点；不过，世界卫生组织总结道，这一灾难造成的最为严重的公共健康问题是，那些被迫从污染地突然迁离的人们的心理健康和经济福祉普遍受损。世界卫生组织特别提到，人们正忧心忡忡，焦虑万分，他们预期自己的健康将遭受影响，但这也许并不会发生。

另一方面，纽约科学院（New York Academy of Science）的学者声称，国际原子能机构（International Atomic Energy Agency）与世界卫生组织等“大多对东欧科学文献中的发现不予重视，从而，常常因

---

① 计量辐射度的单位。——译者注

未将这些评估纳入考量而犯错”。根据这些学者的计算，因切尔诺贝利事故而死亡的人数超过 98.5 万人。

无论如何，仍有大量的放射性物质还留在反应堆遗址内。事故发生之后，损毁的机组周围立即搭建了石棺水泥围墙作为临时性防护措施。这一安全壳正在迅速腐坏，事故发生地仍在持续泄露辐射。根据预期，一个新的保护性安全石棺将于 2015 年安装，根据设计能有 100 年的使用寿命。①

汉福德，华盛顿州

1943 年，美国政府依据《战争权利法案》（War Power Act）占取了华盛顿州南部哥伦比亚河（Columbia River）附近的 1 450 平方千米的土地，并将汉福德（Hanford）、白崖（White Bluffs）、里奇兰（Richland）当地农业社区全部 1200 名居民迁移出去。② 美国军方担心纳粹德国在原子弹竞争中已先行一步，在此之前就决定加快武器级钚的研究与开发。于是，汉福德就成为世界上首个大规模的钚生产工厂所在地。现在，美国高放射性废物中有 2/3 存放于此。

钚是在裂变过程中产生的。首先，当铀- 238 吸收了一个中子后，就形成铀- 239，再经过两次 β 衰变后，第一次先形成镎- 239，第二次即可获得钚- 239。为了从核反应堆中捕获可裂变钚，需将处理后的燃料芯块溶解在酸中，使得钚沉淀下来，从而将其与其他裂变副产品分离开来。根据估计，在 1987 年停止使用之前，汉福德核工厂处理的钚总量达 12 万千克。这种高放射性物质的大部分都留在了原地：仅有 11.655 吨钚被处理掉或者被移走，余下掩埋在原地的钚足够制造 1 800

① BBC News 2011; Blacksmith Institute 2007; World Nuclear Association 2012; International Atomic Energy Agency n. d. ; WHO 2005; Environment News Service 2010; Godoy 2011.

② Harvey 2000; Harden and Morgan 2004; EPA 2012a; Wald 2010; Porter 2004; Washington State Department of Ecology 2008.

个炸毁长崎的“胖子”(Fat Man)①。

现在，一场悲剧正在这里徐徐上演：177 个核废料容器中储存着超过 1.89 亿升高放射性液体废料与化学废物，而其中很多发生过泄漏。这些都填埋在距离哥伦比亚河 19 千米的地方。总计约 380 万升已经泄漏。华盛顿州生态管理部（Department of Ecology of the States of Washington）2008 年的报告指出，有毒物质已经渗入潜水面，并且，可能只需七年时间，这些有毒物质将进入上游水域，影响将会波及 100 万城市居民以及价值总计 64 亿美元的农场。

负责运营汉福德核工厂的能源部（Department of Energy）目前既没有拦截有毒物质渗入供水的计划，也没有清理该地固体垃圾的计划。事实上，该部门已向联邦政府请愿，请求将更多的核废物从其他核基地移至汉福德，以此从实际上宣布汉福德已回天乏术。

福岛第一核电站，日本

据日本政府称，2011 年受到地震与海啸摧毁的福岛第一核电站及其周边地区可能在未来几十年内都成为禁区。2011 年，政府官员告知当地社区领袖，核辐射水平每年达到 100 毫西弗特的地区在未来十年内都不安全，核辐射水平每年达到 200 毫西弗特的地区在未来二十年内都不适宜居住。目前，核电站周边 20 千米内均为禁区。

福岛遭受的损失程度，到目前尚不可知，但是，这大部分取决于初次受袭时发生的核蒸汽泄漏中半衰期较长的同位素的比例。半衰期为 30.2 年的放射性铯-137 可能是毒性最大的（就泄漏总量与半衰期的长度而言），这在切尔诺贝利的事故中也是一样。事故发生后，约五万居民被下令撤离，大量农民、渔民丧失生计。②

博帕尔的化学品爆炸，印度

博帕尔（Bhopal）是印度中央邦（Madhya Pradesh）的首府。1984 年，位于该市的美国联合碳化物公司（Union Carbide）属下的印

---

① “胖子”为原子弹代号。——译者注

② Tsukimori and Layne 2011; Smith 2011; Bradsher and Pollack 2011.

度公司的农药厂发生爆炸，向邻近的贫民区内共释放了 45 吨氰化衍生物，成为史上最为惨重的工业惨剧。共有 3 800 人在睡梦中被这次泄漏夺走性命。在暴露于毒气中的 558 125 人中，有部分因在事故中受伤而后死亡。

1994 年，该工厂被出售给印度银行财团和印度政府，他们先前便拥有该工厂 49%的股份。存储于工厂中的有毒化合物从未被合理转移，并且，普遍认为工厂所在的 4.5 公顷范围仍受到来自 450 吨废物的污染。现在，农药及其残留被认为是造成该市异常之多的婴儿先天缺陷（腭裂、智力缺陷、先天性无眼球）的原因；2011 年，该市人口总数达到 2 368 145 人，较之十年前增加了 28.46%。因为当地居民一直对饮用水存有抱怨，政府同意向当地运输干净的饮用水，但是饮用水却不能定期按时送达，导致许多穷人依旧只能饮用当地水源。①

全世界的海洋

海洋死区

自工业化以来，海洋表层水的酸度持续上升。根据预测，伴随着海洋持续吸收二氧化碳，海水酸度将出现显著升高。以多个科学研究为基础，世界银行报告称："基于通常排放情况而估算的未来二氧化碳排放水平表明，到 21 世纪末，海洋表层水的酸度水平将升高近 150%，这一酸碱度水平是 2000 多万年来从未出现过的。"②

根据估计，全球海域中已出现 400 个海洋死区，覆盖面积超过 24.5 万平方千米。这也许是水体遭受破坏或劣化最为残酷的例证。包括农业污染在内的一系列人类活动在这一最为极端的环境退化形式中扮演了关键角色。这些海洋死区都处于低氧状态，缺少维系生命的足够氧气，并且，这些区域内缺少充分的水体交换以补充氧气

---

① Pino, Kannel, and Gardner 2012; Bhopal Census Highlights 2011.

② 本节死水区域的资料来源为：World Bank 2013b; Diaz and Rosenberg 2008; Eggler 2007。

浓度。

低氧及其引起的富营养化状态，都是富含肥料的径流从商业农业地区流入海洋的副产品。这些含有径流的淡水水体较浅，又经日照加热，因此较之深海盐水，它们的温度更高而密度更低（由于缺少盐分）。当它们流入海洋时，就会形成一个富含肥料的顶层，而这一顶层并不能与深层海水相融合。顶层中的肥料导致海藻爆发，尤其是会毒害许多鱼类的蓝藻。鱼类及海藻死后，便会沉入水体交换区域的底部，它们的腐败物便会夺走海水里的氧气。当富营养化的顶层下的海水含氧量降低至无法维系生命之时，它们就变成了我们知道的海洋死区。只有当水体交换正常波动以补给深层海水中的氧气时，这些海洋死区才会消失。据估计，全球海洋死区所消灭的生物量从 34.3 万吨到 73.4 万吨不等。当原先资源丰富的水域变成海洋死区时，渔业凋敝，沿海人口失去生计来源。

海平面上升

海平面上升是气候变暖带来的又一主要影响，而且，海平面上升的速度超过我们之前的预想。根据专家的说法，世界银行报告称“由于过去的碳排放，到 21 世纪 50 年代海平面上升 50 厘米的情况可能已经无法避免”。这一情况在部分地区可能尤为严重，尤其是亚洲的部分地区。根据预计，“相对于 1986 年至 2005 年的情况”，东南亚沿海海岸的海平面“到 21 世纪末估计将比全球平均值高出 10%至 15%”。大约到 2060 年，马尼拉、雅加达、胡志明市和曼谷的海平面上升将超过 50 厘米；大约到 2090 年，上升将超过 100 厘米。

这对当地居民和经济影响深远。比如，湄公河三角洲的农业产量占据了越南全国的半壁江山，稻米出口也占据重要份额。然而，“一旦海平面上升 30 厘米，农作物就将减产 12%。这一情况最早可能在 2040 年就会到来”。并且，根据预计，如果全球气温上升 4℃，年降雨量的增幅就可能高达 30%，这将使情况变得愈发糟糕。比如，如果全球海平面较之现有水平上升 15 厘米，那么，至 21 世纪 30 年代，曼谷的海平面上升水平可能高达 40%。如果全球海平面上升 88 厘米，气温上升 4℃，那么，至 21 世纪 80 年代，曼谷的海平面上升水平则可能达到 70%。

与此同时，在世界其他地区，温度升高带来的则是干旱的增多。这其中包括亚洲的西北地区，根据预计，这一主要粮食产区可能变得愈发干燥。最后，我们可以料想，各个季节降雨量的差别将会变大，“当全球气温上升 4℃时，旱季降雨量将减少 30%，而雨季降雨量将增加 30%”。

一些地区的荒漠化，另一些地区的洪水频发，这一双重模式可能在世界许多不同的地区发生。“如果全球气温上升 2℃，（撒哈拉以南地区）供水差异将变得愈发突出。比如，据预测，年均降雨量的上升主要出现在‘非洲之角’（积极影响与消极影响并存），而非洲南部及西非的降雨量与地下水补给量则将会下降 50%至 70%。如果全球气温上升 4℃，非洲南部的年均降雨量的降幅将达到 30%，而根据许多模型的预测，东非则会变得更加潮湿，使得出现干旱的风险全面降低。”①

幅员辽阔的国家则经历着多种模式的气候变化。就美国来说，一些地区的水平面加速上升，而另一些地区则面临干旱。据美国国家海洋及大气总署（National Oceanic and Atmospheric Administration）称，2012 年（可获得的最新数据即至 2012 年）是有史以来极端天气事件袭击最为严重的一年。11 次重大事件——包括龙卷风、野火、干旱与飓风——共计造成的损失超过 1 100 亿美元，其中包括中西部因干旱导致的农作物损失，东海岸因飓风“桑迪”带来的水灾（损失达到 600 亿美元，为单次极端天气事件造成的最大损失）。2013 年夏天，干旱影响了美国相邻区域约 50.1%的面积。②

垃圾环流

全球主要海流在五个地点汇合，由此形成了大规模的漩涡，或称

---

① World Bank 2013b.

② NOAA 2013b.

环流。它们是北大西洋环流、南大西洋环流、北太平洋环流、南太平洋环流与印度洋环流（见图4.3）。海洋里的废物会在环流中汇集起来，就好像垃圾在下水道里打转：任何东西在海面上漂浮得足够久，最终都会进入这五个汇集点之一。这些环流是大规模海流网络的中心节点，这长久以来就为商人和水手所知晓。然而，自世界各地的塑料

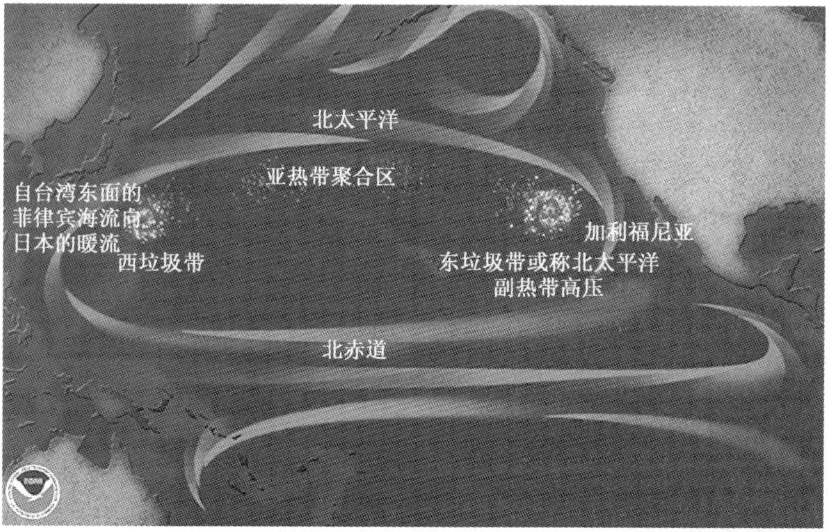

图4.3 北太平洋环流（现又称为“北太平洋垃圾带”），2010年
来源：NOAA n.d

用品进入海洋以来，这些环流变得就像垃圾填埋场一样。全球每年生产的塑料大约为3亿吨，其中有700万吨最终进入了海洋。塑料不会分解，但照射阳光后会发生光降解：当暴露在阳光下，浸泡在水中之后，塑料会降解至其组成分子，但不会发生进一步的反应。各种各样的塑料分子及其他有毒化学物质，如滴滴涕、多氯联苯依旧悬浮在海水之中，就好似“一锅毒汤”。塑料中的化学物质进入水生动植物体内，并集中于食物链的顶端。证据表明，从1999年到2009年，海洋

中溶解的塑料总量翻了一倍。①

水资源掠夺

如前文所述，转而采用液压破碎法的矿业公司正在成为发达世界中最为密集的水资源消耗者中的一员，并直接或间接地对供水造成污染。悄然间，汽水公司及瓶装水生产商的水资源消耗量业已快速增加。这些多元主体的协同性行为使得世界许多地区的地下水供给消耗殆尽。目前，为了弥补供水不足的问题，雀巢集团和其他水供应公司正在建造大型管线，并通过超级油轮和巨型密封水袋来实现远距离水资源运输，以供商用。根据预测，至2030年，全球仅饮用水的需求量就将增加50%。鉴于此，一些记者与学者发出警告，水很有可能成为“新的石油”。然而，水资源得到的关注并不如粮食，即便这二者的需求量越来越类似。根据世界粮食计划署（World Food Program）与联合国儿童基金会（UNICEF）的估计，目前正有8.7亿人存在营养不良的问题，7.8亿人无法获得安全饮用水。在世界上越来越多的地区，水资源掠夺正使得穷人的用水紧缺问题愈发严重。②

雀巢集团在全球范围内的争议性运作

现在，雀巢集团是世界领先的瓶装水生产商，拥有八个国际瓶装水品牌，其中沛绿雅（Perrier）最为知名。在衰退出现之前，瓶装水产业增长迅速，2002年至2007年间的年扩张率达到7.6%。衰退的出现使得这一产业面临的压力倍增：由于北美瓶装水销售量的降幅在2007年至2009年间达到13%，雀巢积极争取新的用水权与新的环境

---

① Wassener 2011; Hoshaw 2009.

② Jowit 2008; World Food Programme 2013; UNICEF 2012.

规章。①

在2005年的一次访问中，雀巢集团董事长包必达（Peter Brabeck-Letmathe）表明了雀巢集团的水资源使用逻辑。水，这一“最为重要的原材料”的获取不应被视作人权：

> 问题在于我们是否应该将人口的常态供水私营化。就这一问题，主要有两种不同的意见：一种在我看来比较极端的意见以非营利性组织为代表，他们坚称水资源是一种公共权利。这意味着，人生来就拥有用水的权利。这是一种极端的解释。另一种观点则认为水和其他食物原料一样，因此，它也应该和其他食物原料一样有一个市场价值。就个人而言，我相信对食物赋价是更好的做法。这样，我们才能意识到它有它自己的价格，随之才能为那些无法获取水资源的人提供特有的解决办法。而解决办法则存在各种各样的可能。②

用水权并不是人类天生的权利，这一论调招来了不少批评。而随着这一论调的余波未平且影响日甚，包必达在最近的几次访问中推翻了自己的观点。不过在最近一次关于这一主题的访问中，他强调并进一步阐释了这一论调，即所有事物都必须被赋予市场价值，都必须在市场框架下进行管理。对于最为贫穷的人群而言，这一论调带来的后果令人担忧。在2012年的一次访谈中，他说明了一种节水的方法，以便在水资源面临持续威胁的情况下，还能够持续地进行开采：

> 一个人如要有尊严地活着，那么至少需要25升的水……这是一种人权。但是，我并不认为装满泳池、洗净汽车……乃至浇灌

---

① 本节雀巢集团简介的资料来源为：CBC 2008；Hall 2010；Wagenhofer 2005；Brabeck-Lethame 2012；Tarlock 2004。

② Wagenhofer 2005.

> 花园，也是人权。而假如我们并不知道作为人权的用水［量］是我们的用水总量中最小的一部分，以及……我们美国的日均用水量约为400升。这样一来，我并不把这380升视为人权，这部分水应该被赋予价格。为什么呢？因为如果它们没有被定价，我们就不会进行必要的投资，以使得这一最为珍贵的资源能够得到更为负责的使用……如果水资源不被赋予价值，那么就不会存在这些投资，因为没有人会对不存在经济回报的投资感兴趣。①

在美国，雀巢集团因过量抽水而受到了最为严厉的指责。这可以通过两个理由加以解释。第一，在美国的法律体系下，水资源尤为容易遭到过度开采。“就大型井泵造成的破坏而言，地下水的习惯法能够提供一些保护；但就节水和环境保护而言，这一习惯法却几乎无法保护公共利益。地下水的习惯法遵从‘捕获法则’（law of capture），地下水的使用权是其地表所有者的‘自然’权利。在这一习惯法的制订时期，人们还缺少对含水层机理的认知，也尚未开发出高容量泵。”②第二，美国公民拥有足够的物质和法律资源来起诉像雀巢这样的大型企业。印度和可口可乐公司的法律战役正是由基地设在美国的非营利性组织“印度资源中心”（India Resource Center）打响的，这并非巧合。

雀巢的水资源占有方式已经显而易见。它们在不熟悉与跨国企业进行合同谈判的地方，尤其是规模较小的乡村社区寻找水资源。鉴于集团在财力、律师及政客支持上都拥有更为优越的资源，为保护当地水资源而开展法律行动的居民、当地协会以及环境组织感到困难重重。

雀巢集团在美国

在今天的北美洲，雀巢集团的瓶装水产业消耗的水资源正逐渐成

---

① Brabeck-Lethame 2012.

② Tarlock 2004.

为一个争议性的问题。据估计，2003 年（这一年的数据可以获得），仅在美国的瓶装水生产中，雀巢饮用水公司就抽取了约七万亿升水。特别是雀巢集团在旱灾易发地区的抽水行为，已引起了严重关切。以下是一些与雀巢集团抗争的案例。①

■ 佛罗里达州：在旱灾地区过量抽水

水晶泉休闲保护区（Crystal Springs Recreation Preserve）距离坦帕（Tampa）30 英里，其宣传海报上称这里是一个“525 英亩的自然圣地，致力于环境教育与佛罗里达自然环境的保护”。然而，1996 年，在与雀巢集团达成出售水资源的协议后，该保护区的业权所有人及董事会主席鲍勃·托马斯（Bob Thomas）就关闭了该保护区，不再向公众开放，并开始向当地政府请求大幅扩展其用水权。在佛罗里达州 2000 年至 2001 年的严重旱灾期间，托马斯要求将日均抽水量从 110 万升提高至 680 万升。考虑到这会导致当地供水枯竭，这一要求遭到否决。然而，托马斯仍因日均抽水量超出配额 5 000 加仑而多次遭到传讯。

在麦迪逊郡（Madison County），雀巢集团则成功地获得了在州立公园的一处泉水中无限量抽水的机会，而仅仅只需支付 230 美元。州政府从来没收到任何特许使用金或其他费用以作为保证金。这一案例引发了一些争议，因为此时佛罗里达州正因区域性缺水问题而与周边各州处于苦苦纠缠之中，而雀巢却可以几乎免费地抽取亿万加仑的水资源。提及雀巢集团的企业税，其发言人吉姆·麦克莱伦（Jim McClellen）断言佛罗里达州占了大便宜：“你谈及的可是源源不断的以百万计的税收收益……对于佛罗里达州，这真是一笔好交易。”②

■ 德克萨斯州：捕获规则

在德克萨斯州的亨德森郡（Henderson County），雀巢美国优泉公

---

① Clarke 2007.

② Crystal Springs Preserve 2013; Samek 2004; Schwartz 2004; Penn 2008.

司（Nestlé's Great Spring Waters of America）因下属奥扎卡（Ozarka）瓶装水厂过量抽取地下水而面临指控。自1996年3月开始，该公司在大岩石地区（Big Rock）的罗尔泉（Rohr Springs）的日均水抽取量达到35万升。抽水开始后的数日内，当地水井就干涸了。失去水源的家庭发起诉讼，声称该公司的抽水举动侵犯了他们的私有财产权。在让围观者大吃一惊的判决中，下级法院支持了德克萨斯州的被称作"捕获原则"的一条法律，这条法律赋予土地所有人享有其资产之下所有地下水的开采权；并裁决雀巢集团不需负任何法律责任。"捕获规则"源于英国习惯法，可追溯至德克萨斯州还是独立共和国的时期。这一不合时宜的法律规定，"地下水是其上土地所有者的私有财产"，并且土地所有者"有权获取其土地之下的地下水"。1998年，德克萨斯高级法院维持原判，这一法律条文到现在也依旧有效。①

■ 密歇根州：对水资源的不合理使用

2000年，雀巢冰山泉水公司（Nestlé's Ice Mountain Spring Water）获准在密歇根州米科斯塔郡（Mecosta County，Michigan）每分钟抽水约1 500升。2001年，该公司争取提高抽水量以扩张其工厂规模。当地投票者以2∶1的结果反对批准该公司扩张。2002年，一名地方法官判决称，虽然雀巢集团有权在"合理使用"的基础上抽水，但是该公司的抽水行为已经对当地社区及环境造成危害，或者有可能带来危害。雀巢集团提出上诉，这一法律行动一直持续到2009年为止。该年，雀巢集团与当地达成庭外和解，以维护业已削弱的用水权。长达九年的法律抗争表明，为了确保水资源，雀巢集团可以付出如此巨大的努力。②

雀巢集团在美国以外的地区

以下案例包含了这一全球化运作程度最高的企业。

---

① Eskanazi 1998；Patoski 2011；Texas A&M University 2013.

② Clarke 2007；Michigan Citizens for Water Conservation 2012.

■ 雀巢在巴西

巴西的曼蒂奎拉山脉（Serra da Mantiqueira）地区因阿瓜斯水域（Circuito das Aguas）而出名，这里的泉水富含矿物质，被认为具有药用价值。这里也是雀巢优活（Nestlé's Pure Life）饮用水品牌的水源地。在 20 世纪 90 年代末期，雀巢集团开始在此进行生产后，过量抽水导致当地泉水出现枯竭迹象。当地居民于 2001 年发起诉讼，并在 2006 年成功地让雀巢集团停止水资源开采。这是因为根据巴西法律，去矿化是非法的。然而，雀巢集团的抽水行为仍将在很长的时间内持续影响该地水质，因为被雀巢集团抽取的水需要数百年的时间与砂层含水层进行接触，来吸收岩层中的矿物质，变成富含矿物质的水。《公司观察报》（Corporate Watch）报道称，现在看来，雀巢集团已经耗尽了当地视为珍宝的矿泉水。①

■ 雀巢在加拿大

自 1984 年起，雀巢加拿大饮用水公司（Nestlé's Waters Canada）及其前身——阿伯福伊春泉公司（Aberfoyle Springs）与阿伯福伊渔业公司（Aberfoyle Fisheries）就获准在圭尔夫（Guelph）地区阿伯福伊村（village of Aberfoyle）的水井中抽水。2007 年 3 月 30 日，雀巢集团向安大略省环境局（Ontario's Ministry of the Environment）提交了一份为期五年的维持现有抽水量的续约申请，并表明在速率和总量上都不会出现增加。当时，雀巢集团每天在当地子流域中抽取 360 万升的水。这引起了争端，因为此时圭尔夫市正在要求市民节约用水。然而，当地管理部门还是批准了这一续约，其理由是，缺少证明水资源开采有害的证据；然而，当地却没有采取任何检测来判定受到危害的程度。②

---

① Corporate Watch n. d.

② Wellington Water Watchers 2011.

其他企业及其案例

新墨西哥州的奥古斯汀牧场

2010年5月至6月间，一份提交至新墨西哥州工程师办公室（New Mexico State Engineer's Office）的水资源开采申请遭到了900多人的抗议。申请人是基地在纽约的奥古斯汀牧场有限公司（Augustin Ranch LLC）。这一公司拥有的土地位于新墨西哥州中南部，处于奥古斯汀平原（Augustin Plains）最北端，临近达蒂尔（Datil）。① 2007年秋天，该公司向工程师办公室提交了最初的申请，现在则正在努力扩大运作规模。

个中细节值得深入探讨，这样我们才能辨识这类发展带来的结果。新计划要求钻井总数达到37口，深度达到约900米，以便一年内在奥古斯汀平原的含水层内抽取64万亿升的水。同时，该计划还提出将开采范围扩张至位于格兰德河流域（Rio Grande Basin）的索科鲁（Socorro）、卡特伦（Catron）、塞拉利昂（Sierra）、瓦伦西亚（Valencia）、伯纳利欧（Bernalillo）、桑多瓦尔（Sandoval）及圣塔菲（Santa Fe）等郡。修改后的申请声称，开采的水资源将用途广泛，而非限于特定用途。社会活动家则称，这些水大概会被出售，然后经管道运送至格兰德河地区，以弥补上游因过度消费而引起的供水缺口。

可口可乐公司的用水状况

印度喀拉拉邦（state of Karmala）的香料及橡胶出口在国际市场至关重要，同时，它也是农业生产的主要中心。喀拉拉邦位于印度洋的海岸地区，覆盖印度西南部约4万平方千米的土地。2000年，可口可乐公司的子公司印度斯坦可口可乐饮料公司（Hindustan Coca-Cola Beverages）开始在普拉奇玛达村（village of Plachimada）开设瓶装水厂，并获准通过水井与钻孔每日抽取51万升的水。根据“水权及卫生

---

① El Defensor Chieftan 2009；Ray 2013.

权”(Right to Water and Sanitation)① 的报道，每 3.75 升被抽取的水将会制成 1 升产品，如矿泉水、“可口可乐”、“芬达”、“跷拇指”(Thumbs-Up) 等。其余则作为废水进行排放。至 2003 年，该工厂周边 10 千米范围内已无可供饮用的水，而农作物歉收则导致一万名劳工失业。同年，可口可乐公司将潜水面的枯竭归咎于降雨量的下降。

2002 年，当地农民开始每日针对该工厂举行抗议活动，抱怨灌溉井突然枯竭，剩余水资源也被化学物质污染。新德里科学与环境中心(Centre for Science and Environment) 在当地进行的检测表明，可口可乐在印度的瓶装饮品中含有杀虫剂成分，含量超出欧盟共同委员会(European Common Council) 规定的民用标准；此外，该工厂排放的化学物质已进入当地供水系统，导致居民皮肤灼伤、出现水泡。2003 年，该村庄拒绝为这一工厂续办许可证。而在一系列官司之后，该工厂在 2004 年被迫停止运作。2010 年，可口可乐公司被罚款 4 800 万美元。②

利用公共水道排放有毒物质

捷尔任斯克，俄罗斯

在冷战时期，捷尔任斯克 (Dzerzhinsk) 是一个秘密工业城市，承担着苏联化学武器生产基地的职责。现在，当地化工厂的运转量不足 30%。这些工厂阻碍了该市的经济发展，并且遗留了 136 吨的固体废物，而这些废物产生自还在大量进行沙林毒气与维埃克斯毒气生产的时期。该市约 1/4 的总人口在这些化工厂内工作，工厂内未经处理的废物就直接倾倒于城市周围森林里的人造湿地中，许多湿地四周都围绕着一圈一圈的白色氯化物。

现在，这些工厂制造的是民用品而非化学武器。但是，布莱克史

① 为一信息门户网站。——译者注

② 本节可口可乐公司的资料来源为：Right to Water and Sanitation 2010；Sen 2003；Global Research 2010。

密斯研究所报告称，当地地下水检测出180种高毒性化学物质（包括酚、二恶英），其浓度高达可接受的健康限制的1 700万倍。据当地官员称，居民的预期寿命处于全国平均水平，然而，一些国际机构则声称，当地居民的预期寿命远远低于全国平均水平（男性预期寿命为42岁，女性为47岁），并且，婴儿蒙受先天缺陷的风险也严重升高。联合国的专家检测了当地妇女的乳汁，发现其中含有二恶英。现在，尚未有任何清理捷尔任斯克的计划；虽然确有一些想法，但都被认为实施成本过高。官员隐晦地表示，当地的问题被夸大了，然而事实是捷尔任斯克已被“吉尼斯世界纪录大全”认定为全球化学污染最严重的城市。①

苏金达矿场，印度

前文已经讨论过的铬是一种微量无机物与金属元素，广泛应用于多种工业程序之中，包括炼钢、电镀、纺织品染色和制革等。全世界对铬及其化合物的需求量极大；但是，生产铬的地方却很少。2008年，全球铬及其化合物的消耗量达到3 186万吨，超过南非、哈萨克斯坦及印度产量的70%。

印度在全球铬产量中的占比为16%，而这几乎都是在苏金达（Sukinda）矿区生产的，这里的铬矿储量超过全国的90%。2008年，在此运作的露天开采矿场超过十家，其中没有一家有合乎要求的废物清除或环境规划，并且也缺少政府管制或环境立法的约束。在苏金达，铬的存在形式是六价铬，而这对人体来说，致癌性与毒性都很高。使这一风险加剧的是，采矿区位于婆罗门河（Brahmani River）的河岸地区，而这条河是苏金达山谷260万居民唯一的水源，并且，这些居民点大多临近矿场。根据检测，该地区地表水中，每升含有3.4毫克铬，远远超过美国每升0.1毫克的限值；全部饮用水中有60%遭到污染。当地人口中普遍出现了铬中毒情况：该矿区及邻近工业区内的死亡人

① Blomfield 2007；Knobel 1997；Blacksmith Institute 2013d；Ruditsky 2004；Walsh 2007.

口中，有超过80%的死因是铬中毒。当地政府及产业部门都意识到了问题的存在，但是他们认为解决方案太过昂贵。当地政府声明："这一问题情况特殊、规模巨大，远超出（邦污染控制）局［（State Pollution Control）Board］的解决能力与权力范围。"①

全球规模化

曾经，人类造成的环境破坏尚且算是局限于特定区域的地方性问题，但这样的时期已经一去不复返了。现在，非工业化地区如格陵兰岛、南极洲也都遭受到了来自美国、俄罗斯的工业污染，而这样的国家不胜枚举。环境破坏范围之大，使得原先在特定地点出现的环境破坏现在呈现出全球规模化的态势，从而成为祸及整个星球的问题，并反过头来波及那些并未造成任何破坏的地方。

温室气体是造成气候变化的关键原因，它包括二氧化碳、甲烷、一氧化二氮以及炭黑等颗粒物。② 多种测量得到的估算均表明，自1959年始，人类活动已经制造了3 500亿吨碳；其中，55%被海洋与土地吸收，其余则滞留在大气中。仅2009年一年，全球二氧化碳排放总量就达到300亿吨。至2011年，年排放量增加5.3%，达到316亿吨。2013年年初，大气中二氧化碳浓度超过400 ppm的临界点。自300万年前的上新世以来，地球都未曾经历过如此之高的浓度水平。

在现有条件下，全球年均二氧化碳排放总量（包括与土地荒漠化相关的排放）将在2020年达到410亿吨。据美国环境保护署的估计，工业排放占美国温室气体排放的50%，而对于中国总量庞大且不断增加的温室气体排放而言，几乎可以确定工业排放的占比甚至更高。有

---

① Ideas First Research 2010; Blacksmith Institute 2013e; EPA 2012b; Environment and Process Division 2004.

② Ballantyne et al. 2012; Rogers and Evans 2011; International Atomic Energy Agency n. d.; Gillis 2013; Ifran and Uvaneswari 2012; McKibben 2012.

这样的排放规模，连同二氧化碳与气候变化的关系，工业污染无疑对大规模全球问题起到了推波助澜的作用。

温室气体的一个主要影响是使地面温度持续上升（见图 4.4）。与可获得的历史记录相比，目前气候变暖阶段的数据很是极端。比尔·麦克基本（Bill McKibben）写道，2012 年 5 月是“全球气温连续超过 20 世纪平均水平的第 327 个月份”。2012 年的春季是史上最为炎热的时期，也标志着现有记录中与季节平均气温的最大差异。在美国，2012 年 6 月的温度打破了全国 3 215 个高温纪录，2012 年 5 月则成为有记载以来最热的 5 月。气温增长的精确速率、时机与程度目前仍存在争论与分歧；但是，多种不同类型的研究均记录了这一气温上升的趋势（见图 4.5）。①

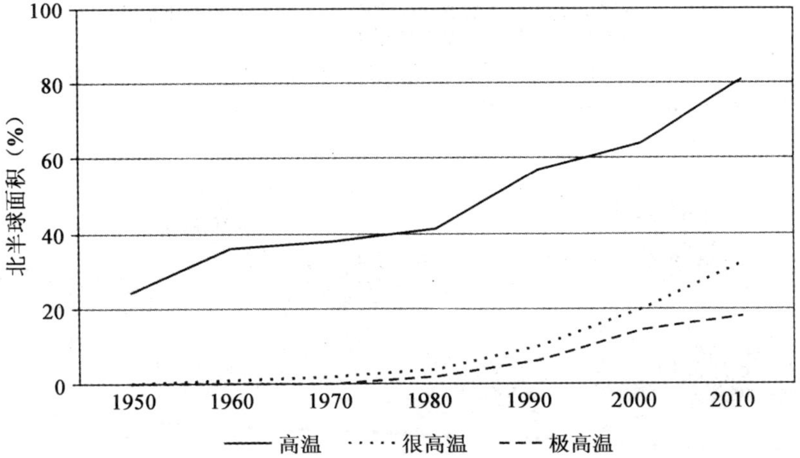

图 4.4　处于高温、很高温及极高温状态下的土地面积，1960 年至 2010 年
数据来源：World Bank 2012，图 18

气候变化已经开始影响全球农业产量（见图 4.6）。据罗马俱乐部（Club of Rome）预测，气候变化将导致全球平均气温到 2052 年上升

① McKibben 2012.

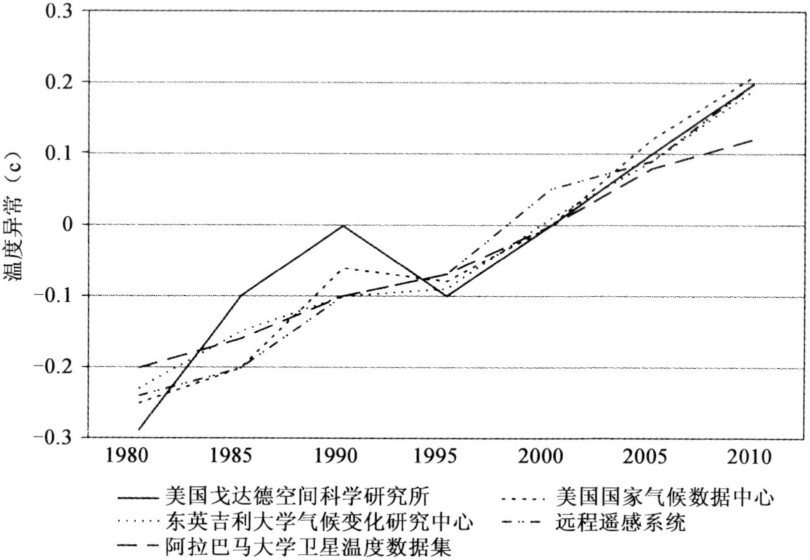

图 4.5　气温数据：多种数据来源确认了变暖趋势，1980 年至 2010 年

数据来源：World Bank 2012，图 3

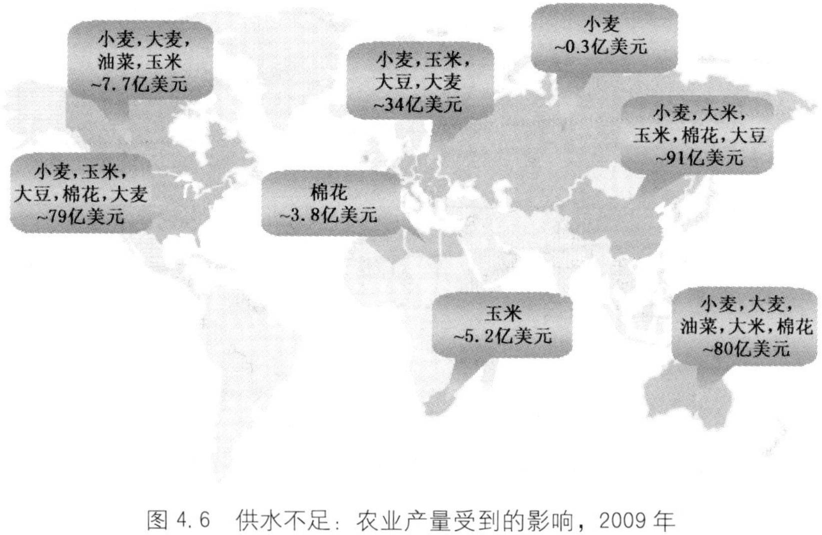

图 4.6　供水不足：农业产量受到的影响，2009 年

数据来源：Gonzalez-Valero 2009，第 4 页

2℃，到 2080 年上升 2.8℃。而这一气温上升程度将会“造成非洲 2/3 的玉米产区减产，即便未遇旱灾”；到 21 世纪中期，玉米的作物损失将会达到 20%。①

正如前文所述，并不是所有的干旱（或洪水）都可归因于这一类型的环境变化。比如，美国一个名叫“尘盆”（Dust Bowl）的地区——一个以俄克拉荷马州与德克萨斯州为中心的、从美国中部地区延伸至加拿大的干燥平原，它的形成早于人类活动造成的环境变化。西格（Seager）等人写道，现在的区别在于温室气体对环境造成的影响将导致奇瓦瓦沙漠（Chihuahuan Desert）扩张。或者，按照敏芳（Mingfang）② 的说法：“从本质上来说，我们正在将沙漠进一步北扩。”有关气候变化的研究表明，至 2020 年，美国西南部将会面临永久干旱。③

在亚洲，湖泊的干涸状况令人惊讶，而咸海（Aral Sea）即为一例（见图 4.7）。与美国的“尘盆”类似，气候变化并非是导致咸海干涸的唯一原因。然而，湖水流失之所以呈现出如此规模和速度，部分应归因于气候变化的全球规模化，以及这一规模扩张反过来对未直接卷入气候变化的地区造成的影响。苏联时期的灌溉工程效率极低，这跟同时期的美国并没有什么区别。全世界最大的灌溉渠卡拉库姆运河（Qaraqum Canal）便是一例。数年来，它将 13 立方千米的水由咸海移出；但由于工程质量较差，有 50%的水损耗于沿线。除去这些缺陷，最为重要的是环境变化诱发的干旱与荒漠化导致咸海承受了更为沉重的压力。最终的结局是，这一原先世界第四大的淡水水体现有水量不足原先的 10%。④

---

① Chestney 2012；Economist 2011a.

② 丁敏芳，美国哥伦比亚大学地球与环境科学系教授，英文名作 Mingfang Ting。——译者注

③ Seager et al. 2007；Vergano 2007 中丁敏芳的访谈。

④ Zeiss 2011；Gray 2012.

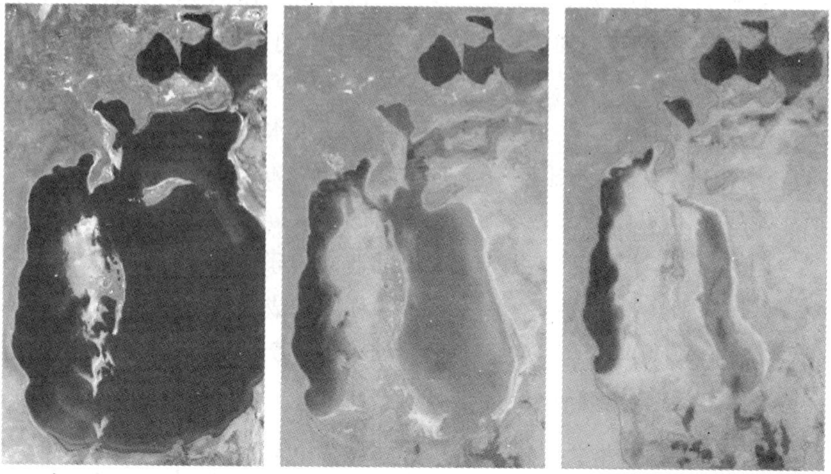

1989年7月至9月　2003年8月12日　2009年8月16日

图 4.7　咸海，1989 年，2003 年，2009 年

来源：NASA n. d

对我们这个星球而言，由温室气体直接或间接的影响造成的另一主要变化是海平面的上升（见图 4.8）以及海水酸化。每年共有 4 430 亿至 6 290 亿吨冰融水进入海洋，导致海平面每年上升约 1.5 毫米。除此之外，逐渐变暖的海水的扩张也使得海平面每年上升 2 毫米。当然，并不是所有的冰封之地都在融化。在一些冰川地带，高海拔地区的结冰量和底部融冰量相当；这种情况之所以会出现，可能是因为冰川边缘的雪融化后会蒸发进空气中，随后再度冷凝，并在温度及湿度更低的顶部形成冰冻。另外，在各种不同的气象原因作用下，南极洲的部分地区以及其他地区的特定冰川并未因为融雪而出现冰量下降，其中部分的原因在于，冰在陆地上比在海洋上更易形成。不管怎样，冰川融化的程度的确令人担忧。①

---

① Carrington 2012。具体解释见 Freeland and Gilbert 2009；“Sea Level”，Guardian，www. guardian. co. uk/environment/sea-level。

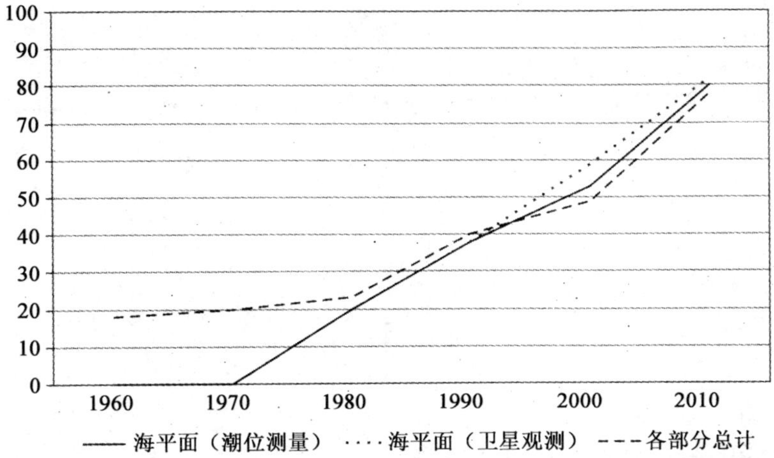

图 4.8　多种核算方法下的海平面上升水平（单位：毫米），1960 年至 2010 年

数据来源：World Bank 2012，图 6B

注：潮位观测；卫星观测；各部分总计，从各种源头进入海洋的水，包括冰川与冰帽

广大公众时不时地可以感受到这些环境破坏带来的主要影响。2012 年，格陵兰岛的冰盖在 7 月 8 日至 12 日间融化了 57%。冰盖表层的残留面积仅为原先整个表层的 3%，这使科学家们感到震惊，气候观测者感到恐慌，并使得媒体纷纷动员起来对此进行报道。来自美国国家航空航天局（NASA）的地球观测卫星影像展示了格陵兰岛冰盖融化的程度（见图 4.9）。这次的冰盖融化有可能是该年气候变暖趋势的一部分。然而，有证据表明，冰盖与永冻层的大幅度融化正变成永久性的状况。

如此规模的冰盖融化成了海平面上升的一个主要因素。水温与融冰之间存在一种相互作用，这是因为冰反射的太阳能比水多：这使得冰层下的海洋与阳光隔绝。当冰层开始融化，它的隔绝作用就会逐渐削弱或消失，海水的温度就会上升，而这反过来又导致更多的冰开始融化。如此，就在海水升温——冰层融化——海平面上升的链条中循环往复。目前，冰层融化总量大致由格陵兰岛与南极洲两大冰原平分。

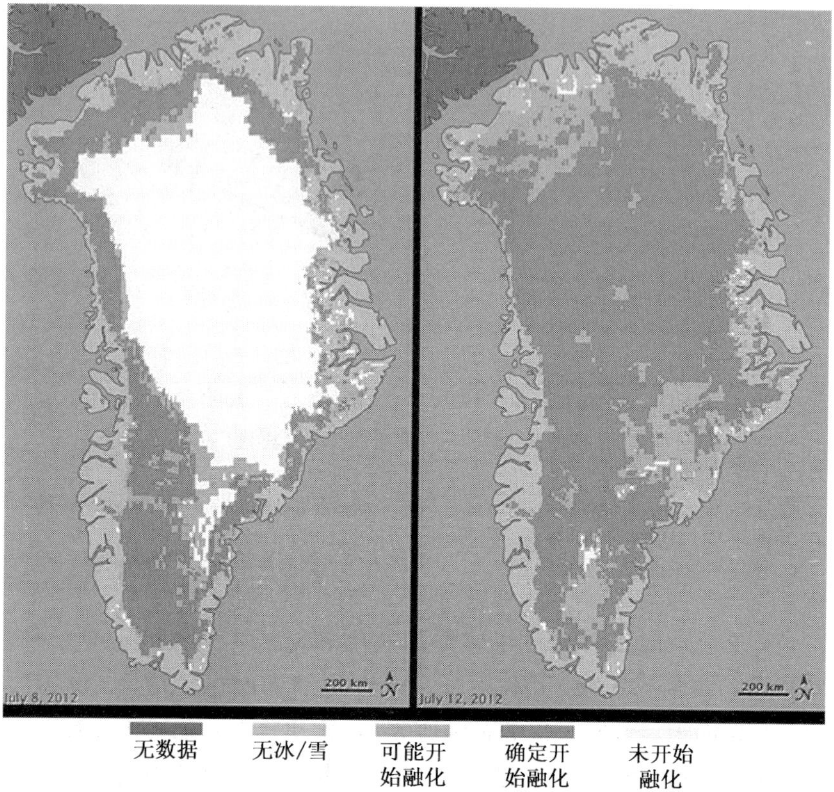

图 4.9 格陵兰岛冰盖表层的融化程度，2012 年 7 月 8 日至 12 日

来源：Viñas 2012

如果当下融冰加速的现象持续发展，至 2100 年，仅仅冰盖的融化就将导致海平面出现高达 56 厘米的升幅。①

北极圈永冻层的融化则是另一类型。它也是由人类活动造成的环境变化引起的。2008 年，阿拉斯加州纽托克（Newtok）的永冻层开始融化，导致建筑物开始下沉。海岸线变得具有渗透性，并被白令海所侵蚀。一个人口总数为 320 人的因纽特人（Yup'ik Inuit）的社区被迫

① Viñas 2012；Rignot et al. 2011.

迁离，而他们的祖先早在2 000年前就居住于此。在阿拉斯加的213个原住民村落中，有184个受到海水侵蚀与洪水的严重影响；其中有六个被视为需要立即援助。

永冻层的融化会形成一种恶性循环，使得我们所观察的气候变化类型加速发展。伴随着永冻层融化，封藏于其中的有机物会开始腐烂，释放出甲烷与二氧化碳。永冻层的融化之所以极具危险性，是因为它很有可能产生甲烷，而甲烷的温室效应比二氧化碳强力很多。科学家普遍认同，至2040年，永冻层顶部三米的融化比例会达到9%至15%；至2100年，这一比例预计会上升至47%至61%。至2040年，永冻层消退释放的碳总量预估将达到300亿至630亿吨；至2100年，将达到2 320亿吨至3 800亿吨；至2300年，将达到5 490亿吨至8 650亿吨。①

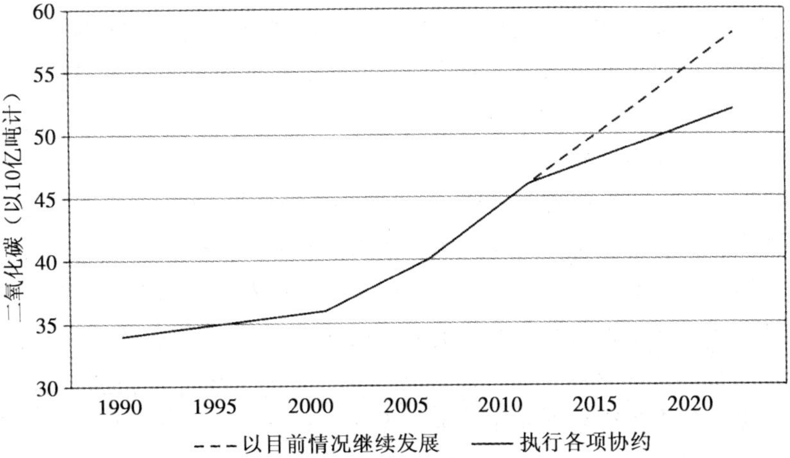

图 4.10 全力执行协定下的温室气体年排放量[a]，2010年至2020年

注：a. 温室气体排放量包括与森林砍伐相关的排放

数据来源：World Bank 2012，图 2B

① Kinnard et al. 2011；Pilkington 2008；Schuur and Abbott 2011.

现阶段，许多政府遏制此类型气候变化的行动与努力还远远不够。即便执行各方认可的现行标准，我们也无法保证我们的星球能够可持续发展。图 4.10 展现了两种未来模式：一种是，在目前情况下继续发展会出现的状态；一种是，我们执行所有现行协约以减少环境破坏会出现的状态。这确实会带来变化，但这变化远远不足以扭转基本趋势。现有协议对环境破坏的处理，无论在运作层次还是具体形式上都未能把握造成环境变化的深层次动力机制，而这些动力机制已然突破了现存国家体系的边界与差异。

结论：超越国家差异——一个全球性状况

在本章对全球具体案例的检视中，我都力图使我们可以在概念上辨识环境破坏模式的反复出现，而无论现行政治经济体制存在何种差异。年复一年，我们共同在我们的星球上创造了一种新的状况，这一状况远远超越了环境破坏的特定来源，也远远超越了环境破坏发生地的政治经济组织架构的特有形式。这是一个在上至平流层、下至深海环流都盘旋不散的状况。

一方面，我们面临的是这一全球性状况及其来源，另一方面则是构成政府反应和大多数政策的主导逻辑，然而这两方面之间却存在严重的脱节。遭受污染的空气、土地和水资源已成为一种类属状况，一种超越了国家地理政治形态与主流政策的事实存在。就当下应对环境变化的基本共识“碳交易”而言，国家关注的大多是如何从中获利。这一努力并不是要减少破坏，而是使得国家能够从“破坏权”中享有最大的优势：各国政府努力增加各自的“合法”配额，其目的无非两种，要么扩大制造污染的权利，要么向意欲制造更多污染的国家出售自己的配额。各式领导人似乎都认为这一全球性破坏已无法解决，他们更倾向于将各自的努力缩减至最低层次的应对方案，以使得这一任务看起来更易处理一些。

本章讨论的案例是否表明某些政治经济组织形式可以防止部分破

坏呢？答案是肯定的。不过较之于破坏的规模而言，这些差异却出人意料的小。就在全球尺度上降低破坏而言，这些组织性差异远不足以发挥作用；较之我们整个星球，这些差异对于特定地点更为重要。新技术是否比旧技术更能防止更多破坏发生呢？与较为老旧的、更为基础性的生产模式相比，某些正在应用的最新开发的、最为复杂的技术并不见得好太多。它们只是存在差异而已：与老旧的煤矿挖掘方法相比，液压破碎法或山巅移除法只是存在差异而已。它们都指向了我们现有主流模式和共同主张的局限性，前者强调国家间的差异，后者认为更为先进的生产方式可以使我们减少对环境的破坏。

目前缺少概念工具加以辨识的深层次动力机制跨越了极为多元的国家与地点间的差异。无论存在多少形形色色的地方特征，我都看到一个全球系统性正在发挥作用。较之我们在这个星球上创造的各种多元化的地理政治形构以及经济体，这一全球系统性处于更深的层次。一个超越这些差异的全球性状况是，生物圈的组成部分正被驱逐出它们的生活空间——它们变成了死土和死水。那么，生物圈到底是什么呢？看起来似乎它并不属于我们这个星球，即便生物圈是我们这个星球的重要组成部分，即便生物圈与人类唇齿相依。

先前各章所检视的驱逐模式发生在截然不同的领域中，那么，与本章相比是否有相似之处呢？是的，有。生物圈在政治经济体中处于模糊不清的地位，这和大多数民族国家中大多数公民的模糊不清的政治经济地位并无二致。太多的公民、太多的生物圈组成部分都被利用、滥用，而他（它）们的健康或良性发展则遭到忽视。

结论：在系统边缘

本书探究的重点是系统边缘（systemic edge）。处于这一边缘的关键动力是驱逐，它发生在运作中的多元系统内——经济系统、社会系统、生物圈系统。从本质上而言，这一边缘不同于国际体系中的地理边界。之所以聚焦于这一边缘，是因为贯穿本书的核心假设：从凯恩斯主义时代向全球化时代——对于部分群体而言，这是一个私有化、去管制化、开放边界的时代——的转向，带来了动力机制的转型，即从吸纳人口向驱逐人口的转型。这种从吸纳向驱逐的转型，也许也正在中国和印度兴起；尤其是中国，它曾经将大量人口纳入货币经济之中，但现今却上演着愈发严重的不平等、上层财富集中的新形式，以及企业欺凌现象。

每一个主要领域都有其独有的系统边缘——经济系统边缘的构成不同于生物圈系统与社会系统。贯穿本书的假设之一是，一般性状况之所以在系统边缘变得极端，正是因为驱逐或吸纳发生于系统边缘。此外，处于系统边缘的状况的极端特征使得较不极端而难以捕捉的更大趋势变得显性化。在我看来，这些更大的趋势是具有概念隐蔽性的趋势，因为我们难以仅仅依靠现有的概念分类来揭示这些趋势。这就解释了将我的探究置于系统边缘的重要性。

让我们以早些年代为例来做一说明。曾有一段时间，从英国地表的鸟瞰图来看，这里的农业经济正呈现压倒性的优势。然而，事实上，工业资本主义业已成为这一政治经济体的主导逻辑。土地上的羊群现在是城市工厂机器所采用的原材料。羊群、机器都处于系统边缘：它们都迈向了新的城市工业时期，尽管整体视觉秩序仍呈现农业经济特征。

现在，我发现新型系统逻辑正兴起于20世纪衰退中的政治经济。这一衰退始于20世纪80年代。那时，在大多数西方和数个拉丁美洲国家内建立起来的强大福利国家与劳工工团主义，或是已被摧毁，或是饱受压力。在某些程度上，涵盖以人为本的福利计划的国家工程也曾是世界上其他地区的显著特征，包括自行其道的共产主义国家与其他各种社会民族主义国家。纳赛尔（Nasser）在埃及推行的福利国家政策、数个非洲国家在独立后建立的制度、印度特有的国家社会主义都是具体示例。在这些国家内，衰退同样开始于20世纪80年代与90年代。

谈及衰退，并不是要美化20世纪，这是一个以毁灭性战争、种族屠杀、饥荒和左右翼的极端意识形态为特征的时期。然而，在种种破坏之后，我们开始建立的世界（这在西方特别是指二战以后）是由吸纳的逻辑驱动的，是由将穷人和边缘化人群纳入政治与经济主流的协同努力驱动的。作为这一建立公正社会的工程的基础，凯恩斯主义、平均主义、以国家为基础的种种设想，在20世纪末都逐一瓦解。在理解与标记这些从瓦解后的“尘埃”中兴起的力量与动力时，我们是迟缓的。

在这里，我的论点是，我们已经被一种危险而狭隘的经济增长定义所控制。当然，增长是福利国家的一项重要课题。但是，增长也是推进公共利益的一种方式，用以推进为许多人共享的繁荣，即使有人享有的要比他人多得多。相比之下，今天我们的制度与设想却越来越多地为企业的经济增长而服务。这是一种新型的系统逻辑。也许并非全都如此，但是已有相当多的企业设法摆脱妨碍其追求利润的种种限制，包括当地公共利益。任何事情，任何人，一条法则也好，一次公民运动也罢，只要妨碍了利润的获取，就都将承受被抛开的风险——

被驱逐的风险。这一经济逻辑的转变是现有解释未能完全把握的主要系统趋势之一。

如我们所见，企业拥有大量新兴工具供其使用：高等数学与通信工具，确实能移除山体的机器，全球流动的自由与使其可以忽视或威胁国家政府的策略，以及让全球各地服从于企业各项事宜的更加国际化的机构。现在，西方国家政府、中央银行官员、国际货币基金组织以及类似的国际机构，都谈到要减少过多的政府债务、过多的社会福利项目以及过多的管制。这是西方以及越来越多的其他地方的核心秩序构造机构所使用的话语。这一话语传达了一种隐晦的期望，即如果以上种种过度情况得以减少，我们就可以重回正轨，重回战后那段相对轻松的日子。然而，这一期望却掩盖了那个世界是如何的一去不复返了——也掩盖了无论国家政府怎么说，太多企业经济主体是如何的不愿意回到过去。在他们期待的世界里，政府在社会服务、社区经济、小型企业上的支出大幅减少，而在去管制化和企业经济部门所需的基础设施上的支出大幅增加。

事实上，这是一项收缩国家经济空间的工程，而并非收缩企业部门的经济效益。在希腊转型过程所表现出来的简单野蛮性中，这一点被诠释得淋漓尽致：对中等收入和中高等收入的中产阶级大规模且快速的驱逐，不仅仅将他们驱逐出工作、社会和医疗服务体系，也使得越来越多的人无家可归。这种“经济清洗”是卓有成效的，至 2013 年 1 月，欧洲央行宣称希腊经济已经走上复苏之路，穆迪也提高了希腊政府债务的信用评级。未被提及的则是，这一复苏依赖于将约 1/3 的希腊劳动力不仅从工作中，还从基本服务中驱逐出去。它还依赖于一系列决定，这些决定导致饥饿状况显著增加，导致因父母无力抚育而被遗弃在教堂的儿童数量急剧增长，导致自杀率大幅度升高。这类过程也正发生在许多欧洲国家，从西班牙到葡萄牙、荷兰——尽管表现形式没有如此激烈，欧洲央行也没有如此强势地进行指挥。即使是在就业增加的国家，如美国，经济空间事实上也已经出现了萎缩——当我们把长期失业与监禁人口数量的大幅度上升纳入考量时，这就变得显而易见了。

我想再次强调，与先前阶段——普通人的经济与社会融入不断提高的阶段的偏离也发生在现在看来毫无希望的地方。这些地方曾有的美好时代都被观察者遗忘了，好像它们的绝望境地是一种固有状态。在撒哈拉以南的非洲地区，埋藏在当下战乱纷扰、社会分崩离析之下的，是先前大规模制造业茁壮发展，中产阶级不断增加，市镇和首都繁荣兴旺，政府投入基础设施建设，以及医疗与教育系统运转良好的阶段。在崩溃之前，索马里曾是一个十分繁荣、运转相当良好的国家（即使处于独裁政体之下），并拥有大批受过良好教育的中产阶级。或者，我们还可以看看俄罗斯的情况。在数年以前，苏联与东欧的共产主义政权建立了福利国家，对其公民照顾得当。然而，现如今，大量无家可归之人，老无所养之人，无法获得社会服务的赤贫之人，却构成了新近的图景。

本书的目的之一是使被驱逐者空间的介入点变得可辨识——在我们遗忘之前，去捕捉可辨识的驱逐发生的地点或时刻。因棕榈种植园开发而被迫背井离乡的村民和小农，很快就边缘化为大城市贫民窟的居民，而他们作为小农的过往就完全被抹去了。在欧盟要求削减债务的名义下丢掉饭碗的希腊政府雇员，很快变成了大量失业人口中的一员，不再被视为从前的政府雇员。被工厂或矿场的排放物毒化而变成“死土”的大片土地，被驱逐出农用地之列而遭人遗忘。

贯穿本书的假设是，在本书所检视的每个主要领域的具体细节之下，存在着新兴的系统趋势。尽管看起来它们处于极为不同的社会序列之内——从全球企业的赋权到地方民主的式微，但它们都是由一些非常基本的动力机制形塑而成的，即无节制的利润追求、对环境的漠不关心等。

这意味着，经验研究与概念编码必须同步进行——这两者相互依赖。一些情况看起来可能是“俄罗斯的”或“美国的”，但是，这些较早时期使用的地理标识是否依旧有助于理解我们这一时期的特征呢？我的论点并不是说，我所探讨的这些破坏性力量全都互相关联；而是这些破坏性力量已经跨越了我们的概念边界——我们用来思考经济、政治、民族国家多元性、从共产主义到资本主义的意识形态的术语和范畴。然而，它们跨越边界的方式，却是我们现有概念视域无法辨识的。由此，在这个意义上，我将它们描述为具有一种概念上的隐蔽性。复杂性就是这种情况的一部分。一个系统越复杂，它就越难以为人理解，越难以明确职责，越难以让身处系统之中的人感到可靠。当破坏性力量出现并变得显性化时，问题就是如何去理解了。而我们用于理解这些的概念工具并未与时俱进，于是我们就陷入了熟悉的范畴之中：我们谈到，政府在财政上不负责任，家庭承担的债务已超过其承受范围，资金调度失当是因为管制过多，如此等等。我并非要否认这些是实际问题——已有大量关注于此的杰出经验研究，我也采用并在一定程度上依赖于这些经验研究。然而，在本书中，我所做的努力是去探索是否还存在其他发挥作用的动力机制，而这些动力机制跨越了我们熟悉的、根深蒂固的概念/历史边界。在某种程度上，第二章中土地掠夺的经验资料便是一种更大的、更难以捉摸的掠夺类型的具体案例。在这一意义层面上，这一章使得一个更大的历史变得可以接近，这一历史并非总是呈现为原原本本的形式，诸如一个人的一块土地，而这是一个人的生计、经历、社会存在的来源。

在资本主义内部，我们将新兴资本主义形式与更为传统的资本主义之间的关系刻画为不仅仅以驱逐为特征，还以通过吸纳实现清除为特征。将当下时期描绘成以市场经济的扩张为特征，这一说法太过含糊，也不够全面，因为市场的大部分都被大型企业所控制。扎根于单一国家的传统资本家拥有的制造业公司、种植园、矿场，越来越多地被更强势的跨国企业摧毁了，或是被它们全部收购了。当下，即使单位利润最低的部门也可能被公司化，这全都因为规模化——其中涉及了大量单位的集结——能够弥补极低的单位利润。当发展至极限时，当下发达资本主义与更为传统的市场资本主义之间的关系可以被视为一种愈发原始的积累：复杂性与技术进步导致了这一野蛮的简单性。

本书的每一章都涵盖了一个处于系统边缘的特定的驱逐组合。我将这些驱逐理解为更加难以捉摸的复杂动力机制的物化时刻——这些具有概念隐蔽性而难以辨识的趋势超越了我们原先用来解释经济与社会的意义和概念。这些物化结果部分取决于专门的、往往很复杂的工具，即便是那些初级驱逐也是如此。最终，驱逐及促成驱逐的工具成为相互连接的、通常是相互加强的发展轨迹的一部分，而这一发展轨迹使我们越来越远离先前那个人口被吸纳、中产阶层得到增长的时代。我们可以说，本书的每一章都捕捉了一个发展轨迹。

第一章对公认的高度发达国家中的“经济”重组进行了检视，并将其概念化为萎缩的经济空间——企业、工人、消费者家庭都相对更少。这些现象都指向了一个全力驱逐不符合其演进逻辑的人与物的系统。在发达世界中，政府赤字已经出现了大幅上涨，而其中部分的原因是大型企业的逃漏税行为，以及对意义不明项目——其范围从战争、银行救助到掠夺性精英的掠夺行为——的过度资金投入。由于债务负担过重，美洲、欧洲地区的大多数政府，以及 20 世纪 60 年代随即开启的后殖民时代的大部分非洲地区的政府，如今已无法再像从前——20 世纪 50 年代、60 年代大规模重建与基础设施开发时期——那样大显身手了。数个亚洲国家和巴西，以及一些政府全力鼓励和直接进行开发的国家则是例外。一个重要的问题是，这些国家能否不走西方的老路，避免转向为驱逐呢？种种状况表明，它们并不能。在这样的图谱中，与新兴举债政府相对的另一极是大型企业大幅增加的财富和利润，而这是正在演进中的逻辑的第三项要素。

无独有偶，全球北方这一演进之中的逻辑在全球南方则相应地表现为 20 世纪 80 年代、90 年代间国际货币基金组织与世界银行在大量国家中实行的结构调整计划（本书第二章已对此进行了简要探讨）。不管在全球北方还是全球南方，结果都是“经济”意义的紧缩，以及对不合时宜的人与物的驱逐。希腊、西班牙、葡萄牙、美国，以及西方其他数个发达国家只不过是全球北方最为极端的案例而已。在它们身上，我们可以辨识在英国、荷兰以及其他富有并高度发达的国家中尚处于中间状态的情况。无论会带来什么样的困难，总体动力机制就是要使得经济空间萎缩，其目的总是实现良好的经济运行。而且，欧洲央行目前认定希腊正在迈向复苏之路——在将经济中高达30%的组成部分驱逐出去之后。在不同的非洲国家削减卫生、社会和基础设施“成本”并将国家财政收入的相当一部分（往往是很大一部分）用于偿还债务利息后，我们也会听到类似的论调。

就广义理解而言，我们可以将这一萎缩视作自由主义福利国家的国家任务的弱化与降格。虽然存在种种缺点，并且在各种分支和机构中存在不平等的结构权力，但是，一个运转之中的自由主义国家能够确保在一定程度上对社会经济进行再分配。它们之所以能这么做，部分是通过使劣势群体能够为自身权利及社会正义而进行抗争。当强势部门需要越来越多的劳动力，并且无法单纯地引进廉价劳动力或者将生产移至海外时，这一做法就行之有效了。然而，当积累利润的机制出现转向，即由大规模制造业的扩张与公共基础设施的开发转向金融创新与20世纪80年代以来的公司形式后，诉求公正的基石就会开始动摇而成为系统边缘。这正是现今世界上越来越多的地区正在发生的事实。诉求公正者就处于系统边缘，而他们的下场则是被推出系统边缘，落入被驱逐的另一侧。我们看见，全球南方越来越多的城市家庭和小企业都滑入了这一系统边缘，这在很大程度上是通过国际货币基金组织与世界银行于20世纪80年代开启的结构调整计划来实现的；并且，我们看见，到了21世纪头十年，这一切开始在农村地区发生，而这是因为外国政府及公司土地征购的大幅增加。今天我们看见，这一状况也在全球北方出现，希腊仅仅是一个简单且加速发展的重组个案——这一状况在其他国家只是尚处于中间阶段，发展速度也未如此迅猛而已。

有关榨取的全球地理格局长期以来都是经济发展不可分割的一部分。然而，即便种植园、矿场仍在扩张，但这一全球地理格局已远远超越了与这两者的传统联系。它将榨取的触角延伸至了新的领域：工人在20世纪大部分时间里努力争取的一切，小农脚下的土地，许多放心投入积蓄之人的中等住房。这些榨取的机制往往远比其结果复杂，而榨取的结果通常都是极为初级的。

本书的第一、二、三章都着重提出了复杂工具及其所带来的通常野蛮且初级的结果之间的矛盾。在金融领域，这一矛盾表现得最为显著且效力最大，核心案例是第三章中探讨的次级抵押贷款。将这种次级抵押贷款转化为旨在满足巨额融资世界需求的金融工程需要 15 个复杂步骤。原本致力于促使中等收入家庭拥有住房的国家工程，后来却转化为旨在增加利润的金融工程。从国家工程到金融工程的变更并非易事。它需要高等数学的专家、高明的律师和会计师，以及连许多交易员（他们只是简单地运用软件而已）都搞不懂的复杂金融工具。这样的工具可以走出美国（金融创新地硅谷）而四处流通，而美国是它们的发明地，也是它们造成超过 1 300 万件房屋止赎的地方。我们开始看到，其他国家的房屋止赎量变得异常之高，尤以匈牙利和西班牙为甚（相关讨论见第一章）。在造成的破坏方面，这些工具的全球潜力非同小可。除金融之外，复杂工具与野蛮且初级的结果之间的矛盾也存在于其他经济部门。例子有：新型采矿技术，如水力压裂法（见第四章）；以及在其他主权国家购买土地所涉及的通常较长的一系列步骤（见第二章）。

我设法从这些案例中提取的是，在我看来存在于现今经济空间构建方式中的一种基础性并置关系：复杂知识与创新形式的运用，带来的不仅仅是稳健的利润，往往还有出奇初级的野蛮行径。这就引发了一个问题：我们依旧理解为多元且互不关联的经济部门是否仅仅只是表象，而在这些表面差异之下，是否实际存在着一些改革性的重要技术与组织能力？是否存在一些逻辑使得这些表象呈现为极为多元的世界——液压破碎法的世界、金融的世界、外包物流的世界。这些显性化的特殊多样表象是否可以归结为一些不易辨识的逻辑，而这些逻辑可以吞噬专业知识的多元类型，并将其重新定位于组织性逻辑之中？是的——这出现在经济中，出现在某些最为强势的经济主体利用人、政府及世界资源，并在将全球限制降至绝对最低、将地方责任尽可能减少的情况下确保企业经济增长的方式中。我是就企业经济空间进行论述的，而非诸如大学这样的空间。在大学里，差异化是教与学传统的一部分，它（仍旧）可以和本书中所检视的经济空间的重塑共存。即使如此，零零碎碎的技术、工程、生物、经济及其他的学术知识形式正在越来越多地被重新定位，从而服务于组织经济空间的主导而专横的逻辑。

显然，这一构想很极端，但是，如果将视角置于系统边缘时，看来就是这样。我在第一章中引入了“掠夺性形构”的概念，它从概念性的层面把握了这一组织性逻辑最为强势的形式，抓住了本书核心经验研究的四章中所检视的部分主要案例。这样的形构是强势的行为主体、市场、技术和政府的集合体。它们绝不只是最为富有的个人，或是财富最多的企业，又或是最为强势的政府。这些形构所吸纳的，只是以上这些领域中的构成要素。驱动这些形构的逻辑并不容易受到现存政府机制的约束。在许多方面，即使是最为强势的个人及公司都无法掌控或指挥这些集合体——从这些多样化体制世界中挣脱出来的东西太多了，它们聚集到一起而形塑了强大的新动力机制，而这些动力机制无法还原至源头的任何体制——无法还原至经济、法律、资本。历史记载表明，这样的形构并非新生事物。然而，当下与过去的不同可能是核心组成部分的复杂性。其中一个主要案例涉及了高级金融创新，它们可以跨越多种经济部门，并使得这些经济部门屈从于其逻辑——无论内涵为何，从无形债务到大型建筑都得屈从于该逻辑。另一个主要案例是环境破坏的全球规模化态势，这一破坏席卷全球，并反过来影响从未造成破坏的地区与流域——其中最为极端的案例或许是北极圈的永冻层，它现在正受到气候变化的威胁。

这一可能性有助于阐释本书的核心观点：现在存在着超越原有差异形式的动力机制，进而可以跨越不同领域而造成驱逐的发生。这是为了明白起见，我才说得这么透彻。这么说，并不是要否认我们仍在某些领域取得了进展，比如少数族群的权利扩大。不过，我确实发现我们在太多地方正朝着这一方向发展，无论是美国、南非、俄罗斯、中国，还是其他更多的国家都已如此。

当下的系统边缘是驱逐的空间，相比之下，凯恩斯时代的系统边缘是吸纳的空间。这并不是因为凯恩斯时代是一个理想时期，而是因为那时构成性的系统能力关乎大规模的生产与大规模的消费。而今天并非如此。

所有这些过程中，成员身份与构成性参与的问题都在发挥作用。我之所以检视各种模式和领域，是为了提醒我们去注意受到威胁的更大的生活空间。为了达到这一目的，我是这样做的：聚焦于一系列丰厚的微观空间。其中每一个微观空间都包含一种极端状况；更确切地说，极端的程度使我们可以看清造成破坏的能力，而这往往是大多数人在日常生活中未必能够理解或体验到的。从更为抽象的概念意义上来说，我试图去把握表明全球性状况的更大的、横扫各个领域的趋势——对人、经济体、生活空间的驱逐。就大多数正在发生的状况而言，我们对国家和部门的划分仍具有解释力，但就应对更大的、席卷整个星球的新型状况而言，这些划分却无济于事。

我希望以一个问题作为全书的结尾：被驱逐者所处的空间是什么？现代国家和经济的标准度量是无法辨识这些空间的，但我们应当在概念上对这些空间加以辨识。当驱逐的动力机制扩散时——无论是在形塑希腊萎缩的经济、安哥拉的掠夺性精英中，还是在形塑美国长期失业人口的增长，或营利性监狱内监禁人数的增加中，被驱逐者的空间也随之扩张并愈发分化。这并非仅仅是一个黑洞，这是现实存在。被驱逐者的空间也需要进行概念化。就因具有毒性的发展模式的影响而面积激增的大片死土与死水，我也提出了类似的观点。这些死土与死水也是现实存在。因此，为了在概念上让死土浮出水面，我主张将其视作一种非正式的司法管辖区。更广泛地说，被驱逐者的空间迫切需要在概念上加以认定。这些空间数量很多，并且正变得越来越多，越来越多元化。它们是具有概念隐蔽性的情况，因而我们需要将它们揭露出来。它们有可能成为新兴的空间——创造本土经济、新型历史格局、新的成员身份的空间。

参考书目

Aabø, Ellen, and Thomas Kring. 2012. "The Political Economy of Large-Scale Agricultural Land Acquisitions: Implications for Food Security and Livelihoods/Employment Creation in Rural Mozambique." Working paper no. 2012-004. United Nations Development Program, New York.

Aalbers, Manuel B. *Subprime Cities: The Political Economy of Mortgage Markets.* Chichester, West Sussex: Wiley-Blackwell, 2012.

Abel, Heather. 1997. "The Rise and Fall of a Gold Mining Company." *High Country News.* December 22.

Alderman, Liz. 2013. "Greece Shuts Broadcaster in Bid to Show Resolve." *New York Times.* June 12.

Alexander, Michelle. 2010. *The New Jim Crow: Mass Incarceration in the Age of Colorblindness.* New York: The New Press.

Allegretto, Sylvia. 2011. "The State of Working America's Wealth, 2011: Through Volatility and Turmoil, the Gap Widens." Briefing paper 292. Economic Policy Institute, Washington, DC.

Alvarenga, Carlos. 2013. "HFT Update: The Rise of the 'Dark Pool.'" *Reconomics* [blog].

American Civil Liberties Union. 2011. "Combating Mass Incarceration—The Facts" [infographic]. June 17. www.aclu.org/combating-mass-incarceration-facts-0.

Amin, Ash. 2012. *Land of Strangers.* Cambridge, UK: Polity.

Amin, Ash, and Nigel Thrift. 2013. *Arts of the Political: New Openings for the Left.* Durham, NC: Duke University Press.

Amin, Samir. 2010. "Exiting the Crisis of Capitalism or Capitalism in Crisis?" *Globalizations* 7, no. 1 (April 27): 261–273.
Anseeuw, Ward, Mathieu Boche, Thomas Breu, Markus Giger, Jann Lay, Peter Messerli, and Kerstin Nolte. 2012. *Transnational Land Deals for Agriculture in the Global South*. Rome: International Land Coalition.
Anseeuw, Ward, Lily Alden Wily, Lorenzo Cotula, and Michael Taylor. 2012. *Land Rights and the Rush for Land: Findings of the Global Commercial Pressures on Land Research Project*. Rome: International Land Coalition.
Arestis, Philip, Rogério Sobreira, and José Luís Oreiro. 2011. *The Financial Crisis: Origins and Implications*. Houndmills, Basingstoke: Palgrave Macmillan.
ARMZ Uranium Holding Co. 2012. "Priargunsky Industrial Mining and Chemical Union." www.armz.ru/eng/companies/subsidiaries/ppgho.
Arrighi, Giovanni. 1994. "The Three Hegemonies of Historical Capitalism." In *The Long Twentieth Century: Money, Power, and the Origins of Our Times*, 27–84. London: Verso.
Asian Human Rights Commission. 2012. "Indonesia: Police Shoot and Injure Five Farmers in Riau during Land Rights Protests." March 27. www.humanrights.asia/news/urgent-appeals/AHRC-UAC-051-2012. Accessed June 30, 2013.
Associated Press. 1991. "Bunker Hill Mining Files for Bankruptcy Protection." *Moscow-Pullman Daily News*. January 18.
———. 2007. "'Most Polluted' Town Sees a Ray of Hope." NBCNews.com. June 20.
———. 2010. "Peru to Seek Bids for First Private Prison." Associated Press. April 1.
Atinc, Tamar M., Abhijt Banerjee, Francisco H. G. Ferreira, Peter Lanjouw, Marta Menendez, Berk Ozler, Giovanna Prennushi, Vijayendra Rao, James Robinson, Michael Walton, and Michael Woolcock. 2006. *World Development Report 2006: Equity and Development*. Washington, DC: World Bank.
Atkinson, Anthony B., Thomas Piketty, and Emmanuel Saez. 2011. "Top Incomes in the Long Run of History." *Journal of Economic Literature* 49, no. 1 (March): 3–71.
Aurora Lights. 2013. "What Is Mountaintop Removal?" http://auroralights.org/map_project/theme.php?theme=mtr&article=primary. Accessed January 2, 2013.

Austin, James, and Garry Coventry. 2001. *Emerging Issues on Privatized Prisons*. Washington, DC: U.S. Department of Justice, Office of Justice Programs.

Badkar, Mamta. 2012. "Here Comes the 2012 Tidal Wave of Foreclosures." *Business Insider*. March 15.

Bai, Z. G., D. L. Dent, L. Olsson, and M. E. Schaepman. 2008. "Proxy Global Assessment of Land Degradation." *Soil Use and Management* 24, no. 3 (July 24): 223–234.

Bakalidou, Sophia. 2013. "Press Release: Index Of Wages Of The Whole Economy." *Hellenic Statistical Authority*. http://www.statistics.gr/portal/page/portal/ESYE/BUCKET/A0199/PressReleases/A0199_DKT08_DT_QQ_03_2013_01_F_EN.pdf. Accessed January 1, 2014.

Ballantyne, A. P., C. B. Alden, J. B. Miller, P. P. Tans, and J. W. C. White. 2012. "Increase in Observed Net Carbon Dioxide Uptake by Land and Oceans during the Past 50 Years." *Nature* 488, no. 7409: 70–72.

Banai, Adam, Julia Kiraly, and Marton Nagy. 2011. "Home High Above and Home Deep Down: Lending in Hungary." Research working paper 5836, World Bank.

Bank for International Settlements. 2012. "Semiannual OTC Derivatives Statistics at End-June 2012." www.bis.org/statistics/otcder/dt1920a.pdf. Accessed July 17, 2013.

Barriopedro, David, Eric M. Fischer, Jürg Luterbacher, Ricardo M. Trigo, and Ricardo Garcia-Herrera. 2011. "The Hot Summer of 2010: Redrawing the Temperature Record Map of Europe." *Science* 332, no. 6026: 220–224.

BBC News. 2007. "Toxic Truth of Secretive Siberian City." BBC News. April 5.

———. 2011. "How Does Fukushima Differ from Chernobyl?" BBC News Asia-Pacific. Accessed January 3, 2013. www.bbc.co.uk/news/world-asia-pacific-13050228.

———. 2012. "Greece's Economy Shrinks Further." BBC Business News. November 14.

Behrman, Julia, Ruth Meinzen-Dick, and Agnes Quisumbing. 2011. "The Gender Implications of Large-Scale Land Deals." IFPRI Policy Brief. April 17. http://www.ifpri.org/sites/default/files/publications/bp017.pdf.

Belcher, Melissa, and Marvin Renikoff. 2013. "Hydraulic Fracturing: Radiological Concerns for Ohio." FreshWater Accountability Project Ohio. http://catskillcitizens.org/learnmore/OHIO_FACT_SHEET_6–10-13.pdf. Accessed June 26, 2013.

Belton, Catherine. 2006. "For Russia, Dependence on 'a Man-Made Disaster.'" *New York Times*. January 12.

Bensasson, Marcus. 2013. "Greek Economy Shrank in First Quarter as Investment Fell." Bloomberg.com. June 7.

Bergmann, Karyn S. 2004. "Bankruptcy, Limited Liability and CERCLA: Closing the Loophole and Parting the Veil." Center for Health and Homeland Security, University of Maryland School of Law.

Bertola, Luis, and Jose Antonio Ocampo. 2013. *The Economic Development of Latin America since Independence.* Oxford: Oxford University Press.

"Bhopal Census 2011 Highlights." 2011. Census 2011: Population Census India. May 19. www.census2011.co.in/news/747-bhopal-census-2011-highlights.html.

Bhuiyan, M. A., N. I. Suruvi, S. B. Dampare, M. A. Islam, S. B. Quraishi, S. Ganyaglo, and S. Suzuki. 2011. "Investigation of the Possible Sources of Heavy Metal Contamination in Lagoon and Canal Water in the Tannery Industrial Area in Dhaka, Bangladesh." *Environmental Monitoring and Assessment* 175, nos. 1–4 (April): 633–649.

Bice, Sara. 2013. "Ok Tedi Immunity Gone, with Implications beyond BHP." *The Conversation.* http://theconversation.com/ok-tedi-immunity-gone-with-implications-beyond-bhp-19188. Accessed January 4, 2014.

Biello, David. 2013. "400 PPM: Carbon Dioxide in the Atmosphere Reaches Prehistoric Levels." "Observations" blog. *Scientific American.* May 19.

Bivens, Josh. 2011. *Failure by Design: The Story behind America's Broken Economy.* Washington, DC: Economic Policy Institute.

———. 2013. "Using Standard Models to Benchmark the Costs of Globalization for American Workers without a College Degree." Briefing paper no. 354. Economic Policy Institute, Washington, DC.

Blackman, Allen, and Arne Kildegaard. 2003. "Clean Technological Change in Developing-Country Industrial Clusters: Mexican Leather Tanning." Discussion paper 03-12. Resources for the Future, Washington, DC.

Blacksmith Institute. 2007. "The World's Worst Polluted Places: The Top Ten of the Dirty Thirty." www.blacksmithinstitute.org. Accessed January 3, 2013.

———. 2011a. "Artisanal Gold Mining." www.worstpolluted.org/projects_reports/display/. Accessed November 23, 2013.

———. 2011b. "Chromium." www.worstpolluted.org/projects_reports/display/80. Accessed November 23, 2013.

———. 2011c. "Lead-Acid Battery Recycling." www.worstpolluted.org/projects_reports/display/90. Accessed November 23, 2013.
———. 2011d. "Lead Smelting." www.worstpolluted.org/projects_reports/display/86. Accessed November 23, 2013.
———. 2011e. "Mining and Ore Processing." www.worstpolluted.org/projects_reports/display/84. Accessed November 23, 2013.
———. 2011f. "Tannery Operations." www.worstpolluted.org/projects_reports/display/88. Accessed November 23, 2013.
———. 2011g. "The World's Top Ten Pollution Problems 2011." www.worstpolluted.org/2011-report.html. Accessed November 23, 2013.
———. 2013a. "Norilsk, Russia." www.worstpolluted.org/projects_reports/display/43. Accessed January 3, 2013.
———. 2013b. "Top Ten Most Polluted Places 2007: Sumgayit, Azerbaijan." www.worstpolluted.org/projects_reports/display/27. Accessed January 3, 2013.
———. 2013c. "World Bank and Blacksmith Institute Partner to Take Care of 'Orphaned' Toxic Polluted Sites." www.blacksmithinstitute.org/legacy-pollution-sites.html.
———. 2013d. "Dzerzinsk, Russia." www.worstpolluted.org/projects_reports/display/42.
———. 2013e. "Sukinda, India." www.worstpolluted.org/projects_reports/display/36. Accessed January 3, 2013.
———. 2013f. "Blacksmith's Work in Haina." www.blacksmithinstitute.org/haina.html. Accessed January 3, 2013.
Blackstone, Brian, Stelios Bouras, and Cassell Bryan-Low. 2012. "Europe's Growth Woes Worsen." *Wall Street Journal*. February 15.
Blair, David. 2012. "Greece Sinks to Its Knees." *Telegraph*. February 26.
Blomfield, Adrian. 2007. "Doom and Gloom in Dzerzhinsk." *Telegraph*. November 5.
Bolaños, Alejandro. 2012. "Las Rentas Empresariales Superan Por Primera Vez a Las Salariales en España." *El País*. http://economia.elpais.com/economia/2012/02/16/actualidad/1329424061_546148.html. Accessed January 1, 2014.
Bolton, Patrick, Frederic Samama, and Joseph E. Stiglitz, eds. 2011. *Sovereign Wealth Funds and Long-Term Investing*. New York: Columbia University Press.
Borodkin, Leonid, and Simon Ertz. 2004. "Coercion versus Motivation: Forced Labor in Norilsk." In Paul R. Gregory and Valery Lazarev,

eds., *The Economics of Forced Labor: The Soviet Gulag*. Stanford, CA: Hoover Institution Press.

Borras, Saturnino M. Jr., and Jennifer C. Franco. 2012. "Global Land Grabbing and Trajectories of Agrarian Change: A Preliminary Analysis." *Journal of Agrarian Change* 12, no. 1: 34–59.

Borras, Saturnino M. Jr., Jennifer C. Franco, Cristobal Kay, and Max Spoor. 2011. *Land Grabbing in Latin America and the Caribbean Viewed from Broader International Perspectives*. New York: United Nations. http://www.tni.org/sites/www.tni.org/files/download/borras_franco_kay__spoor_land_grabs_in_latam__caribbean_nov_2011.pdf.

Boston Common Asset Management. 2003. "Boston Common Asks Newmont Mining to Disclose Risks of Its Environmental and Social Liabilities." News release, December 11. www.bostoncommonasset.com/news/newmont-disclosure.html.

Bourguignon, François, and Christian Morrisson. 2002. "Inequality among World Citizens: 1820–1992." *American Economic Review* 92, no. 4: 727–744.

Brabeck-Lethame, Peter. 2012. "Water Can't Be Free." *Big Think*. www.youtube.com/watch?v=rzaV8tg6hno. Accessed June 18, 2013.

Bradsher, Keith, and Andrew Pollack. 2011. "Nuclear Company to Compensate Evacuees in Japan." *New York Times*. April 15.

Bräutigam, Deborah, and Tang Xiaoyang. 2011. "African Shenzhen: China's Special Economic Zones in Africa." *Journal of Modern African Studies* 49, no. 1: 27–54.

Bronder, Larisa, Igor Kudrik, Alexander Nikitin, Kristin V. Jorgensen, and Vladislav Nikiforov. 2010. "Norilsk Nickel: The Soviet Legacy of Industrial Pollution." Bellona Foundation, St. Petersburg.

Brothers, Caroline. 2011. "U.N. Reports Steady Rise of Refugees." *New York Times*. June 19.

Brown, Desair. 2012. "Expert Answers Your Questions on Fracking." *USA Today*. April 24.

Brunori, Margherita. 2013. "Indonesian Court Gives Land Rights Back to Millions of Indigenous." LandPortal.info. June 21. Accessed June 30, 2013.

Bryson, John R., and Peter W. Daniels, eds. 2007. *The Handbook of Service Industries*. Cheltenham: Edward Elgar Publishing.

Budapest Business Journal. 2013. "Gov't to Extend Eviction Moratorium, Banks Opposed." *Budapest Business Journal*. February 20.

"Bunker Hill Reports Profitable Quarter." 1990. *Spokane Chronicle*. May 2.

Bureau of Labor Statistics. 2012. "Employment, Hours, and Earnings from the Current Employment Statistics Survey (National)." www.bls.gov/data/#employment. Accessed January 5, 2013.

———. 2013. "Labor Force Statistics from the Current Population Survey." *United States Department of Labor.* http://data.bls.gov/pdq/SurveyOutputServlet. Accessed January 1, 2014.

Bureau of Land Management. 1996. "Notice of Intent to Prepare an Environmental Impact Statement (EIS) for the Midnite Uranium Mine (MUM) Reclamation." *Federal Register* 61, no. 18: 2528.

Burgen, Stephen. 2013. "Spain Youth Unemployment Reaches Record 56.1%." *The Guardian.* http://www.theguardian.com/business/2013/aug/30/spain-youth-unemployment-record-high. Accessed January 1, 2014.

Burgers, Paul, and Ari Sustani. 2011. "Oil Palm Expansion in Riau Province, Indonesia: Serving People, Planet, Profit?" Background paper for European Report on Development. http://erdreport.eu/erd/report_2011/documents/researchpapers_susanti-burgers.pdf.

Calhoun, C. 2004. "A World of Emergencies: Fear, Intervention, and the Limits of Cosmopolitan Order." *Canadian Review of Sociology and Anthropology* 41, no. 4: 373–395.

Carrington, Damian. 2012. "The Himalayas and Nearby Peaks Have Lost No Ice in Past 10 Years, Study Shows." *Guardian.* August 2.

Carter, Jimmy. 2011. "Call Off the Global Drug War." *New York Times.* June 17.

Castle, Stephen. 2013. "Irish Legacy of Leniency on Mortgages Nears an End." *New York Times.* March 30.

CBC. 2008. "Bottled Water: Quenching a Planet's Thirst." www.cbc.ca/news/background/consumers/bottled-water.html. Accessed January 22, 2013.

———. 2012a. "Mayor Rob Ford Wants to Banish Gun Convicts from Toronto." *Huffington Post.* July 20.

———. 2012b. "Rob Ford's Ex-con Banishment Plan Won't Fly, Says Minister." CBC/Radio Canada. July 20.

Center for Housing Policy. 2012. "High-Cost Purchase Loans and Census Tract Level Foreclosure Data." www.foreclosure-response.org/maps_and_data/high_cost_maps.html. Accessed July 28, 2012.

Chang, Cindy. 2012. "In World of Prisons, Some Rural Parishes' Economies Hinge on Keeping Their Jails Full." *Times-Picayune.* May 13. http://www.nola.com/crime/index.ssf/2012/05/in_world_of_prisons_some_rural.html.

Chatterjee, Partha. 2011. *Lineages of Political Society: Studies in Postcolonial Democracy*. New York: Columbia University Press.

Cheng, Derek. 2012. "New Private Prison at Wiri Given Green Light." *New Zealand Herald*, March 8.

Chesapeake Energy. 2012. "Hydraulic Fracturing Facts." www.hydraulicfracturing.com/Pages/information.aspx. Accessed July 30, 2012.

Chestney, Nina. 2012. "Club of Rome Sees 2 Degree Celsius Rise in 40 Years." Reuters. May 8.

CIA. 2012. "Country Comparison: Distribution of Family Income—GINI Index." *CIA World Factbook*.

Clark, Colin. 2011. "Improving Speed and Transparency of Market Data." *NYSE EURONEXT* [blog]. http://exchanges.nyx.com/cclark/improving-speed-and-transparency-market-data.

Clarke, Tony. 2007. "Nestlé's Water Wars: The Experience in North America." Polaris Institute, Ottawa.

Clinton, Bill. 1993. "NAFTA Will Create 200,000 American Jobs in Two Years." *Philadelphia Inquirer*. September 19.

CNNMoney Staff. 2013. "S&P 500 Above 1,800. Dow Hits Record Again." *CNNMoney*. http://money.cnn.com/2013/11/22/investing/stocks-markets/. Accessed January 1, 2014.

Colchester, Marcus. 2011. *Palm Oil and Indigenous Peoples in South East Asia*. Rome: International Land Coalition.

Cole, Juan. 2013. "Asia Will Drown, Africa Will Starve in 30 Years: World Bank Report on Global Warming." *Informed Comment* [blog]. www.juancole.com/2013/06/starve-report-warming.html. Accessed November 22, 2013.

CoreLogic. 2013a. "National Foreclosure Report." www.corelogic.com/research/foreclosure-report/national-foreclosure-report-april-2013.pdf. Accessed August 3, 2013.

———. 2013b. "CoreLogic Equity Report: First Quarter 2013." http://www.corelogic.com/research/negative-equity/corelogic-q1-2013-negative-equity-report.pdf. Accessed January 1, 2014.

Corporate Watch. n.d. "Nestle SA: Corporate Crimes." www.corporatewatch.org.uk/?lid=240. Accessed January 22, 2013.

Cotula, Lorenzo. 2011. *The Outlook on Farmland Acquisitions*. Rome: International Land Coalition.

Cotula, Lorenzo, and Kyla Tienhaara. 2013. "Reconfiguring Investment Contracts to Promote Sustainable Development." In K. Sauvant, ed.,

Yearbook on International Investment Law & Policy 2011–2012, 281–310. Oxford: Oxford University Press.

Cotula, Lorenzo, Sonja Vermeulen, Rebeca Leonard, and James Keeley. 2009. "Land Grab or Development Opportunity?: Agricultural Investment and International Land Deals in Africa." Rome: FAO, IIED, and IFAD (Food and Agriculture Organization of the United Nations [FAO], the International Institute for Environment and Development [IIED], and the International Fund for Agricultural Development [IFAD]).

Coumou, D., and S. Rahmstorf. 2012. "A Decade of Weather Extremes." *Nature Climate Change* 2: 491–496.

Crystal Springs Preserve. 2013. "About Us." http://crystalspringspreserve.com/about-us/. Accessed July 13, 2013.

Daley, Suzanne. 2010. "In Spain, Homes Are Taken but Debt Stays." *New York Times*. October 27.

Davies, Nigel. 2012. "Spain's Economy Seen Contracting 1.4 Percent in 2012, 2013." Reuters. November 7.

Davies, Peter J. 2009. "Radioactivity: A Description of Its Nature, Dangers, Presence in the Marcellus Shale and Recommendations by the Town of Dryden to the New York State Department of Environmental Conservation for Handling and Disposal of such Radioactive Materials." Cornell University. www.tcgasmap.org/media/Radioactivity%20from%20Gas%20Drilling%20 SGEIS%20Comments%20by%20Peter%20Davies.pdf. Accessed November 23, 2013.

Day, Paul. 2013. "Spain's Economy Shrinks for Seventh Straight Quarter." Reuters. April 30.

Deaton, Angus. 2013. *The Great Escape: Health, Wealth, and the Origins of Inequality*. Princeton, NJ: Princeton University Press.

Deddy, Ketut. 2006. "Community Mapping, Tenurial Rights and Conflict Resolution in Kalimantan." In Fadzilah Majid Cooke, ed., *States, Communities and Forests in Contemporary Borneo*. Canberra: Australian National University Press.

Demelle, Brendan. 2011. "Natural Gas Industry Rhetoric versus Reality." *DeSmogBlog*. www.desmogblog.com/natural-gas-industry-rhetoric-versus-reality. Accessed July 30, 2012.

Dempsey, Daniel. 2013. "Seeing in the Dark: The Rise of Dark Pools, and the Danger Below the Surface." http://tabbforum.com/opinions/seeing-in-the-dark-the-rise-of-dark-pools-and-the-danger-they-present.

DeNavas-Walt, Carmen, Bernadette D. Proctor, and Jessica C. Smith. 2011. *Income, Poverty, and Health Insurance Coverage in the United States: 2010.* U.S. Census Bureau, Current Population Reports. Washington, DC: U.S. Government Printing Office.

De Schutter, Oliver. 2011. "The Green Rush: The Global Race for Farmland and the Rights of Land Users." *Harvard International Law Journal* 52, no. 2: 504–559.

Dewan, Shaila. 2013. "A City Invokes Seizure Laws to Save Homes." *New York Times.* July 30.

Diaz, R. J., and R. Rosenberg. 2008. "Spreading Dead Zones and Consequences for Marine Ecosystems." *Science* 321, no. 5891: 926–929.

Diggs, Morse. 2013. "Atlanta Police Chief Seeks to Banish Convicted Prostitute." KDFW, Dallas, TX. January 28.

Doe Run Peru. n.d. "History of the Company." www.doerun.com.pe/content/pagina.php?pID=764. Accessed January 3, 2013.

Doe Run Resources Corporation. 2006. "United States Securities and Exchange Commission: Form 10-K." Securities and Exchange Commission. www.sec.gov/Archives/edgar/data/1061112/000110465906018264/a06–5938_110k.htm#Item2_Properties_131244.

Dossou, Paulin Jésutin, Simon B. Y. Allagbe, Tatiana DeSouza, Grégoire Noudaikpon, and Alexis N. Tovissohe. 2011. *Evolution and Impacts of Coastal Land Use in Benin: The Case of the Sèmè-Podji Commune.* Rome: International Land Coalition.

Drajem, Mark. 2012. "Fracking Tied to Unusual Rise in Earthquakes in U.S." *Bloomberg.* April 12.

Duffy, P. B., and C. Tebaldi. 2012. "Increasing Prevalence of Extreme Summer Temperatures in the U.S." *Climatic Change* 111, no. 2: 487–495.

Duruibe, J. O., M. O. C. Ogwuegbu, and J. N. Egwurugwu. 2007. "Heavy Metal Pollution and Human Biotoxic Effects." *International Journal of Physical Sciences* 2, no. 5: 112–118.

eAfrica. 2005. "Case Study: Private Prisons." South African Institute of International Affairs, August. www.saiia.org.za/archive-eafrica/case-study-private-prisons.html.

Earthworks. 2012. "Fort Belknap Reservation." www.earthworksaction.org/voices/detail/fort_belknap_reservation. AccessedJuly 30, 2012.

Easterly, William. 2014. *The Tyranny of Experts: Economists, Dictators, and the Forgotten Rights of the Poor.* New York: Basic Books.

Economic Policy Institute. 2008. "When Income Grows, Who Gains?" The State of Working America. http://stateofworkingamerica.org/who-gains/#/?start=2000&end=2007.
———. 2011a. "Nearly Half of Family Income Goes to the Top Fifth, the Only Income Group with Increased Income Share since 1973." The State of Working America. http://stateofworkingamerica.org/charts/share-of-family-income-by-income-fifth-1947–201.
———. 2011b. "Family Income Growth in Two Eras." The State of Working America. http://stateofworkingamerica.org/charts/real-annual-family-income-growth-by-quintile-1947-79-and-1979-2010.
———. 2011c. "Wealth Skewed towards the Richest of the Rich." The State of Working America. http://stateofworkingamerica.org/charts/average-wealth-by-wealth-class-in-2009.
———. 2011d. "Share of Total Household Income Growth Attributable to Various Groups, 1979–2007." The State of Working America. http://stateofworkingamerica.org/chart/swa-income-figure-2y-share-total-household/.
———. 2011e. "The Ratio of Average Top 1% Wealth to Median Wealth, 1962–2010." The State of Working America. http://stateofworkingamerica.org/chart/swa-wealth-figure-6c-ratio-top-1-wealth/.
———. 2011f. "Median Household Wealth, by Race and Ethnicity, 1983–2010 (2010 Dollars)." The State of Working America. http://stateofworkingamerica.org/chart/swa-wealth-table-6-8-average-median-assets/.
———. 2011g. "Share of Total Household Wealth Growth Accruing to Various Wealth Groups, 1983–2010." The State of Working America. http://stateofworkingamerica.org/chart/swa-wealth-figure-6b-share-total-household/.
———. 2013. "Average Family Income Growth, by Income Group." The State of Working America. http://stateofworkingamerica.org/data. Accessed February 9, 2013.
Economic Times. 2013. "Plachimada Anti-Coca Cola Unit Plans Stir." http://articles.economictimes.indiatimes.com/2013-07-12/news/40536432_1_plachimada-claims-special-tribunal-bill-cola-unit. Accessed January 4, 2014.
Economist. 2011a. "One Degree Over: Data from Crop Trials Underline the Threat Climate Change Poses to Farmers." Editorial, *Economist*. March 17.

———. 2011b. "Shining a Light on Dark Pools." http://www.economist.com/blogs/schumpeter/2011/08/exchange-share-trading. Accessed January 6, 2014.
Eggler, Bruce. 2007. "Despite Promises to Fix It, the Gulf's Dead Zone Is Growing." *Times-Picayune*. June 9.
El Defensor Chieftan. 2009. "Protestors to Fight 'Water Grab.' " www.dchieftain.com/2009/11/18/protesters-to-fight-water-grab. Accessed November 22, 2013.
Ellsworth, W. L., S. H. Hickman, A. L. Lleons, A. McGarr, A. J. Michael, and J. L. Rubinstein. 2012. "Are Seismicity Rate Changes in the Midcontinent Natural or Manmade?" Abstract of oral presentation at the Seismological Society of America 2012 Annual Meeting.
Environment and Process Division. 2004. "Mining-Related Chromate Water Pollution in the Sukinda Watershed (Orissa, India)." Bureau de Recherches Géologiques et Minières, Orléans, France.
Environment News Service. 2010. "Chernobyl Radiation Killed Nearly One Million People: New Book." April 26.
EPA. 1994. "Technical Report: Treatment of Cyanide Heap Leaches and Tailings." EPA530-R-94-037. U.S. Environmental Protection Agency, Office of Solid Waste, Special Waste Branch.
———. 2000. "Chromium Compounds." U.S. Environmental Protection Agency. Technology Transfer Network: Air Toxics Web Site. www.epa.gov/ttnatw01/hlthef/chromium.html.
———. 2006. "Midnite Mine Superfund Site: Record of Decision." Office of Environment Cleanup, EPA Region 10. www.epa.gov/region10/pdf/sites/midnite_mine/midnite-mine-rod-06.pdf. Accessed June 22, 2013.
———. 2008. "Times Beach Site." U.S. Environmental Protection Agency. www.epa.gov/superfund/sites/nplfs/fs0701237.pdf.
———. 2012a. "Plutonium." U.S. Environmental Protection Agency. March 6. www.epa.gov/rpdweb00/radionuclides/plutonium.html.
———. 2012b. "EPA's Recommendations for Enhanced Monitoring for Hexavalent Chromium (Chromium-6) in Drinking Water." U.S. Environmental Protection Agency. http://water.epa.gov/drink/info/chromium/guidance.cfm.
Eskanazi, Stuart. 1998. "The Biggest Pump Wins." *Dallas Observer*. November 19.
EuroHealthNet. 2011. "Greece—Augmentation of 40% Rate of Suicide." Press release, Brussels, September 25.

Eurojobs. 2012. "Quarter of Europe Risks Poverty or Social Exclusion." *Eurojobs* [blog]. December 6. http://blog.eurojobs.com/2012/12/quarter-of-europe-risks-poverty-or-social-exclusion. Accessed February 8, 2013.

European Commission. 2011. "National Measures and Practices to Avoid Foreclosure Procedures for Residential Mortgage Loans," Commission staff working paper 357. March 31.

———. 2012. "Spain: Deep Adjustment Continues." *European Economic Forecast, Autumn 2012*. Brussels: Directorate General for Economic and Financial Affairs.

———. 2013. "FAQ on the EU-US Transatlantic Trade and Investment Partnership ('TTIP')." http://trade.ec.europa.eu/doclib/docs/2013/may/tradoc_151351.pdf.

European Mortgage Federation. 2007. *Study on the Efficiency of Mortgage Collateral in the European Union*. European Mortgage Federation, Brussels.

Eurostat. 2012a. "At Risk of Poverty or Social Exclusion in the EU27: In 2011, 24% of the Population Were at Risk of Poverty or Social Exclusion." News release 171/2012, December 3.

———. 2012b. "Income and Living Conditions." Dec. 17. http://epp.eurostat.ec.europa.eu/portal/page/portal/income_social_inclusion_living_conditions/introduction.

———. 2012c. "Emigration by Sex, Age Group, and Citizenship." European Commission. http://appsso.eurostat.ec.europe.eu/nui/show.do?dataset-migr_emi1ctz&lang-en. Accessed December 31, 2012.

———. 2013a. *Second Estimate for the First Quarter of 2013. Euro Area GDP Down by 0.2% and EU27 Down by 0.1%, –1.1% and –0.7% Respectively compared with First Quarter of 2012*. Publication no. 86/2013. European Commission.

———. 2013b. Unemployment Statistics. http://epp.eurostat.ec.europa.eu/statistics_explained/index.php/Unemployment_statistics. Accessed August 5, 2013.

———. 2013c. "Data Explorer: Unemployment Rate by Sex and Age Groups—Annual Average, %." http://appsso.eurostat.ec.europa.eu/nui/show.do?dataset=une_rt_a&lang=en. Accessed January 1, 2014.

FAO. 2009. "CROPWAT 8.0 Decision Support System." www.fao.org/nr/water/infores_databases_cropwat.html. Accessed December 6, 2013.

Farrell, Diana, Susan Lund, Christian Fölster, Raphael Bick, Moira Pierce, and Charles Atkins. 2008. *Mapping Global Capital Markets: Fourth Annual Report.* New York: McKinsey and Co.

Fatima, Rabab, and Adnan Ahmed Sirajee. 2009. "Climate Change and Displacement in Bangladesh." International Organization for Migration. November 16.

Favell, A. 2008. *Eurostars and Eurocities: Free Movement and Mobility in an Integrating Europe.* Oxford: Blackwell.

FEANTSA. 2011. *European Observatory on Homelessness.* www.feantsa.org/spip.php?article62&lang=en. Accessed November 29, 2013.

Federal Bureau of Prisons. n.d. "BOP: Inmate Work Programs." U.S. Department of Justice. www.bop.gov/inmate_programs/work_prgms.jsp.

Federal Reserve Bank of St. Louis. 2013a. "Corporate Profits after Tax (without IVA and CCAdj) (CP)." http://research.stlouisfed.org/fred2/graph/?s[1][id]=CP.

———. 2013b. "Nonfinancial Corporate Business; Total Financial Assets, Level (TFAABSNNCB)." http://research.stlouisfed.org/fred2/series/TFAABSNNCB.

Ferreira, Francisco H. G., and Michael Walton. 2005. "The Inequality Trap: Why Equity Must Be Central to Development Policy." *Finance and Development* 42, no. 4.

Field, C. B., V. Barros, T. F. Stocker, D. Qin, D. J. Dokken, K. L. Ebi, M. D. Mastrandrea, et al. 2012. *IPCC: Managing the Risks of Extreme Events and Disasters to Advance Climate Change Adaptation.* Special Report of Working Groups I and II of the Intergovernment Panel on Climate Change. Cambridge: IPCC.

Fisher, Max. 2011. "Map: U.S. Ranks Near Bottom on Income Inequality." *Atlantic*, September.

Fitzgerald, Joan. 2009. "Cities on the Front Lines." *The American Prospect.* March 22. http://prospect.org/article/cities-front-lines.

Foster, G., and S. Rahmstorf. 2011. "Global Temperature Evolution 1979–2010." *Environmental Research Letters* 6, no. 4.

Fouillet, A., G. Rey, F. Laurent, G. Pavillon, S. Bellec, C. Ghihenneuc-Jouyaux, J. Clavel, et al. 2006. "Excess Mortality Related to the August 2003 Heat Wave in France." *International Archives of Occupational and Environmental Health* 80, no. 1.

Founda, D., and C. Giannaopoulos. 2009. "The Exceptionally Hot Summer of 2007 in Athens, Greece—A Typical Summer in the Future Climate?" *Global and Planetary Change* 67, nos. 3–4.

Frank, Andre Gunder. 1966. *The Development of Underdevelopment.* New York: Monthly Review Press.

FRED. 2013. "Compensation of Employees: Wages & Salary Accruals (WASCUR)/Gross Domestic Product (GDP)." *St. Louis Federal Reserve.* http://research.stlouisfed.org/fred2/graph/?g=2Xa. Accessed January 1, 2014.

Freeland, Chrystia. 2013. *Plutocrats: The Rise of the New Global Super-Rich and the Fall of Everyone Else.* New York: Penguin Books.

Freeland, Howard J., and Denis Gilbert. 2009. "Estimate of the Steric Contribution to Global Sea Level Rise from a Comparison of the WOCE One-Time Survey with 2006–2008 Argo Observations." *Atmosphere-Ocean* 47, no. 4: 292–298.

Friends of Lead Free Children. 2009. "Friends of Lead Free Children: Helping to Create an Environment for Children to Achieve Their Full Learning Potential." http://friendsofleadfreechildren.org/dominican_programs.html. Accessed July 13, 2013.

Friis, Cecilie, and Anette Reenberg. 2010. *Land Grab in Africa: Emerging Land System Drivers in a Teleconnected World.* GLP Report No. 1. Copenhagen: GLP International Project Office.

Furman Center. 2007. "New Housing Data Continue to Show Signs of Danger for New York City's Homeowners, Furman Center Analysis Concludes." Press release. Furman Center for Real Estate and Urban Policy, New York University. October 15.

Gagnon, Geoffrey. 2004. "Moving Mountains." *Legal Affairs,* September–October.

Ganchev, K., M. Kearns, Y. Nevmyvaka, and J. W. Vaughn. 2009. "Censored Exploration and the Dark Pool Problem." Computer and Information Science, University of Pennsylvania. www.cis.upenn.edu/~mkearns./papers/darkpools-final.pdf.

Gans, Herbert J. 2013. "An Enduring Recession?" *Challenge* 56, no. 1: 72–87.

GAO. 2013. "Corporate Income Tax: Effective Rates Can Differ Significantly from Statutory Rate." Washington, DC.

Ghosh, Palash. 2013. "A Cheap New Drug Decimating Greece's Homeless as Economic Crisis Tightens Grip." *International Business Times.* May 17.

Gillis, Justin. 2013. "Heat-Trapping Gas Passes Milestone, Raising Fears." *New York Times*. May 11.

Gilmore, Ruth Wilson. 2007. *Golden Gulag: Prisons, Surplus, Crisis, and Opposition in Globalizing California*. Berkeley: University of California Press.

Glick, Reuven, and Kevin J. Lansing. "FRBSF Economic Letter: Global Household Leverage, House Prices, and Consumption." 2010. Federal Reserve Bank of San Francisco. January 11.

Global Commission on Drug Policy. 2011. "The War on Drugs and HIV/AIDS: How the Criminalization of Drug Use Fuels the Global Pandemic." www.globalcommissionondrugs.org/reports.

Global Insight. 2007. "The Mortgage Crisis: Economic and Fiscal Implications for Metro Areas." United States Conference of Mayors and the Council for the New American City.

Global Research. 2010. "Coca-Cola Causes Serious Depletion of Water Resources in India." March 24. www.globalresearch.ca/coca-cola-causes-serious-depletion-of-waterresources-in-india/18305. Accessed July 30, 2012.

Godoy, Julio. 2011. "New Sarcophagus for Chernobyl Will Have to Wait Until 2015." Inter Press Service. April 25.

Go Green America. 2011. "Great Pacific Garbage Patch." GoGreenAmericaTV.com. http://gogreenamericatv.com/wp-content/uploads/2011/11/Great-Pacific-Garbage-Patch-picture.jpg. Accessed July 30, 2012.

Goldstein, Matthew. 2013. "Cheap Money Bankrolls Wall Street's Bet on Housing." Reuters. May 6.

Golovnina, Maria. 2005. "Interview—Norilsk Will Become Cleaner, but Not Overnight." Reuters. October 12.

Gonzalez-Valero, Juan. 2009. "Climate, Land Degradation, Agriculture and Food Security: Means to Adopt." Syngenta report. September 2009. www.wmo.int/wcc3/sessionsdb/documents/WS10_Gonzalez.pdf. Accessed July 30, 2012.

Graeber, David. 2012. *Debt: The First 5,000 Years*. Reprint edition. Brooklyn, NY: Melville House.

GRAIN. 2012. "GRAIN Releases Data Set with over 400 Global Land Grabs." Press release, GRAIN, February 23.

Gray, Ellen. 2012. "Land Stat Top Ten: A Shrinking Sea, the Aral Sea." NASA Earth Science News Team. July 23. www.nasa.gov/mission_pages/landsat/news/40th-top10-aralsea.html.

"Greece Approves Sweeping Public Sector Cuts." 2013. *Telegraph*. July 18.

Guerino, Paul, Paige M. Harrison, and William J. Sabol. 2012. "Prisoners in 2010." Bureau of Justice Statistics, Office of Justice Programs, U.S. Department of Justice. February 9. www.bjs.gov/content/pub/pdf /p10.pdf.

Hakkeling, R. T. A., L. R. Olderman, and W. G. Sombroek. 1991. *World Map of the Status of Human-Induced Soil Degradation: An Explanatory Note*. Wageningen: International Soil Reference and Information Center.

Hall, Deborah. 2010. "Bottled Water Pits Nestlé vs. Greens." *Wall Street Journal*. http://online.wsj.com/article/SB10001424052748704414504575243921712969144.html. Accessed November 29, 2013.

Hall, Ruth. 2011. "Land Grabbing in Africa and the New Politics of Food." Policy Brief 041. Future Agricultures.

Hankewitz, Gert. 2013. "Foreclosures Peak Last Year." *Postimees: In English*. February 7. http://news.postimees.ee/1129916/foreclosures -peak-last-year. Accessed August 3, 2013.

Hansen, J., M. Sato, and R. Ruedy. 2012. "Perception of Climate Change." *Proceedings of the National Academy of Sciences of the United States* 109: 14726–14727.

Harden, Blaine, and Dan Morgan. 2004. "Debate Intensifies on Nuclear Waste: Lawmakers in Affected States Press Bush Administration on Cleanup." *Washington Post*. June 2.

Harden, Mark. 2012. "Fracking in Colorado Uses a City's Worth of Water, Enviro Report Says." *Denver Business Journal*. June 20.

Harding, R. 2001. "Private Prisons." *Crime and Justice* 28: 265–346.

Hart, B., and D. V. Boger. 2008. "Making an Unsustainable Industry More Sustainable." *Proceedings of the Eleventh International Seminar on Paste 08* 1, no. 1: 3–14.

Hartman, Chester, and Gregory D. Squires, eds. 2013. *From Foreclosure to Fair Lending*. New York: New Village Press.

Harvey, David. 1982. *The Limits of Capital*. Chicago: University of Chicago Press.

Harvey, David W. 2000. "History of the Hanford Site 1943–1990." Pacific Northwest National Laboratory. http://ecology.pnnl.gov/library /History/Hanford-History-All.pdf. Accessed January 4, 2013.

Held, David, and Ayse Kaya. 2007. *Global Inequality: Patterns and Explanations*. Cambridge: Polity.

Hendryx, M. 2009. "Mortality from Heart, Respiratory and Kidney Disease in Coal Mining Areas of Appalachia." *International Archives of Occupational and Environmental Health* 82: 243–249.
Herivel, Tara, and Paul Wright, eds. 2003. *Prison Nation: The Warehousing of America's Poor.* New York: Routledge.
Her Majesty's Prison Service. n.d."Contracted-out Prisons." www.justice.gov.uk/about/hmps/contracted-out.
HighQuest Partners. 2010. "Private Financial Sector Investment in Farmland and Agricultural Infrastructure." OECD Food, Agriculture and Fisheries Papers, No. 33. August 10.
Home Office. 2012. "Have You Got What It Takes? Working with Prisons." www.homeoffice.gov.uk/publications/police/pcc/working-with-others/working-with-prisons?view=Binary.
Hope, Kerin. 2013. "Greek Deflation Accelerates after Wages Drop." *Financial Times.* http://www.ft.com/cms/s/0/c8564ce8-48ab-11e3-8237-00144feabdc0.html#axzz2pGr9q4q0. Accessed January 1, 2014.
Hoshaw, Lindsey. 2009. "Afloat in the Ocean, Expanding Islands of Trash." *New York Times.* November 10.
Hovil, Lucy. 2010. *Hoping for Peace, Afraid of War: The Dilemmas of Repatriation and Belonging on the Borders of Uganda and South Sudan.* Research paper No. 196. Geneva: Policy Development and Evaluation Service. United Nations High Commissioner for Refugees.
Humber, Yuriy. 2008. "Kremlin Sidelines Oligarchs in Taking Norilsk Control (Update1)." www.bloomberg.com/apps/news?pid=newsarchive&sid=aLyndimCNJvY. Accessed November 23, 2013.
Hurdle, Jon. 2009. "Pennsylvania Lawsuit Says Drilling Polluted Water." Reuters. November 9.
Huseynova, Shahnaz. 2007. "Azerbaijan: Sumgayit Becomes One of World's Most-Polluted Cities." Radio Free Europe/Radio Liberty. September 18.
Ideas First Research. 2010. "Sector—Metal & Mining: Industry—Ferroalloys." Ideas First Research, Mumbai, India.
IFPRI (International Food Policy Research Institute). 2009. "Outsourcing's Third Wave." *Economist.* May 21.
Ifran, Zareena Begum, and Uvaneswari. 2012. "Determination of the Cost-Effective Adsorbents to Remove Toxic Metal Pollutants from Industrial Waste Water." *International Journal of Social Sciences and Interdisciplinary Research* 1, no. 4.

Illinois Department of Public Health. n.d. "Lead in Industry." Illinois Department of Public Health. www.idph.state.il.us/about/epi/getpbout.htm.

ILO. 2012. "Global Unemployment: Trends for Youth 2012." *International Labor Organization*. Geneva, CH.

ILO and OECD. 2013. "Short-term Labour Market Outlook and Key Challenges in G20 Countries: Statistical Update for the Meeting of G20 Labour and Employment Ministers." July 18–19. Moscow. www.ilo.org/wcmsp5/groups/public/---dgreports/---dcomm/---publ/documents/publication/wcms_217546.pdf.

IMF. 2006. *Global Financial Stability Report: Market Developments and Issues*. Washington, DC: International Monetary Fund.

———. 2008. *Global Financial Stability Report: Containing Risks and Restoring Financial Soundness*. Washington, DC: International Monetary Fund.

———. 2012a. *Global Financial Stability Report: Restoring Confidence and Progressing on Reforms*. Washington, DC: International Monetary Fund. www.imf.org/External/Pubs/FT/GFSR/2012/02/pdf/text.pdf.

———. 2012b. "World Economic and Financial Surveys." *World Economic Outlook Database*. www.imf.org/external/pubs/ft/weo/2012/01/weodata/index.aspx. Accessed December 31, 2012.

Inman, Phillip, and Helena Smith. 2012. "Greek Economy to Shrink 25% by 2014." *Guardian*. September 18.

Instituto Nacional de Estadística. 2011. "Economically Active Population Survey." www.ine.es/en/inebmenu/mnu_mercalab_en.htm. Accessed November 29, 2013.

———. 2013a. "Labour Market." Instituto Nacional de Estadística (Spain).

———. 2013b. "Notas De Prensa: 30 de Abril de 2013." Instituto Nacional de Estadística (Spain). April 30. www.ine.es/prensa/cntr0113a.pdf.

Integrated Pollution Prevention and Control. 2012. "A Teaching Case: The Basel Ban and Batteries." www.commercialdiplomacy.org/case_study/case_batteries.htm.

International Atomic Energy Agency. n.d. "Frequently Asked Chernobyl Questions." www.iaea.org/newscenter/features/chernobyl-15/cherno-faq.shtml. Accessed January 4, 2013.

International Center for Prison Studies. 2011. "World Prison Population List." University of Essex. www.apcca.org/uploads/9th_Edition_2011.pdf.

International Energy Agency. 2012. "Global Carbon-Dioxide Emissions Increase by 1.0 Gt in 2011 to Record High." www.iea.org/news roomandevents/news/2012/may/name,27216,en.html. Accessed June 29, 2013.

International Land Coalition. *Commercial Pressures on Land.* http://www .landcoalition.org/cpl.

International Monetary Fund. 2013. World Economic Outlook Database: April 2013 edition. http://www.imf.org/external/ pubs/ft/weo /2013/01/weodata/index.aspx.

IPPC. 2003. "Integrated Pollution Prevention and Control (IPPC): Reference Document on Best Available Techniques for the Tanning of Hides and Skins." European IPPC Bureau (EIPPCB). http://eippcb.jrc .es/reference/BREF/tan_bref_0203.pdf.

ISDA (International Swaps Derivatives Association). 2008. Data on Credit-Default Swaps. http://www2.isda.org/.

Isidore, Chris. 2012. "Corporate Profits Hit Record as Wages Get Squeezed." *CNNMoney.* http://money.cnn.com/2012/12/03/news /economy/record-corporate-profits/. Accessed January 1, 2014.

Islamzade, Arif. 1994. "Sumgayit: Soviet's Pride, Azerbaijan's Hell." *Azerbaijan International* 2, no. 3: 26–27, 30.

Jackson, Robert, Avner Vengosh, Thomas H. Darrah, Nathaniel R. Warner, Adrian Down, Robert Poreda, Stephen G. Osborn, Kaigung Zhao, and Jonathan D. Karr. 2013. "Increased Stray Gas Abundance in a Subset of Drinking Water Wells Near Marcellus Shale Gas Extraction." *Proceedings of the National Academy of Sciences of the United States* 110, no. 28: 11213–11214.

Jamasmie, Cecilia. 2012. "Doe Run Peru to Be Liquidated After Rejected Restructuring of La Oroya Smelter." Mining.com. www.mining.com/doe -run-peru-to-be-liquidated-after-rejectedrestructuring-of-la-oroya-smelter.

Johnson, Kirk. 2011. "E.P.A. Links Tainted Water in Wyoming to Hydraulic Fracturing for Natural Gas." *New York Times.* December 8.

Johnston, David Cay. 2005. *Perfectly Legal: The Covert Campaign to Rig Our Tax System to Benefit the Super Rich—and Cheat Everybody Else.* New York: Penguin Group.

———. 2011. "Where's the Fraud, Mr. President?" Reuters. December 13.

———. 2013. "Corporate Tax Rates Plummet as Profits Soar." The National Memo. July 16

Jones, Graydon. 1989. "Work Will Resume at Crescent Mine." *Spokane Chronicle.* April 28.

Jones, P. D., D. H. Lister, and Q. Li. 2008. "Urbanization Effects in Large-Scale Temperature Records, with an Emphasis on China." *Journal of Geophysical Research* 113, no. D16: 1–12.

Jorgensen, Dan. 2006. "Hinterland History: The Ok Tedi Mine and Its Cultural Consequences in Telefolmin." *Contemporary Pacific*. September 22.

Jowit, Juliette. 2008. "Is Water the New Oil?" *Observer*. November 1.

Joyce, Christopher. 2012. "Quakes Caused by Waste from Gas Wells, Study Finds." National Public Radio, April 11, 2012.

Jubilee Debt Campaign. 2009. "2. How Big Is the Debt of Poor Countries?" http://jubileedebt.org.uk/faqs-2.

———. 2012. *The State of Debt: Putting an End to 30 Years of Crisis*. Jubilee Debt Campaign, London.

———. 2013. "How Big Is the Debt of Poor Countries?" Jubilee Debt Campaign, London. http://jubileedebt.org.uk/faqs-2/how-big-is-the-debt-of-poor-countries.

Kahn, Hilary E. 2014. *Framing the Global: Entry Points for Research*. Bloomington: Indiana University Press.

Kaiser, Tania. 2010. "Dispersal, Division and Diversification: Durable Solutions and Sudanese Refugees in Uganda." *Journal of Eastern African Studies* 4, no. 1: 44–60.

Karaian, Jason. 2013. "Spanish Real Estate Has Lost More Than a Third of Its Value, But It's Still Overvalued." *Quartz*. http://qz.com/124088/spanish-real-estate-has-lost-more-than-a-third-of-its-value-but-its-still-overvalued/. Accessed January 1, 2014.

Karoly, D. J. 2009. "The Recent Bushfires and Extreme Heat Wave in Southeast Australia." *Bulletin of the Australian Meteorological and Oceanographic Society* 22: 10–13.

Katz, M. Jonathan. 2007. "Dominican Town Looks to Clean Up Pollution." *Washington Post*. June 20.

Kaul, B., R. S. Sandhu, C. Depratt, and F. Reyes. 1999. "Follow-up Screening of Lead-Poisoned Children near an Auto Battery Recycling Plant, Haina, Dominican Republic." *Environmental Health Perspectives* 107, no. 11 (November): 917–920.

Keep Tap Water Safe. 2013. "List of Bans Worldwide." http://keeptapwatersafe.org/global-bans-on-fracking/. Accessed January 2, 2014.

Kelleher, James. 2007. "Signs of Life Returning to Times Beach." Reuters. May 25.

Kennedy, Loraine. 2005. "Variations on the Classical Model: Forms of Cooperation in Leather Clusters of Palar Valley, Tamil Nadu." In Keshab Das, ed., *Indian Industrial Clusters*, 103–227. Burlington: Ashgate.

Kenny, J. F., N. L. Barber, S. S. Hutson, K. S. Linsey, J. K. Lovelace, and M. A. Maupin. 2009. "Estimated Use of Water in the United States in 2005." *U.S. Geological Survey Circular* 1344: 52. http://pubs.usgs.gov/circ/1344/.

Keohane, David. 2012. "The Decline of US Shadowing Banking, Charted." *Financial Times*. May 29.

Keranen, Katie M., Heather M. Savage, Geoffy A. Abers, and Elizabeth S. Cochran. 2013. "Potentially Induced Earthquakes in Oklahoma, USA: Links between Wastewater Injection and the 2011 Mw 5.7 Earthquake Sequence." *Geology* 41, no. 6: 699–702.

Kinnard, Christophe, Christian M. Zdanowicz, David A. Fisher, Elisabeth Isaksson, Anne de Vernal, and Lonnie G. Thompson. 2011. "Reconstructed Changes in Arctic Sea Ice over the Past 1,450 Years." *Nature* 479, no. 7374: 509–512.

Kirkham, Chris. 2012. "Private Prisons Profit from Immigration Crackdown, Federal and Local Law Enforcement Partnerships." *Huffington Post*. June 7.

Klauk, Erin. 2013a. "Environmental Impacts at Fort Belknap from Gold Mining." Science Education Center, Carleton College.

———. 2013b. "Political Issues on the Fort Belknap Reservation from Gold Mining." Science Education Center, Carleton College.

———. 2013c. "Exploration and Development History of Gold Mining at the Zortman-Landusky Mine." Science Education Resource Center, Carleton College.

Knobel, Beth. 1997. "Secret Soviet City Opens Its Dirty Doors." *Living on Earth*. August 1.

Knorr Cetina, K., and A. Preda, eds. 2013. *The Oxford Handbook of the Sociology of Finance*. Oxford: Oxford University Press.

Kocjan, John, Don Ogilvie, Adam Schneider, and Val Srinivas. 2012. "The Deloitte Shadow Banking Index." www.deloitte.com/assets/Dcom-UnitedStates/Local%20Assets/Documents/CFO_Center_FT/US_FSI_The_Deloitte_Shadow_Banking_052912.pdf. Accessed July 28, 2012.

Kopsini, Christina. 2012. "Drugs from Car Batteries." [Greek] *Kathimerini*. August 4. http://news.kathimerini.gr/4dcgi/_w_articles_ell_2_08/04/2012_478530.

Krainer, John. 2009. "Housing Prices and Bank Loan Performance." FRBSF Economic Letter 2009-06. Federal Reserve Bank of San Francisco. February 6.

Kramer, Anna. 2012. "Q&A: La Oroya's Future." Oxfam America. www.oxfamamerica.org/articles/q-a-la-oroyas-future. Accessed January 8, 2013.

Krippner, G. R. 2011. *Capitalizing on Crisis: The Political Origins of the Rise of Finance*. Cambridge, MA: Harvard University Press.

Krotz, Dan. 2011. "Thawing Permafrost Could Release Vast Amounts of Carbon and Accelerate Climate Change by the End of This Century." Berkeley Lab News Center RSS. August 22.

Krugman, Paul. 2010. "Trade Does Not Equal Jobs." *The Conscience of a Liberal* [blog], *New York Times*. December 6.

Kubiszewski, Ida, Robert Constanza, Carol Franco, Philip Lawn, John Talberth, Tim Jackson, and Camille Alymer. 2013. "Beyond GDP: Measuring and Achieving Global Genuine Progress." *Ecological Economics* 93: 57–68.

Kumhof, Michael, and Romain Rancière. 2010. "Inequality, Leverage and Crises." Working paper WP/10/268. International Monetary Fund, Washington, DC.

LaFlure, Rebecca. 2013. "The Mess Gets Worse at Hanford's Nuclear Site." The Center for Public Integrity. Accessed January 5, 2014. http://www.publicintegrity.org/2013/11/18/13770/mess-gets-worse-hanford-s-nuclear-site.

Lambin, Eric F., and Patrick Meyfroidt. 2011. "Global Land Use Change, Economic Globalization, and the Looming Land Scarcity." *PNAS* 108, no. 9: 3465–3472.

Land Matrix. 2013. "Why Do the Numbers Constantly Change?" Land Matrix. www.landmatrix.org/en. Accessed June 29, 2013.

———. 2014. The Online Public Database on Land Deals. http://landportal.info/landmatrix.

Landes, David S. 1999. *The Wealth and Poverty of Nations: Why Some Are So Rich and Some So Poor.* New York: W. W. Norton & Company.

Leckie, S., Z. Simperingham, and J. Baker. 2011. "Bangladesh's Climate Displacement Nightmare." *Ecologist* [blog]. www.theecologist.org/blogs_and_comments/commentators/other_comments/854868/bangladeshs_climate_displacement_nightmare.html. Accessed November 29, 2013.

Leistner, Marilyn. 1995. "The Times Beach Story." *Synthesis/Regeneration* 7–8.
Lenntech. 2011. "Chromium and Water: Reaction Mechanisms, Environmental Impact and Health Effects." Delft, Netherlands. www.lenntech.com/periodic/water/chromium/chromium-and-water.htm.
Lerner, Stephen, and Saqib Bhatti. 2013. "Forcing Banks to the Bargaining Table: Renegotiating Wall Street's Relationship with Our Communities." In Chester Hartman and Gregory D. Squires, eds., *From Foreclosure to Fair Lending,* 177–205. New York: New Village Press.
Levring, Peter. 2013. "Denmark Feeds World's Biggest Home Debt Load as Caps Spurned." *Bloomberg.* http://www.bloomberg.com/news/2013-11-14/denmark-feeds-world-s-biggest-private-debt-as-caps-rejected.html. Accessed January 1, 2014.
Levy, Dan, and Prashant Gopal. 2011. "Foreclosure Filings in U.S. May Jump 20% from Record 2010 as Crisis Peaks." Bloomberg. January 13.
Lidsky, Theodore I., and Jay S. Schneider. 2002. "Lead Neurotoxicity in Children: Basic Mechanisms and Clinical Correlates." *Brain: A Journal of Neurology* 126, no. 1: 5–19.
Lima, Joao. 2013. "Bank of Portugal Forecasts Deeper Economic Contraction This Year." March 26. *Bloomberg.* March 26. http://www.bloomberg.com/news/2013-03-26/bank-of-portugal-forecasts-deeper-economic-contraction-this-year.html.
Liu, Yao, and Christoph B. Rosenberg. 2013. "Dealing with Private Debt Distress in the Wake of European Financial Crisis." Working paper 13/44. International Monetary Fund, Washington, DC.
Long, Katy. 2010. *Home Alone? A Review of the Relationship between Repatriation, Mobility and Durable Solutions for Refugees.* Geneva: United Nations High Commissioner for Refugees.
"Louisiana Incarcerated: How We Built the World's Prison Capital." 2012. *Times-Picayune.* May. www.nola.com/prisons.
Lucas, Linda E. 2005. *Unpacking Globalization: Markets, Gender and Work.* Kampala, Uganda: Makerere University Press.
Marcellus Drilling News. 2010. "List of 78 Chemicals Used in Hydraulic Fracturing Fluid in Pennsylvania." June 10. http://marcellusdrilling.com/2010/06/list-of-78-chemicals-used-in-hydraulic-fracturing-fluid-in-pennsylvania.

Marcuse, Peter. 2014. "Blog #43—Who Lost the War on Poverty, and Who Won It?" Peter Marcuse's Blog.WordPress.com.January 28. http://pmarcuse.wordpress.com/2014/01/25/blog-43-who-lost-the-war-on-poverty-and-who-won-it/.
Margulis, Matias E., Nora McKeon, and Saturnino M. Borras. 2013. "Land Grabbing and Global Governance: Critical Perspectives." *Globalizations* 10, no. 1: 1–23.
Mason, Cody. 2012. "Too Good to Be True: Private Prisons in America." Sentencing Project, January. http://sentencingproject.org/doc/publications/inc_Too_Good_to_be_True.pdf.
Massey, Steve. 1991a. "Bunker Hill Founder Says Insiders Clean." *Spokane Chronicle*. September 27.
———. 1991b. "Bunker Hill Sale Yields Much Less than Predictions." *Spokane Chronicle*. August 30.
Mattera, Philip. 2006. "Still, Not So Sterling: A Look at Revett Minerals." Clark Fork Coalition and Rock Creek Alliance. www.earthworksaction.org/files/pubs-others/FS_StillNotSoSterling.pdf.
Mayer, Judith. 2009. "The Trouble with Palm Oil." *Indonesia Today.* www.insideindonesia.org/feature-editions/the-trouble-with-oil-palm. Accessed July 1, 2013.
McClesky, Claire O'Neill. 2012. "Mexico to Build 2 Private Prisons by Year-End." Insight Crime. August 2. www.insightcrime.org/news-briefs/mexico-to-build-2-private-prisons-by-year-end.
McClure, Robert. 2001. "Pegasus Gold—from Boom to Bankruptcy." *Seattle Post-Intelligencer.* June 13.
McCormack, Simon. 2012. "Prison Labor Booms as Unemployment Remains High; Companies Reap Benefits." *Huffington Post*. December 10.
McDonald, Douglas C. 1992. "Private Penal Institutions." *Crime and Justice* 16: 361–419.
McKibben, Bill. 2012. "Global Warming's Terrifying New Math: Three Simple Numbers That Add Up to Global Catastrophe—and That Make Clear Who the Real Enemy Is." *Rolling Stone*. July 19.
McMichael, Philip. 2009. "A Food Regime Genealogy." *The Journal of Peasant Studies* 36, no. 1: 171–196.
McQuaid, John. 2012. "Finally, a Victory against Mountaintop Removal." *Slate*. November 30.
McTighe, Laura. 2012. "The War on Drugs Is a War on Relationships: Crossing the Borders of Fear, Silence and HIV Vulnerability in the

Prison-Created Diaspora." In *Beyond Walls and Cages: Bridging Prison Abolition and Immigrant Justice Movements*, ed. Jenna Loyd, Matthew Mitchelson, and Andrew Burridge. Athens: University of Georgia Press.
———. 2013. "Privatizing Punishment: A Global Analysis of Private Prison Expansion in 2005." (Unpublished paper).
Michigan Citizens for Water Conservation. 2012. "History Highlights." www.savemiwater.org/about/history. Accessed January 22, 2013.
Milanovic, Branko. 2005. *Worlds Apart: Measuring International and Global Inequality.* Princeton: Princeton University Press.
———. 2009. *Global Inequality Recalculated.* Working paper no. 5061. World Bank.
———. 2011. "Global Inequality: From Class to Location, from Proletarians to Migrants." Working Paper no. 5820. World Bank.
———. 2012. "Global Inequality: From Class to Location, from Proletarians to Migrants." *Global Policy* 3, no. 2: 125–134.
Miles, David K., and Vladimir C. Pillonca. 2008. "Financial Innovation and European Housing and Mortgage Markets." *Oxford Review of Economic Policy* 24, 1: 145–175.
Mineral Policy Center. 2000. "Cyanide Leach Mining Packet." August. www4.nau.edu/itep/waste/HazSubMap/docs/Mining/Cyanide_Leach_Packet.pdf. Accessed July 13, 2013.
Mines and Communities. 2003. "Hell on Earth." www.minesandcommunities.org/article.php?a=1409. Accessed June 15, 2013.
Mining Truth. 2012. "How Corporations Evade Liability for Pollution at Closed Mines." *Mining Truth.* www.miningtruth.org/wp-content/uploads/2013/01/How-Corporations-Evade-Liability-Mining-Truth.pdf. Accessed June 23, 2013.
Mishel, Lawrence. 2007. "Who's Grabbing All the New Pie? Economic Snapshots." Economic Policy Institute, Washington, DC. August 1.
———. 2011. "Huge Disparity in Share of Total Wealth Gain since 1983." Economic Policy Institute, Washington, DC. September 15.
———. 2013. "Economy Built for Profits Not Prosperity." Economic Policy Institute, Washington, DC. March 28.
Mishel, Lawrence, and Jared Berstein. 2007. "Economy's Gains Fail to Reach Most Workers' Paychecks." Economic Policy Institute, Washington, DC. August 30.

Mishel, Lawrence, and Josh Bivens. 2011. "Occupy Wall Streeters Are Right about Skewed Economic Rewards in the United States." Economic Policy Institute, Washington, DC. October 26.

Mishel, Lawrence, Josh Bivens, Elise Gould, and Heidi Shierholz. 2012. *The State of Working America.* 12th ed. Ithaca, NY: Cornell University Press.

Mishel, Lawrence, and Heidi Shierholz. 2011. "The Sad but True Story of Wages in America." Issue Brief #297. Economic Policy Institute, Washington, DC. March 14.

Mitchell, Josh. 2013. "More Americans Living in Others' Homes." *Wall Street Journal.* July 22.

Mitchell, Larry D. 2004. "Zortman and Landusky Mines: Water Quality Impacts." Environmental Quality Council, Helena, MT. Accessed January 9, 2013.

Moir, Matt. 2013. "Idle No More and Canada's Prison Apartheid." *The Tyee.* January 2. 2013.

Molnar, Augusta, Keith Barney, Michael DeVito, Alain Karsenty, Dominic Elson, Margarita Benavides, Pedro Tipula, Carlos Soria, Phil Shearman, and Marina France. 2011. *Large Acquisition of Rights on Forest Lands for Tropical Timber Concessions and Commercial Wood Plantations.* Rome: International Land Coalition.

Morris, Tim. 2009. "Louisiana's Incarceration Rate Is No. 1 in Nation." *Times-Picayune.* March 2.

Moyo, Dambisa. 2010. *Dead Aid: Why Aid Is Not Working and How There Is Another Way for Africa.* London: Penguin.

Murphy, Kevin. 1996. "In a Fouled Jungle, Tribes Win One." *New York Times.* June 12.

Murphy, Sophia. 2013. "Land Grabs and Fragile Food Ecosystems: The Role of Globalization." Institute for Agriculture and Trade Policy, Minneapolis, MN.

NASA. "Measuring Vegetation (NDVI & EVI): Feature Articles." *Earth Observatory.* http://earthobservatory.nasa.gov/Features/MeasuringVegetation/measuring_vegetation_2.php.

———. n.d. http://earthobservatory.nasa.gov/Features/WorldOfChange/aral_sea.php.

National Climatic Data Center. 2013a. "Billion-Dollar Weather/Climate Disasters." www.ncdc.noaa.gov/billions/. Accessed November 22, 2013.

———. 2013b. "Drought-August 2013." www.ncdc.noaa.gov/sotc/drought/2013/8. Accessed November 22, 2013.

National Prisoner Statistics Program. 2013. "Prisoners in 2010 (Revised)." Bureau of Justice Statistics, U.S. Department of Justice. http://bjs.ojp.usdoj.gov/index.cfm?ty=pbdetail&iid=2230. Accessed February 8, 2013.

National Wildlife Federation. 2012. "Hard Rock Mining Pollution." National Wildlife Federation. www.nwf.org/Wildlife/Policy/Mining-Loopholes.aspx.

Nellas, Demetris. 2013. "Greek Bill Opens Way for Civil Service Layoffs." Associated Press. April 28.

Neumann, Jeannette. 2013. "Blackstone, Deutsche Bank in Talks to Sell Bond Backed by Home Rentals." *Wall Street Journal*. July 30.

Newmont Mining Corporation. 1998. "Form 10-K." Securities and Exchange Commission. www.sec.gov/answers/form10k.htm. Accessed June 23, 2013.

———. 2012. "Newmont Announces Record Operating Cash Flow of $3.6 Billion and Record Annual Revenue of $10.4 Billion in 2011." Press release. Newmont Mining Corporation, Denver, CO. February 23.

New York Times. 2001. "Mine in Wilderness Approved After 14 Years." *New York Times*. December 28.

Nigeria Intel. 2012. "Privatising the Prisons." Nigeria Intel. December 17. www.nigeriaintel.com/2012/12/17/privatising-the-prisons.

NOAA. 2011. "State of the Climate: Global Hazards for August 2011." National Climatic Data Center, National Oceanic and Atmospheric Administration, Washington, DC.

———. 2012a. "State of the Climate: Global Hazards for July 2012." National Climatic Data Center, National Oceanic and Atmospheric Administration, Washington, DC. www.ncdc.noaa.gov/sotc/national/2012/7 (published online Aug 2012).

———. 2012b. "Wildfires—August 2012." http://www.ncdc.noaa.gov/sotc/fire/2012/8. Accessed January 4, 2014.

———. 2013a. "Billion-Dollar Weather/Climate Disasters." www.ncdc.noaa.gov/billions/. Accessed November 22.
———. 2013b. "Drought-August 2013." www.ncdc.noaa.gov/sotc/drought/2013/8. Accessed November 22, 2013.
———. n.d. http://marinedebris.noaa.gov/sites/default/files/GPmap_2012_NOAAMDP.jpg.

Noorani, Shehzad. 2008. "Children of the Black Dust." CNN. September 28.

Norilsk Nickel. 2008. "History: Mastering Norilsk Ore Deposits." www.nornik.ru/en/about/history. Accessed June 13, 2013.
Novinite. 2011. "Bulgaria: Foreclosure Auctions Jump in 2011." Novinite [Sofia News Agency]. www.balkaninsight.com/en/article/bulgaria-foreclosure-auctions-jump-in-2011. Accessed August 3, 2013.
Novo, Andre, Kees Jansen, Maja Slingerland, and Ken Giller. 2010. "Biofuel, Dairy Production and Beef in Brazil: Competing Claims on Land Use in São Paulo State." *The Journal of Peasant Studies* 37, no. 4: 769–792.
OECD. 2008. *Growing Unequal? Income Distribution and Poverty in OECD Countries*. Paris: OECD.
———. 2011. *Divided We Stand: Why Inequality Keeps Rising*. Paris: OECD.
———. 2012. "Annex Table 27: General Government Financial Balances." Economic Outlook Annex Tables. www.oecd.org/eco/outlook/economicoutlookannextables.htm.
———. 2013a. "Economic Outlook No. 93—June 2013—Flash File." February 8. http://stats.oecd.org/Index.aspx?DataSetCode=EO93_FLASHFILE_EO93.
———. 2013b. "Income Distribution and Poverty." OECD. Stat Extracts. http://stats.oecd.org/index.aspx?DataSetCode-IDD.
———. 2013c. "Incidence of Involuntary Part Time Workers." http://stats.oecd.org/Index.aspx?DatasetCode=INVPT_I.
———. 2013d. "OECD: Stat Extracts." http://stats.oecd.org/. Accessed January 1, 2014.
———. 2014. "Central Government Debt." OECD.Stat Extracts. http://stats.oecd.org/index.aspx?queryid-8089.
Office of the United States Trade Representative. 2013a. "Free Trade Agreements." www.ustr.gov/trade-agreements/free-trade-agreements.
———. 2013b. "Negotiations for the Transatlantic Trade and Investment Partnership Have Begun." Press release, July 8. www.ustr.gov/about-us/press-office/blog/2013/july/ TTIP-negotiations-begin.
———. 2013c. "The United States in the Trans-Pacific Partnership." Online fact sheet. www.ustr.gov/about-us/press-office/fact-sheets/2011/november/united-states-trans-pacific-partnership.
Olson-Sawyer, Kai. 2012. "Really? Shale Gas Fracking Uses a Lot of Water? Really!" Grace Communications Foundation. April 3. www.gracelinks.org/blog/901/really-shale-gas-fracking-uses-a-lot-of-water-really.

Ortiz, Isabel, and Matthew Cummins. 2013. *The Age of Austerity: A Review of Public Expenditures and Adjustment Measures in 181 Countries.* New York: Initiative for Policy Dialogue. Geneva: The South Centre.

Oxfam. 2012. "Our Land, Our Lives: Time Out on the Global Land Rush." Oxfam Briefing Note. October.

Pager, Devah, Bruce Western, and Bart Bonikowski. 2009. "Discrimination in a Low-Wage Labor Market: A Field Experiment." Discussion paper No. 4469. Institute for the Study of Labor, Bonn.

Palmer, Lisa. 2013. "Q and A: The Angry Economist." *Green: A Blog about Energy and the Environment. New York Times.* March 1.

Palmer, M. A., E. S. Bernhardt, W. H. Schlesinger, K. N. Eshleman, E. FouFoula-Georgiu, M. S. Hendryx, A. D. Lemly, G. E. Likens, O.L Loucks, M. E. Power, P. S. White, and P. R. Wilcock. 2010. "Mountaintop Mining Consequences." *Science* 327: 148–149.

Papademetriou, D., and A. Terrazas. 2009. "Immigrants and the Current Economic Crisis: Research Evidence, Policy Challenges, and Implications," Migration Policy Institute, Washington, DC.

Parenti, Christian. 2008. *Lockdown America.* London: Verso.

Paris, Costas, Matina Stevis, and Stelios Bouros. 2012. "Eurozone Meets on New Greek Aid Deal." *Dow Jones Financial News.* February 9.

Patoski, Joe Nick. 2011. "Water Policy in Legislature Rode on One Word." *New York Times,* June 9.

Patterson, Scott. 2013. "Dark Pools Face Scrutiny." *Wall Street Journal.* http://online.wsj.com/news/articles/SB10001424127887324069104578527361102049152. Accessed November 25, 2013.

Pender, James S. 2008a. "Community-Led Adaptation in Bangladesh." *Forced Migration Review* 31: 54–55.

———. 2008b. "What Is Climate Change? And How It Will Affect Bangladesh?" Briefing paper. Church of Bangladesh Social Development Programme, Dhaka.

Penn, Ivan. 2008. "The Profits on Water Are Huge, but the Raw Material Is Free." *Tampa Bay Times.* March 16.

Peralta, Eyder. 2011. "Pa. Judge Sentenced to 28 Years in Massive Juvenile Justice Bribery Scandal." National Public Radio. August 11.

Perlez, Jane, and Kirk Johnson. 2005. "Behind Gold's Glitter: Torn Lands and Pointed Questions." *New York Times.* October 24.

Pettit, Kathryn L. S., and Kim Rueben. 2012. "Investor-Owners in the Boom and Bust." MetroTrends. www.metrotrends.org/Commentary/mortgage-lending.cfm. Accessed July 13, 2012.

Pew Center on the States. 2008. *One in 100: Behind Bars in America 2008*. Washington, DC: Pew Charitable Trusts.
———. 2009. *One in 31: The Long Reach of American Corrections*. Washington, DC: Pew Charitable Trusts.
———. 2010. *Prison Count 2010: State Population Declines for the First Time in 38 Years*. Washington, DC: Pew Charitable Trusts.
Phillips, Jonathan D. 2004. "Impacts of Surface Mine Valley Fills on Headwater Floods in Eastern Kentucky." *Environmental Geology* 45, no. 3: 367–380.
Pilkington, Ed. 2008. "The Village at the Tip of the Iceberg." *Guardian*. September 27.
Pino, Isaac, Charlie Kannel, and Tom Gardner. 2012. "How Dow Chemical Can End the Tragedy in Bhopal." *Motley Fool*. July 27.
Pistor, Katharina. 2002. "The Standardization of Law and Its Effect on Developing Economies." *The American Journal of Comparative Law* 50, no. 1: 97–130.
PMEL. 2012. Hawaii Carbon Dioxide Time Series. PMEL Carbon Program, National Oceanic and Atmospheric Administration, Washington, DC.
Porter, Lynn. 2004. "Introduction to Hanford Issues." Hanford Watch. www.hanfordwatch.org/introduction.htm. Accessed January 9, 2013.
Portes, Alejandro. 2010. *Economic Sociology: A Systematic Inquiry*. Princeton, NJ: Princeton University Press.
Pouiller, Francisca. 2010. "Doe Run Workers Protest to Demand Smelter Reopen." Miningweekly.com. June 14.
Powley, Tanya, and Lucy Warwick-Ching. 2012. "Stateless and Super-rich." *Financial Times*. April 28.
Poynter, Bilbo. 2012. "Private Prison Companies Look to Canada as Industry Faces Lawsuits in US." *Guardian*. June 19.
"Prison Population Around the Globe." 2008. [Graphic.] *New York Times*. April 22.
Prison Reform Trust. 2013. "Background to Private Prisons." www.prisonreformtrust.org.uk/ProjectsResearch/Privatesectorprisons. Accessed Jan. 4, 2013.
Productschap Margerine, Vetten en Oliën. 2011. "Fact Sheet Palm Oil." www.mvo.nl/LinkClick.aspx?fileticket=jsFVMZwZzkc%3D. Accessed June 27, 2013.
Provost, Claire. 2012. "New International Land Deals Database Reveals Rush to Buy up Africa." *Guardian*. April 27.

Public Citizen. 2013. "On Anniversary of U.S.-Korea FTA Implementation, U.S. Exports Down 9 Percent, Imports from Korea Up and Deficit with Korea Swells 30 Percent, Undermining Obama Export and Job Growth Goals." Press release. March 14. www.citizen.org/documents/press-release-korea-fta-one-year-anniversary.pdf.

Public Services International Research Unit. 2005a. *Prison Privatisation Report International.* Report no. 67, March/April. Public Services International Research Unit, University of Greenwich.

———. 2005b. *Prison Privatisation Report International.* Report no. 68, May/June. Public Services International Research Unit, University of Greenwich.

———. 2005c. *Prison Privatisation Report International.* Report no. 69, July/August. Public Services International Research Unit, University of Greenwich.

———. 2005d. *Prison Privatisation Report International.* Report no. 70, Sept./Oct. Public Services International Research Unit, University of Greenwich.

Putzel, Louis, Samuel Assembe-Mvondo, Laurentine Bilogo Bi Ndong, Reine Patrick Banioguila, Paolo Cerutti, Julius Chupezi Tieguhong, Robinson Djeukam, Noël Kabuyaya, Guillaume Lescuyer, and William Mala. 2011. "Chinese Trade and Investment and the Forests of the Congo Basin: Synthesis of Scoping Studies in Cameroon, Democratic Republic of Congo and Gabon." Working paper no. 67. Center for International Forestry Research, Bogor, Indonesia.

Quijano, Aníbal. 2007. "Coloniality and Modernity/Rationality." *Cultural Studies* 21, nos. 2–3: 168–178.

Ramesh, Randeed. 2009. "Bhopal Water Still Toxic 25 Years After Deadly Gas Leak, Study Finds." *Guardian.* December 1.

Ravanera, Roel R., and Vanessa Gorra. 2011. *Commercial Pressures on Land in Asia: An Overview.* Rome: International Land Coalition.

Rawat, Vidya Bhushan, Mamidi Bharath Bhushan, and Sujatha Surepally. 2011. *The Impact of Special Economic Zones in India: A Case Study of Polepally SEZ.* Rome: International Land Coalition.

Ray, M. K. 2013. "The Water Grab on the Augustin Plains." Sierra Club. http://southern.nmsierraclub.org/water-grab-on-the-augustin-plains. Accessed November 22, 2013.

RealtyTrac. 2007. "More than 1.2 Million Foreclosure Filings Reported in 2006." February 8. www.realtytrac.com/content/press-releases

/more-than-12-million-foreclosure-filings-reported-in-2006-2234. Accessed July 17, 2012.
———. 2008. "U.S. Foreclosure Activity Increases 75 Percent in 2007." January 30. www.realtytrac.com/content/press-releases/us-foreclo sure-activity-increases-75-percent-in-2007-3604. Accessed July 17, 2012.
———. 2009. "2008 Year-End Foreclosure Market Report." February 5. www.realtytrac.com/content/news-and-opinion/2008-year-end -foreclosure-market-report-4621. Accessed July 17, 2012.
———. 2011. "Record 2.9 Million U.S. Properties Receive Foreclosure Filings in 2010 Despite 30-Month Low in December." January 12. www.realtytrac.com/content/foreclosure-market-report/record-29 -million-us-properties-receive-foreclosure-filings-in-2010-despite-30 -month-low-in-december-6309. Accessed July 17, 2012.
———. 2012a. "February 2012 U.S. Foreclosure Market Report: Foreclosure Tide Rising in Half of Largest Metro Areas." March 13. www .realtytrac.com/content/foreclosure-market-report/february-2012-us -foreclosure-market-report-7069. Accessed July 13, 2012.
———. 2012b. "Foreclosure Trends." www.realtytrac.com/trendcenter. Accessed July 28, 2012.
———. 2013a. "All-Cash and Institutional Investor Purchases down from Year Ago in June but Short Sales Continue to Increase." www .realtytrac.com/content/foreclosure-market-report/us-residential-sales -report-june-2013-7812. Accessed August 3, 2013.
———. 2013b. "Single Family Home Flipping Increases 19 Percent in First Half of 2013 While Profits Soar." www.realtytrac.com/content /foreclosure-market-report/us-residential-sales-report-june-2013 -7812. Accessed August 3, 2013.
Reich, Robert B. 2011. *Aftershock: The Next Economy and America's Future*. New York: Vintage.
Reuters. 2013. "PNG Government Takes Full Ownership of Ok Tedi Mine." http://www.reuters.com/article/2013/09/19/png-oktedi -idUSL3N0HF0VC20130919. Accessed January 4, 2014.
Right to Water and Sanitation. 2010. "Case against Coca-Cola Kerala State: India." August 20. www.righttowater.info/ways-to-influence /legalapproaches/case-against-coca-cola-kerala-state-india. Accessed January 9, 2013.
Rignot, E., I. Velicogna, M. R. van den Broeke, A. Monaghan, and J. T. M. Lenaerts. 2011. "Acceleration of the Contribution of the Greenland

and Antarctic Ice Sheets to Sea Level Rise." *Geophysical Research Letters* 38, no. 5: L05503.

Robles, Frances. 2007. "Pollution Sickens Children in Dominican Republic." *Miami Herald*. March 13.

Rodriguez, Michelle Natividad, and Maurice Emsellem. 2011. *65 Million "Need Not Apply": The Case for Reforming Criminal Background Checks for Employment.* National Employment Law Project, New York.

Rogers, Simon, and Lisa Evans. 2011. "World Carbon Dioxide Emissions Data by Country: China Speeds Ahead of the Rest." *Guardian*. January 31.

Romm, Joe. 2011. "Shale Shocked: 'Highly Probable' Fracking Caused U.K. Earthquakes, and It's Linked to Oklahoma Temblors." Think Progress. http://thinkprogress.org/climate/2011/11/02/360014/shale-fracking-earthquakes. Accessed June 26, 2013.

Roth, Mitchel P. 2006. *Prisons and Prison Systems: A Global Encyclopedia*. Westport, CT: Greenwood, 2006.

Rothkopf, David J. 2009. *Superclass: The Global Power Elite and the World They Are Making*. New York: Farrar, Straus and Giroux.

Royal Tropical Institue. 2012. "Indonesia: Food Security and Land Governance Tenure." IS Academy on Land Governance for Equitable and Sustainable Development, Netherlands Ministry of Foreign Affairs, Amsterdam.

Rubio, Blanca. 2003. *Explotados y Excluidos: Los Campesinos Latinoamericanos en la Fase Agroexportadora Neoliberal*. Mexico City: Plaza y Valdés, S.A. de C.V.

Ruditsky, Jake. 2004. "Toxic Felis: A Visit to Russia's Most Polluted City." *The Exile* (Moscow). June 24.

Rulli, Maria Cristina, Antonio Saviori, and Paolo D'Odorico. 2013. "Global Land and Water Grabbing." *Proceedings of the National Academy of Sciences of the United States* 110, no. 3: 892–897.

Rupp, D. E., P. W. Mote, N. Massey, C. J. Rye, and M. Allen. 2012. "Did Human Influence on Climate Make the 2011 Texas Drought More Probable?" *Bulletin of the American Meteorological Society* 93, no. 7 (July): 1053–1057.

Saez, Emmanuel. 2010. "Striking It Richer: The Evolution of Top Incomes in the United States (Updated with 2008 Estimates)." Department of Economics, University of California, Berkeley.

Salem-News. 2013. "US Energy Department Announces It Still Plans to Use Hanford as a National Radioactive Waste Dump." http://www

.salem-news.com/articles/december132013/hanford-waste.php. Accessed January 5, 2014.
Samek, Kelly. 2004. "Unknown Quantity: The Bottled Water Industry and Florida's Springs." *Journal of Land Use* 19, no. 2: 569–595.
Sampaniotis, Theodosios. 2013. "Greek Real Estate Market: Prices and Activity Decline Escalates, Uncertainty Increases." *Eurobank*. http://www.eurobank.gr/Uploads/Reports/GREECE%20Macrofebruary%202013.pdf. Accessed January 1, 2014.
Sample, Ian. 2007. "Global Food Crisis Looms as Climate Change and Population Growth Strip Fertile Land." *Guardian*. August 31.
Sangham, A. S., and the Plachimada Struggle Solidarity Committee. 2010. "A Call to Struggle . . . for Water . . . for Life." *Kerala Letter* [blog]. http://keralaletter.blogspot.com/2010/01/call-to-strugglefor-waterfor-life.html. Accessed July 30, 2012.
Santer, B. D., K. E. Taylor, T. M. L. Wigley, J. E. Penner, P. D. Jones, and U. Cubasch. 1995. "Towards the Detection and Attribution of an Anthropogenic Effect on Climate." *Climate Dynamics* 12, no. 2: 77–100.
Santoso, Puji, and Jon Afrizal. 2004. "Two Killed, Five Injured in Riau Land Disputes." *Jakarta Post*. November 24.
Sassen, Saskia. 1988. *The Mobility of Labor and Capital: A Study in International Investment and Labor Flow*. Cambridge: Cambridge University Press.
———. 2001. *The Global City: New York, London, Tokyo*. Revised 2nd ed. Princeton, NJ: Princeton University Press.
———. 2008a. "A Bad Idea: Using a Financial Solution to the Financial Crisis." *Huffington Post*. November 20.
———. 2008b. "Mortgage Capital and Its Particularities: A New Frontier for Global Finance." *Journal of International Affairs* 62, no. 1: 187–212.
———. 2008c. *Territory, Authority, Rights: From Medieval to Global Assemblages*. 2nd ed. Princeton, NJ: Princeton University Press.
———. 2008d. "Two Stops in Today's New Global Geographies: Shaping Novel Labor Supplies and Employment Regimes." *American Behavioral Scientist* 52, no. 3: 457–496.
———. 2010. "A Savage Sorting of Winners and Losers: Contemporary Versions of Primitive Accumulation." *Globalizations* 7, no. 1: 23–50.
———. 2011a. *Cities in a World Economy*. Revised 4th edition. Thousand Oaks, CA: Sage/Pine Forge.

———. 2011b. "The Global Street: Making the Political." *Globalizations* 8, no. 5 (October): 565–571.
———. 2012. "Interactions of the Technical and the Social: Digital Formations of the Powerful and the Powerless." *Information, Communication & Society*. DOI:10.1080/1369118X.2012.667912.
———. 2013. "Global Finance and Its Institutional Spaces." In Karin Knorr Cetina and Alex Preda, eds., *The Oxford Handbook of the Sociology of Finance*. Oxford: Oxford University Press.
———. Forthcoming. *Ungoverned Territories*. Cambridge, MA: Harvard University Press.
Sassen, Saskia, and Natan Dotan. 2011. "Delegating, Not Returning, to the Biosphere: How to Use the Multi-scalar and Ecological Properties of Cities." *Global Environmental Change* 21, no. 3: 823–834.
Schuur, Edward A. G., and Benjamin Abbott. 2011. "Climate Change: High Risk of Permafrost Thaw." *Nature* 480: 32–33.
Schwartz, Mike. 2004. "Bottled Water Conflicts." Department of Geography, University of Wisconsin, Eau Claire.
Schwartzkopff, Frances. 2013. "Denmark Races to Prevent Foreclosures as Home Prices Sink." Bloomberg.com. March 18.
Scott, James C. 1999. *Seeing Like a State: How Certain Schemes to Improve the Human Condition Have Failed*. New Haven: Yale University Press.
Scott, Robert E. 2010. "Trade Policy and Job Loss." Working paper no. 289. Economic Policy Institute, Washington, DC.
———. 2012. "The China Toll: Growing U.S. Trade Deficit with China Cost More than 2.7 Million Jobs between 2001 and 2011, with Job Losses in Every State." Briefing paper #345, Economic Policy Institute, Washington, DC.
———. 2013. "No Jobs from Trade Pacts." Economic Policy Institute, Washington, D.C.
Seager, R., M. F. Ting, I. M. Held, Y. Kushnir, J. Lu, G. Vecchi, H.-P. Huang, N. Harnik, A. Leetmaa, N. C. Lau, C. Li, J. Velez, and N. Naik. 2007. "Model Projections of an Imminent Transition to a More Arid Climate in Southwestern North America." *Science* 316, no. 5828: 1181–1184.
"Sea Level." *The Guardian*. Guardian News and Media. http://www.theguardian.com/environment/sea-level.
SEC. 2013. "Release No. 34-68842." www.sec.gov/rules/sro/finra/2013/34-68842.pdf. Accessed November 25.

Selcraig, Bruce. 1998. "This Reclamation Plan Uses Waste to Bury Waste." *High County News* 122. January 19.
Sen, Amartya. 2000. *Development as Freedom*. New York: Anchor.
Sen, Arjun. 2003. "Heat on Cold Drinks." *Statesman*. August 12.
Sender, Henny Arash Massoudi, and Anjli Raval. 2013. "US Housing Groups to Launch IPOs." *Financial Times*. May 13.
Serrano, Fernando. 2008. "Environmental Contamination in the Homes of La Oroya and Concepcion and Its Effects in the Health of Community Residents." United Nations, Office of the High Commissioner for Human Rights, Geneva.
Shah, Shahid. 2009. "Corporate Farming Raises Concern among Local Growers." *The News (Pakistan)*. January 28.
Shepard, D. with M. Anuradha. 2010. *(Mis)Investment in Agriculture: The Role of the International Finance Corporation in the Global Land Grab*. Oakland Institute. http://www.oaklandinstitute.org/.
Sherman, Arloc, and Chad Stone. 2010. "Income Gaps Between Very Rich and Everyone Else More than Tripled in Last Three Decades, New Data Show." Center on Budget and Policy Priorities. June 25. Center on Budget and Policy Priorities, Washington, DC.
Shinn, Mary Beth. 2010. "Homelessness, Poverty, and Social Exclusion in the United States and Europe." *European Journal of Homelessness* 4 (2010).
Sierra Club: Southern New Mexico Group. 2013. "The Water Grab on the Augustin Plains." http://southern.nmsierraclub.org/water-grab-on-the-augustin-plains. Accessed November 22, 2013.
Sills, Ben, and Andre Tartar. 2013. "Spain Recession Seen Ending by 2014 as Austerity Eases." Bloomberg.com. June 13.
Smeeding, Timothy M. 2002. "Globalization, Inequality, and the Rich Countries of the G-20: Evidence from the Luxembourg Income (LIS)." Working paper no. 48. Center for Policy Research, http://dx.doi.org/10.2139/ssrn.1809030.
Smith, Jim. 2011. "A Long Shadow over Fukushima." *Nature* 472, no. 7 (April 5).
Smith, Merrill. 2004. "Warehousing Refugees: A Denial of Rights, a Waste of Humanity." In *World Refugee Survey 2004*. Arlington, VA: U.S. Committee for Refugees.
Smith, Yves. 2013. "New Whistleblower Describes How Bank of America Flagrantly Violates Dual Tracking, Single Point of Contact Requirements in State/Federal Mortgage Settlement." *Naked Capitalism* [blog], February 21.

Smyth, Sharon. 2013. "Spain Home Expropriation Plans Seen Violating EU Bailout." *Bloomberg Businessweek*. May 12.
Snyder, Howard N. 2011. "Arrest in the United States, 1980–2009." Bureau of Justice Statistics, U.S. Department of Justice. September 22.
Solomon, S., D. Qin, M. Manning, Z. Chen, M. Marquis, K. B. Averyt, M. Tignor, and H. L. Miller, eds. 2007. *Climate Change 2007: The Physical Science Basis.* Contribution of Working Group I to the Fourth Assessment Report of the Intergovernmental Panel on Climate Change. Cambridge: Cambridge University Press.
Stamatis, Georgios. 2012. "Homeless in Greece in the Current Financial Crisis: What Perspectives?" University of Athens. http://crisis.med.uoa.gr/elibrary/13.pdf.
Stiffarm, Dean L. 2005. "Community Involvement Conference and Training: The Zortman & Landusky Goldmines." Fort Belknap Indian Community–Environmental Department, Harlem, Montana. www.epancic.org/2005/download/presentations/ballroom_a/thu/stiffarm.pdf. Accessed January 9, 2013.
Stiglitz, Joseph E. 1999. *Freefall: Freemarkets and the Sinking of the Global Economy.* New York: W. W. Norton & Company.
———. 2012. *The Price of Inequality.* New York: W. W. Norton & Company.
———. 2013. "Globalisation Isn't Just about Profits. It's About Taxes Too." *The Guardian,* May 27. http://www.guardian.co.uk/commentisfree/2013/may/27/globalisation-is-about-taxes-too.
Stiglitz, Joseph E., and Mary Kaldor, eds. 2013. *The Quest for Security: Protection without Protectionism and the Challenge of Global Governance.* New York: Columbia University Press.
Stott, P. A. 2000. "External Control of 20th Century Temperature by Natural and Anthropogenic Forcings." *Science* 290, no. 5499: 2133–2137.
Stott, P. A., G. S. Jones, N. Christidis, F. Zwiers, G. Hegerl, and H. Shiogama. 2011. "Single-Step Attribution of Increasing Frequencies of Very Warm Regional Temperatures to Human Influence." *Atmospheric Science Letters* 12, no. 2: 220–227.
Stott, P. A., D. A. Stone, and M. R. Allen. 2004. "Human Contribution to the European Heatwave of 2003." *Nature* 432, no. 7017: 610–614.
Sudbury, Julia, ed. 2005. *Global Lockdown: Race, Gender, and the Prison-Industrial Complex.* New York: Routledge.

Summerill, Joseph. 2011. "Housing Federal Prisoners in Local Jails." Statement of Joseph Summerill Before the Committee on Appropriations: Commerce, Justice, Science, and Related Agencies. March 11.

Sutcliffe, Bob. 2004. "World Inequality and Globalization." *Oxford Review of Economic Policy* 20, no. 1: 15–37.

———. 2007. "Postscript to the Article 'World Inequality and Globalization.' " World Bank, Washington, DC.

Sydor, Guy. 2004. "The World's Highest Railroad." http://www.peruhotel.com/english/article.php3?idarticle=13. Accessed January 9, 2013.

Tagliabue, John. 2013. "Parts of Low Country Are Now Quake Country." *New York Times*. March 27.

Tarlock, Dan A. 2004. *Bottled Water: Legal Aspects of Groundwater Extraction*. Madison, Wisconsin: State Environmental Resource Center.

Tax Justice Network. 2011. "The Cost of Tax Abuse." November. www.tackletaxhavens.com/Cost_of_Tax_Abuse_TJN_Research_23rd_Nov_2011.pdf.

Teubal, Miguel. 2006. "Expansión del Modelo Sojero en la Argentina. De la Producción de Alimentos a los Commodities." *Realidad Económica*. No. 220.

Texas A&M University. 2013. "Texas Water Law." http://texaswater.tamu.edu/water-law. Accessed July 13, 2013.

Theodorikakou, O., A. Alamanou, et al. 2012. "Homelessness in Greece—2012: An In-Depth Research on Homelessness in the Financial Crisis." Klimaka NGO—Greece. European Research Conference: Access to Housing for Homeless People in Europe, York, September 21. www.slideshare.net/FEANTSA/seminar-3-klimaka.

Thompson, Derek. 2013. "Europe's Record Youth Unemployment: The Scariest Graph in the World Just Got Scarier." *Atlantic*. May.

Thompson, Mark. 2012. "Spanish Economy Shrinks Again." CNNMoney. October 23.

Townsend, P. K., and W. H. Townsend. 2004. "Assessing an Assessment: The Ok Tedi Mine." www.maweb.org/documents/bridging/papers/townsend.patricia.pdf.

Tsukimori, Osamu, and Nathan Layne. 2011. "Areas near Japan Nuclear Plant May Be Off Limits for Decades." Reuters. August 27.

UNCTAD. 2008. *World Investment Directory*, volume 10: *Africa*. New York: United Nations.

UNDP. 2005. *A Time for Bold Ambition: Together We Can Cut Poverty in Half: UNDP Annual Report*. New York: UNDP.
———. 2008. *Human Development Report 2007–2008*. New York: UNDP.
———. 2013. *Human Development Report 2013*. New York: UNDP.
UNEP/GRID. 2006. *Planet in Peril: An Atlas of Current Threats to People and the Environment*. Arendal, Norway: UNEP/GRID.
UNHCR. 2012a. *Global Trends 2011*. Geneva : United Nations High Commissioner for Refugees.
———. 2012b. "Annex Tables." *Global Trends 2011*. www.unhcr.org/pages/4fd9a0676.html. Accessed January 2, 2013.
UNICEF. 2012. "Progress on Drinking Water and Sanitation." www.unicef.org/media/files/JMPreport2012.pdf. Accessed June 18, 2013.
United Nations Framework Convention on Climate Change. 2013. "A Summary of the Kyoto Protocol." http://unfccc.int/kyoto_protocol/background/items/2879.php. Accessed June 18, 2013.
Urban, Rob, and Sharon Smyth. 2012. "Greek Banks Follow Euripides to Help Borrowers: Mortgages." *Bloomberg Businessweek*. July 26.
U.S. Committee for Refugees. 2009. *World Refugee Survey 2009*. Arlington, VA: U.S. Committee for Refugees.
U.S. Energy Information Administration. 2012a. "Assumptions to the Energy Outlook 2012: Coal Modual." www.eia.gov/forecasts/aeo/assumptions/pdf/coal.pdf. Accessed January 9, 2013.
———. 2012b. "Total Energy: Annual Energy Review." www.eia.gov/totalenergy/data/annual/showtext.cfm?t=ptb0701. Accessed January 9, 2013.
U.S. International Trade Commission. 2013. USITC Interactive Tariff and Trade DataWeb. Data for 2000–2013, year-to-date, April, downloaded June 21 via spreadsheet. http://dataweb.usitc.gov/.
Van Lynden, G. W. J. 2004. "European and World Soils: Present Situation and Expected Evolution." *Proceedings of I International Conference: Soil and Compost Eco-biology, León, Spain.*
van Onselen, Leith. 2013. "Three Headwinds for the US Housing Recovery." *MacroBusiness*. www.macrobusiness.com.au/2013/07/factors-that-may-thwart-the-us-housing-recovery. Accessed August 3, 2013.
Varchaver, Nicholas, and Katie Benner. 2008. "The $55 Trillion Question." CNN Money. September 30.

Vergano, Dan. 2007. "Climate Change Threatens New Dust Bowl in Southwest." *USA Today*. April 6.

Vermeulen, Sonja, and Nathalie Goad. 2006. *Towards Better Practice in Smallholder Palm Oil Production*. Natural Resources Issues Series 5. London: IIED.

Vidal, John. 2012. "Chinese Food Security May Be Motivating Investments in Africa." *Guardian*. May 10.

Viñas, Maria-José. 2012. "Satellites See Unprecedented Greenland Ice Sheet Surface Melt." NASA. www.nasa.gov/topics/earth/features /greenland-melt.html. Accessed July 30, 2012.

Visser, Oane, and Max Spoor. 2011. "Land Grabbing in Post-Soviet Eurasia: The World's Largest Agricultural Land Reserves at Stake." *Journal of Peasant Studies* 38, no. 2: 299–323.

von Braun, Joachim. 2008. "Food and Financial Crises: Implications for Agriculture and the Poor." *Washington DC: International Food Policy Research Institute (IFPRI) Food Policy Report* 20. http://www .ifpri.org/PUBS/agm08/jvbagm2008.asp.

von Braun, Joachim, Akhter Ahmed, Kwadwo Asenso-Okyere, Shenggen Fan, Ashok Gulati, John Hoddinott, Rajul Pandya-Lorch, Mark W. Rosegrant, Marie Ruel, Maximo Torero, Teunis van Rheenen, and Klaus von Grebmer. 2008. "High Food Prices: The What, Who, and How of Proposed Policy Actions." *Washington DC, International Food Policy Research Institute (IFPRI) Policy Brief*. http://www.ifpri .org/pubs/ib/foodprices.asp.

von Braun, Joachim, and Ruth Meinzen-Dick. 2009. "'Land Grabbing' by Foreign Investors in Developing Countries: Risks and Opportunities." *Washington DC: International Food Policy Research Institute (IFPRI) Policy Brief* 13. http://www.ifpri.org/publication/land -grabbing-foreign-investors-developing-countries.

Voyant Solutions Pvt. Ltd. 2009. "Final Report for City Corporation cum Business Plan for Ranipet Town." 2009. http://municipality.tn.gov.in /ranipet/Ranipet.pdf. Accessed January 9, 2013.

Wagenhofer, Erwin. 2005. *We Feed the World*. Allegro Film Produktionsfirma GmbH. www.youtube.com/watch?v=qyAzxmN2s0w. Accessed June 18, 2013.

Wald, Matthew L. 2010. "Analysis Triples U.S. Plutonium Waste Figures." *New York Times*. July 11.

Walmsley, R. 2011. *World Population List*, 9th ed. Essex: International Centre for Prison Studies

Walsh, Bryan. 2007. "Dzerzhinsk, Russia." The World's Most Polluted Places. *Time*. www.time.com/time/specials/2007/article/0,28804,1661031_1661028_1661021,00.html. Accessed January 9, 2013.

Warner, Koko, Olivia Dun, and Marc Stal. 2008. "Field Observations and Empirical Research." *Forced Migration Review* 31: 13–15.

Warnock, Veronica Cacdac, and Francis E. Warnock. 2008. "Markets and Housing Finance." Social Science Research Network. http://papers.ssrn.com/sol3/papers.cfm?abstract_id=981641. Accessed July 28, 2012.

———. 2012. "Developing Housing Finance Systems." Reserve Bank of Australia Annual Conference Volume pp. 49–67. http://www.rba.gov.au/publications/confs/2012/pdf/warnock-warnock.pdf. Accessed January 8, 2014.

Warren, L. H. 1940. "Leather Buffers' Nodes." *Journal of the American Medical Association* 114, no. 7 (February 17): 571.

Washington State Department of Ecology. 2008. "Hanford Quick Facts." http://web.archive.org/web/20080624232748/http://www.ecy.wa.gov/features/hanford/hanfordfacts.html.

———. 2013. "Ecology Statement on Notification of More at Risk Consent Decree Milestones." http://www.ecy.wa.gov/programs/nwp/sections/tankwaste/twtreatment/pages/20131008_statement.html. Accessed January 5, 2014.

Wassener, Bettina. 2011. "Raising Awareness of Plastic Waste." *New York Times*. August 14.

Watkins, Thayer. 2013. "The Chaebol of South Korea." San Jose State University faculty webpage, www.sjsu.edu/ faculty/watkins/chaebol.-htm.

Wellington Water Watchers. 2011. "Nestlé Waters Canada, Permit to Take Water." www.wellingtonwaterwatchers.ca/nestle-waters-canada-permit-to-take-water/. Accessed November 23, 2013.

Western, Bruce, and Becky Pettit. 2010. "Incarceration & Social Inequality." *Daedalus,* Summer 2010.

White, Alan. 2013. "Foreclosure Crisis in Europe vs US." Credit Slips: A Discussion on Credit, Finance, and Bankruptcy. www.creditslips.org/creditslips/2011/08/foreclosure-crisis-in-europe-vs-us.html. Accessed February 8, 2013.

White, Ben, Saturnino M. Borras Jr., Ruth Hall, Ian Scoones, and Wendy Wolford. "The New Enclosures: Critical Perspectives on Corporate Land Deals." *Journal of Peasant Studies* 39, nos. 3–4: 619–647.

White House. 2010. "The U.S.-South Korea Free Trade Agreement: More American Jobs, Faster Economic Recovery Through Exports" (fact sheet). www.whitehouse.gov/ sites/default/files/fact_sheet_overview _us_korea_free_trade_ agreement.pdf.

WHO. 2005. "Chernobyl: The True Scale of the Accident." World Health Organization, Geneva.

———. 2010. "Dioxins and Their Effect on Human Health." World Health Organization, Geneva.

Wiener Bravo, E. 2011. "The Concentration of Land Ownership in Latin America: An Approach to Current Problems." CISEPA contribution to ILC Collaborative Research Project on Commercial Pressures on Land. Rome: ILC.

Wigley, T., and B. Santer. 2012. "A Probabilistic Quantification of the Anthropogenic Component of Twentieth Century Global Warming." *Climate Dynamics*.

Williams, Laura. 2012. *Housing Landscape 2012*. National Housing Conference, Washington, DC.

Wolman, David. 2006. "Train to the Roof of the World." *Wired* 14, no. 7 (July).

World Bank. 2005. "Increasing Aid and Its Effectiveness." In *Global Monitoring Report: Millennium Development Goals: From Consensus to Momentum*, 151–188. Washington, DC: World Bank.

———. 2006. *Global Economic Prospects 2006: Economic Implications of Remittances and Migration*. Washington, DC: World Bank.

———. 2008. *Global Monitoring Report 2008*. Washington, DC: World Bank.

———2012. *Turn Down the Heat: Why a 4° Warmer World Must Be Avoided*. Washington, DC: World Bank.

———. 2013a. "Europe and Central Asia Housing Finance Crisis Prevention and Resolution: A Review of Policy Options." Working paper no. 78346. World Bank, Washington, DC.

———. 2013b. *Turn Down the Heat: Climate Extremes, Regional Impacts, and the Case for Resilience*. Washington, DC: World Bank.

———. 2013c. "GDP Per Capita (Current US$)." http://data.worldbank.org/indicator/NY.GDP.PCAP.CD?page=1. Accessed January 1, 2014.

World Food Programme. 2013. "10 Things You Need to Know about Hunger in 2013." World Food Programme, Rome.

World Nuclear Association. 2012. "Chernobyl Accident 1986." www.world -nuclear.org/info/chernobyl/inf07.html. Accessed January 9, 2013.

Wyly, Elvin, Markus Moos, Daniel Hammel, and Emanuel Kabahizi. 2009. "Cartographies of Race and Class: Mapping the Class-Monopoly Rents of American Subprime Mortgage Capital." *International Journal of Urban and Regional Research* 33, no. 2 (June): 332–354.

Xing, Yuqing. 2010. "Facts About and Impacts of FDI on China and the World Economy." *China: An International Journal* 8, no. 2: 309–327.

Yusuf, Hamid. 2012. "Land Administration System in Indonesia." Paper presented at the 17th ASEAN Valures Association Congress. www.aseanvaluers.org/PDF/Land%20Administration%20System%20in%20Indonesia.pdf. Accessed July 1, 2013.

Zarchin, Tomer. 2009. "International Legal Precedent: No Private Prisons in Israel." *Haaretz*. November 9.

Zeiss, Geoff. 2011. "Large Water Diversion Projects, Environmental Impact and Convergence." *Between the Poles: All about Infrastructure* [blog]. http://geospatial.blogs.com/geospatial/2011/03/large-water-diversion-projects-and-the-environment.html. Accessed June 30, 2013.

Zoomers, A. 2010. "Globalisation and the Foreignisation of Space: Seven Processes Driving the Current Global Land Grab." *Journal of Peasant Studies* 37, no. 2 (April): 429–447.

Zuber, Helen. 2012. "Mortgage Nightmares: Evictions Become Focus of Spanish Crisis." *Der Spiegel*. December 22.

索　引

致 谢

对本书贡献力量的人和事不胜枚举。这是一个耗时长久的研究项目,我希望可以向很多的组织和个人表达谢意。在行文中,虽然有时并未指名道姓,但我已经指出了他们当中的绝大部分。就书稿的成型而言,我需要特别感谢以下诸位:感谢沃克·凯恩(Walker Kahn)大量的个案研究,以及在书稿准备过程中自始至终的努力;感谢劳拉·麦克泰格(Laura McTighe)对监狱的研究;感谢安娜·扎莫拉(Anna Zamora)在图表绘制中的不懈努力;感谢申恩京(Eunkyong Shin)、玛丽·约瑟夫(Mary Joseph)、莎拉·帕特里奇(Sarah Partridge)及杰瑞德·康拉德-布莱德肖(Jared Conrad-Bradshaw)的协助。我尤为感激本书的编辑伊恩·马尔科姆(Ian Malcolm)、编辑助理乔伊·邓(Joy Deng)、文字编辑苏·沃尔高(Sue Warga)、出版编辑美乐蒂·内格隆(Melody Negron)。最后,我想感谢何淼及其导师张鸿雁教授对本书中文译本做出的卓越贡献。书中一切疏误,皆归咎于我。

《世界城市研究精品译丛》总目

☑ 已出版，☐ 待出版

☑ 马克思主义与城市
☑ 保卫空间
☑ 城市生活
☑ 消费空间
☑ 媒体城市
☑ 想象的城市
☑ 城市研究核心概念
☑ 城市地理学核心概念
☑ 政治地理学核心概念
☑ 规划学核心概念
☑ 城市空间的社会生产
☑ 真实城市
☑ 现代性和大都市
☑ 工作空间：全球资本主义与劳动力地理学
☑ 区域、空间战略与可持续性发展
☑ 城市
☑ 更好的城市——寻找欧洲失落的城市生活艺术
☑ 驱逐：全球经济中的野蛮性与复杂性
☐ 与赛博空间共存：21世纪的技术与社会
☐ 城市发展规划本体论
☐ 历史地理学核心概念
☐ 空间问题：文化拓扑学和社会空间化
☐ 帝国的边缘：后殖民主义与城市
☐ 城市与自然
☐ 城市与电影
☐ 城市环境史
☐ 当下语境中的游戏：在线游戏的社会文化意义
☐ 浮现的世界——21世纪的城市与区域